U0195625

中国海滩资源概述

Brief Introduction of Chinese Beach Resources

蔡 锋 等著

海洋出版社

2019 年 · 北京

图书在版编目（CIP）数据

中国海滩资源概述/蔡锋等著 . —北京：海洋出版社，2019.8
ISBN 978-7-5210-0424-3

Ⅰ.①中…　Ⅱ.①蔡…　Ⅲ.①海滩-沿岸资源-介绍-中国　Ⅳ.①P748

中国版本图书馆 CIP 数据核字（2019）第 189091 号

Zhongguo Haitan Ziyuan Gaishu

责任编辑：杨传霞　程净净
责任印制：赵麟苏

海洋出版社　出版发行

http：//www.oceanpress.com.cn
北京市海淀区大慧寺路 8 号　邮编：100081
北京朝阳印刷厂有限责任公司印刷　新华书店北京发行所经销
2019 年 8 月第 1 版　2019 年 12 月第 1 次印刷
开本：787 mm×1092 mm　1/16　印张：25.75
字数：520 千字　定价：289.00 元
发行部：62132549　邮购部：68038093
海洋版图书印、装错误可随时退换

《中国海滩资源概述》

编写组

组　　长：蔡　锋

副 组 长：戚洪帅

成　　员：杜　军　于　帆　李　兵　时连强　刘建辉
　　　　　苏贤泽　李　平　朱建荣　王伟伟　曹　超
　　　　　雷　刚　李广雪　陈沈良　邱若峰　莫文渊
　　　　　王道儒　杨燕雄

野外调查组

（按姓氏笔画排序）

丁　咚	于　帆	于　跃	马妍妍	丰爱平	王永红	王欣凯	王道儒
王勇智	邓　凌	田梓文	付　捷	任　军	刘松涛	边洪村	刘会欣
刘建涛	刘建辉	刘毅飞	朱　君	杜　军	李　平	李　兵	李广雪
李占海	宋　乐	吴创收	苏贤泽	陈沈良	陈海洲	陈　淳	张甲波
张文祥	张志卫	邱若峰	邱立国	时连强	杨志宏	罗时龙	郑吉祥
周　军	范亦婷	宫立新	贺露露	麻德明	莫文渊	曹一烽	曹立华
曹惠美	戚洪帅	程　林	彭　俊	谢亚琼	董　标	童宵岭	雷　刚
蔚广鑫	蔡　锋	蔡廷禄	潘　毅				

序　言

　　海滩是由激浪和激浪流形成的松散沉积物堆积体，位于海陆交接地带，是沿海地区重要的滨海空间资源，具有防灾减灾、生态服务和休闲旅游三重功能。海滩作为缓冲带，在消波耗能、抵御灾害、保护人民生命财产方面具有重要作用。海滩既是滨海动植物的优良栖息地，也是海龟、中华鲎等重要保护动物的繁育场，还是多种污染物的过滤器，对于维持海岸生态系统健康具有不可替代的作用。海滩以其知名的"阳光、海滩、海浪（3S）"自然禀赋成为现代社会主要的旅游目的地，对滨海旅游业发展贡献巨大，联合国世界旅游组织的统计表明，滨海旅游已经成为蓝色经济的重要组成部分，占世界GDP的5%，并提供了6%~7%的工作岗位。我国滨海旅游业起步较晚但发展迅速，海滩旅游需求日益增长，滨海旅游经济已成为沿海地区社会经济新的增长点，2010年至今，我国滨海旅游业产业增加值均位居主要海洋产业之首，2018年，实现产业增加值1.6万亿元。

　　我国拥有近5 000 km的砂质岸线，约占全国大陆岸线总长度的27%。海滩资源分布广泛，但同时存在着明显的不均衡性，呈现"南多北少中间空"的特征。我国海滩资源主要发育在辽东湾两侧、山东半岛、闽中南地区，以及广东、广西、海南等沿海地区。然而，随着我国沿海地区社会经济的快速发展，在自然作用和人类活动的双重影响下，海岸带资源环境矛盾日益突出，约一半的海滩遭受侵蚀、海滩污染、质量退化等问题影响并日趋严重，海滩资源的管理保护和修复面临前所未有的压力和挑战。

　　党的十八大以来，党中央将生态文明建设提到了前所未有的高度，生态文明作为我国一项基本国策写入宪法。在党和国家机构改革新形势下，成立了自然资源部，明确"统一行使全民所有自然资源资产所有者职责，统一行使所有国土空间用途管制和生态保护修复职责"，意味着我国的海滩资源管理进入了新的历史时期。新形势下的海滩管理，要求我们必须掌握我国海滩资源实物量、开发利用现状、演变特征，正确认识海滩资源的稀缺性、独特性和重要性，充分应用自然资源系统管理新理念，加强海滩资源的规划、生态保护与修复，实现可持续发展。在此背景下，针对目前我国海滩资源家底不清、资源动态变化不明的现状，从掌握我国海滩资源现状和发展态势，推动海滩资源科学管理、有效保护利用的初衷出发，特编写本书。

　　本书基于编写组过去十多年来完成的海洋公益性行业科研专项"我国砂质海岸生境

养护和修复技术示范与研究"与"海岛旅游海滩管理技术研究与应用示范"等系列项目成果,并收集了我国近海海洋综合调查与评价专项(908 专项)海岸带调查有关海滩资源调查成果,总结编著而成。本书共分为 5 章,以大量资料与实测数据为基础,阐述了我国海岸带概况、海滩发育特征,以及重要海滩地貌与沉积物特征和演变规律。主要内容如下:第 1 章中国海岸带概况,介绍了我国海岸地质构造环境,相应的潮汐、波浪、入海河流泥沙、沿海风况等海岸动力环境特征,概括了海岸类型与分布特征;第 2 章中国海滩资源与环境,阐述了我国海滩发育与分布特征、海滩成因、基本形成条件、动力地貌过程等,以及沿海各省海滩资源状况;第 3 至第 5 章分别以黄渤海、东海、南海三个区域共 60 处代表性海滩为例,概述了我国重要海滩的基本状况、季节与年际间的沉积物变化与地形地貌演变。本书以海滩基础理论为指导,基于大量调查实践,总结我国海滩演变特征,对于全面地认知我国海滩资源现状、服务海滩资源管理具有一定的实用价值和指导意义,也可供广大海岸与海滩科研工作者及相关专业大学师生研究与学习参考。

本书的出版得到了国家自然科学基金重点项目(41930538)的资助,得到了各协作单位的鼎力支持,感谢他们提供了许多帮助和便利。调查团队和编写组为本书的出版付出了辛勤劳动,在此一并感谢。此外,本书还得到了众多领导和专家的支持,难以一一列举,在此表示衷心感谢。

由于作者水平所限,书中错漏和不足之处在所难免,敬请广大读者批评指正。

蔡　锋

2019 年 12 月

目　录

第1章 中国海岸带概况

1.1　海岸带地貌分类与海滩

目前，国内外对于海岸带地貌的分类标准尚无规程可循。有关海滩的基本概念，由于不同学者强调方面不一，所下定义亦有所不同。鉴于海滩是海岸带中的一种主要海滨地貌形态，为科学合理地具体阐明中国海滩资源环境状况，我们对海岸带和海滩的定义及其相关的术语概念应该有个较清楚的认识与说明，兹叙述如下。

1.1.1　海岸带地貌的分类系统

1.1.1.1　海岸带定义及相关术语的概念

海岸带是指海陆相互作用的地带，即海水运动对于海岸作用的最上界限及其邻近陆地、潮间带，以及海水运动对于潮下带岸坡冲淤变化影响的范围。实际上对于海岸带宽度的范围各国规定不尽相同。我国在《全国海岸带和海涂资源综合调查简明规程》中规定为：一般岸段，自海岸线向陆地延伸 10 km 左右，向海扩展到 10~15 m 等深线；河口地区，向陆地到潮区界，向海到淡水舌锋缘。图 1.1 是纵观前人的相关报道资料而提出的一种包含砂质海滩的通常海岸带剖面，以及其相应各个分区地貌类型的分布概况。现将该剖面之各个分区地貌类型的术语概念简述如下。

海岸线又称指示岸线，它并非现实存在的一条曲线，而是人们对海陆交界的一种虚拟表示。按照中华人民共和国国家质量监督检验检疫总局、中国国家标准化管理委员会（2017）发布的《国家基本比例尺地图图式第 1 部分：1∶500　1∶1 000　1∶2 000 地形图图式》（GB/T 20257.1—2017）的规定：海岸线指海面平均大潮高潮时的水陆分界线；干出线指海面最低低潮时的水陆分界线（最低低潮线）。其中，海岸线通常位于具自然地理特征意义上的改变处，如海崖、受潮汐影响的河口地段水涯线、沙丘坡脚外缘滨后带海侧之陆生植物完全不能成活的界限（于图 1.1 中表示在滨后滩坎外缘处）。但应该指出，研究海平面必须包括陆面和海面的变化，即随着地壳升降变形、全球气候变暖、泥沙运动等自然因素，以及各种海岸工程等人为因素的影响，海岸线的空间位置确定是在不断变化之中的。

滨线：指人们所规定的海面潮位与海滨（或海滩）的交线；如高潮海滨线是平均高潮位与海滨（或海滩）的交线；再如，海滩分布的海面范围是从滩坡的海岸线滨线向下（向海）直到平均低低潮位海面滨线为止。

滨后（区）：处在海崖、沙丘或潟湖-沙坝等陆地海岸坡脚的外侧，是特大高潮时强烈风暴浪作用下所形成的海积或海蚀地貌形态（如沙埂、滩肩阶地或滩坎），在该地带陆

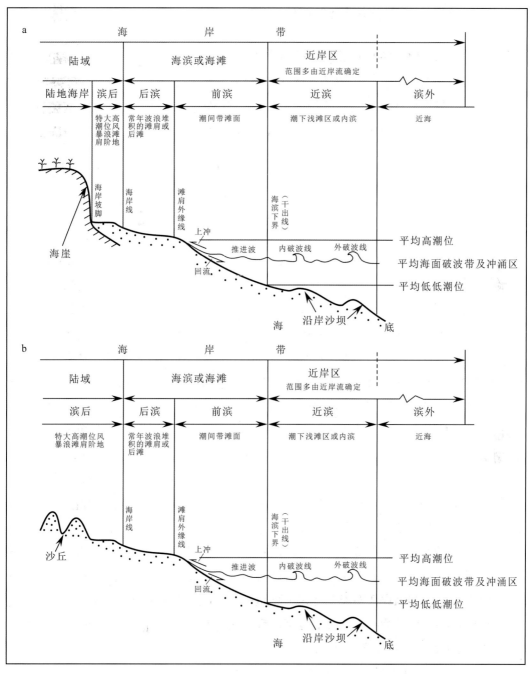

图 1.1 砂质海岸的海岸带剖面地貌分类及其相关术语

a. 滨后为海崖型海岸带; b. 滨后为沙丘型海岸带

生植物大多尚可存活。

后滨（区）：指海滨或海滩的后滩，是常年大潮时由波浪内破波带推进波冲涌上爬的最高滨线之向陆延伸至海岸线而构成的平坦滩肩地带。

前滨（区）：又称潮间带滩面，是从后滨滩肩外缘线往下，直至平均低低潮位滨线，即干出线。

近滨（海区）：又称潮下浅滩地带，系从平均低低潮位滨线向外延伸，直到刚刚超出破波带的近岸区带，海底常见有平行于岸线的沿岸沙坝。

滨外带（近海）：一般指破波带以外或大陆架边缘以内宽度不等，而且是海底比较平坦的海区。

总之，海岸带（含近岸海区）作为陆海交接地带，从陆向海包括图 1.1 所示的 6 个区段：①典型陆域区段；②不典型陆域区段（滨后）；③上部典型海滨区段（后滨）；④下部典型海滨区段（前滨）；⑤不典型海洋区（近滨）；⑥典型海洋区（滨外带近海地区）。

1.1.1.2　海岸带剖面中岸滩地貌的分类系统

参照国家海洋局 908 专项办公室（2005）确定的海岸带地貌分类按形态成因原则，将岸滩地貌分为人工地貌和潮间带地貌 2 个一级类型；潮间带地貌根据成因又分为岩滩、海滩（含砾石滩）、潮滩、礁坪和河口 5 个二级类型。表 1.1 列出海岸带岸滩地貌的分类。

表 1.1　海岸带岸滩地貌的分类

一级类	二级类	三级类
潮间带地貌	岩滩（岸）	海蚀阶地、古海蚀崖、海蚀柱、海蚀平台、海蚀沟、海穹石、阶地陡坎、老海蚀穴、礁石、海蚀崖、海蚀穴、海蚀残丘等
	海滩（岸）	沙滩、砂砾滩、砾石滩、海滩岩、滩肩、海滨沙丘、滩脊、沙嘴、沿岸沙堤、砾石堤、连岛沙坝、水下沙堤、离岸沙坝、贝壳沙坝、潟湖、潮汐通道、冲积扇等
	潮滩（岸）	粉砂-淤泥滩、粉砂滩、贝壳堤、贝壳沙滩、贝壳沙堤、芦苇滩、泥坎、盐蒿滩、草滩、潮沟等
	礁坪（岸）	桌礁、环礁、岸礁、礁圹、隆起礁等
	河口（岸）	入海水道、河口沙坝、河口冲刷槽、河口沙嘴、河口边滩、拦门沙等
人工地貌		堤坝、盐田、养殖场、港口码头、防潮闸、人工岛等

注：据《海岸带调查技术规程》（2005）修改。

1.1.2　海滩定义及相关概念

1.1.2.1　海滩的普通定义

US Army Corps of Engineers（2008）将海滩的同义词 Beach（或 Seabeach）定义为：

海（包括较大水域的海湾、潟湖和河口区等）的边界地带——沿岸海滨带所形成的和缓倾斜的未固结的沉积物堆积体。

本书基于岸滩地貌分类按形态成因原则，将海滩定义为：由激浪和激浪流形成的松散沉积物堆积体（中华人民共和国自然资源部，2018）。

1.1.2.2 其他相关概念与地貌形态结构特征

（1）海滩沉积物碎屑来源，包括河流来沙、海崖侵蚀-剥蚀供沙、陆架来沙、风力输沙和生物残体沉积来沙等，详见第2.2.3节。

（2）海滩沉积物碎屑的物质组成：①以由陆地侵蚀-剥蚀入海的岩石碎屑或矿物碎屑颗粒为主，其中粒径大于2 mm的砾石一般为岩石碎屑，而粒径为0.063~2 mm的砂粒，大多为单矿物碎屑（主要是石英和长石类，其次为含有少量的钛铁矿、磁铁矿等暗色重矿物颗粒以及锆英石等贵重砂矿资源）。②其次是由动植物残骸组成的生物源碎屑颗粒，如在一般性的海滩沉积物中都可见到有动物的贝壳分布；但在珊瑚礁海岸，贝壳和珊瑚碎屑的含量甚至可达50%以上。③偶见海洋环境条件下自生的矿物和现代火山喷发碎屑沉积等，如海绿石在澳门东南侧黑沙滨海旅游沙滩有着较大量分布。

（3）我国海岸现代海滩沉积物堆积地层基本上是在中全新世中期（末次冰后期）海侵达到最高海面以后，自4 000 a B. P. 左右海水退至大体为现代全球海平面位置以来所形成的。在华南隆起带沿岸的海滩砂砾质沉积层厚度一般在3 m以下。

（4）与构造沉降带大平原海岸主要在潮流、径流之单向水流动力学输沙机制所形成的潮滩（潮坪）沉积地层不同，对于构造隆起带山丘或台地海岸，由于入海泥沙中砂（砾）质颗粒占较高比例，特别是在其海滨岸坡上面的泥沙由于受到向岸浅水波浪双向质量输送流的动力学输沙过程的作用（参见本书第2.2.4所述），使不同粒径（或不同比重）泥沙颗粒发生向岸、离岸相反的分异迁移过程，即造成了海滩剖面在近岸区段形成较粗颗粒的砂质（或砂砾质）沉积，而离岸区段表现为较细颗粒的粉砂淤泥质沉积。这种泥沙按颗粒粒径分选分布的现象，常使海滨地带形成所谓的"砂-泥分界线"。其水位的分布高程主要取决于当地向岸入射波浪的波高大小。

1.2 中国海岸地质构造环境及分区

我国海岸带地貌体系的发生与发展演化是联系地壳深部过程和地表过程的综合体现，尤其是地壳新构造运动升降变形和第四纪历史冰期、间冰期气候变化与海平面大范围升降效应直接支配着现代中国海岸带具有区域性的特定的地质地貌形态和海滩分布状况。

1.2.1 中国沿海地质构造背景

中国大陆东部沿海地区的大地构造发育史，自晚三叠纪进入新全球构造发展阶段以来，系夹持于太平洋板块、印度洋板块和欧亚板块相互作用的构造环境中，经历了晚印支期—早燕山期（T_3—K_1）、晚燕山期—早喜马拉雅期（K_2—E_3^2）和晚渐新世以来（E_3^3—Q）3个时期的变格运动改造，致使地壳遭受强烈的东西分带挤压、增生，以及拉张、沉降成盆，从而叠置了晚期（中新生代）明显的 NNE—NE 向构造地质形迹。因此，现代中国沿海地区地形地貌分布深受中新生代以来造成的别具一格的构造形式——新华夏构造体系（以 NNE—NE 走向为特征）的控制，特别是新近纪以来的新构造运动升降变形更是支配着我国海岸带海滩资源与环境的区域性差异分布特征。

1.2.2 中国海岸构造分区与海滩发育状况

中国海岸带中新生代的构造地质分区，自北而南可以划分为燕山隆起带、华北—渤海沉降带、胶辽隆起带、苏北—南黄海沉降带、华南隆起带和台湾岛隆起带。如图 1.2 所示，它们形成大体呈 NE 向相间平行分布的四条隆起带和三条沉降带的巨型构造地质地貌格局，以及东海陆架盆地。

1.2.2.1 沿岸新构造地貌分区

我国沿岸陆地具有上述六个巨型构造地质地貌分区带，其现代海岸的地质地貌形态迥然不同：在隆起带，地壳总体抬升形成山地丘陵或台地，前新生代结晶基岩出露，并处在侵蚀-剥蚀状态；海岸形态主要受新华夏构造体系中 NNE—NE 向和 NNW—NW 向两组断裂构造的控制，构成了"锯齿状"的基岩岬角-港湾形态。而在沉降带，地壳下陷成盆，并接受大河入海泥沙充填补偿，则为中国东部大平原和平原海岸的塑造创造了条件。在滨海地带的沉积动力学特征方面，隆起带海岸由于水下岸坡较陡，在开敞岬湾沿岸以向岸浅水波浪作用为主，有利于形成砂砾质沉积；而沉降带海岸由于以径流与潮流作用为主，加上向岸浅水波浪的作用由于其在外海入射过程中能量受到强烈耗散、减弱，而以形成粉砂淤泥质沉积为特征。

在杭州湾以南分布广袤千里的华南隆起带，由于在新构造运动时期受制于菲律宾海板块呈 NW305° 运动的构造应力作用，造成台湾地区发生剧烈的弧-陆斜交碰撞造山运动过程，而且又受到南海洋壳被动大陆边缘时空演化相关影响，再加上受到我国大陆西部青藏高原急速隆升的影响，迫使我国大陆东南部沿岸地区的壳幔蠕动方向呈 ESE 向，正好构成了与菲律宾海板块向 WNW 方向相对撞的构造应力，从而使华南隆起带沿海地区在前第四纪时期已形成的原地壳块断（构造运动）形迹发生活化与变形。特别是自晚更

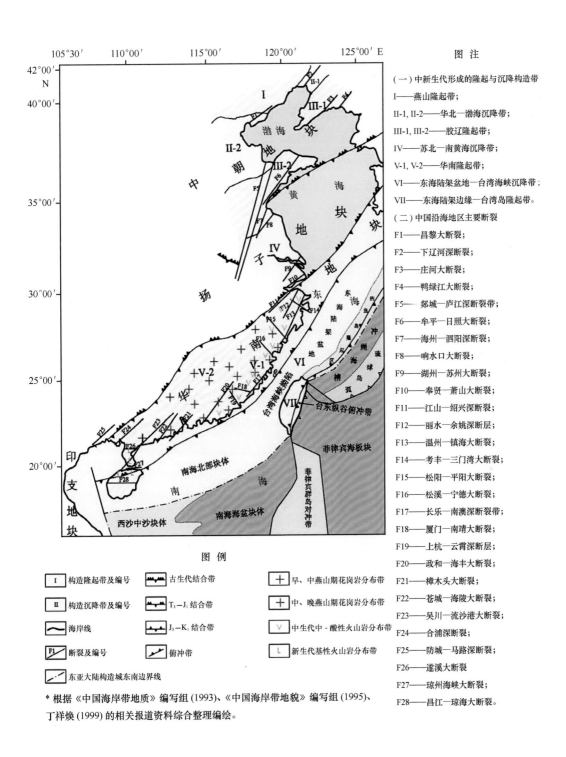

图例

I 构造隆起带及编号	古生代结合带	早、中燕山期花岗岩分布带
II 构造沉降带及编号	T₃—J₁结合带	中、晚燕山期花岗岩分布带
海岸线	J₃—K₁结合带	中生代中-酸性火山岩分布带
F1 断裂及编号	俯冲带	新生代基性火山岩分布带
东亚大陆构造域东南边界线		

图注

（一）中新生代形成的隆起与沉降构造带

I——燕山隆起带；

II-1, II-2——华北—渤海沉降带；

III-1, III-2——胶辽隆起带；

IV——苏北—南黄海沉降带；

V-1, V-2——华南隆起带；

VI——东海陆架盆地—台湾海峡沉降带；

VII——东海陆架边缘—台湾岛隆起带。

（二）中国沿海地区主要断裂

F1——昌黎大断裂；

F2——下辽河深断裂；

F3——庄河大断裂；

F4——鸭绿江大断裂；

F5——郯城—庐江深断裂带；

F6——牟平—日照大断裂；

F7——海州—泗阳深断裂；

F8——响水口大断裂；

F9——湖州—苏州大断裂；

F10——奉贤—萧山大断裂；

F11——江山—绍兴深断裂；

F12——丽水—余姚深断层；

F13——温州—镇海大断裂；

F14——考丰—三门湾大断裂；

F15——松阳—平阳大断裂；

F16——松溪—宁德大断裂；

F17——长乐—南澳深断裂带；

F18——厦门—南靖大断裂；

F19——上杭—云霄深断层；

F20——政和—海丰大断裂；

F21——樟木头大断裂；

F22——苍城—海陵大断裂；

F23——吴川—流沙港大断裂；

F24——合浦深断裂；

F25——防城—马路深断裂；

F26——遂溪大断裂；

F27——琼州海峡大断裂；

F28——昌江—琼海大断裂。

* 根据《中国海岸带地质》编写组（1993）、《中国海岸带地貌》编写组（1995）、丁祥焕（1999）的相关报道资料综合整理编绘。

图1.2 中国大陆东部及邻近海域中新生代构造地质分区略图

新世早期（Q_3^1）以来，由于 NW 向的断裂活动加强，并切割了控制海岸带分布的 NE—NNE 向断裂，导致华南隆起带沿岸地区产生剧烈的区域性地壳差异升降活动，即自东北侧往西南侧形成了 6 个不同的特征地貌分区：浙江—闽北下沉带，闽中—闽南—粤东上升带，粤中断块活动带，粤西—桂东—琼北下沉转上升区，钦州—防城上升区和琼中—南拱断上升区（图 1.3）；它们之间分隔的断裂带，除浙江—闽北下沉带与闽中—闽南—粤东上升带的断裂带由于位于福州—长乐东部平原南缘，为呈 WNW 向的新构造期的深断裂带外，其余各断裂带多为原地壳块断之 NE 向或 E—W 向的继承性断层带。这 6 个新构造运动分区虽然总体还是构成山丘或台地地貌形态和形成岬角—港湾海岸，但是由于新构造运动型式及地质基础各有其特点，造成第四纪堆积物及其分布规律也具有各自区域性的不同特点。这是沿岸海滩发育程度差别的主要内在因素。

1.2.2.2　沿岸海滩发育与新构造分区的关系

根据上文对中国东部海岸地质构造区域性背景的叙述，自新近纪末新构造运动以来，除了华北—渤海沉降带、苏北—南黄海沉降带和原华南隆起带之东北部的浙江—闽北下沉带海岸为处于地壳块断下沉区域以外，其余大部分区域海岸均基本是处于抬升侵蚀-剥蚀状态。尽管后者各个区域的地壳块断抬升状况的运动型式或者原地质基础，也可能会对各自沿岸的海滩资源分布量有所影响，但更为重要的是，由于海岸带地面处于上升状态，使第四纪以来冰后期海侵高海面时段造成的各种侵蚀-堆积夷平地貌面一般都是分布在临海陆地地面，构成各级阶地，从而可为它们各自海滨地带形成砂（砾）质沉积物提供丰富的物质来源（成因基础）。换言之，我国沿岸地壳凡是自新构造运动以来处于抬升侵蚀-剥蚀状态的区域海岸，均是造成沿岸海滩资源较为丰富的海岸。雷刚等（2014）对此经过初步调查研究，提出了如图 1.3 所示的我国各个地质构造分区的沿岸砂质海滩岸线长度占其总岸线长度百分比的分布概况。这是对以上认识的宏观印证。

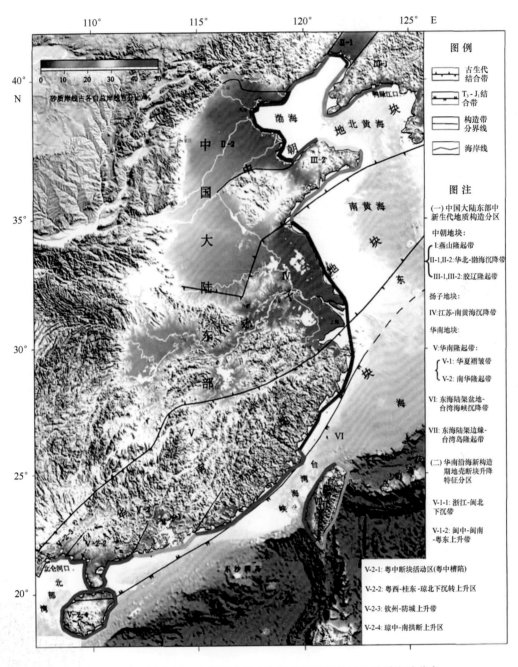

图1.3　中国沿岸新构造期以来地壳块断升降特征分区及砂质海滩分布

据雷刚等（2014）修改

1.3 中国海岸动力环境

1.3.1 潮汐与潮流

1.3.1.1 潮汐特征

我国近海 M_2 分潮潮波自西北太平洋朝西南方向转入，经过琉球群岛后转向西北进入东海，随后分两条路径传播：一条朝西北传播进入东海北部，另一条朝西南方向传播进入台湾海峡（图 1.4）。前者少部分经对马海峡进入日本海，大部分进入黄海，并左转形成以海州湾外为中心的南黄海旋转潮波系统；黄海东侧潮波往北绕朝鲜湾左转形成以山东高角外海为中心的北黄海旋转潮波系统；北黄海北侧潮波经渤海海峡进入渤海后，又分两支，一支向北左转经辽东湾形成以下万家屯外为中心的北渤海潮波系统，另一支向西左转经渤海湾形成以老黄河口为中心的南渤海潮波系统。潮波在东海、黄海、渤海沿岸逆时针传播，类似沿岸开尔文波的传播，沿岸潮位显著增大，具有沿岸捕获波的特征。

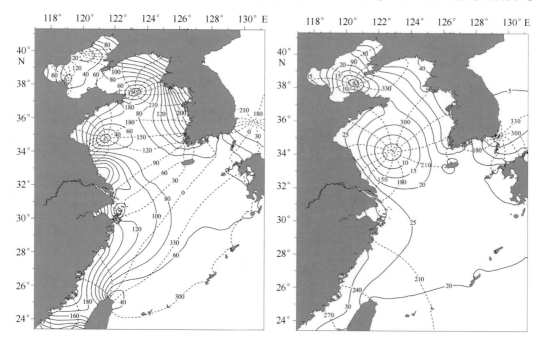

图 1.4 渤海、黄海、东海 M_2（左图）和 K_1（右图）分潮同潮图

实线为振幅，虚线为位相，参考时间为北京时（陈达熙，1992）

全日潮的周期约比半日潮大两倍，潮波在东海、黄海、渤海的传播，以及无潮点的

位置和个数与半日潮不同（图 1.4）。K_1 分潮自西北太平洋传入东海后，部分朝西南方向传播，经过台湾海峡后，进入南海；部分朝北传播，在黄海左转形成一旋转潮波系统，无潮点在黄海中南部。在渤海也出现一个旋转的潮波系统，无潮点出现在渤海海峡西侧。另外在对马海峡东北侧也出现一个无潮点（陈达熙，1992）。

在南海北部，M_2 分潮大部分从巴士海峡进入南海，少部分由台湾海峡由北向南进入，进入南海后大致由东向西传播（图 1.5）。在海南岛以北，通过琼州海峡后进入北部湾向西北传播。在海南岛以南，M_2 分潮由东向西传播，随后转向西北，再向北传播。M_2 分潮振幅在台湾海峡最大，可达 140 cm，在海南岛以东开阔海域为 15~30 cm，在广东沿岸为 20~70 cm，在广西沿岸为 40~70 cm。

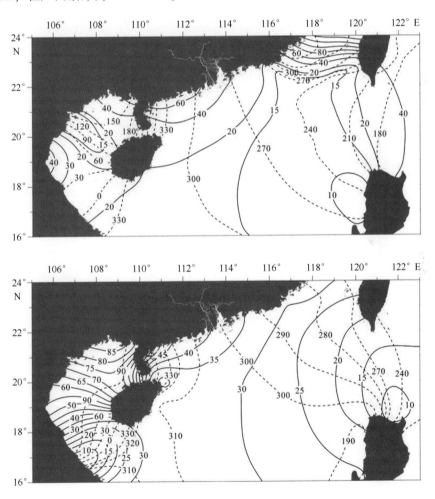

图 1.5 南海北部 M_2（上图）和 K_1（下图）分潮同潮图

实线为振幅，虚线为位相，参考时间为北京时（侯文峰，2006）

K_1 分潮大部分由巴士海峡进入南海，少部分由台湾海峡由北向南进入，进入南海后先向西南传播，再向西传播（图1.5）。在海南岛以北，通过琼州海峡后进入北部湾向西传播。在海南岛以南，K_1分潮由东向西传播，随后向西北传播。K_1分潮振幅从巴士海峡的15 cm向西逐渐增大，至海南岛东岸约为22 cm；在广州沿岸为35~50 cm，比M_2分潮振幅略小；在广西沿岸为85~90 cm，比M_2分潮振幅明显大。

我国的潮汐类型分布具有以下特征：

在东海海域，以潮汐类型系数F为0.5的等值线为界，其以东海域，F略大于0.5，为不正规半日潮；0.5等值线以西海域，包括闽浙沿海、长江口和杭州湾以东海区，以及黄海南部及东部，为正规半日潮。在黄海2个无潮点处为正规日潮，外围为不正规日潮，黄海其他海域为不正规半日潮。在渤海2个无潮点处为正规日潮，外围为不正规日潮，其他海区为不正规半日潮（图1.6）。

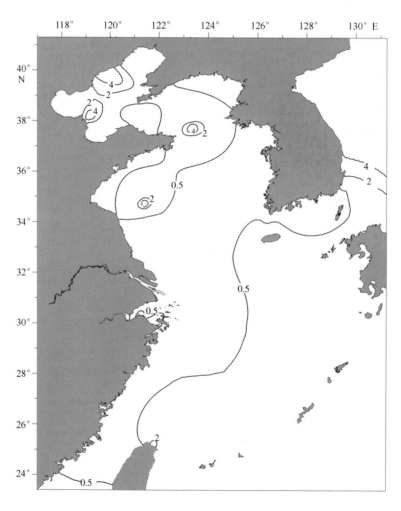

图1.6　渤海、黄海、东海潮汐类型分布

（陈达熙，1992）

在南海海域，在巴士海峡附近海域和台湾海峡南端为不正规半日潮；在海南岛以东开阔海域为不正规日潮；珠江口以东海域为不正规日潮，以西海域为不正规半日潮；北部湾大部分海域为正规日潮；广西近海为不正规日潮（图1.7）。

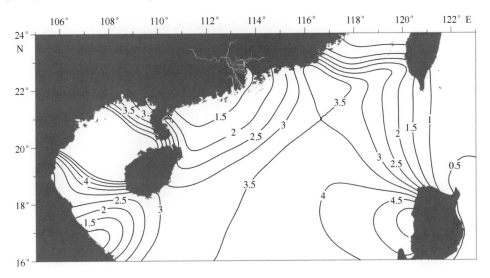

图1.7　南海北部潮汐类型分布

（侯文峰，2006）

1.3.1.2　近海潮流系统

我国近海潮流系统，与潮波传播、岸线和水深分布等有关。渤海、黄海、东海 M_2 分潮潮流椭圆分布如图1.8所示。在东海的外陆架，最大潮流方向（椭圆长轴方向）为潮波传播方向，量值约为50 cm/s；在东海内陆架北部定海外海，潮流近似以圆的形式旋转，量值约为60 cm/s；在内陆架南部，最大潮流方向大致向岸，量值为30～60 cm/s；在长江口外水下平台区域，潮流近似以圆的形式旋转，量值约为90 cm/s。在黄海深槽区域，潮流最大流速沿深槽方向，在济州岛西南量值约为70 cm/s，深槽北侧为10～50 cm/s；在黄海东海岸水域，在岸线凸出的区域最大潮流方向大致沿岸走向，在海湾区域指向湾顶，量值为50～150 cm/s；在黄海西侧，海州湾中北部潮流椭圆长轴分布大致与旋转潮波的走向一致，量值为10～60 cm/s，近岸流速增大；在苏北海域，潮流以辐射状的形式流动，量值约为80 cm/s。在渤海，除在中心区域潮流的旋转性相对较强外，其他区域大致为沿岸的往复流，量值为10～80 cm/s。

S_2 分潮潮流椭圆的分布形态与 M_2 相似，但潮流速度明显要小（图1.9）。K_1 分潮的潮流椭圆见图1.10。在东海外陆架台湾东北海区，椭圆长轴指向西北，量值小于10 cm/s，在济州岛以南海域大致指向西，量值为10～15 cm/s；在内陆架浙江象山外海，潮流椭圆

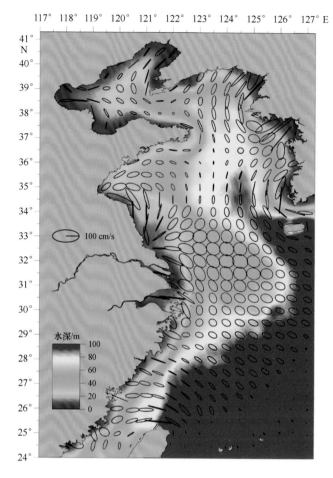

图 1.8　渤海、黄海、东海 M_2 分潮潮流椭圆分布

据陈达熙（1992）修改

旋转率大，长轴呈东北—西南方向，量值小，小于 10 cm/s；在东海内陆架南部，最大潮流方向大致向岸，量值在 10 cm/s 以下，在台湾海峡沿岸指向西南，量值增大；在长江口外水下平台区域，潮流椭圆的旋转率比 M_2 半日分潮大，长轴指向东北偏北，量值东侧比西侧大。在黄海深槽区域，潮流最大流速沿深槽方向，在济州岛西南最大量值超过 25 cm/s，深槽北侧为 10~20 cm/s；在黄海东海岸水域，潮流椭圆长轴大致沿岸走向，量值为 15 cm/s；在黄海西侧，海州湾中北部潮流椭圆长轴分布大致与旋转潮波的走向一致，量值为 5~15 cm/s，近岸趋向沿岸方向；在苏北海域，辐射状潮流不再出现，以沿岸方向的旋转流的形式出现，量值为 20~30 cm/s。在渤海，各海湾和沿岸海区潮流基本以往复流的形式出现，在渤海海峡西侧无潮点处，潮流椭圆的旋转率较大，最大量值达到了 50 cm/s，为 K_1 分潮潮流最大的地方。O_1 分潮潮流椭圆的分布，形态与 K_1 相似，潮流速度要小一些（图 1.11）。

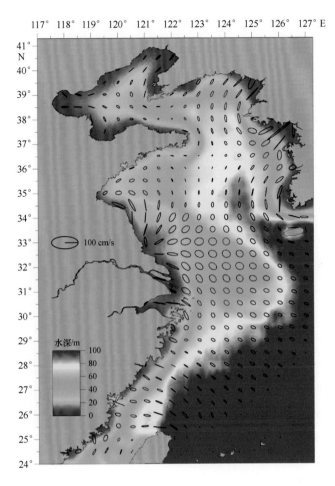

图 1.9 渤海、黄海、东海 S_2 分潮潮流椭圆分布

据陈达熙（1992）修改

对各分潮合成的总潮流（常瑞芳，1997；冯士筰等，1999），东海的潮流西部大多为正规半日潮流，东部则主要为不正规半日潮流，台湾海峡和对马海峡亦分别为正规和不正规半日潮流。潮流流速近岸大而远岸小，浙闽沿岸可达 1.5 m/s，长江口、杭州湾、舟山群岛附近为中国沿岸潮流强区，潮流流速可高达 3.0~3.5 m/s，如岱山海域的龟山水道，潮流速度即高达 4 m/s。九州西岸某些海区的流速也可达 3.0 m/s。黄海的潮流大都为正规半日潮流，仅在渤海海峡及烟台近海为不正规全日潮流。流速一般是东部大于西部，朝鲜半岛两岸的一些水道，曾观测到 4.8 m/s 的强流。黄海西部的强流区出现在老铁山水道、成山头附近，为 1.5 m/s 左右，吕四、小洋口及斗龙港以南水域，流速则可大于 2.5 m/s。渤海的潮流也以半日潮流为主，流速一般为 0.5~1.0 m/s，最强的潮流出现在老铁山水道附近，可达 1.5~2.0 m/s；辽东湾次之，为 1.0 m/s 左右；莱州湾则仅有0.5 m/s 左右。

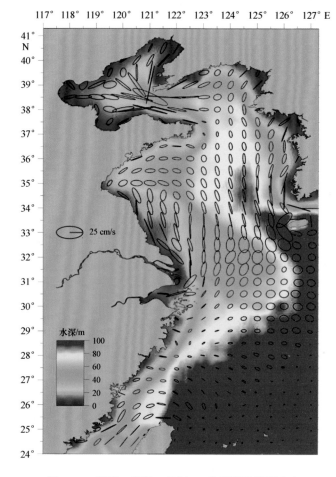

图 1.10　渤海、黄海、东海 K_1 分潮潮流椭圆分布

据陈达熙（1992）修改

　　在南海北部，M_2 分潮潮流在水深大于 1 000 m 的海域，潮流流速很小（图 1.12）。在水深逐渐变浅的海域，潮流流速逐渐增大。在台湾海峡南端，椭圆长轴南北走向，最大流速可达 80 cm/s。在广东外海，M_2 分潮椭圆长轴呈东南—西北走向，基本上为往复流，量值为 5~30 cm/s。在广西外海的北部湾，M_2 分潮椭圆长轴呈西南—东北走向，椭圆旋转率大，量值为 10~30 cm/s。总体上，南海北部 M_2 分潮潮流流速不大，椭圆旋转率大。

　　在南海北部，S_2 分潮的潮流椭圆与 M_2 分潮的相似，只是流速略小一些（图 1.13）。K_1 分潮潮流除北部湾外，整个南海北部的潮流流速很小（图 1.14）。在广东外海，K_1 分潮椭圆长轴大致呈东南—西北走向，量值小于 10 cm/s。在广西外海的北部湾，椭圆长轴大致呈南北走向，基本为往复流，量值为 5~40 cm/s。O_1 分潮的潮流椭圆与 K_1 分潮的相似，只是流速略小一些（图 1.15）。

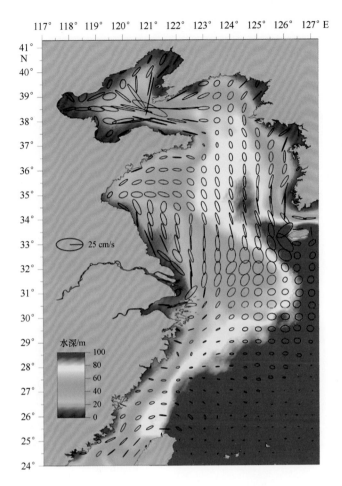

图 1.11　渤海、黄海、东海 O_1 分潮潮流椭圆分布

据陈达熙（1992）修改

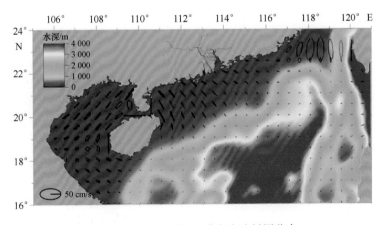

图 1.12　南海北部 M_2 分潮潮流椭圆分布

据侯文峰（2006）修改

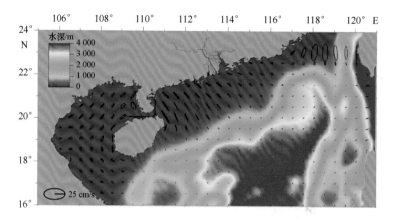

图 1.13　南海北部 S_2 分潮潮流椭圆分布

据侯文峰（2006）修改

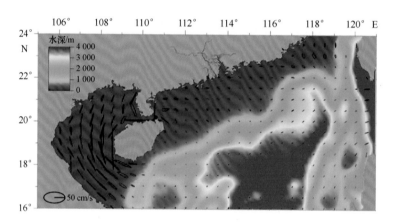

图 1.14　南海北部 K_1 分潮潮流椭圆分布

据侯文峰（2006）修改

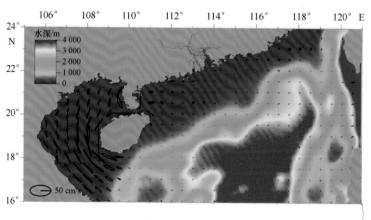

图 1.15　南海北部 O_1 分潮潮流椭圆分布

据侯文峰（2006）修改

对各分潮合成的总潮流（常瑞芳，1997；冯士筰等，1999），南海的潮流较弱，大部分海域不到 0.5 m/s。北部湾属强流区，也不过 1.0 m/s 左右，琼州海峡潮流最强可达 2.5 m/s。南海以全日潮类型为主，但在广东沿岸以不正规半日潮流占优势。

1.3.2　波浪

1.3.2.1　海区波浪概述

1）渤海

渤海的波浪以风生浪为主，与风的关系十分密切。浪场受制于风场，具有明显的季节性特点。大浪主要是寒潮、台风和温带气旋所致。冬、春两季多为北风或西北风，故波浪多为 N 向浪和 WN 向浪；夏、秋两季多为南风，故浪向偏 S，但受北向台风影响时，也会出现 ES 向浪。在辽东湾、渤海湾和莱州湾，在台风的影响下，还会出现风暴潮或海啸，海水可直接涌上海岸。

2）黄海

风浪：黄海冬季的风浪以 N 向为主，偏 N 向浪总频率为 55%；春季北部逐渐转为偏 S 向浪，中、南部 N 向浪频率为 15%~20%；夏季以 S—SE 向浪为主，偏 S 向浪总频率为 40%~55%；秋季北部以偏 S 向浪为主，频率为 16%~25%，南、中部转为 N 向浪为主，频率为 20%~30%。累年最大波高北部为 5.0~15.0 m，中部为 5.0~9.0 m，南部为 5.0~15.0 m。月平均波周期北部为 2.3~5.4 s，中部为 2.9~4.9 s，南部为 3.3~7.0 s。累年最大波周期北部为 8.0~14.0 s，中部为 10.0~14.0 s，南部为 11.0~14.0 s。

涌浪：黄海冬季北部盛行 NW—N 向涌浪，总频率为 30%~45%，中、南部盛行 N—NE 向浪，总频率大于 60%；春季仍以偏 N 向浪为主，频率为 33%~55%；夏季盛行 S—ES 向浪，偏 S 向浪总频率为 50%~70%；秋季盛行 N—EN 向浪，偏 N 向浪总频率大于 50%。

3）东海

风浪：冬季，起主导作用的主要是蒙古冷高压的偏北气旋。东海东北部和中部以 N 向浪为主，频率为 50%~70%，东海南部与台湾海峡，EN 向浪出现较多，频率为 25%~65%。平均波高为 1.7~2.3 m，平均周期为 4.1~6.9 s。夏季，我国沿海主要受两股偏南季风的影响：一股来自太平洋的东南季风，主要影响东海北部及台湾海峡；另一股来自印度洋的西南季风，主要影响东海南部。另外，还常有台风侵袭。因此，本海域夏季主要盛行 S 向浪，出现频率为 15%~35%；其次为 ES 向浪，频率为 10%~20%。平均波高为 1.0~2.3 m，平均周期为 4.5~6.8 s。

涌浪：冬季，东海北部以 N 向和 WN 向浪为主，总频率为 40%～60%，中部和南部以 N 向和 EN 向浪为主，总频率大于 80%，台湾海峡以 EN 向浪为主，频率在 75% 左右。平均波高为 1.4～2.9 m，平均周期为 5.1～7.2 s。夏季，东海以 S—WS 向浪为主，偏南向浪总频率为 40%～50%。平均波高为 1.2～2.9 m，平均周期为 5.5～7.4 s。

4）南海

风浪：冬季以 NE 向浪为主，北部湾北部和南部频率分别为 39%～54% 和 23%～32%。南海北部为 45%～65%；春季南海北部 N 向浪频率为 20%～30%，S 向浪频率为 20%～25%。北部湾和南海中、南部从 4 月出现 WS 向浪和 S 向浪，夏季以 WS 向浪为主，频率为 25%；秋季从 9 月开始南海北部出现 EN 向浪，频率在 25% 左右。月平均波高，北部湾为 0.6～1.6 m，南海北部和巴士海峡为 1.2～2.6 m。累年最大波高，北部湾为 2.5～5.0 m，南海北部为 5.0～5.9 m。月平均波周期，北部湾为 4.1～6.0 s，南海北部为 5.7～6.8 s。累年最大波周期，北部湾为 10.0～18.0 s，南海北部为 15.0～20.0 s。

涌浪：冬季南海北部以 N 向浪和 NE 向浪为主，频率大于 80%。南海中部以 NE 向浪为主，频率大于 70%。北部湾以 NE 向浪和 E 向浪为主，频率为 33%～44%；夏季南海盛行 S—WS 向浪，频率为 45%～75%，秋季南海盛行 EN 向浪，频率为 50%～70%。月平均波高南海北、中部为 2.0 m，南部沿海及泰国湾一般为 1.0 m。月平均波周期多为 7～8 s。

1.3.2.2 海岸波浪特征

我国沿海岸边和岛屿从北到南建立了众多的海洋测站，遍布渤海、黄海、东海和南海沿岸，大量的现场波浪观测资料主要来自这些海洋测站。从实测资料可得到如下主要波浪特征。

1.3.2.3 波型特征

波型特征以涌浪和风浪的频率比表示，表 1.2 给出各海洋站观测资料统计得到的波型分布结果，大部分海区以风浪为主，南海更为显著，浙东和福建风浪与涌浪并重，山东半岛南岸则涌浪多于风浪。

表 1.2 沿海波型分布

站名	涌浪频率/风浪频率	站名	涌浪频率/风浪频率
大鹿岛	0.6	平潭	0.85
老虎滩	1.0	崇武	0.90

站名	涌浪频率/风浪频率	站名	涌浪频率/风浪频率
葫芦岛	0.4	表 角	0.55
塘 沽	0.3	遮 浪	0.3
小麦岛	1.7	硇洲岛	0.25
石臼所	1.4	东 方	0.48
连云港	0.4	莺歌海	0.47
引水船	0.5	北 海	0.10
南 鹿	0.97	白龙尾	0.34

据中国海湾志编纂委员会（1994）整理。

1.3.2.4 波向特征

表1.3 给出各海洋站实测到的各个方向波浪年平均出现频率。沿海的常浪向，辽东湾为 SW 向，北黄海至石臼所为偏 S 向，江苏、上海、浙江、福建和广东沿岸为 NE 向和 SE 向，广西为 NE 向和 SW 向，海南西岸为 SW 向。沿海的强浪向，渤海葫芦岛为 NE 向，塘沽为 SW 向，山东半岛北岸为 NNE 向和 NE 向；北黄海沿岸为 SE 向，山东半岛南岸为 NE 向，连云港和吕四为 NE 向和 N 向；浙江和福建为 SE 向；广东为 SSE 向，广西为 SE 向。

表 1.3 海洋站各方向波浪年平均出现频率（%）

站名	N	NNE	NE	ENE	E	ESE	SE	SSE	S	SSW	SW	WSW	W	WNW	NW	NNW	C
大鹿岛	7	2	1	1	4	5	14	28	12	4	4	2	1		1	7	7
葫芦岛	2	3	5	4	4	5	5	4	14	29	12	1	1	1	2	1	7
秦皇岛	1	1	1	3	7	6	6	5	15	10	4	3	2	1			
塘 沽	4	3	7	9	7	5	5	3	3	4	4	2	1		2		4
成山角	6	1	8	1	1	1	2	3	9	4	1			1	1	1	
石臼所	5	5	5	5	11	8	10	6	8	3	2	1	2		1	2	25
连云港	7	9	9	4	20	3	1						14				28
引水船	9	10	8	6	5	7	8	9	5	4	2	1	1	3	7	7	6
嵊 山	8	5	11	8	6	5	6	7	4	3	2		2	4	11	10	
南 鹿	8	16	12	4	20	25	6	1	1	4	3	1					
平 潭	1	18	18		1	40	3	1	3	8	7						

续表

站名	N	NNE	NE	ENE	E	ESE	SE	SSE	S	SSW	SW	WSW	W	WNW	NW	NNW	C
崇　武		19	18	6	1	3	24	10	6	10	2						
表　角	1	1	3	7	37	19	15	4	1								
遮　浪	2	3	5	13	19	32	6	2	3	3	11	2	1				
硇洲岛	1	4	8	19	14	12	20	10	6	1	1	1					3
东　方	11	12	8					5	17	13	6	3	2	8	12		4
莺歌海	3			1	5	16	13	16	9	7	4	4	6	7	9		1
北　海	13	16	2	2	2	4	1		3	8	11	3			1	1	23
白龙尾	1	24	14	3	5	6	10	4	11	8	3						9

据中国海湾志编纂委员会（1994）整理。

1.3.2.5　波高特征

波高是波浪最主要的特征，反映出波浪的能量与强度。表 1.4 给出我国沿海各波浪测站获得的平均波高和最大波高，前者反映出经常出现的波浪场，后者反映危害最大的波浪强度。沿海的平均波高，渤海和黄海最小，约为 0.5 m，仅北隍城大于 1.0 m；东海为强浪区，除滩浒为 0.4 m 外，都大于 1.0 m，北礵达 1.5 m；南海广东较大，为 1.0 m 左右，广西较小，为 0.5 m 左右，海南为 0.5~0.7 m。沿海的最大波高，渤海和黄海为 3~9 m，北隍城为 8.6 m；东海最大，不少区域超过 10 m，嵊山达 17 m（目测），南麂为 10 m，北礵为 15 m，平潭为 16 m；南海为 2~9 m，广东较大，为 6.5~9 m，广西较小，为 2~4 m，海南莺歌海达 9 m，一般为 5 m 左右，白沙门仅为 2.4 m。

表 1.4　海洋站实测波高与波周期

站名	平均波高/m	最大波高/m	平均波周期/s
大鹿岛	0.5	4.0	2.6
老虎滩	0.4	8.0	3.2
葫芦岛	0.5	4.6	2.8
北隍城	1.1	8.6	3.8
岠姆岛	0.6	7.2	2.6
成山角	0.3	8.0	2.6
小麦岛	0.6	6.1	3.0

站名	平均波高/m	最大波高/m	平均波周期/s
石臼所	0.5	3.5	3.0
连云港	0.6	5.0	3.8
吕　四	0.3	2.8	2.6
引水船	0.9	6.2	3.4
嵊　山	1.1	17.0	4.8
滩浒	0.4	4.0	2.9
南　麂	1.0	10.0	5.0
北　礵	1.5	15.0	5.5
平　潭	1.1	16.0	4.8
流　合	1.2	6.9	3.8
云　澳	1.0	6.5	3.7
遮　浪	1.1	9.0	3.6
硇洲岛	0.9	8.1	3.5
白沙门	0.5	2.4	3.4
莺歌海	0.7	9.0	3.2
东　方	0.7	4.8	3.6
榆　林	0.5	4.6	3.1
北　海	0.3	2.0	2.3
白龙尾	0.5	4.1	3.1

据中国海湾志编纂委员会（1994）整理。

1.3.2.6　波周期特征

表 1.4 也给出了各测站获得的平均波周期结果，一般为 2.3~5.5 s，其南北分布特点与波高相类似，东海最大，南海其次，渤海和黄海较小。平均波周期，渤海和黄海除北隍城为 3.8 s 外，均小于 3 s；东海除滩浒、吕四小于 3 s 外，都大于 3.5 s，北礵 SSE 向为 6.1 s，平潭 NE 向为 5.7 s，嵊山 SE 向为 5.5 s；南海为 3.0~3.8 s，向西向减小，北海仅 2.3 s。东海波周期大，嵊山曾测得 19.8 s 的大浪，南麂测得 14.8 s。

1.3.3　入海河流水沙概述

在海滩的形成与演化过程中，入海河口起到了十分重要的塑造作用，河口动力环境是海滩重要的外部动力环境之一，河口的径流量、供沙量及季节性变化，对海滩的冲淤变化都起到了重要的影响。海滩的形成和分布都与河口有着千丝万缕的联系（国家水利网，2019）。

1.3.3.1 渤海和北黄海区

1）鸭绿江

鸭绿江为中朝边境界河，发源于吉林长白山主峰南麓，流经吉林、辽宁两省，全长约 800 km，由北向南注入北黄海。鸭绿江为典型的山溪性河流，源短流急，挟带泥沙量较少。根据 1960—1999 年资料，鸭绿江多年平均入海径流量约为 266.8×10^8 m^3/a，多年平均入海泥沙量为 159.1×10^4 t/a，水沙年内分配极不平均，洪季（6—9 月）径流量和输沙量约占全年总量的 80% 以上。鸭绿江口形态呈喇叭形，口门附近心滩、沙岛发育，将河口分割为多条入海水道，口门以上为沙坎区，是高流态沙坪，水深较浅。鸭绿江口为强潮河口，平均潮差 4.6 m，悬沙含量高（约占 80%），潮流强，最大浑浊带显著。

2）辽河

辽河为辽宁省第一大河，全长 1 396 km，总流域面积为 21.9×10^4 km，流经河北、内蒙古、吉林和辽宁四省（自治区），挟带大量泥沙入海，多年平均入海径流量为 39.5×10^8 m^3/a，多年平均入海泥沙量为 $1\ 002.1 \times 10^4$ t/a（1963—1982 年，刑家窝堡、唐马寨、朱家房等水文站），受气候影响，河流季节性明显，水沙量年内分配极不平均，主要集中在 7—9 月洪季时期。辽河口是典型的三角洲河口，位于辽东湾顶部的平原淤泥质岸段，东起大清河口，西至小凌河口，范围广阔，包括大辽河口和双台子河口两部分，岸线长达 300 km，接受辽河和大凌河挟带的大量入海泥沙，泥沙均以黏土质粉砂、粉砂质黏土等细粒物质为主。

3）滦河

滦河发源于河北省丰宁县西北部之巴彦图古尔山麓，流经内蒙古草原、坝上草原和燕山山区，于乐亭县南兜网铺入渤海，全长 1 200 km，挟带较多泥沙入海。滦河下游滦县站多年平均径流量约为 45.1×10^8 m^3/a，多年平均输沙量为 $2\ 010 \times 10^4$ t/a（1930—1972 年），具有显著的水少沙多特点，并且受气候影响季节性明显，年内水沙量分配很不均衡，洪季（6—9 月）径流量占全年总流量的 75% 左右，而 7—9 月输沙量约占全年的 93% 之多。滦河口发育有典型的河口三角洲，泥沙出口门后在径流、潮流和波浪的作用下沿岸向两侧输运，所以三角洲形状规则，突出不明显，且沿岸输运的泥沙为附近大面积的砂质海岸提供了物质供应。

4）海河

海河是华北最大的水系，支流众多，北京、天津、河北大部都在其流域之内，干流河长 1 036 km，于天津大沽注入渤海，大沽北侧不远处还有一北塘口，为海河北支入海口。海河在 1980 年以前水沙量较丰富，海河闸站处多年平均径流量约为 $21.1×10^8$ m^3/a，多年平均输沙量约为 $11.9×10^4$ t/a（1960—1979 年），水沙量年内分配不均匀，主要集中于夏季。1980 年以后，由于人类活动干扰，海河基本无水沙入海。

5）黄河

黄河西出青藏高原，东入渤海，全长 5 464 km，流域面积为 $75.2×10^4$ km^2，多年平均径流量约为 $319.38×10^8$ m^3/a，多年平均输沙量约为 $10.49×10^8$ t/a，入海河段多年平均含沙量 25.5 kg/m^3（利津站 1950—1990 年），含沙量居世界之首。黄河年际、年内水沙分配极不均衡，洪季（7—10 月）水沙量约占全年总量的 94%。1990 年以后，黄河流域进入枯水期，降水量减少，断流呈现次数多、时间长、范围广的态势，黄河口入海径流量和输沙量不断减少，严重时甚至不到多年平均的 25%。2002 年后，黄河中下游进入人工调水调沙期，河口的径流量和输沙量受上游水库调节，集中于 5—7 月的黄河汛期之前。

黄河泥沙的物质成分以粉砂为主，其次为极细砂和泥，高浓度入海泥沙在径流、潮流和波浪的作用下有着许多独特的运动形式，如黄河口特有的切变锋和异重流等特征。此外，黄河极高的含沙量，明显的夏季汛期和低平的地势使其中下游河道出现善淤、善决、善徙等特点。频繁的决口和改道使黄河在海河和淮河流域间形成多处河口，尾闾按自然规律循环演变。

1.3.3.2 南黄海和东海区

1）灌河

灌河流域内 90% 为平原，植被良好，流域来沙轻微，是一条水清沙少的河流，多年平均径流量约为 $15×10^8$ m^3/a，多年平均净输沙量约为 $70×10^4$ t/a。干流上游经人工闸坝控制，洪季（5—10 月）排水，下游河道承接径流河水，枯水季河道则以容纳潮水为主。水下地貌主要为废黄河水下三角洲，并在侵蚀后退的过程中发育了河口沙嘴。河口沙嘴的形态主要受波浪和径流控制，其发育和演变过程又控制了入海水道的演变。

2）长江

长江为我国第一大河，全长 6 300 km，于东海与黄海交界处的上海市入海，长江口也是我国最大最重要的一个河口。长江口水沙量丰富，根据下游大通站 1950—2000 年资料，长江多年平均径流量约为 $9 051×10^8$ m^3/a，径流量有明显的季节变化，年内分配不平均，洪季（5—10 月）径流量约占全年总量的 71%，多年平均输沙量约为

4.33×10^8 t/a，洪季输沙量约占全年总量的87%。

长江口泥沙主要在径流、潮流、盐水异重流等动力因素的控制下运动，由于河口环境复杂，泥沙在时间、空间上的分布和运动都较为复杂。整体来看，河口区各汊道泥沙运动基本上遵循"北进南出"的形式，河口汊道垂向泥沙运动基本上遵循"上出下进"的形式，河口横向环流泥沙运动方向则基本为表层向南、底层向北。长江口泥沙运动范围很广，向东北可达济州岛附近，向南可达闽江河口。近年来由于三峡等大型水利工程的影响，河口来水来沙量减小，海岸不断向陆蚀退。

3）钱塘江

钱塘江西起黄山，东至杭州湾汇入东海，全长605 km，为浙江省第一大河。钱塘江丰水少沙，多年平均径流量约为290.5×10^8 m³/a，多年平均输沙量约为668.7×10^4 t（芦茨埠站，1950—1980年）。水沙量年内分配不均匀，汛期（4—7月）流量约占全年流量的70%。钱塘江口泥沙来源以海域潮流来沙为主，流域来沙和海岸冲刷来沙为辅。河口段不仅河床演变频繁剧烈，河道主流也在两岸堤间来回迁徙摆动，致使两岸滩地坍涨变化不定，含沙少的水流对河口段泥沙具有强烈冲刷作用，岸滩坍塌所带来的泥沙是河口段泥沙来源之一。此外，杭州湾北与长江毗邻，长江每年有大量泥沙输送到口外，也为钱塘江口提供了丰富的物源。

4）瓯江

瓯江是浙江省第二大河，是浙南地区的重要水路交通线，温州位于瓯江口南岸，是浙南重要的政治、经济、文化中心。瓯江中、上游水清沙少，流域中山地面积达80%，是一条山溪性河流。根据瓯江圩仁站和楠溪江石柱站1957—2004年资料，瓯江口多年平均入海径流量约为148.05×10^8 m³/a，洪季（4—9月）径流量占全年总量的78%以上，多年平均输沙量约为225.6×10^4 t/a，洪季输沙量占全年的75%左右。

5）闽江

闽江西起武夷山，自西北向东南入东海，是福建省第一大河。闽江含沙量丰富，根据下游竹岐站1950—1986年资料，闽江多年平均入海径流量约为600.1×10^8 m³/a，洪季（5—7月）平均径流量约占全年总量的51%，多年平均入海悬移质泥沙量约为728×10^4 t/a，洪季输沙量约占全年的76%。闽江口的泥沙主要来自闽江流域，悬沙中一部分为再悬浮的滨外沉积物，河口各汊道出口处都发育有向海延伸的沙嘴，河口处有大面积的内沙浅滩，主要包含了粗中砂和中粗砂。泥沙出河口后在波浪、潮流的作用下一部分沿岸向南输运，为其南侧的砂质海岸提供了物质供应。

6）九龙江

九龙江流域主要位于福建省南部，是福建省第二大河，于龙海市草埔头入东海，和厦门港相接。九龙江口流量和输沙量年际变化大，年内分配不均衡，根据草埔头站

1950—1979 年资料，多年平均径流量约为 $148×10^8$ m^3/a，多年平均入海泥沙量约为 $307×10^4$ t/a，主要集中在汛期（5—9月），约占全年的 69%。九龙江口泥沙来源于河流输沙和潮流输沙两部分，潮流输沙量较河流输沙量更大。由于人类活动减少了径流的水沙量，泥沙运动更受潮流影响，底沙推移运动主要发生在水道床面，表现为沙洲推移、沙嘴延伸或水下沙体游移；悬浮泥沙运动呈现出"洪出枯进""上出下进""南出北进"的明显趋势。

1.3.3.3 南海区

1）珠江

珠江包含西江、东江、北江及众多支流，水量大，汛期长，径流稳定，流域植被覆盖较好，含沙量小，但输沙量大。根据北江石角站、东江博罗站、西江高要站 1955—2005 年资料，珠江多年平均入海径流量约为 $2\,855×10^8$ m^3/a，多年平均悬移质输沙量约为 $7\,529×10^4$ t/a，年内分配不均衡，汛期（4—9月）水沙量约占全年总量的 79%。

珠江口的范围东自香港，西至上川岛，北起各分流河口，南至淡水所及海域，面积约为 $1×10^4$ km^2。珠江口为多口门弱潮河口，分别有虎门、蕉门、洪奇沥、横门、磨刀门、鸡啼门、虎跳门、崖门八大河口分流入海，除虎门、崖门外，其他河口均以径流作用为主，潮流作用较弱，河口多心滩、天然堤和弓形拦门浅滩发育，口门汊道水深浅。河口区泥沙来源主要以径流下行挟带泥沙为主，潮流泥沙和区域内部搬运泥沙为辅，以悬移运动为主要运动形式，砂质海岸和风成沙丘也有一定的分布。

2）韩江

韩江为广东省第二大河，流至潮州附近开始分汊，分成北溪、东溪和西溪，各溪再度分汊，形成典型的放射状网河系统。韩江流域面积小，但水沙量丰富，多年平均径流量约为 $252×10^8$ m^3/a，多年平均输沙量约为 $760×10^4$ t/a（潮安站，1951—1983 年），年内分配不均衡，洪季（4—9月）来水量和来沙量分别约占全年总量的 81% 和 87%。韩江口属于典型的三角洲河口，三角洲陆上部分为潮汕平原的主体。韩江挟带的泥沙大部分在河口区和近岸沉积下来，到达口外滨海区的悬移质泥沙很少，河口潮流作用较弱，潮差小，泥沙运动不强烈。河口区沉积物较细，潮滩主要以泥滩为主，零散分布有沙滩，南澳岛附近发育有较好的砂质海岸。

3）南流江

南流江发源于广西大容山，于合浦县境内流入北部湾，全长 287 km，是广西沿海最大的入海河流，流域植被覆盖较好。根据常乐站 1954—1985 年资料，南流江多年平均径流量约为 $53.13×10^8$ m^3/a，多年平均入海泥沙量约为 $118×10^4$ t/a，年内分配不均匀，夏季水沙量约占全年的 70%，河口尾闾分为南干江、南西江、南东江和南州江四条汊道与廉州湾相通。

4）北仑河

北仑河口是我国大陆岸线最西南端的一个河口，北仑河发源于防城港市防城区洞中镇捕老山东侧，自西北向东南流入北部湾，其主航道中心线为中国与越南的国界线。北仑河属山区河流，径流量与输沙量均较小，多年平均径流量约为 29.4×10⁸ m³/a，多年平均输沙量约为 22.2×10⁴ t/a，夏季为主要的来水来沙季节。北仑河口由于水沙量较小，河口区陆上未形成三角洲平原，在河谷两侧发育有平坦的冲积-海积平原和海积平原。河口区以潮流作用为主，径流作用为辅，湾内低潮线以下仅有潮流通道，河口区外形成拦门浅沙。河口区海岸以砂质海岸为主，东北岸分布有较好的海滨沙堤，河口区宽广的潮间浅滩也以中砂和细中砂为主。此外，淤泥滩和红树林滩也有零星分布。

5）南渡江

南渡江是海南岛最大的河流，发源于昌江、白沙两县交界的霸王岭（黄牛岭附近），全长 314 km，于海口市东侧向北注入南海。根据龙塘站 1956—1979 年资料，南渡江多年平均径流量约为 59.7×10⁸ m³/a，多年平均输沙量约为 46.1×10⁴ t/a。受流域气候影响，干湿季河口来水来沙量差异很大，5—10 月暴雨季节，河流水沙量达到峰值。南渡江口发育有南渡江三角洲，为典型的波控型三角洲。河口海岸以砂质海岸为主，兼有粉砂质黏土分布其中，河流输沙为河口区的主要物质来源。

1.3.4 沿海风况特征

我国大陆沿海地带北起辽宁省双台子河口，南至海南省三亚，南北跨 6 个气候带。苏北海州湾及其以北的辽宁省、山东省诸海湾气候属南温带型；长江口、杭州湾和宁波—舟山深水港气候属北亚热带型；浙北象山港与闽北的罗源湾之间的诸海湾气候属于中亚热带型；福建省福清湾以南的福建省、广东省（雷州半岛除外）以及广西壮族自治区海湾气候属南亚热带型；雷州半岛和海南岛北部、中部海湾气候属北热带型；海南岛南部三亚湾、榆林湾等 5 个海湾气候属中热带型。

1.3.4.1 风向

我国沿海气候系统受控于东北亚季风，自北向南其影响逐渐减小，但风向整体上体现出季风特征。南温带地处东亚季风区，风向季节变化十分明显。冬季受大陆蒙古高压控制，盛行偏北风。夏季在印度低压和太平洋副热带高压的影响下，盛行偏南风。春、秋季为过渡季节。冬季，渤海湾沿岸以西西北—北风为主，渤海东北部的辽东湾受长白山脉的影响，风向向东北偏转，多东东北风；黄海盛行西北—北风。夏季，渤海以东南风为主，而辽东湾受地形影响，以南西南风为主；黄海盛行南东南风。春季是偏北风向偏南风过渡的季节，对季节平均而言，渤海以偏南风为主，其中西南风多于东南风；黄海盛行南东南—东东南风。秋季是偏南风向偏北风过渡的季节，对季节平均而言，渤海以偏南风最多，偏北风次之；黄海以偏北风为主。

北亚热带—中亚热带为季风区，风向表现出明显季节更替。冬季以北风为主，东北风次之；夏季，盛行东南风，西南风次之；春、秋季为季风的转换期，风向多变，其中春季东—东北风较多，而秋季则北风较多。冬季闽南海湾因受台湾海峡制约盛行东北风，粤东为东北—东东北风，珠江口为偏北风，粤西和桂南地区海湾为东北—北风。夏季，盛行西南季风和东南季风，闽南盛行东南风，粤东以南风为主，粤西则为东南风，桂南地区多为西南—东南风；春、秋季为冬夏季风交替时期，春季本区由西向东、由南向北偏北风逐渐转变为偏南风；秋季9月开始由北至南、由东至西偏南风迅速转为偏北风，10月偏北风开始盛行。

以海南岛和雷州半岛为主体的热带区域，风向变化十分复杂，但季风特征仍很明显，冬季除雷州半岛海湾盛行偏东风外，其余海湾多盛行东南风；夏季盛行偏南风，雷州半岛海湾主要盛行东南风，海南岛沿岸海湾东南、南和西南风兼而有之，各海湾有所不同；春、秋季为过渡季节，一般4月开始以偏南风为主，9月开始冬季风，10月东北季风盛行。

1.3.4.2 平均风速

风速受地形的影响很大，当测站靠近山地丘陵，或在海峡之内、海角之上时，风速会呈现很强的局地性特征；沿海海湾被陆地包围，因而湾内风速一般小于湾口。沿海各地风速空间分布上没有明显的气候带规律，但从时间分布来看规律却基本一致，强风速普遍出现在2—4月东北季风作用最为强烈的时间，弱风速普遍出现在6—8月。

暖温带区渤海沿岸年平均风速一般不大，为3.5~4.5 m/s；平均而言，黄海海湾风速略大于渤海，其中以山东半岛东端的荣成诸湾年平均风速最大，达6.7 m/s，其次是山东半岛南部胶州湾（团岛）和唐岛湾，均为5.5 m/s。本区年平均风速最小的是辽东半岛东部的青堆子湾，仅为2.7 m/s。一年之中春季平均风速最大，其中4月最高，为5.2 m/s左右；夏季最小，其中尤以8月为最小，为3.6 m/s左右。

北亚热带—中亚热带为季风区，年平均风速为4.3 m/s，其中渔寮湾最高，为5.9 m/s，三沙湾（宁德）最低，仅为1.4 m/s。除地形影响外，海陆分布对海湾风速分布影响显著，一般海上风速高于陆地，而且越深入内陆，离开阔海面越远，则风速越小。平均风速年变化不明显，一般冬季较大，其中2月最大，为4.6 m/s。春季风速较小，其中6月最小，为3.8 m/s。

南亚热带海湾年平均风速为3.6 m/s，多数海湾年平均风速为2.5~3.5 m/s，少数海湾因局部地形关系风速较高，如珍珠港受山谷狭管效应影响，年平均风速达5.1 m/s；东山湾受台湾海峡狭管效应影响，年平均风速为本区海湾最高，达 7.1 m/s；平均风速以 10 月至翌年 3 月较大，全区平均为 3.7~4.4 m/s，4—9 月风速较小，平均为 3.1~3.4 m/s。

热带海湾年平均风速一般很小，全区平均仅 3.1 m/s，除雷州湾可达 4.7 m/s 外，其余均在 2.3（澄迈诸湾）~3.5（小海湾）m/s。平均风速年变化十分明显，最高值在 2 月，全区平均为 3.5 m/s，最低值在 8 月、9 月，为 2.7 m/s。

1.3.4.3　大风

大风是指风力不小于 8 级（风速 17 m/s）的风。大风主要由寒潮、热带气旋、雷雨和飑线等引起，对海湾内航运、交通和海上作业危害很大，还可引起风暴潮。

大风日数的分布与平均风速分布基本相似。受地形影响很大，呈现很强的局地性特征。辽东半岛南端的大连湾和营城子湾，年大风日数分别为 70.4 d 和 58.8 d；其次是山东半岛北部和东端的诸海湾，大风日数多在 41 d 以上，其中最多的是芝罘湾、套子湾和石岛湾，分别为 66.9 d、66.9 d 和 66.3 d；苏北的海州湾为 56.5 d。一年之中一般以 4 月大风最多，8 月最少（图 1.16）。大风日数的季节分配以春季最多，平均占全年的 35%，冬季次之，夏季最少，约占全年的 15%。

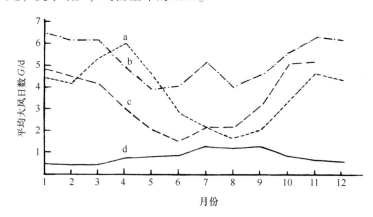

图 1.16　各气候带海湾平均大风日数的年变化

a. 暖温带，b. 北亚热带—中亚热带，c. 南亚热带，d. 热带

据国家海洋局（2010）修改

北亚热带—中亚热带年平均大风日数（不小于 8 级）约 24 d。各海湾相差悬殊，如大风最少的三门湾、台州湾等年平均大风日数只有 4.7 d，而渔寮湾（南麂）高达 177.8 d，平均每 2.1 d 就有一次大风，成为中国大陆沿岸大风最多的海湾。对同一海湾而言，大风分布也有区别，如杭州湾湾底的杭州，全年几乎没有大风，而处于湾口的镇海有 7.3 d。一年当中，以 10 月到翌年 3 月大风较多，平均在 5.7~6.3 d，约占全年的 58%，以偏北风为主；夏半年（4—9 月）大风相对较少，其中 7 月大风稍多，为 5.2 d，

以偏南、偏东风为主。

南亚热带区的台湾海峡西岸的湄州湾、泉州湾、东山湾和厦门港为一多风区，前3个海湾年平均大风日数分别为37.0 d、36.9 d、122 d，而厦门港为30.2 d。褐石湾、广海湾是广东省的多风海湾，年平均大风日数分别为68.2 d、38.4 d，其次是海陵湾，为18.7 d。珍珠港是广西的多风海湾，年平均大风日数为39.5 d。本区其余海湾年平均大风日数多在10 d以下，其中兴化湾、大亚湾大风日数最少，只有3.1 d。本区除热带气旋引起的大风外，其余多与冷空气活动有关，多次出现在10月至翌年3月，约占全区平均大风日数的67%，福建省海湾多些，可达80%左右，广西海湾为50%~60%。

热带海湾大风偏少，且主要集中于6—10月，多由热带气旋引起。年平均大风日数多在4.6~14.0 d，其中海口湾（海口）地处琼州海峡，受狭管效应影响，大风较多，年平均大风日数为14 d，雷州半岛的雷州湾大风也较多，年平均大风日数为13.9 d，除海口湾外，海南岛海湾年平均大风日数在8 d以内。

1.4 我国海岸类型与分布特征

海洋与陆地相互作用的地带，由潮上带、潮间带和潮下带（水下岸坡）三部分组成。潮间带位于大潮的高、低潮位之间，是随潮汐涨落而被淹没和露出的地带，基本上相当于地形上的海滨带，是海岸带的主体地貌单元。受潮汐和波浪的作用不同，分别塑造了潮滩、海滩、岩滩、红树林滩、珊瑚礁滩等地貌形态。

1.4.1 粉砂淤泥质海岸与潮滩

粉砂淤泥质海岸是由小于0.05 mm粒级的粉砂淤泥组成的海岸。此类型海岸的岸线较平直、海涂宽广、岸坡极缓，在岸坡的形成塑造过程中潮流起着主导作用（Davis J L，1964）。当潮波进入浅水后，由于潮波前坡变陡、涨潮流速大于落潮流速，掀沙力很强，挟沙力大，在海底形成混浊层。因此，在涨潮时底部泥沙都向岸推动一段距离，从而使海涂不断向外淤涨，岸坡也很缓，坡降一般为0.5‰~1‰，全国该海岸岸线总长约10 800 km（蔡锋等，2010）。

中国潮滩规模大，潮滩可分为平原型和港湾型两种。前者在大河入海平原沿岸，如辽东湾、渤海湾、江苏沿岸、杭州湾；后者分布在浙江、福建、广东沿岸一些港湾内（图1.17），是注入海湾的河流及涨潮带来的海域泥沙沉积形成的。

平原型潮滩沉积的基本特征：①潮滩在平面上有高潮位泥滩、中潮位泥-砂混合滩，低潮位粉砂、细粉砂滩三个沉积带，相应地在剖面上具潮滩二元相结构，即上层为泥质沉积，厚2~3 m，下层为砂质沉积，厚10~15 m，中间为过渡的泥-砂混合沉积。②潮滩

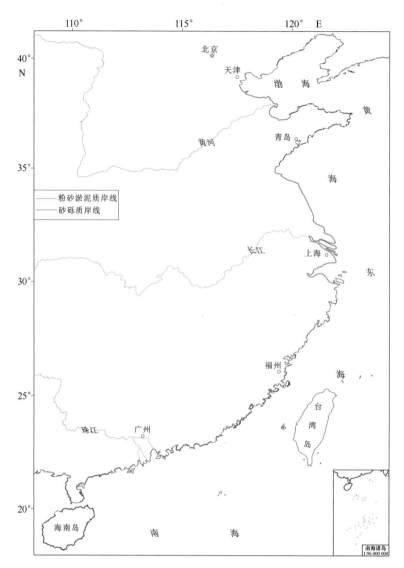

图 1.17　中国大陆及海南岛沿岸粉砂淤泥质海岸及砂砾质海岸的主要分布区段概图

组成比较均一稳定，包括粒度成分、化学组成、矿物及微体生物等，这反映平原型潮滩由大河供应沉积物，影响范围大，沉积持续时间长。③潮滩沉积体大，面积数十平方千米至数百平方千米。大多位于地质构造沉降区，可连续几个旋回，厚度为几十米至一百多米。

　　辽东湾顶部自葫芦岛至鲅鱼圈区沿岸的粉砂淤泥质潮滩，滩面平坦宽阔，最宽可达15 km，常发育小型冲刷潮沟，以及各种波痕、流痕及浅凹地。辽东湾西岸的粉砂淤泥质潮滩，在曹妃甸以北南堡附近潮滩较为宽阔，伴有潟湖发育，并且沿岸还有广泛的沿岸沙堤发育，这些沙堤与内侧的水域构成了潟湖沙堤体系，目前该潟湖已经转化为滨海沼泽。渤海湾内由南向北均发育有广阔的粉砂淤泥质潮滩，潮滩由粉砂质黏土组成，宽度为 5~10 km，黄骅港至废弃黄河水下三角洲之间的岸段，潮滩宽阔，可在 10 km 以上。莱州湾西岸现行黄河口至虎头崖沿岸粉砂淤泥质潮滩也较为宽阔，潮滩宽 2~10 km，莱州湾西岸和湾内入海河流众多，沉积物较为松散，且周期性地受到海水的淹没和出露，侵蚀、淤积变化复杂，滩面上常有水流冲刷而成的潮沟和波浪侵蚀的洼坑分布。黄海海域分布的粉砂淤泥质潮滩，主要集中在北黄海东北部、苏北沿岸海域，山东半岛东南沿岸海湾内有少量分布。由于长江、鸭绿江等入海河流泥沙来源减少以及黄河改道等原因，大部分岸段的潮滩由淤长转为侵蚀后退。其中，苏北沿岸潮滩沿弶港以东海岸向北和向南展布，向北东方向与潮流沙脊相连。该岸滩比较宽阔，一般都有 10 km 宽，最宽处在弶港之北侧，可达 25 km。滩面平缓，平均坡降为 0.3‰，滩面上发育有沙波和树枝状潮水沟。

港湾型潮滩沉积基本特征有三点：①物质组成单一，在平面上从高潮位到低潮位无明显的相带（泥滩、泥-砂混合滩及粉砂-细砂滩）。②局部成分分异度大，受当地河流、海岸侵蚀供应物质的影响，使潮滩沉积物在短距离内发生变化。③沉积体较小，厚度一般为几米，少数厚度大于 10 m，面积一般为几平方千米，少数为几十平方千米（徐元，1998）。

在浙江、福建沿岸的各类海岸，一般为三面环陆的隐蔽式海湾，如三沙湾、罗源湾、湄洲湾等港湾顶部，分布有港湾型潮滩。滩面微地貌形态单一，其上多发育潮沟，一般呈树枝状或蛇曲状分布，主沟较大，常与湾顶小河沟相连，沟通湾岸，往往成为湾内的主要通道。自 20 世纪 80 年代以来，海域海水养殖业迅猛发展，大部分的淤泥质潮滩被用于养殖或围田等，极大地改变了潮滩原始自然景观。潮滩分带性十分明显，由岸向海可分为高潮滩带、中潮滩带和低潮滩带。南海北部粉砂淤泥质潮滩主要分布在平直的海岸、海湾和河口三角洲地带，主要是由河流挟带来的大量泥沙淤积而成。沿平直海岸发育的潮滩，宽度不大，一般宽为 200~500 m，海涂物质来源往往由原地或附近海岸浪蚀物质堆积而成。分布于潟湖海湾附近的潮滩，由潮流和陆地片流、散流搬运的泥沙在潟湖或溺谷湾岸淤积而成，分布不连续。潮滩发育与海湾的大小、海洋水文条件和物质来源多少直接相关。沿河口三角洲发育的潮滩，分布于河口三角洲的前缘，物质主要来源于河流输沙，主要连续成片分布于珠江三角洲和韩江三角洲等大小三角洲的前缘。

潮滩的发育主要决定于两个因素：一是沉积物的供应量；二是潮汐作用。凡是泥沙供应量丰富、潮差大的区域，潮滩发育就宽广；当沉积物供应量减少或消失，波浪和潮流的侵蚀将使潮滩缩小。因此，沉积物供应量成为潮滩发育的重要因素，潮汐作用的差异构成了潮滩与潮滩沉积结构上的差异。海岸带沉积物来源主要有河流、海底与海岸侵蚀的产物，而海底的泥沙大多是过去的河流供应物质，以及陆源输入物质。浙江、福建港湾潮滩的沉积特征也反映了河流及海域来沙都是潮滩发育的重要因素。长江悬移质泥沙及浙、闽沿岸入海河流的悬移质沿岸向南运移，成为浙、闽港湾沉积物的主要来源。

1.4.2　砂砾质海岸与海滩

砂质海岸潮间带沉积物碎屑成分（包括岩屑、矿物屑和生物屑等）主要由砂（粒径 0.063~0.2 mm）组成，其体积含量一般占75%以上，其余碎屑颗粒（砾石或粉砂淤泥质碎屑）的总体含量少于25%。当砾石或粉砂淤泥质颗粒为25%~50%时，则可分别称之为砾质砂或粉砂淤泥质砂（图1.17）。

海滩系指海岸线与低潮线之间，主要由波浪作用塑造的，由未固结沉积物组成的海滨（蔡锋，2008），是砂质海岸带主体地貌单元，宽度一般在数十米至数百米，但也有的宽度可达1 km。由于海滩位于陆海相互作用的敏感地带，海滩堆积主要受波浪影响，也受潮汐和地形的影响。砂质海滩是由砂质沉积物组成的沙滩，一般具有缓凹形的横剖面，分布范围介于低潮线与一般波浪作用的上限之间，是海岸带变化最频繁的区域。

砂质海滩主要分布于以波浪作用为主的海岸，沉积物分选好，属激浪带产物，滩面有隆起的不对称滩脊（沙堤）和凹下的滩槽。通常还发育因波浪折射或沿岸流引起松散物质纵向位移而成的沙嘴（陈子燊，1997）。组成物质自岸向海有变细的特征，一般高潮区较粗，以中粗砂为主；中、低潮区较细，主要为中细砂或细砂。沙滩上地貌类型是复杂多样的，常见的有沿岸沙堤、潟湖、沙嘴和连岛沙坝等。我国著名的沙滩主要分布在北戴河、青岛、厦门、北海、三亚等地，即以浪控作用为主的海岸。我国砾质海滩主要分布在以波浪作用为主的地壳抬升海岸，尤以山地海岸的岬角最为明显。砾石滩的海岸侵蚀作用强烈，在海岸不断后退过程中，也常见形成岩滩（或称海蚀平台、浪蚀台）、碎石滩、卵石滩及砾石堤，其岸滩狭窄，一般坡度较陡（5°~15°），砾石大小不等，分选差，砾石成分与近岸基岩相同。浙江舟山一些岛屿海岸，福建平潭岛、浮鹰岛及龙海流会村一带有分布。

渤海沿岸的海滩主要分布在辽东湾东岸岬角海湾型海岸，在湾顶多形成砂质、砂砾质海滩，一般宽度为几十米，河口附近可达几百米，赤土河口宽度为1 000 m左右。海滩向海坡较陡，后缘十分平缓。沙滩高潮线附近，在大风浪作用下，滩角地貌发育。沙滩上多出现平行于海岸的条带状沙脊，高度为几十厘米。沙滩沉积物为灰黄色中细砂、中粗砂，其中常含有粗砾及小砾石。秦皇岛地区及洋河口附近的高潮线上部有沙堤发育，由灰黄色中细砂组成，含大量贝壳碎屑。沿岸沙堤平均宽度约50 m，在河口区明显拓宽，洋河口沙堤宽度可达200 m。沙堤的平均高度为2~3 m，向海坡大于向陆坡。自洋河口向西南，沙堤被大型风成沙丘所代替。此外，水下沙堤也十分发育，低潮线附近有2~3列水下沙堤，均平行于海岸。两堤之间的距离为20~100 m，平均宽度为30~80 m，高为1~3 m。向海坡平缓，向陆坡较陡，主要由中细砂和少量贝壳及其碎屑组成。

黄海沿岸的海滩主要分布在大连、庙岛群岛和山东半岛沿岸，规模多较小，形态呈小型沙滩、砂砾滩或沙坎–潟湖型堆积地貌。山东半岛南部沙滩分布较广，大部分岸段沙滩遭受侵蚀。

东海沿岸沙滩多见于腹地较大的开敞式海湾顶部，主要分布于福建闽江口以南的基岩岬角之间的开敞式海湾内。滩面坡度变化较大，一般高潮区较狭窄，中低潮区较宽缓，滩面具有明显的坡折，并常有放射状的小冲刷沟发育，低潮区滩面可见波流痕。沙滩上地貌类型是复杂多样的，常见的有沿岸沙堤、潟湖、沙嘴和连岛沙坝等。此外，在闽北和浙江沿海也有少量小型岬湾海滩发育，岬湾一般较小且岬角长，遮蔽效果良好，部分为砾石滩。

南海北部是我国海滩发育的主要地区，粤东和粤西都广泛分布，是我国海滩分布的主要区域。珠江口大万山岛等部分海岛周围发育砾石海滩，如大万山岛南岸的浮石湾。香港岛南区的沙滩有浅水湾、深水湾、中湾、南湾、春坎角、赤柱正滩等。雷州半岛至广西海岸东段（北海市南部向海面以及北部向南流江面），以及海南岛北部（抱虎港至洋浦湾）的"湛江组""北海组"地层岩性为未胶结的砂砾、细砂和黏土，质地松软，受长期水流和波浪的侵蚀搬运，形成"大湾套小湾"的鹿角状溺谷海湾，湾外潮间带多为沙滩，湾内潮间带则主要为沙泥滩或泥滩。

1.4.3 基岩海岸与岩滩

基岩海岸在我国的漫长海岸带上分布广泛。在杭州湾以南的华东、华南沿海广泛分布，而在杭州湾以北，基岩海岸则主要集中在山东半岛和辽东半岛沿岸。我国的基岩海岸长度约 5 000 km，约占整个大陆海岸线总长的 30%。此外，在台湾岛和海南岛，基岩海岸更为多见。

基岩海岸的海岸线曲折且曲率大，岬角（突入海中的尖形陆地）与海湾相间分布，岬角向海突出，海湾深入陆地。海湾奇形怪状，数量多，但通常狭小。在外营力的作用下，软硬不一的岩石组成的基岩海岸会形成海蚀崖、海蚀柱、海蚀洞、海蚀平台等多种海蚀地貌。海蚀平台一般位于平均海面附近，也有分布于高潮线以上的，它们是由特大暴风浪作用而形成的暴风浪平台；也有位于海面以下的，它们是由波浪侵蚀作用在下限处形成的海底平台。我国的海蚀平台（岩滩）主要分布在辽东湾西岸，辽东半岛，山东半岛岬湾海岸及庙岛群岛的基岩岬角部位，闽浙沿海的大部分基岩海岸，珠江东西两侧及粤东、粤西和广西沿岸的台地溺谷港（湾）区。

巨砾滩地是基岩海岸风化崩落岩块组成的潮间带堆积，是基岩海岸常见的地貌单元。渤海沿岸的岩滩规模不大，宽度为 50~300 m，多是石英岩脉和花岗岩脉的石块，起伏的岩石高差达 3 m，在靠近海蚀崖的崖角处，常有崩塌的巨砾及砾石。黄海沿岸的岩滩主要分布在辽东半岛、山东半岛岬湾海岸及庙岛群岛的基岩岬角部位，丘陵山体直逼海岸，波浪作用较强，侵蚀作用强烈，暗滩窄陡，海蚀平台和海蚀崖等海蚀地貌发育。东海沿岸的岩滩广泛分布在浙江、福建沿岸及各大小岛屿。该区海蚀平台是海岸基岩（以花岗岩为主，部分地区发育玄武岩）在高能条件下海蚀作用的结果，主要分布于基岩岬角和岛屿的迎风浪面的岸段，常与基岩海岸、砂质海岸相伴生，一般背靠海蚀陡崖、面临深水岸坡、高潮淹没低潮出露。南海北部沿岸岩滩主要分布于珠江东西两侧及粤东，如大亚湾、大鹏湾、广海湾、镇海湾、海陵湾和柘林湾等；粤西和广西沿岸的台地溺谷港（湾）区也有发育，主要由"湛江组""北海组"砂质黏土、砂砾土或玄武岩组成，分布于湛江港、雷州湾、安铺港、大风江口、钦州湾、防城港等地。珠江口近岸区海底起伏，基岩广泛分布，在岛屿的周边，基岩海岸附近海域，存在多个起伏基岩分布区，如桂山岛周边、担杆列岛的二洲岛至细担岛一带，大鹏半岛西侧海岸、大亚湾的中央列岛的岛屿区、平海半岛东侧海岸。海南岛南部海蚀地貌主要分布在鹿回头岭、白虎岭、牙笼半岛及芽琅岭等丘陵海岸周围，海蚀崖多数较陡峻，高度为 20~40 m，最高可达 80 m，在海崖前有宽度不大的海蚀平台。

1.4.4　红树林海岸

红树林是生长在热带—亚热带低能海岸潮间带上部，受周期性潮水浸淹，以红树植物为主体的常绿灌木或乔木组成的潮滩湿地木本生物群落，属常绿阔叶林。全球红树林大致分布在南、北回归线之间，最北可达 32°N，最南可达 33°S。我国的红树林属于东方群系，共有红树植物 16 科 20 属 37 种（陈映霞，1995），自然分布于广东、广西、海南、福建、台湾等省份，面积约 1.6×10^4 km²，约占世界红树林分布面积的 0.22 %（谭晓林等，1997）。20 世纪 80 年代在浙江瑞安引种秋茄成功，使得我国红树林分布向北延伸至28°N。

红树林多分布于有明显滩面的海湾或入海河口汇合处避风的淤泥质滩面上，其生长条件受气温、洋流、波浪、岸坡、盐度、潮汐、底质等多种因素影响。华南沿海地区属亚热带湿润季风性气候，中低潮差的溺谷型海岸，适合红树林生长。在福建、广东、广西、海南沿岸的滩涂中间断分布了大量红树林滩，其中广东和海南分布较广，共有红树林面积 86 km²，以海南岛沿岸面积较大，约有 48 km²，主要分布于铺前湾、清澜湾等地；广东的红树林滩主要分布于珠江口两侧的大亚湾、范和港、大海环、镇海湾、海陵山湾、雷州湾等地（王文介，2007）；广西红树林面积约为 83.7 km²，主要分布在风力相对较弱、潮汐缓和且有利于海潮和入海河流带来的泥沙和碎屑等物质沉积的港湾，如英罗港、丹兜海、铁山港、廉州湾、大风江口、钦州湾、珍珠港、北仑河口等地（张忠华，2007）；福建红树林分布面积较小，大多呈零星片状分布，如东山湾顶部潭江口的竹塔和九龙江河口区等地生长较好，沿岸呈片状分布，最大宽近 100 m，树高为 1~2 m。

自 20 世纪 50 年代以来，我国红树林面积急剧下降，主要原因在于人类对海岸不合理的开发活动。20 世纪 60—70 年代大规模围海造地，80 年代以来的围塘养殖和城市建设用地，都直接毁灭了大片红树林。其他人类活动如砍伐、放牧、采集、薪柴、绿肥、海产采捕、旅游等，也对红树林生态系统带来了巨大的压力，引起生态系统强烈的退化。

1.4.5 珊瑚礁海岸

珊瑚礁是由生活在水深 20 m 以浅的海底造礁珊瑚的骨骼与少量石灰质藻类和贝壳胶结后，经过长年累月的堆积，形成一种有孔隙的钙质岩体的特殊地貌（张乔民，2006）。

我国珊瑚礁地貌根据地理分布、地貌类型、地质特征和发育历史，可分为三大礁区：①南海诸岛区包括东沙、西沙、中沙和南沙四大群岛的珊瑚岛、礁、滩，以第三纪以来长期发育的环礁为特征，珊瑚礁沉积厚达千米以上；②南海北部沿岸区包括海南岛沿海、北部湾海域、桂粤闽沿海及邻近小岛，主要为全新世以来形成的岸礁，尚有少量离岸礁、潟湖岸礁，以及在浅海底现已死亡的"底礁"，珊瑚礁沉积很薄，一般不超过 10 m；③台湾沿海区包括台湾岛东岸、恒春半岛、台南高雄地区、北岸，以及澎湖列岛、钓鱼岛及其他小岛，以隆起珊瑚礁为特征，是第四纪以来长期发育的岸礁。

华南珊瑚礁海岸主要分布于海南岛（环岛近岸均有零星分布）及雷州半岛近岸区，其分布具有断断续续的特点。从琼海市青葛向北至文昌市清澜港之间的沙荖港、冯家湾、长圮港和高隆湾等沿岸，断续分布珊瑚裙礁，礁坪最宽达 2 km（王国忠等，1986）。潟湖岸礁见于榆林、新村等湾内（已遭破坏），水深一般不超过 10 m。北部湾近岸区珊瑚礁主要分布于北部湾东北角近北海一带，且出现范围较小。

近代人类活动对珊瑚礁安全是一巨大的威胁。尤其陆地上的污染和过度捕捞对这些生态系统造成了严重威胁。为了保护我国有限的珊瑚资源，1990 年 9 月 30 日，国务院批准建立三亚珊瑚礁国家级自然保护区，这是国内第一个国家级珊瑚礁保护区。该保护区实际管辖面积为 55.68 km²，由鹿回头半角—榆林角沿岸片区，东、西瑁洲岛片区及亚龙湾片区组成，保护区内有造礁珊瑚 110 种。

第2章 中国海滩资源与环境

2.1 我国海滩发育与类型

2.1.1 我国海滩发育与分布特征

在我国漫长曲折的海岸线上，海滩整体发育和分布具有以下特征。

2.1.1.1 海滩资源的整体布局是对新构造运动升降变形特征的响应

新构造运动指新近纪末期以来地壳的构造运动。我国沿岸地区的新构造运动主要是继承新华夏构造体系（燕山运动）以来的断裂、断块运动的特点，且以垂直运动为主。在新构造运动时期，由于地壳抬升或下沉幅度因地而异是导致海岸地形地貌与供沙差异的重要原因，从而亦造成了不同区域海滩资源的分布状况的差别：① 大陆杭州湾以南整个华南隆起带沿岸地区，在新构造期的构造应力受到菲律宾海板块呈 305° 运动的影响特别明显，形成了 6 个显然不同型式的新构造运动特征分区（见本书第 1.2.2 所述）。这 6 个不同型式的特征分区，虽然总体还是保留原山丘或台地及岬角-港湾海岸类型，但其中除了浙江—闽北下沉带，以及粤中断块活动带区段中部造成珠江口断陷沉积盆地而形成了较大面积的三角洲的粉砂淤泥质海岸外，其他各个分区地壳大部表现为相对上升的断块特点，地面以风化剥蚀作用为主，从而使花岗岩等基岩形成了较厚的红壤型风化壳和斜坡堆积物，进而又形成了各级沉积阶地。这些第四系堆积物地层一般处在临海陆地地面之上，其侵蚀-剥蚀入海泥沙中含有丰富的砂、砾碎屑颗粒，是当地海岸带生成与发育海滩资源最主要的成因条件，成为沿岸海滩较集中的分布区域（中国科学院地学部，1994）。② 对于杭州湾以北的燕山隆起带和胶辽隆起带海岸，由于新构造运动表现为相对稳定或抬升微弱，通常剥蚀平原濒临海滨，呈现出稳定的夷平海岸性质，加之，有利于海滩成因的第四系堆积物地层抬升幅度并不大，海滩资源总体逊于华南隆起带。但局部海岸带仍然也有较发育的海滩资源分布，例如辽西—冀东岸段和山东半岛西岸之沿岸更新世洪-冲积相沉积阶地广泛分布的海岸（图 1.3）。③ 华北—渤海沉降带和苏北—南黄海沉降带的大平原海岸，新构造运动继续以沉降为主要特征，因此，海岸带基本形成了大河尾闾摆动的地貌形态，丰富的河川径流来沙，既营造了广阔无垠的三角洲平原，也成为粉砂淤泥质海岸发育的物质基础。④ 台湾岛因处在亚洲大陆和菲律宾海板块相对运动的突出对撞位置，强烈的构造运动和地形反差，导致形成台东断崖山地和台西平原台地两种迥然不同的海岸类型。前者海岸岸崖高耸，水下岸坡陡峻，长年累月大洋波涛汹涌，岸麓狭窄的海蚀平台除常见巨大砾石散布外，连一般的砂砾质沉积亦少见，因此，台湾岛西岸砂砾质海滩比东岸富集发育（图 1.3）。

2.1.1.2　河口影响海滩发育，对海滩分布影响明显

海岸是陆海能量和物质交换的中心地带，河流带来的泥沙物质是影响海岸发育的支配性原因。中国入海河口达 1 879 个，入海河流总流域面积达 $431 \times 10^4\ km^2$，河流带来的大量泥沙对中国海岸的发育起着重要作用，对海滩的发育也产生明显的影响。大平原区的大河流通常带来大量细粒物质，会堆积在河口和附近区域形成泥质岸线，致使砂质沉积物组成的海滩完全没有发育的空间和条件。例如黄河入海悬沙浓度高，入海泥沙量非常巨大。其中，黄河在北方地区多次改道，除了现行快速生长黄河三角洲外，还在江苏沿海形成一个废弃黄河三角洲，大量的细粒物源使得泥质海岸在江苏沿海和渤海湾西岸占主导性地位，致使海滩没有发育的空间和物源条件。长江挟带的泥沙则广泛影响到上海和浙江沿海，也使得上海和浙北地区几乎没有海滩发育。

但是，流经山丘或台地侵蚀–剥蚀地区的中、小河流的河口区，或者是沿海地带短小山溪性小溪流入海的海岸，由于其水流坡降较急，往往挟带较大量粗颗粒碎屑泥沙入海，则在适当波浪能量的分选作用下，必将于海滨地带生成与发育砂砾质海滩。这一海岸带动力地貌作用过程在我国中新生代地质构造运动形成的隆起带沿海地区十分常见（除浙江—闽北沿岸由于新构造期地壳断块下沉，在末次冰后期海侵后大多被海水淹没以外）。

2.1.1.3　海岸侵蚀普遍存在，海滩发育受到人为影响明显

在全球气候变化、海平上升和人为活动的综合影响下，海岸侵蚀普遍存在，海滩质量明显下降（王颖，1995；Cai，2011；边昌伟，2012；钱献文，2010），甚至有大量的海滩因人为采砂而消失。根据我国 908 海岸带综合调查数据，我国砂质海岸约 4 978.4 km，其中 49.5% 处于侵蚀状态（表 2.1）。

表 2.1　我国海岸分类统计表　　　　　　　　　　　　　　　　单位：km

省份	砂质海岸长度	侵蚀砂质海岸长度	粉砂淤泥质海岸长度	侵蚀粉砂淤泥质海岸长度	侵蚀岸线总长度	侵蚀岸线总长度占软质海岸比例	侵蚀砂质岸线占砂质岸线总长度比例	侵蚀淤泥质岸线占淤泥质岸线总长度比例
辽宁	705	88.5	985	19.6	108.1	6.4%	12.6%	2.0%
河北	180	120.5	272.5	25	145.5	32.2%	66.9%	9.2%
天津	0	0	153.7	14	14	9.1%		9.1%
山东	758	450	1 668	271.7	721.7	29.7%	59.4%	16.3%
江苏	30	30	883.6	226	256	28.0%	100.0%	25.6%
上海	0	0	211	73.1	73.1	34.6%		34.6%

续表

省份	砂质海岸长度	侵蚀砂质海岸长度	粉砂淤泥质海岸长度	侵蚀粉砂淤泥质海岸长度	侵蚀岸线总长度	侵蚀岸线总长度占软质海岸比例	侵蚀砂质岸线占砂质岸线总长度比例	侵蚀淤泥质岸线占淤泥质岸线总长度比例
浙江	7.1	0	1 500	102.6	102.6	6.8%	0.0%	6.8%
福建	988.2	566.2	1 972.2	56.1	622.3	21.0%	57.3%	2.8%
广东	1 279	782	956	0	782	35.0%	61.1%	0.0%
海南	786.5	258.1	846.7	0	258.1	15.8%	32.8%	0.0%
广西	244.6	168.1	1 353.2	3.8	171.9	10.8%	68.7%	0.3%
合计	4 978.4	2 463.4	10 801.9	791.9	3 255.3	20.6%	49.5%	7.3%

2.1.1.4　空间分布整体特征表现为"南多北少中间空"

从海滩总体分布来看，海滩存在着明显的不均衡性，尤其在中国沿海的中部罕有海滩分布。作为中国经济发展的龙头区域，对海滩旅游资源的需求不言而喻。区域需求和供应不协调的矛盾，成为中国海滩经济发展的天然缺陷。

从空间分布来看，我国的砂质海岸分布广泛，但总体上又较为零散，在沿海各省份都有不同规模的分布。其中华北以辽东湾两侧、山东半岛最为发育；华南地区则更为发育，尤其是福建中南部地区，以及广东、广西、海南各省份皆是砂质海岸分布的主要区域。从地形地貌上来看，我国砂质海岸构造背景复杂，气候和水动力环境各异，会发育于多种地貌单元之中（李广雪，2005；蔡锋，2008；李志强，2003）。

2.1.1.5　海岛海滩资源特征

我国海岛海滩资源禀赋总体较佳，南北方不同纬度带区域的差异显著，不同海岛之间海滩资源的禀赋差异非常明显，每个海岛海滩资源的空间分布不均匀。从区域分布来看，南北方不同区域海岛海滩资源储量与分布差异明显，总体而言南方海岛海滩资源储存比较丰富，且具有较大的开发利用潜力，总体相比较而言，山东、福建、广东和海南所属海岛的海滩资源禀赋丰富（Yu，2016；Liu，2019）。我国海岛海滩地形剖面、沉积物、岸线变化及其海滩稳定性等自然形态特征，具有海滩剖面形态各异、规模差异大、沉积物分带明显等特征，海岛海滩资源自然条件差异比较大，海滩资源发育的环境趋于恶化（陈洪德，1982）。与此同时，由于强劲水动力条件等自然环境因素，以及对于海岛无度无序的叠加开发，导致海滩出现物质粗化、滩面坡度变陡、面积萎缩及污染等侵蚀退化现象，海岛海滩资源出现大幅破坏减少变化的趋势（于跃，2016）。海岛海滩资源的开发总体呈现低水平、重复开发特征，开发利用的方式单一，未形成"一岛一策"的开发利用模式，开发利用的程度差异明显，基础条件不佳的海岛海滩保持自然原始状态，而基础条件好的海滩大多数呈现超负荷过度开发，对海滩资源造成不可逆的破坏性损坏（许荣中，2003；胡镜荣，2000）。

2.1.2　我国海滩成因类型

我国海岸南北纬度跨度大，构造背景、物源和水动力环境差别大，致使海滩发育复杂多变。国内外没有一个公认的海岸地貌类型分类原则和标准。国内海岸地貌的分类主要依据的是陈吉余（1995，2010）提出的四级分类系统。夏东兴等（1993，1999）以浪潮作用指数 K 作为重要参数，将山东半岛虎头崖至岚山头岸段分为五段四种类型：平直海岸、潟湖沙坝海岸、低平海岸和岬湾海岸。庄振业等（1989，2000，2009，2011）对山东半岛沙坝分布进行研究，将研究区砂质海岸地貌类型划分为三种类型：岬湾型海岸、沙坝-潟湖海岸和夷直型海岸，其中沙坝-潟湖海岸又可分为沙坝型、沙嘴型和连岛型海岸三个亚型。蔡锋等（2008）根据华南海滩的成因和地貌组合将华南海滩划分为岬湾型、沙坝-潟湖型和夷直型三种类型，归纳了华南海滩的基本类型和特征。本书基于雷刚等（2014）的研究，结合项目调查研究对全国海滩特征的认识，进一步优化我国海滩分类体系。

2.1.2.1　岬湾岸型海滩

岬湾岸以基岩岬角与溺谷海湾交替分布为特征，岬角遭受侵蚀，湾部多堆积扩展，兼具有侵蚀和堆积的海岸过程（Qi，2010；孙静，2012）。岬湾岸型海滩是中国砂质海岸中分布最为普遍的类型，其成因特点与主要堆积地貌形态如下：①海滩直接背依基岩海岸（含基岩风化壳残坡积岸），或是规模不大的古第四纪沉积层海岸；②湾内多自成一独立地貌单元，海滩沉积物主要来自本岬湾周边陆上和海岸侵蚀剥蚀的泥沙，或是由注入本海湾中的山溪性小河流的来沙；③砂质海滩的沉积成因以滨海横向输沙为主要特征，即入海泥沙主要在近岸区不对称波动水流的横向分量的作用下，发生横向分异迁移的过程中形成的；④在较小或狭窄的岬湾内，多形成规模较小的"袋状"海滩，滨线形状一般呈"弧形"或"半心形"；⑤在较宽阔的岬湾内，常形成具有切线岸段和遮蔽岸段的螺线状海滩，长度可达1 km。切线岸段为与螺线相切的直线段；受向岸优势波浪向直射，近岸波场中 H_b 大，泥沙颗粒粗，故前滨滩面坡度较陡，一般形成反射型或偏反射型；滨海输沙以横向运动为主，泥沙活动性较大；后滨滩肩及滩肩外缘滩角发育，常见高数米，乃至形成多级的滩肩。遮蔽岸段处在优势波浪入射波影区，为受较弱波能作用的螺线湾顶段；波场中 H_b 小，泥沙粒径较细，因而海滩坡度较为平缓，滩面多属耗散型；沿岸输沙较为明显，并少见滩肩与滩角。

溺谷岬湾岸的形态特征对本类型海滩的稳定性有较大的影响。在开口较小，凹入程度较大的岬湾沙滩，由于相对定向波浪的作用，沙滩滨线轮廓基本与波向线适应，沿岸输沙量很小，因而较为稳定（严恺，2002；印萍，1998）。但湾口较宽阔开敞，凹入程度较小的岬湾沙滩，波向往往随季节变化，形成正反两个方向的沿岸输沙，使岬湾两端沙滩发生明显冲淤变化，而且也易于遭受风暴浪、潮的侵蚀破坏。岬湾岸型海滩处在堆积状态时，主要体现为形成滨岸沙堤和（或）海滩趋于形成滩肩型剖面（按美国《海岸工程手册》2002 年版第 3 册，形成滩肩剖面的波浪条件为有效深水波陡 $\dfrac{H_{os}}{L_o} \geq 0.000\,27$ $\left[\dfrac{H_{os}}{W_s T}\right]^3$）；而侵蚀地貌形态主要表现为海岸形成陡崖（坎），其海滩则趋于形成沙坝型剖面 $\left(\dfrac{H_{os}}{L_o} \leq 0.000\,27\left[\dfrac{H_{os}}{W_s T}\right]^3\right)$，乃至滩面上普遍裸露各种沉积基底地层。

岬湾岸型海滩通常按沿岸陆地地貌再分为山丘溺谷岬湾岸型海滩和台地溺谷岬湾岸型海滩。

1）山丘溺谷岬湾岸型海滩

本类型沙滩多分布在新构造期地壳断块下沉为背景的山丘溺谷岬湾海岸（如浙江—闽北沿岸），以及地垒隆起区岸段（如粤东汕头，南澳和粤中珠江口东、西两侧之地垒山沿岸区等）。海岸地貌主要特征为，断块山体逼近岸边，岸线曲折，岬湾交错分布，并多形成基岩海岸；块断下沉带，更新世湿热化时期形成的基岩红壤型风化壳及老红砂层等软岩类地层被淹没于海面之下，而地垒隆起区岸段典型的夷平面多处于海拔 200～300 m；岸缘水深波陡，一般构成系列小岬湾。这些海岸地貌条件均不利于海滩的富集与持续发育（杨燕雄，2009）。因此，本类型沙滩多呈面积不大的袋状形态，宽度较窄，而显现间断零散分布状态。

2）台地溺谷岬湾岸型海滩

主要形成于新构造期处于断块缓慢上升的区段，这一类型沙滩在各隆起带内均有广泛分布，如辽东半岛南岸、山东半岛南岸、闽中—闽南—粤东海岸、粤西—桂东海岸和海南岛南岸等岸段（张甲波，2009；王楠，2012；王玉广，2005）。台地溺谷岬湾岸海滩的地貌特点如下：①背依海岸的组成，除基岩及其风化壳残坡物（在华南地区普遍分布红土台地）外，也有古第四纪沉积层构成的阶地，如雷州半岛至桂东沿海及海南岛北部（云开槽隆）地区大片分布的早、中更新世地层（"湛江组"和"北海组"），因地壳上升而构成的阶地，以及在华南其他区段海岸常见的晚更新世老红砂层阶地；②岬湾湾口通常较为开敞，凹入程度不大；③沿岸河流多为山溪性的短小河流，一般能为滨海提供相对大量粗颗粒泥沙；④水下岸坡坡度较为适当，有利于海滩物质停积；⑤尤其是地壳缓慢上升引起海退，可为滨岸堆积逐步提供较广阔空间，其中包括在后滨形成古沙脊和宽大沙丘带。这些都是形成海滩较为有利的重要条件之一（徐宗军，2010）。因此，台地溺谷岬湾岸型沙滩的长度、宽度和沙量一般大于山丘溺谷岬湾岸型，它是我国海滩富集岸段中最为重要的堆积地貌类型之一。

2.1.2.2　沙坝–潟湖岸型海滩

沙坝–潟湖岸型海滩指沙坝–潟湖体系中拦湾沙坝（滨外坝沙体）向海侧的海滩（图2.1）。本类型砂质岸滩堆积地貌的总体特征如下：①通常形成于岬湾内或湾口岸区，沙坝一端靠陆，另一端向海伸长；②滨外坝沙体与海滩为同一成因整体；③由于海滩对动力条件和供沙状况的变化具有自调整响应，以达到泥沙作动态平衡迁移的机能，岸线一般呈凹弧形或半心形，规模较大者可形成螺线形状。众所周知，向岸入射波浪特征、海岸平面分布形状及海底地形等因素决定着入海泥沙的再分配和滨海泥沙的运动规律（Shi，2013；Shu，2019；蔡锋，2001）。鉴于中国构造隆起带海岸海洋环境变化多端，滨外坝沙体的堆积形态及其成因特点也是复杂多样的。但大体上可概括为如下四种基本成因形态。

图 2.1　沙坝–潟湖海岸示例

1）沙嘴岸型海滩

沙嘴型滨外坝沙体（sand spit）多呈长条状离岸障壁体斜交或大体平行岸线分布，乃斜向海岸入射波浪引起的沿岸（纵向）输沙而成，也就是当岬湾沿岸输沙岸段的下游端为向陆转折的情况下，由于泥沙流从海岸突出（转折）处开始，继续向海延伸，而形成根部与原输沙岸相连，前段离岸愈来愈远地向海伸长又露出海面的砂质堆积形式（陈雪英，1998；高善明，1981）。沙嘴具体地貌形态及大小各式各样：一般形成单式沙嘴，但也常见双向沙嘴、复式沙嘴、勾式沙嘴和三角沙嘴等，乃至形成大型链状沙嘴（如台湾岛西岸云林—台南区段滨外带大型沙嘴链，以及山东半岛刁龙咀，系受潮流冲刷而成断续分布）和沙岬（sandy cuspate foreland，如海南岛西南隅莺歌海沙岬，系由来自两个方向沿岸输沙的砂质沉积物汇聚建造而成的向海凸出的岬角地貌）。沙嘴岸型海滩是我国沙坝-潟湖岸型海滩最重要的类型之一，在各个构造隆起带海岸都较普遍发育。

2）连岛沙坝岸型海滩

连岛沙坝沙体（tombolo）由泥沙在岸外岛屿向陆侧的波影区内堆积而成，即由于波影区波能减弱，促使泥沙自陆岸向岛和从岛向陆岸产生双向淤积，在一定条件下可使岛屿与陆岸相连接构成另一类"沙嘴"，实际上也属沿岸输沙成因的范畴。我国溺谷岬湾中连岛沙坝也较为发育，并常见封堵邻近海湾，是形成沙坝-潟湖岸型海滩的另一重要类型。其中较为大型的如山东半岛北岸芝罘岛连岛沙坝、闽南古雷头连岛沙坝和粤东碣石湾白沙连岛沙坝等（毛家翷，1987；刘康，2007）。

3）离岸沙坝岸型海滩

离岸沙坝（堤）沙体又称沿岸沙坝（longshore bar），与滨岸沙堤同样，是近岸碎波带中激浪作用的产物，但波浪向岸入射所夹带的泥沙在未到达水边线以前，就在一定的位置上形成了出露于水面的堤状堆积体，从而将近陆侧的水域与外部海区隔离形成潟湖。离岸沙坝的成因以横向输沙为主要特征，有时也兼具纵向输沙的结果。本类型滨外坝沙体的堆积地貌特征为，常呈条带状平行海岸分布，两端可与陆相连或相离；沙体向海侧的海滩滨线较平直或略呈弧形；向陆侧多因冲刷扇的叠置而形成锯齿状；沙坝外侧常出现数条平行的水下沙坝。本类型滨海沙坝规模较大者如山东半岛东南岸浪暖口沙坝、雷州半岛东南新寮岛东侧雷打沙、海南岛东岸沙美内海的滨外坝沙体（玉带沙）、平潭岛的鹅头尾沙嘴等（储金龙，2005）。

4）叠合成因巨大沙坝岸型海滩

我国许多大型沙坝-潟湖体系的滨外坝沙体之堆积地貌特征与第四纪以来的海面升降有关，它们在成因上具有多解性，即沙坝的组成通常兼有新（全新世）、老（晚更新世）海积-风积地层分布；全新世沙坝沉积体大多与海侵过程中滨面（shoreface，又称近滨）泥沙的向岸搬运与堆积有关；但有的也可能是，冰后期高海面时期形成了近岸水下浅滩或水下连岛坝等形式，而后来由于海面相对下降或是断块地体的上升，从而呈现出沙坝-潟湖（海湾）地貌（中科院海洋地质研究，1985）。在中国隆起带海岸，较特征的叠合成因巨大沙坝岸型海滩可略举一二：①粤西电白水东港（潟湖）沙坝海滩，被称为"中国第一滩"；②博贺港沙坝海滩（其沙坝体的延伸分布与水东港沙坝基本成一条直线，二者为同一成因体系）；③琼东文昌八门湾（潟湖）之东郊复式沙坝海滩；④琼东万宁港北港小海潟湖沙坝海滩；⑤琼南三亚湾（潟湖）沙坝海滩。这些滨外坝沙体的一般堆积地貌与成因特点可概括如下：规模宏大；均由全新世海积-风积层叠合在晚更新世老红砂层之上，形成超覆沉积构造；全新世沙坝沉积体的垂向层序揭示其沉积底板高程为由海向陆升高，说明在冰后期海侵时期随着海面上升，在波浪作用下有陆架沙（或近滨泥沙）向岸搬运与沉积的现象，它奠定了现代沙坝"海侵后退型海岸"（约6 000 a B. P. 以前）的基础；在海侵后海面相对稳定以来，现代沙坝体曾向海推进发展，形成宽阔的具多条相互平行的滩脊——沙丘复合平原，此乃后期"海退前展型"的沙坝体及其今日向海侧的海滩。

2.1.2.3 浪控三角洲平原岸型海滩

中国沿岸浪控三角洲平原岸型海滩主要发育于构造隆起带（尤其是华南隆起带）中，以新构造期形成的断陷盆地和断陷带为背景，入海沙量较大的河流河口区海岸，如闽中长乐闽江三角洲平原、粤东澄海韩江三角洲平原、粤西吴川鉴江三角洲平原、琼北海口南渡江三角洲平原和琼西昌化江三角洲平原等的外缘（李春初，1987；李丛先，2000）。此外，台湾褶皱带西岸桃园—新竹、台中—云林区段浪控冲-海积扇三角洲平原外缘的海滩也属这一类型。全新世海侵后海面相对稳定以来，此类型海岸有河流供沙条件，在较强波浪作用下，径流-波浪成为控制河口的动力系统，于是在三角洲平原前缘形成砂质海滩，可称夷直型海滩；并由于平原海岸快速前展，以及平原边缘缺乏基岩岬角对向岸入射波浪的遮挡，几乎整个岸段在波浪的直接作用下，岸线经过长期自我调整响应过程，形成了长而平直的宽阔海滩。

本类型海滩的海岸动力、地貌特征如下：①海岸地势低平，少见基岩岬角或残丘；②近海向岸入射波浪对海岸的动力作用较为均一（即沿岸波能及浪向变化不大），因而岸线被夷直而呈长条直线状；③岸线水下原始岸坡坡度较小，外海波浪入射时能量减弱较大，海滩形态与横向剖面一般形成宽阔平缓的耗散类型，砂质沉积物以较细粒径为主；④海岸风沙活动较为盛行，陆侧往往发育宽大的风成沙地，其海岸前丘主要呈馒头状草丛沙丘群，沙丘高可达10 m余；⑤长期以来沿岸泥沙供给丰富，但在当前全球变暖引发风暴浪潮增强的形势下，岸滩地貌多呈弱侵蚀-堆积状态，罕见岩滩-砂砾质滩等强侵蚀地貌（李广雪，2005）。

2.2 我国海滩成因和演化特点

海滩指沿着岸线方向断续分布于现今海岸低潮位以上的砂质沉积物滩地，它主要形成于全新世高海面时期以来的浅水波浪场之中。中国沿海海滩的形成及其分布规律受多种因素的制约，下面概述其主要成因特点、堆积地貌及形成机制。

2.2.1 区域性构造地质控制海滩分布

中国海滩主要分布在燕山、胶辽和华南三大隆起带和台湾褶皱带西部海岸，特别是新构造期以来地壳断块上升区沿岸尤其富集。从地理位置上来看，主要分布在河北大清河以东、辽东半岛北黄海沿岸、山东半岛北黄海和南黄海沿岸、福建闽江口以南沿岸、广东大亚湾以东沿岸、广东漠阳江口以西沿岸、广西沿岸、海南岛沿岸和台湾西岸；另外，在江苏连云港以北岸段及浙江—闽北沿岸也有少量零散分布。

区域地质构造对海滩形成的控制作用至少体现在以下几个方面。

2.2.1.1 中国海滩基本形成于中新生代构造地质隆起带沿岸

我国东部中新生代构造地质分区，在构造隆起带由于地壳处于抬升与剥蚀状态，沿海山丘或台地普遍出露前新生代结晶岩基岩及其风化壳残积层，它们的侵蚀剥蚀泥沙为沿岸形成海滩奠定了基本的物质基础；同时，滨海地带具有一定的水下岸坡，有利于波生近岸流系将海底床面上较粗颗粒泥沙推向陆岸，而将较细粒泥沙输送到离岸区。在构造沉降带，虽第四纪以来有黄河、长江等大型河流挟带大量泥沙入海，但经平原区长距离搬运后多为悬移质泥沙；又海岸沉积以潮流作用为主要特征，并快速向海推进，基本形成淤泥质海滩；而且，滨海水下岸坡宽阔平坦，波浪进入浅水区后，波能已经受到强烈耗散，波浪的作用不能充分地将岸前堆积的泥沙进行冲刷、改造与淘洗，故不利于形成海滩。

2.2.1.2 新构造期地壳断块升降运动的强烈影响

新构造运动的影响主要表现在构造隆起带内第四纪以来沿海陆域侵蚀剥蚀来沙多寡与滨海砂质堆积作用强度的相互关系上对海滩形成的影响。

（1）在新构造期地壳断块上升区段，尤其是在晚近时期仍在活动，但幅度又不太大，区内新构造运动在稳定中略有上升，致使沿海陆上的侵蚀剥蚀作用仍较为强烈，在这种海岸的滨海地带，地壳缓慢上升引起海退，为海滩沉积逐步提供了广阔空间。同时，在浪、流的作用下，一方面能把入海泥沙进行充分淘洗分选，另一方面也对早先堆积在水下岸坡上的沙体进行侵蚀再搬运，使之不断向岸推移。这样长期反复作用的结果是，海滩的堆积规模不仅得以不断加宽、增厚，而且往往在后滨还形成宽大的海积-风积砂质堆积物。应该指出，在华南新构造运动上升的海岸区段，如闽中、闽南、粤东、粤西和琼东等岸段，其沿海陆地还普遍出露更新世湿热化时期形成的结晶基岩（花岗岩类岩石等）的红壤型风化壳残坡层（红土台地）及老红砂等古第四纪沉积性地层（阶地），它们的地质结构疏松，并有较高含量砂粒级颗粒，易受陆地片流和海岸动力的冲刷剥蚀，这是形成海滩之贡献率最为可观的物质来源。因此，这些海岸是我国沿岸海滩最为富集的岸段。

（2）在新构造期地壳断块下沉区段，例如，华南隆起带中的粤中槽陷区段，由于较大河流（珠江水系）挟带大量泥沙入海，海岸处于向海快速推展状态，其滨海的扩淤速率明显大于波浪对泥沙冲刷改造的分选速率，因而海滩仅局部形成于该区域波能较强的外海岸段（诸如，珠海斗门区岸段珠海机场南岸的金海滩和高栏岛的飞沙滩等）。再如，华夏褶皱带北段（浙江到闽北沿岸），由于该区沿海地壳自中更新世以来处于断块缓慢下降状态，不仅使基岩红壤型风化壳被淹没于海面之下，致沿海陆域侵蚀剥蚀物源相对减少；同时，还由于受长江入海悬沙向南扩散的影响，使滨岸沉积主要接收细粒泥沙的充填，故此区段海岸海滩的分布也较为局限，且规模不大。

2.2.1.3　以岬湾岸为主要特征，构成复杂多样的砂质堆积地貌类型

中国海滩的成因受区域地质构造控制，主要形成于中新生代构造隆起带沿岸。但隆起带沿海山丘或台地大多直接临海，其海岸形态深受新华夏构造体系形成的具成生关系的 NNE—NE 向和 NNW—NW 向两组配套为"X"型的断裂带或褶皱系的影响，从而构成了"锯齿状"的分布格式。因此，全新世冰后期海侵以后，在隆起带沿岸形成的山丘或台地溺谷型海岸比比皆是，且溺谷海湾的两端多为基岩岬角。这就是说，岬湾型海岸是隆起带沿岸的基本形态，即使是在较大河口的浪控三角洲平原岸段中，也均有零星基岩岬角分布。在这种溺谷海湾（常见大湾套小湾及湾中多岛屿分布）的基础上，由于各地区的海岸环境（包括海岸具体形态、物源特征、波浪动力与方向、潮汐潮流、海面升降、水下原始岸坡坡度、海岸发育阶段及更新世古海岸状况等）的差异性，形成了复杂多样的砂质堆积地貌类型。

2.2.2　海滩基本形成条件及成因模型

中国砂质海滩主要发育在中新生代地质构造隆起带沿岸，尤其是新构造运动断块缓慢上升的区段。凡是海滩较富集的岸段，都还具备以下基本形成条件。

（1）溺谷岬湾周围有较丰富的砂粒级泥沙来源，其中包括沿岸陆地侵蚀剥蚀来沙（在华南隆起带沿岸，红土台地和老红砂阶地是十分重要的供沙地质体）、海岸蚀退崩塌就地入海泥沙、河流（特别是中、小型山溪性河流）供沙、近岸水下沙体或浅滩向岸输沙，以及邻近海岸滨海的沿岸漂沙来源等。

（2）全新世冰后期海侵海面相对稳定后，滨岸潮间带及水下岸坡具有一定的向海倾斜的坡度（通常为 5°~10°）。

（3）海岸面向较开阔的海区，即岸前具有较强（中—高波能）的向岸波浪入射，并在浅水波浪的作用下，使细粒泥沙能被输送到离岸区，而粗粒泥沙被推向岸。

（4）在海滩发育过程中，波生近岸流系及相关的海岸环境所造成的泥沙运动与再分配，包括向岸-离岸的横向输沙和沿岸的纵向输沙产生的泥沙迁移，以及风成的向陆-向海输送等，能使该岸段的滨海砂级颗粒的收支量有所富余或接近平衡，没有出现长期的

亏损现象。

（5）滨海水域不存在大量的高浓度的悬移质泥沙来源与沉积。我国溺谷岬湾海岸约占总岸线长度的 2/3，其中砂质海岸又占岬湾海岸的近一半。可见，砂质堆积的海岸地貌以岬湾型为主要特点。但不同地区岬湾海岸的海洋环境变化多端，其入海泥沙的运动规律及再分配的途径各式各样，因而形成了众多类型的砂质堆积海岸形态。按海滩依托的海岸地貌类型与相互关系，可分为三种基本成因模型：

①岬湾岸叠置堆积沙体成因型，海滩与其背依的海岸分别为不同时期、不同成因的地质体，即沙滩直接堆积于原山丘或台地溺谷型基岩港湾海岸而成；

②滨外坝沙体堆积成因型，海滩与滨外沙坝为同一成因堆积地貌沙体，并且通常位居沙坝的向海侧；

③浪控三角洲平原岸改造型，系平原海岸外缘受波浪改造而形成的夷直型形态的海滩。

沙坝-潟湖系的沙坝沙体在我国沿海分布十分广泛，并具有不同的成因特点，其堆积地貌形态亦复杂多样。由此，该类型海滩还可划分为沙嘴岸型（可形成单式、双向式、复式、链式和沙岬等堆积形态）、连岛沙坝岸型、离岸沙坝岸型和叠合成因巨大沙坝岸型等类型。

我国沿海季风盛行，而且台风浪潮入侵频繁，风力和风暴潮的作用对砂质海岸地貌有着强烈影响。海成的砂质堆积海岸一般都遭受风和风暴潮营力的改造与叠加，在潮上带经常形成宽广的风成沙地或有冲越扇的叠置，沙丘带高度有时可高出海面 100 m 以上。

2.2.3　海滩泥沙物源

向某一岸段内的沿岸供沙、河流供沙、海崖侵蚀供沙、向岸输沙、生物堆积、水成沉积、向海滩的风力搬运和人工补沙护滩等几个方面是该岸段的主要泥沙供给源；而使沉积物离开岸段的沿岸输沙、风沙离岸搬运、离岸输沙、沉积到海底峡谷的泥沙、溶解与侵蚀、采矿是该岸段主要的泥沙亏失（或支出）。

2.2.3.1　河流来沙

河流来沙是大多数海岸沉积物的主要来源。全世界河流每年向海岸提供约 100×10^8 t 沉积物，主要堆积在沿岸水深不超过 50 m 的区域（高飞，2012）。海岸及海滩地貌的演变常与沿岸河流供沙的多少有关。我国现代海岸跨越构造沉降带和隆起带，入海河流众多。据统计，在沉降带海岸入海的河流，其输沙量占我国入海河流输沙总量的 90% 以上，而在隆起带沿岸入海者，其输入量不足 10%。

2.2.3.2　海崖侵蚀供沙

对海岸泥沙来源而言，海崖（特别是松散沉积物组成的海崖）的侵蚀是仅次于河流的第二个重要来源。有些远离河口又易于侵蚀的海崖是海滩沙的唯一或主要来源。但对于大多数海岸来讲，由海崖侵蚀提供的物质通常不超过 5%～10%。海崖侵蚀对海岸物质的供应量与岩性密切相关。福建闽东南的红土台地和老红砂海岸后退更为剧烈，尤其平潭岛流水海岸红土台地高近 10 m 的海崖蚀退速率为 3～5 m/a（Liu et al，2011，2013），为附近海滩提供了大量物源。

2.2.3.3　陆架来沙

来自大陆架上未固结沉积物的侵蚀也可以向岸搬运补给海滩。海平面上升引起的滨面转移是陆架向岸供沙的重要过程。粤西水东沙坝-潟湖海岸体系为代表的华南港湾海岸是陆架来沙随海面上升向陆和向上搬运形成的沙坝海岸。此外，由于河口改道或河流入海泥沙量减少造成的三角洲侵蚀也往往向其邻近地区提供泥沙。江苏废黄河口自 1855 年黄河北归注入渤海后，废黄河三角洲 150 km 岸线遭受到强烈的侵蚀，近 50 年来平均侵蚀速率为 20～30 m/a，目前，侵蚀岸段产生的泥沙量为 1 260×10⁴ m³/a（王颖和朱大奎，1990）。

2.2.3.4　沿岸输沙中的上游岸段来沙

沿岸海滩在斜向海岸入射波浪或潮流、径流等各种海流的作用下，所形成的双向沿岸输沙过程中，当某一个方向占优势时，则其上游岸段海滩的来沙很常见。

2.2.3.5　风力输沙

风力输沙既可以是海滩沙的一个来源，也可以是海滩沙损失的途径。在干旱区的沙漠边缘，风力可将粉尘吹入海中。

福建古雷半岛连岛沙坝在优势东北风作用下，沉积物向堤后洼地吹移搬运堆积在海滩上，同时还有一部分在强潮流作用下向东山湾扩散与沉积（蔡爱智和蔡月娥，1990）。停留在海滩或水下岸坡的风成砂粒的含量仅占 2%。风向内陆吹沙所形成的沙丘是一种常见的海岸地貌。

2.2.3.6　生物沉积来沙

海洋生物的残体（如珊瑚等造礁生物残骸，软体动物的贝壳，钙质和硅质藻类等），都可以成为海岸沉积物的来源。在珊瑚礁海岸，碎屑物主要为生物成因。珊瑚沙滩（或珊瑚礁）可延绵数千米，宽几百米，厚数米。海南岛有宽为 2 km 的珊瑚礁坪及岸外珊瑚岛。淤泥质海岸带的软体动物贝壳，在侵蚀筛选的作用下可构成连绵漫长的贝壳堤（刘苍字等，1985）。中国渤海西南岸贝壳滩脊发育十分典型（刘志杰等，2013），长约30 km，由潮沟和废弃河道切割形成40 多个贝壳堤岛。某些峡湾口的水下浅滩由数米厚的粗砂层组成，贝壳含量可超过砂层沉积物的50%而成为主要的沉积物来源。因此，生物沉积物（如贝壳和珊瑚碎屑）在局部岸段，特别是在生物生长率很高的热带海岸，可构成主要的物质来源。

2.2.4 海滩形成的动力地貌过程

大量的实验和现场观察均表明，近岸波浪的波面形状不是简谐曲线，而是波峰较陡、波谷较坦的非对称曲线，且愈是近岸，波动的非线性现象愈是突出；同时，实际的海浪振幅较大，均具一定尺度的波陡（H/L），如风浪的波陡为 1/10 ~ 1/30，涌浪波陡虽小，也大都在 1/100 以上，至于濒临破碎的波的陡度更大。因此，目前研究近岸波动水流所导致的泥沙横向不对称输移的理论根据，主要应用有限振幅波理论，尤其是 Stokes 波。按 Stokes 波动理论，向岸入射波浪从深水区进入浅水区（相对水深 $d/Lo<1/2$）水体内任一点（x，z）的水质点轨迹速度的水平分量可表达为：

$$u = \frac{\pi H}{T}\frac{ch[k(z+d)]}{sh(kd)}\cos(kx-\sigma t) + \frac{3}{4}\frac{\pi^2 H}{T}\left(\frac{H}{L}\right)\frac{ch[2k(z+d)]}{sh^4(kd)}\cos[2(kx-\sigma t)]$$

$$(2.1)$$

式中，u——水平轨迹速度；

H——波高；

T——波周期；

L——波长；

k——波数（$=2\pi/L$）；

x——波形传播方向轴；

z——运动水质点相对水面的高度；

d——水深；

σ——角频率（$=2\pi/T$）；

t——时间。

式（2.1）中右端的第二项是对小振幅波作非线性影响的改正项。从图 2.2 中可以看出，改正后 Stokes 波的质点水平速度在一个周期内是不对称的，即波峰附近的质点水平速度增大而历时变短；波谷附近的水质点水平速度减小而历时加长；而且，随着水深变小，这种现象更趋于明显。假设水体内任一点的初始位置为（x_0，z_0），利用式（2.1）可以求出该质点在任意时刻 t 的水平位移 ξ，如水质点运动经一周期后的净水平位移量为：

$$\Delta\xi = \frac{\pi H}{4}\left(\frac{H}{L}\right)\frac{\text{ch}\left[2k(z_0 + d)\right]}{\text{sh}^2(kd)}\sigma T \tag{2.2}$$

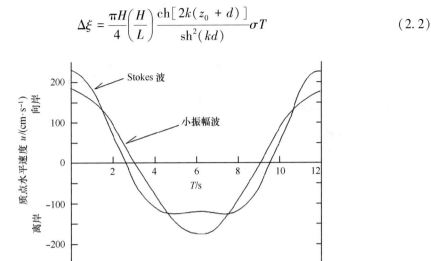

图 2.2　Stokes 波一个周期内的水质点水平速度变化

这种水平位移造成一种水平流动，即所谓的质量输送流，它表明质点运动的轨迹是非封闭性的。这是向岸波浪入射时，在濒临破浪点的浅水区影响泥沙运动的主要动力因素。同时还说明，水平流动的强度受向岸波浪的能量、波陡、相对水深、角频率和周期等的制约。

Longuet-Higgins（1969）根据水槽的试验研究进一步得出了以下波动流体中的质量输送速度 $\bar{u}$ 分布式：

$$\bar{u} = \frac{H^2\sigma k}{16\text{sh}^2 kd}F(kd,\ z/d) \tag{2.3}$$

式中，

$$F\left(kd,\ \frac{z}{d}\right) = \left\{2\text{ch}\left[2kd\left(\frac{z}{d} - 1\right)\right] + 3 + kd\text{sh}(2kd)\right.$$

$$\left.\left[3\left(\frac{z}{d}\right)^2 + 4\left(\frac{z}{d}\right) + 1\right] + 3\left[\frac{\text{sh}(2kd)}{2kd} + \frac{3}{2}\right]\left(\frac{z^2}{d^2} - 1\right)\right\} \tag{2.4}$$

图 2.3 示出了由式（2.4）计算的当 $kd = 0.5$、1.0 和 1.5 时的 $\bar{u}\Big/\left[\frac{5}{4}\left(\frac{\pi H}{L}\right)^2 C\right]$ 值与 z/d 值的相关关系分布线。该图表明了不同相对水深 $\left(\dfrac{d}{L} = \dfrac{kd}{2\pi}\right)$ 条件下，$\bar{u}$ 的铅直分布情况，从中可以看出：

（1）向岸波浪进入浅水区后，不管哪一种相对水深的海底都存在着与波向（向岸）的质量输送流。

（2）在浅水区水体的中间层，存在与波向相反，由岸向海的返回流。

（3）在较小相对水深处，上层水体偏于流向海，下层水体为流向岸；而在较大相对水深处，则中间层水体偏于流向海，上、下层为向岸流动。

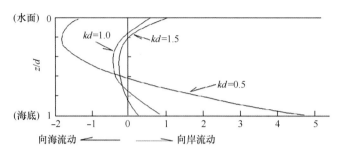

图 2.3　浅水区不同相对水深条件下质量输送流速度的铅直分布

据 M. S. Longuet-Higgins（1969）修正

海滩正是主要由于岸坡上的泥沙在以上所述的浅水区不对称波动水流的作用下，而使不同粒径泥沙发生横向分异迁移的过程中形成的。根据上述近岸波动水流的特征与理论分析，滨岸带泥沙是向岸还是向海输移，其主要决定因素有：① 向岸波浪的性质，其中包括波高、波陡和周期等；② 泥沙自身颗粒的大小和比重；③ 海滩原始坡度；④ 浅水波浪的非线性性质及波浪的紊动作用；⑤ 泥沙运动形式。一般而言，小浪和坦波容易将床面较粗泥沙向岸输移，而强浪和陡波易于将大量泥沙输送到深水区，即易于导致海滩侵蚀；粗粒泥沙主要在海底呈推移质输沙，而细粒泥沙则易于呈悬移质迁移；滩坡使泥沙作离岸运动；波浪的非线性效应——质量输送流趋于使床面泥沙作向岸输移，且相对水深越小越明显；在破波带内，破波引起的紊动易使泥沙悬移作离岸运动（Sunamura T，1974）。显然，这些效应的总和导致了滨岸带的泥沙运动发生颗粒粗细的分异输运，其中粗粒泥沙趋于作向岸迁移而堆积在近岸区，细粒泥沙则趋于作离岸迁移而沉积在波浪作用力减弱的离岸区。这一过程是错综复杂的，按 Stokes 波动理论，我们可以从图 2.4 所示浅水波不对称的质点轨迹速度对泥沙横向输移影响的概念性图解来说明海滩的形成机制。如图 2.4 所示，在波峰下面有一历时较短，但速度较大的向前（沿波向）轨迹速度；而在波谷下面有一历时较长，速度较小的向后轨迹速度。在这种不对称水流的作用下，不同颗粒泥沙（含粒径、比重的大小和颗粒形态等）将发生分离迁移。设水流速度为 u，泥沙的启动速度为 u_c，则其瞬时输沙率与（$u-u_c$）有关。由图 2.4 中可以看出，$|u-u_c|>0$ 的面积 A_1 和 A_2 不相等，且通常为 $A_1>A_2$，故泥沙多为向前（向岸）净运动，尤其是下层水体的较粗粒泥沙。泥沙颗粒（或比重）愈大，u_c 值也愈大，从而 A_1 和 A_2 的面积差也就愈大，即易于向前推移；对于较细（或较轻）的颗粒，u_c 较小，从而 A_1 和 A_2 的面积差较小，则泥沙向两个方向移动的距离差别不大，即只有较小的净位移。特别是在破波点附近，由于水体的强烈紊动，使大量的泥沙悬浮，当波峰水流向岸时，沉

降速度较小的（轻）细泥沙还来不及落淤，紧接着的波谷水流离岸，便将其往海输送，这说明细粒泥沙易于向海运移；而粗粒泥沙因沉降速度大，则常被下层水体的质量输送流推向岸边。总之，在滨海带，不管是近滨区，还是破波区，或是波浪冲涌区，波生近岸流的横向分量都能有分选地将粗粒泥沙推向海岸，而由波浪掀起于水中的细颗粒泥沙将被往海输送到波浪作用力减弱的离岸区域沉积，以致通常自岸向海形成了砂质沉积物-淤泥质沉积物的规律性分布。

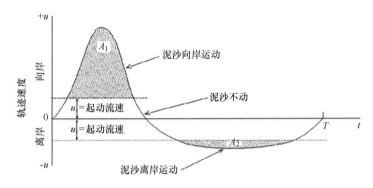

图 2.4　浅水波不对称的水质点轨迹速度对泥沙横向输移影响概念性图解

据 Wright（1984）修改

海滩过程还受到潮汐过程的影响，通过改变海滩波浪动力过程作用于海滩，塑造海滩地貌形态。Wright 和 Short（1984）提出了海滩地貌动力学特征概念性参数——无量纲沉降速率（Ω），成为海滩研究中一个重要的量化指标，得到广泛的认可和使用。并基于此参数从地貌动力学角度将海滩划分为反射型、耗散型及 4 种过渡型。Masselink 和 Short（1993）考虑了潮汐对海滩过程的影响，根据无量纲沉降速率（Ω）和相对潮差（RTR）将海滩进行了动力地貌学划分（图 2.5）。我国沿海复杂多变的动力环境塑造了各种各样的海滩地貌。进入中国海的两支潮波在台湾海峡相遇，由于管束作用在台湾海峡西岸形成强潮区，潮差普遍大于 4 m，最大可达 6.2 m（王海龙，2011）。不同潮汐特征对海滩发育有着明显影响，尤其是强潮区的海滩。台湾海峡西岸海滩在强潮作用下表现出许多独特的特征，普遍发育低潮阶地型海滩和完全耗散型海滩，这和广东、海南沿岸的典型的浪控海滩有着明显不同。

2.2.5　全球变化与人类活动影响下的岸滩变化

海岸与海滩的稳定性，即处于淤积状态，还是侵蚀状态或相对稳定状态，这主要取决于接纳泥沙的数量和沿岸动力因素的强度，以及它们之间的均衡情况（克拉克，2000）。稳定是相对的，自冰后期海侵海面基本稳定以来，我国海岸在内外营力的共同作用下，各个区域海岸伴随其沿岸泥沙供给与动力条件的变化，总是处于从一种平衡状态

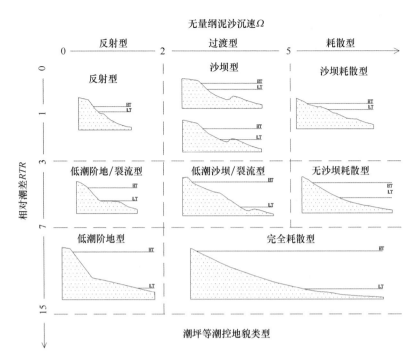

图 2.5　Masselink 和 Short 海滩划分概念模式

据 Masselink 和 Short（1993）修改

向着另一种平衡状态发展的过程。半个多世纪以前，中国沿岸河流入海泥沙量达到 20×10^8 t/a，尚属世界入海河流的丰沙区之一，那时，总体上除了废弃河口三角洲海岸为侵蚀后退外，绝大多数海岸呈缓慢淤进或相对稳定状态。但自 20 世纪 50 年代以来，随着人类社会、经济的高度发展，人为活动造成的负面环境影响日益扩大，其中尤其是沿岸入海河流泥沙量锐减，全球气候变暖引发的海平面上升和风暴浪潮频发，以及人们对海岸的不合理开发（含开发程度高于生态环境可能承受的能力）等，已经导致了沿岸大部分海岸带改变以往相对平衡的输沙局面。在这种人为影响因素日臻凸显的情况下，我国海岸的总体淤蚀状态出现了逆向变化，许多海岸岸段由以往的淤积趋势转变成以侵蚀为主要特征。据粗略统计，我国现今约有 70% 的砂质海岸和大部分处于开敞水域的淤泥质海岸受到侵蚀，而且侵蚀范围及强度正在扩大与增强之中。

今后我国在海岸侵蚀问题上，由于面临着下述三大挑战，还将使海岸与海滩的侵蚀趋势愈加发展。

2.2.5.1　河流入海泥沙量日渐减少，必将不可逆转地改变我国海岸带的泥沙运动和沉积物收支，使海岸侵蚀不断加重

在过去的近百年中，我国大陆植被遭受严重破坏，水土流失日盛一日，这在很大程

度上抑制了海岸侵蚀，多数河口区处于淤进或稳定状态。但最近几十年来的流域开发，特别是一系列大型工程，如西部退耕还林和退耕还牧、三峡工程、小浪底工程和南水北调工程等，在带来巨大经济、社会效益的同时，亦使我国构造沉降带大型河流的入海泥沙大量减少——中国沿岸河流入海泥沙量从 20 世纪 80 年代以前的近 $20×10^8$ t/a 到 20 世纪末为不足 $10×10^8$ t/a，甚至可能只有 $5×10^8 \sim 7×10^8$ t/a。其中，黄河自 1960 年开始出现断流以来，2000 年时的来沙仅相当于 20 世纪 50 年代的 1/60，即从过去的年平均 $12×10^8$ t 下降到不足 $0.2×10^8$ t，长江的年入海泥沙量也从 20 世纪 70 年代以前的近 $5×10^8$ t，到 2000 年变为 $3.4×10^8$ t。我国河流入海泥沙量锐减，造成沿岸泥沙收支亏失及海洋动力相对加强，使河口三角洲及其邻近海岸在新的动力-泥沙条件下发生冲淤演变调整，形成新的沉积物淤蚀态势。也就是说，以往的淤涨型河口海岸，或是变成淤涨速度减缓，或是转化为平衡型和侵蚀型；同时，原海岸的沉积物也逐渐粗化，岸滩由淤泥质变成粉砂质。这些从现代黄河三角洲海岸已经自 20 世纪 80 年代中期由淤进转变为蚀退，长江口水下三角洲也于 20 多年前开始出现大范围侵蚀可以得到充分说明。自 20 世纪 60 年代以来，在构造隆起带入海的中、小河流上普遍陆续建坝筑库，拦截了大量入海泥沙，同样也是造成许多岸段（主要为砂质海岸）侵蚀的重要原因。总之，如何保护沿岸河口地区在入海泥沙减少的条件下，不受海岸侵蚀威胁，是我国今后无法回避的严峻挑战之一。

2.2.5.2　全球变暖与海平面上升将对我国平原海岸构成严重侵蚀威胁

全球变暖是 20 多年来科学界关注的重要环境问题。全球气候变暖引发海平面上升，直接造成海岸后退，并且导致台风、风暴潮和洪水灾害频度增加与强度加大（Hughes M G，1997；Brunn P，1962）。海平面上升和海洋动力增强，二者相辅相成，对海岸与海滩侵蚀的严重影响是不言而喻的。我国沿海以构造沉降带为背景的广大平原地区和在隆起带内的以断陷盆地为背景的河口平原地区是海岸侵蚀对海平面上升灾害响应最为敏感的地段。尽管这些地段一般都有海堤保护，但海平面上升及风暴潮还是会加剧堤前海滩下蚀，危及护岸工程设施。这是我国今后海岸侵蚀问题及防范方面面临的第二个重大挑战。

2.2.5.3　海岸资源开发力度不断加大，其负面环境效应直接或者间接地影响海岸的稳定性

沿海地区作为我国经济最发达的区域，随着海岸城市建设的加速发展与海岸带资源开发力度的不断加大，海岸与近岸海洋承受的压力日益加剧。有关海岸资源开发对海岸侵蚀的影响，目前首推人为在沿岸采砂。近岸采砂是构造隆起带许多砂质海岸侵蚀的直接原因。不管是在海岸或海滩上采砂，还是在近岸海底采砂，由于在一定岬湾内这些沙体是可以互相迁移的统一体系，且其砂的自然再生（来源）量与采砂量对比通常微不足

道，故在滨海任一区段采砂都将使海滩的屏障消浪能力显著下降，使海岸侵蚀强度进一步发展。沿岸采砂导致海岸严重侵蚀的事例在国内不胜枚举，现今已经成为公认的造成海岸侵蚀的一种主要人为因素。鉴于沿海经济建设的迅速发展，人们对砂料的需求量正在与日俱增，目前滨海采砂还是难以遏制的。这一人为活动今后仍然将会对砂质海岸的侵蚀构成严重的威胁。另外，与滨海采砂类似，海南岛的一些海岸，还存在人工挖取岸外珊瑚礁的现象，这也是一种能引起海岸强烈侵蚀的破坏性的人为开发活动。

在海岸资源开发过程中，一些不尽合理的海岸工程建设直接或间接引发海岸侵蚀的事例也屡见不鲜。许多海岸工程，如港口、码头、围海造地和水产养殖等项建设，通常需要修建诸如突堤或防波堤等改变原来岸线形态与走向的构筑物，从而诱发沿岸动力场的变化，乃至直接拦截沿岸泥沙流，造成海岸的冲淤变化。海岸工程建设的侵蚀影响虽然是局部的，但所发生的侵蚀现象往往非常强烈，甚至是灾难性的（Dean R G，1991）。

2.3　沿海各省份海滩资源状况

天津、江苏与上海区域内的海滩资源稀少，本书不做专门介绍。本书对我国沿海其他 8 个省份（不含港、澳、台）的海滩发育和分布的特征进行总结梳理如下。根据 908 专项设立的"海岸侵蚀现状评价与防治技术研究"项目的研究成果，我国大陆沿岸各省份砂质海岸线长度如表 2.2 所示。

表 2.2　我国大陆沿岸各省份砂质海岸线长度

省份	辽宁	河北	天津	山东	江苏	上海	浙江	福建	广东	广西	海南	合计
长度/km	705	180	0	758	30	0	71	988.2	1 279	244.6	786.5	5 042.3

注：据 908 专项"海岸侵蚀现状评价与防治技术研究"项目综合研究成果报告，该报告由蔡锋主编。本表不含港、澳、台。

2.3.1　辽宁省

依据按物质组成、形态及现代动力过程等参数特征分类这一基本原则，辽宁省海岸分为基岩岸、淤泥岸和砂砾岸三大基本类型（表 2.3）。与此相对应，辽宁省潮间带滩地可以划分为岩滩、粉砂淤泥滩与砂砾质海滩三种类型。

表 2.3　辽宁省海岸分类与分布

海岸现代过程	类型命名	分布	占全省岸线比例/%
侵蚀作用为主	基岩岸 （港湾基岩岸、 岛礁基岩岸）	城山头—老铁山—太平角 大小长山、觉华岛等	52

海岸现代过程	类型命名	分布	占全省岸线比例/%
堆积作用为主	淤泥岸 （岬湾淤泥岸、 平原淤泥岸）	鸭绿江口—大洋河口 大洋河口—老鹰嘴 盖平角—小凌河口	32
侵蚀与堆积作用	砂砾岸 （岬湾砂砾岸、 岸堤砂砾岸）	兴城—六股河口、老鹰嘴—城山头 太平角—盖平角、六股河口—碣石 小凌河口—兴城	16

　　砂砾质海滩是辽宁省分布较广的一种岸滩类型，其岸线长度占全省岸线的16%。受古地貌条件和海岸现代过程控制，又可划分为岬湾砂砾岸和岸堤砂砾岸两个亚类。整个海岸线近于平直，总延伸方向为NE—SW向，与区域构造方向近乎一致。沿岸广布前震旦纪混合花岗、花岗闪长岩组成的低丘陵，并形成层状地形，其中以小于50 m的波状剥蚀平原分布面积最大。近岸多由滨岸砂质堆积体组成，有海积阶地海滩、沙堤与沙嘴等发育。

　　岬湾砂砾岸：以岬角和海湾交替分布的复式岸为其特征。岬角侵蚀后退，湾部淤积扩展，岸线渐趋夷平，海岸过程兼有侵蚀和堆积的特点。滨岸堆积体以砂质海滩、沙堤最为发育。

　　岸堤砂砾岸：以兴城以南一带最为典型，是混合花岗岩剥蚀平原特有的类型。物质来源依靠季节性河流的间歇性补给，沿岸广布宽大而连续的砂质或砂砾混合质岸堤群。受沙堤或沙嘴封闭结果，在河口区往往有沟汊式潟湖形成。因此，该类海岸的海滩、砂砾堤、沙嘴及海积阶地均甚发育，其中尤以沙堤或沙堤群最为典型。如六股河口达6条之多，其中1~2条，长度可达5 km，高出平均海面3~4 m。

　　与沙堤相伴还有潟湖的发育。兴城至山海关近半数的海岸为潟湖型岸，它们多数是由河口沙嘴拦截浅水域，或是沙堤封闭河流支汊形成的。最大侧向陆延伸距离可达3 000 m，是小型渔船的天然避风场所（苗丰民，1996a，1996b）。

2.3.2　河北省

　　河北省岸线长487.0 km，砂质岸线长161.7 km，主要位于秦皇岛和唐山乐亭县，自冀辽边界至乐亭县的大清河口均有分布（河北省海岸带资源编纂委员会，1988）。从物质成分与形态特征等海岸性质对海滩类型进行划分，主要有四种类型：岬湾砂质海滩、岬湾砂砾质海滩、沙丘海滩和沙坝-潟湖海滩（秦皇岛矿产水文工程地质大队，2005；杨燕雄，2007）。

2.3.2.1 岬湾砂质海滩

该类海滩分布在秦皇岛基岩岬角海岸两侧，岸线累计长约 28.13 km，自北向南可分为东湾（老龙头—秦皇岛南山，其中石河口—沙河口区间岸段除外）、中湾（秦南山—鸽子窝）和西湾（金山咀—戴河口）（潘毅，2008）。每段岬湾形态由近 EW 向转 NE 向，再转 NNE 向，呈内凹形的岬湾海岸。海岸组成物质多为冲洪积、冲积及潟湖相砂、砾石、黏性土等，均为未成岩的松散或致密状的软弱夹层，抗侵蚀能力低（刘益旭，1994）。

2.3.2.2 岬湾砂砾质海滩

该类海滩主要分布在秦皇岛市石河口与沙河口之间岸段，岸线长约 8.76 km，其陆侧为潟湖相和石河冲洪积缓斜平原，分布有一系列砾石层及砂层组成的砾石堤。历史上砾石堤的条数、高度、宽度和坡度因地而异，一般高为 2~3 m，最高可达 6.5 m；在垂直岸线上，各砾石堤高度均由陆向海逐渐降低。堤宽一般为 15 m 左右，个别可达 30 m，堤的坡度变化较大，1°~12°均有，以 3°~7°为最多，现大部分砾石堤由于沿海公路、港口的建设已被破坏。

2.3.2.3 沙丘海滩

沙丘海滩主要分布在戴河口—滦河口，岸线长约 54.17 km，走向 NNE。砂质沙丘海岸为平直岸，海滩坡度较缓，地域开阔，自陆向海可分为潟湖、风成沙丘、海滩三个沉积单元。沙丘链呈带状平行于海岸展布，沙丘延伸长约 40 km，宽 1~1.5 km，分布面积约 50 km^2，被洋河口、大蒲河口和新开口潮流通道分隔成 4 段。戴河口—洋河口沙丘较低，高为 3~10 m，目前大部分被居民建筑和零星树林所改造；洋河口—大蒲河口沙丘高为 10~20 m，以岸前沙丘为主，目前除受旅游建筑破坏之外，基本被树林所固定；大蒲河—新开口之间的海岸沙丘处于半裸露和半固定状态，沙丘明显增高，常见 20~30 m高，虽然沙丘上多处建有滑沙旅游点，但近海处仍有大量风沙，在风的驱动下不断补给沙丘，一些裸露沙丘仍处于缓慢迁移状态；新开口—滦河口沙丘长为 5~10 km，大部分处于未改造的自然活动状态，风砂不断运动和塑造沙丘，最高沙丘大圩顶，高为 42 m，向陆侧有零星植被生长。

2.3.2.4 沙坝–潟湖海滩

该类海滩主要分布在滦河口南—乐亭县大清河口岸段，岸线长约 70.63 km，是由滦河复式三角洲及其外缘的一些沙坝所组成，如蛇岗、灯笼铺、打网岗等，多为滦河历次入海口残留沙坝或借助 NE 向强风浪和沿岸流搬运堆积所成。沙坝长为 2~4 km，宽为

200~500 m。这些沙坝与其陆岸之间形成全封闭或半封闭状潟湖，尤以滦河口—湖林口潟湖发育最佳，宽达 2 km，现已基本为海水养殖所占用。

沙坝被京唐港港池一分为二，东北侧为港口建设所占用，西南侧以打网岗沙坝为主。打网岗岛濒临京唐港，现已有公路与陆域相连，海岛长约 13 km，陆地海拔高度为 3.5 m，呈 NE—SW 走向。海岛东北段为潮汐通道，现已人为改造，西南端为大清河口。东部靠海侧建有简易的人工沙堤，中西部靠海侧残留有低缓沙丘（邱若峰，2009）。

2.3.3 山东省

山东半岛海岸线长约 3 121 km，约占全国岸线总长度的 1/6，居全国第二。在蜿蜒曲折的岸线上分布有大大小小的沙滩约 123 个，累计长度约 366 km，约占山东半岛海岸线长度的 1/9（图 2.6）。主要分布在日照、青岛、威海和烟台四个地区（图 2.7）。

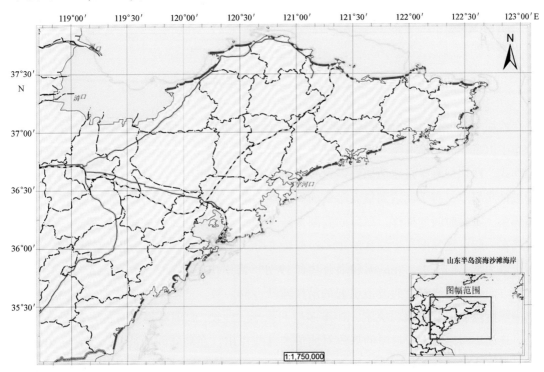

图 2.6 山东半岛沙滩分布

据蔡锋等（2015）修改

岬湾型海岸多发育在基岩岬角之间的海湾中，是山东常见的海岸类型。山东 123 个海滩中有 63% 是这一类型，主要分布于烟台、威海和青岛向外开阔的岸段（李荣升，2002）。受两端出露的基岩岬角掩蔽，沙滩多发育在湾顶，呈凹弧形。沙滩坡度较大，长度和宽度较小，一般不发育风成沙丘，发育浪控型地貌。

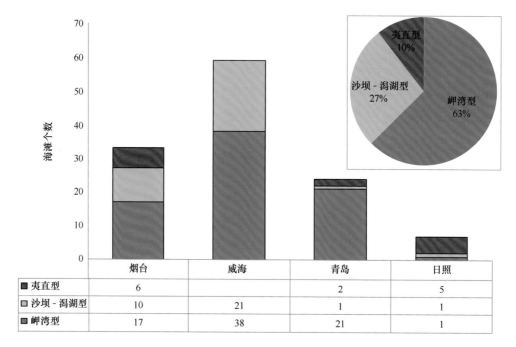

图 2.7　山东省海滩类型统计

	烟台	威海	青岛	日照
■ 夷直型	6		2	5
□ 沙坝 - 潟湖型	10	21	1	1
■ 岬湾型	17	38	21	1

　　沙坝-潟湖型海岸在研究区也是分布较多的海岸类型，占所有海滩类型的27%，主要分布于山东半岛北部威海、烟台的岸段。沙坝-潟湖型海岸有沙坝型、沙嘴型和连岛型三种形式。沙坝型海岸是冰消期海侵过程中，在波浪力的作用下发育平行海岸的沙坝，不断被推向海岸，海平面达到最大海滨面后，沙坝随之露出水面发育形成障壁海岸的障壁岛体系。随着时间的推移，岛后的潟湖被陆源沉积物或向陆风沙充填，将障壁岛与海岸连接在一起。沙坝型海岸发育沙滩多顺直而绵长，长者可至 10 km。沙嘴型是沙坝-潟湖型中最为常见的亚类，在威海和烟台共有 19 处，海岸均发育障壁海湾的接岸沙嘴，沙嘴生长方向和与岸线斜交的波浪引起的沿岸输沙方向一致，沙嘴末端多弯曲，弯曲方向由末端涨落潮流的孰强孰弱决定，沙滩多呈凹弧形。沙坝-潟湖海岸发育的沙滩长度均较长。连岛型海岸是由于近岸的岛屿对波浪的遮蔽作用，在岛陆间的波影区发育三角形沙体，最终将海岛与陆地连为一体形成的连岛沙体，多有潟湖伴生。连岛型海岸原始海岸地势多为低平岸，因此发育低缓而又宽广的沙滩，并伴有沙丘发育。研究区东段的褚岛和镆铘岛岸段发育的连岛沙滩长度均较长，分别为 3 km 和 4 km。

　　夷直型海岸主要分布在以新构造期形成的断陷盆地和断陷区为背景的河口三角洲平原岸段（中国海湾志编纂委员会，1993）。这些岸段的第四纪沉积层厚度大，海相层和陆相层多次交替叠置，其岩性一般为砾砂、砂、砂质黏土和黏土质粉砂等质地疏松的陆源碎屑沉积物，是典型的软质海岸。全新世海侵海面相对稳定后上述岸段平原边缘由于缺乏基岩岬角（或岛礁）对向岸入射波浪的遮挡，整个岸段在波浪直接而长期的塑造下自我调整响应机能，以致形成的砂质海岸较为平直（王庆，2003）。夷直型砂质海岸的地貌特征如下：① 海岸地势低平，岸线平直，不见基岩岬角；② 由于原始岸坡坡度小，向岸入射波浪的波能较为分散，滨海输沙能力弱，常形成以细粒砂为主的宽阔平缓且长度较大的海滩；③ 岸滩地貌呈现弱侵蚀-堆积状态，少见潟湖、沙嘴或沿岸沙坝之类的明显堆积地貌或岩礁、砂砾滩等强侵蚀地貌（杨继超，2012；张荣，2004）。

2.3.4　浙江省

浙江位于我国东南沿海地带的北部，东濒东海，港湾众多，岛屿星罗棋布，入海河流有钱塘江、椒江、瓯江和飞云江等，均属山溪性强潮河流，源近流短。流域内植被茂密，冲刷侵蚀作用并不很强烈，加上强潮的上溯作用，使较粗物质在河流入海口以上沉积，每年仅挟带少量细颗粒物质入海，浙江沿岸、东海内陆架区的沉积物主要受长江入海物质的控制（金翔龙，1992）。砂、砾等粗颗粒物质仅零散分布于迎风浪一侧的基岩岬角间小海湾内，以及河流入海口附近。浙江沙滩主要是在构造控制下，沿岸物质侵蚀、山溪性河流冲积洪积等物源条件下发育演化形成的，其地貌形态特征与华南海岸岬湾型海滩类似，砂质物源主要来自注入海湾的小型山地河流搬运或海岸的侵蚀物，其动力条件通常属浪控海岸，且浙江沿海潮差大，多为潮控型。浙江沿海岬湾型海滩规模一般相对较小，且分布零散，主要分布于舟山市和宁波象山县，其湾口主要朝向为 SE 和 E（图2.8 和图 2.9）。

图 2.8　象山县东部岬湾型海滩

浙江沙滩资源量较少，且沙滩分布零散，据 908 专项海岛海岸带调查资料，沙滩面积约为 64 km²，仅占潮间带面积的 3%，主要分布在舟山市诸海岛、象山县东部及苍南沿海。大陆沿岸的海滩主要发育在基岩岬角拥护的半开敞海湾，在象山县东部和苍南县境

图 2.9　朱家尖岬湾型海滩

内砂质海滩最为集中，如象山县松兰山、石浦镇皇城海滩，苍南县渔寮乡等地。舟山群岛是浙江沙滩分布最为丰富的地区，在海岛向外开敞的方向发育一系列优质海滩，如泗礁基湖沙滩，普陀山的千步沙、百步沙，朱家尖岛的大沙里、东沙、南沙、千步沙、百步沙，桃花岛的千步沙等（时连强，2011）。

2.3.5　福建省

福建省海岸类型分布如图 2.10 所示，其中砂砾质岸线长度达 988.19 km，占总岸线长度的 21.68%（国家海洋局第三海洋研究所，2010）。砂质海岸可背依不同的陆地地貌单元，故其海岸的地貌形态与组合有着明显的区域性差异。因此，从海岸的地貌组合形态和成因的角度，可大体将福建沿海的砂质海岸地貌划分为岬湾岸、沙坝-潟湖岸和夷直岸三种基本类型（Luo et al.，2015；Qi et al.，2013）。其中，沙坝-潟湖岸拦湾沙坝的地貌形态主要为沙堤沙体、沙嘴沙体和连岛沙体。福建沿岸陆地地貌以山丘或台地为主，在 NE 向与 NW 向断裂构造的控制下，沿海开敞海岸岬湾交错发育，以致岬湾型砂质海岸分布最为广泛，沙坝-潟湖岸型砂质海岸的分布次之，而夷直岸型砂质海岸则仅见于局部以断陷盆地为背景的平原区开敞海岸（蔡锋等，2005；曹惠美等，2010）。沿岸各砂质海岸类型的特点与分布状态如下。

2.3.5.1　岬湾岸型砂质海岸

岬湾岸型砂质海岸分布在基岩岬角之间的较为开敞的海湾内，如东冲半岛东侧的大

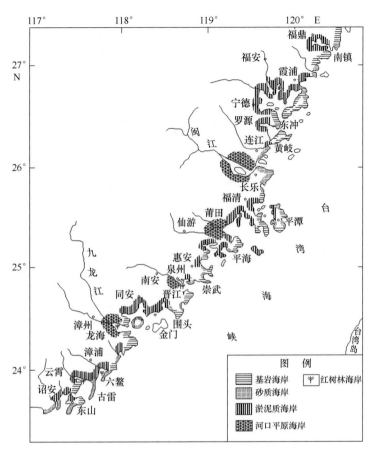

图 2.10 福建省海岸类型略图

(福建省海岸带和海涂资源综合调查领导小组办公室，1990)

京湾、海坛岛长江澳和海坛湾、莆田平海湾、惠安大港、晋江深沪湾和围头湾、厦门岛东岸、龙海隆教湾、漳浦浮头湾和将军澳、东山岛乌礁湾和诏安大埕湾等（苏贤泽，1995；于帆等，2011；蔡锋等，2002）。较大的岬湾岸型砂质海岸，由于不同岸段的海岸动力条件差异，其沿岸岸滩的冲淤演变往往具有不同的特征：在淤积的岸段，可因浪流作用而形成沿岸沙堤、沙坝、沙嘴等海成堆积地貌，或者由于季风对潮间带沙滩的吹扬、搬运和改造，而于潮上带形成风沙地貌，且常见大片风沙地、沙丘、沙垄盖在沿岸沙堤、平原和山丘之上；在冲蚀的岸段，可见岸崖或陡坎等海岸蚀退的侵蚀地貌，同时往往在潮间带滩面上裸露基岩、风化壳或第四纪地层（如黏土层、老红砂和海滩岩等），表现出海滩沙处于衰退的迹象。岬湾型砂质海岸的这些现象在福建省沿海比比皆是。

2.3.5.2 沙坝–潟湖岸型砂质海岸

沙坝–潟湖岸型砂质海岸也是本区砂质海岸较为常见的一种滨海堆积地貌，主要分布在闽江口以南各大湾口部，如长乐文武砂沙嘴、平海湾西埔沙嘴、泉州湾大坠岛后沙坝、围头湾塘东沙嘴、九龙江河口湾鸡屿沙坝、旧镇湾后江沙嘴、东山湾汕尾沙嘴和宫口港渡西沙嘴等（高智勇，2001）。这些沙坝-潟湖岸型的拦湾沙体的堆积形态通常长1 km以上，宽数百米，顶端可高出高潮面1~2 m。例如，围头湾口的塘东沙嘴，呈NW向的复式钩状伸入湾中，长达1 700 m，宽100~200 m，高度3~4 m；组成物质由根部的中粗砂至尾端为中细砂，分选好；该沙坝活动性大，近期体积有增长与整体内移之势（王广禄等，2008）。再如，宫口港渡西沙嘴，在破浪和沿岸流的作用下不断向南伸长，并在季风的影响下表现出东西向摆动的现象，其长度1 km以上，宽100~300 m，对宫口港航道的影响很大（蔡锋等，2006；何岩雨等，2018）。

2.3.5.3　夷直岸型砂质海岸

夷直岸型砂质海岸主要见于闽江口南侧长乐梅花—江田沿岸，该地区由第四纪海相碎屑沉积层（Q_4^{3m}）组成的海积平原广泛分布，系典型的软质海岸。全新世海侵海面相对稳定后，本岸段平原边缘由于缺乏基岩岬角对向岸入射波浪的遮挡，几乎整个岸段（除漳港—文武砂沙嘴外）在波浪的直接作用下，岸滩通过滨海输沙，经历了长期自我调整的响应过程，形成了较为平直的砂质海岸。夷直型砂质海岸的海洋动力条件较为均一，其地貌特征如下：① 海岸地势低平，岸线平直，少见基岩岬角残丘；② 陆侧常发育宽广风成沙地，海岸主要由馒头状草丛沙丘群组成，沙丘高可达10 m，构成风成沙丘海岸景观；③ 由于原始岸坡坡度小，向岸入射波浪的波能较为分散，滨海输沙能力相对较弱，且常形成以细粒砂为主的宽阔平缓的长海滩；④ 岸滩地貌多呈弱侵蚀-堆积状态，少见岩滩-砂砾滩等强侵蚀地貌。

2.3.6　广东省

2.3.6.1　岬湾岸型海滩

本类型海滩指海滩与背依的海岸分别为不同时期、不同成因的地体，即海滩直接堆积于原山丘或台地溺谷型基岩港湾海岸，并以此再划分为山丘溺谷岬湾岸型海滩和台地溺谷岬湾岸型海滩两种类型。

岬湾岸型海滩在广东沿岸分布最为普遍，在粤东、粤中及粤西海岸均有分布（戴志军，2008）。山丘溺谷岬湾岸型海滩主要分布在粤东区段汕头、南澳一带，以及粤中区段东、西两侧海岸（东侧海岸包括海丰县鲘门以西，珠江口以东沿岸，即平海半岛、大亚湾、大鹏半岛、大鹏湾、九龙半岛，以及大屿岛、香港、担杆列岛等大小岛屿沿岸；西侧海岸为珠江口黄茅海以西至北津港东侧，以及海陵岛、川山群岛沿岸）。

台地溺谷岬湾岸型海滩基本形成于新构造期处于断块缓慢上升的区段，在广东沿岸分布广泛。较为集中分布的区段为粤东西段，即东自企望湾（广澳湾）向西直至红海湾的大部分岬湾岸段，以及粤西雷州半岛东、西两岸。广东省沿岸台地溺谷岬湾岸型海滩的长度、宽度和沙量往往大于山丘溺谷岬湾岸型，这是广东省较为重要的堆积地貌类型之一（广东省海岸带和海涂资源综合调查领导小组办公室，1989）。

2.3.6.2　沙坝-潟湖岸型海滩

本类型海滩指沙坝-潟湖体系中拦湾沙坝（滨外坝沙体）向海侧的海滩，它与背依的滨外坝为同一成因堆积地貌沙体，都是入海泥沙通过一定的滨海输沙运动后再分配的产物。广东省沿岸现代沙坝-潟湖体系主要分布在粤西沿海，西起电白县王村港，东至阳江市北津港一带沿岸。本区段海岸处在雷州半岛东部。其次，在粤东西部区段的一些较大溺谷岬湾内（碣石湾、神泉港和广澳湾）的部分岸段特别是河口区岸段，常见有沙嘴体、连岛沙坝体的拦湾沙坝。其余区段也见到较为零散的沙坝-潟湖岸型海滩分布，如大亚湾东侧平海半岛南岸，以及雷州半岛东、西海岸和西南角（赵焕庭，1999）。

然而，由于广东沿海沿岸海洋环境变幻多端，拦湾沙坝体的成因特点及其堆积形态也是多种多样的，这里大体概括如下四种成因类型与形态（雷刚等，2014）。

沙嘴岸型海滩：大多数形成单式沙嘴，但也见双向沙嘴（如碣石湾湾顶螺河河口区）、复式沙嘴（如雷州半岛西岸企水港外沙嘴）和沙岬（如雷州半岛西南隅灯楼角）等。广东沿岸沙嘴岸型海滩以粤东西部较为常见（戚洪帅等，2009b）。

连岛沙坝岸型海滩：在广东沿岸较典型的连岛沙坝岸型海滩如粤东西段碣石湾西端白沙湖沙坝-潟湖体系的海滩，以及粤中东侧平海半岛南岸大星山角双连岛沙坝沙滩等。

离岸沙坝岸型海滩：本类型海滩见于雷州半岛东南岸段新寮岛东面雷打沙向海侧。

叠合成因巨大沙坝岸型海滩：在粤西沿海，西起电白县王村港，东至阳江市北津港区段，是我国叠合成因巨大沙坝岸型海滩的典型分布岸段之一。

2.3.6.3　浪控三角洲平原岸型海滩

广东沿岸本类型海滩主要发育于以新构造期形成断陷盆地为背景的入海沙量较丰富的大河流口区，如粤东的澄海韩江三角洲平原海岸和粤西吴川鉴江三角洲平原海岸（季子修，1996）。浪控三角洲平原岸型的海滩在广东其余岸段也有零星分布，但规模较小，其中在粤东西部区段，多处在较大溺谷岬湾中的腹部，如神泉湾的龙江河口区和碣石湾的螺河河口区等；在粤西区段东侧濮阳江河口区见于出海口岸段。

根据上面所述，广东沿岸海滩按其堆积体所依附的海岸地貌形态（性质）划分，各类型的分布岸段示于图2.11。

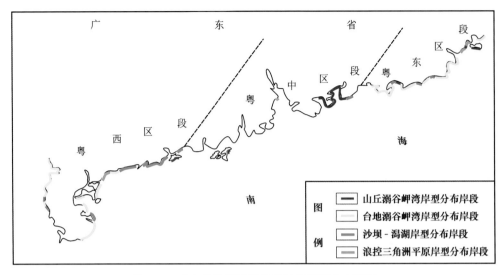

图 2.11　广东省沿岸海滩堆积地貌类型分布概图

2.3.7　广西壮族自治区

广西壮族自治区的海滩地貌广泛分布于西部江平、防城港西南岸大坪坡、企沙半岛南岸和东部沿岸，犀牛脚、大风江口东区两侧的沿岸，靖海（高德）草头村—垌尾、北海半岛南部和北部沿岸，北海—营盘—槟榔根沿岸，沙田以东至乌泥沿岸及其潮间带区域。

2.3.7.1　岬湾型海滩

在广西沿海岬湾型海滩零星分布，主要位于北海市冠头岭沿岸南万港—大王宫油库及防城港白龙半岛南端。

2.3.7.2　沙坝–潟湖型海滩

广西沿岸沙坝–潟湖型海滩主要分布于北海外沙、高德外沙（图 2.12）及江平地区，其特征是：① 一般离山地较远，多数是从沿海残丘台地的基础上发育起来，残丘或台地的岬角向海突出，海湾内凹（黄鹄等，2005）；② 由滨外坝或沙嘴封闭的潟湖范围较小，陆上没有河流注入或只有很小的溪流注入，潟湖多已辟为渔港；③ 潟湖仅以狭窄的潮汐汊道与海相通，潮汐汊道的水深完全靠潮流冲刷作用来维持；④ 海岸仍处于侵蚀之中，沙坝外均需人工堤保护（叶维强等，1990）。

2.3.7.3　夷直型海滩

广西海滩绝大部分属于夷直型海滩，主要分布于北海的高德至垌尾、北海大墩海至

图 2.12 广西北海市高德外沙沙坝–潟湖型海滩

营盘坡尾底、江平巫头与沥尾一带，发育在由下更新统湛江组和中更新统北海组地层组成的古洪积–冲积平原的前缘（黄鹄，2011）。这些岸段的第四纪沉积层厚度大，海相层和陆相层多次交替叠置，其岩性一般为砾砂、砂、砂质黏土和黏土质粉砂等质地疏松的陆源碎屑沉积物，是典型的软质海岸。全新世海侵海面相对稳定后上述岸段平原边缘由于缺乏基岩岬角（或岛礁）对向岸入射波浪的遮挡，整个岸段在波浪直接而长期的塑造下自我调整响应机能，以致形成的砂质海岸较为平直（黎广钊，1995）。

2.3.8 海南省

根据 2008 年海南省海岸线修测数据，海南省海岸线全长 1 822.8 km。海南省自然岸线中的砂质岸线类型全长 785.7 km，占全省海岸线长度的 43.1%，是海南省的主要海岸线类型，分布于全省沿海的大小海湾中（陈春华，1992；陈沈良，1999）。砂质岸线在海南岛东部和西部基本是连续分布，在海南岛北部和南部则与基岩海岸间隔分布，北部基岩为玄武岩台地，南部基岩则为花岗岩山地。

根据物质成分与形态特征等海岸性质对海滩类型进行划分，主要有四种类型：岬湾砂质海滩、平原台地砂质海滩、沙丘砂质海滩和沙坝–潟湖海滩（王宝灿，2006）。

2.3.8.1 岬湾砂质海滩

该类型海滩可以再细分为两种类型：山丘溺谷型岬湾海滩和浪控岬湾海滩。山丘溺谷型岬湾海滩主要分布在海南岛的北部和南部，东部也有少量岬湾海滩，此类海滩的主要特点是海岸两端分布高大的山岭，海湾夹在山岭之间。如三亚市亚龙湾的两端分别是牙笼角（海拔 190.4 m）和白虎角（海拔 157.6 m），文昌市大澳湾的两端分别是铜鼓咀（海拔 134.5 m）和尖岭（海拔 137.6 m）。山丘溺谷型岬湾也可称为湾头滩，此类海湾的特点是湾口狭窄，岸线凹入成袋状，岸线稳定，泥沙运动以垂直于岸线的横向输沙为主，平行于岸线的纵向输沙（沿岸输沙）作用小，滩面形态的季节变化小。由于受山体的阻挡，湾内波浪作用小，海滩长度较短，岸线弯曲程度小，水下地形平缓，滩面沉积物较细，多为细砂。海南岛北部岬湾的两端主要是玄武岩基岩岬角，如儋州市和临高县交界的后水湾，临高县马袅湾；东部和南部主要是花岗岩基岩岬角，如三亚市的亚龙湾、太阳湾、大东海、虎头湾，文昌市大澳湾。山丘溺谷型岬湾岸线累计长约 19.0 km。

岬湾砂质海滩在海南岛四周均有分布，岸线总长约 201.8 km，是海南岛分布最广的海滩类型，其陆侧为海积和冲积平原台地，地势较低。两端一般由基岩岬角控制，湾内发育波浪作用下的弧形海湾，大多成螺线型展布，岸线由遮蔽段、过渡段和切线段组成。湾口开口宽，波浪作用强，滩面物质粒径较粗，一般由中砂组成。受东北季风和西南季风的影响，平行于岸线的沿岸输沙作用强，岸滩地貌和形态的季节性变化较大。根据戴志军（2004）的研究，海南岛此类海湾的地貌形态具有多样性特征，其地貌发育和岸线走向的主要控制因子是海湾本身的开口方向和波浪作用强度，而波浪的入射方向则是次要影响因子。典型的岬湾砂质海滩有海口市的海口湾、铺前湾，文昌市的高隆湾、冯家湾，琼海市的春园湾、辽前湾，三亚市的海棠湾、三亚湾等（蔡锋，2008）。

2.3.8.2 平原台地砂质海滩

平原台地型砂质海滩在海南岛四周均有分布，岸线总长约 133.2 km，其陆侧为冲积或海积平原和台地，其地貌特征为岸线曲折程度低，大多为顺直或微弯型岸线，潮下带多数分布有珊瑚礁礁盘，波浪在珊瑚礁礁盘前沿破碎，近岸破浪作用较小，有效减弱了波浪对岸滩物质的侵蚀。如文昌市铜鼓咀至东郊椰林岸段，文昌市会文镇至冯家湾岸段，文昌市青葛至琼海市潭门港岸段，三亚市鹿回头岸段，昌江县峻壁角至洋浦港岸段，儋州市兵马角至临高县临高角岸段等，均广泛分布珊瑚礁，但近年来局部岸段珊瑚礁遭到人为破坏，失去了珊瑚礁的消浪作用，导致近岸波浪作用增强，淘蚀滩面侵蚀后退，局部岸段渐渐变成浪控型砂质海岸，如文昌的邦塘湾、琼海的龙湾等都经历了严重的侵蚀后退（丰爱平，2003）。

在海南岛西部莺歌海至东方八所，岸线大多比较顺直，受冬夏季风变换的影响，不同季节的沿岸输沙变化大，因此岸滩地貌的季节性变化较大，年际变化也比较大，据河海大学的研究成果，莺歌海龙沐湾自 6 000 a B.P. 末次海侵结束以来，发育了四列平行的沿岸沙堤。此类海岸后滨多分布有高 2~3 m 的风成沙丘，陆侧是海积平原，一般有岬角或礁石控制岸线的基本轮廓，但受北部湾潮流的影响，沿岸潮流输沙作用较强（何起祥，2002)。

2.3.8.3　沙丘砂质海滩

沙丘海滩主要分布在海南岛的东部和西部，如文昌市的木兰头至铜鼓岭，乐东县莺歌海附近的龙腾湾，昌江县棋子湾至海尾港，临高县临高角附近(图2.13)，岸线长约117.3 km。沙丘砂质海岸岸线比较平直，陆侧为高20 m以上的风成沙丘和台地，沙丘的沙源主要是海滩沙，在向岸风的吹扬下，向上堆积形成大规模的海岸沙丘。根据沙丘岩的年代测定可知，近2 000 a B.P. 以来，海南岛的盛行风向基本没有变化(李培英，2007)。

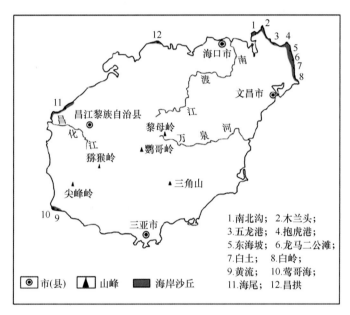

图2.13　海南岛海岸沙丘分布

沙丘砂质海滩的滩面物质一般较粗，多为中粗砂，近岸风力作用强，如临高县的玉苞角是海南省的两个风带极值中心之一。文昌木兰头至铜鼓咀的波浪作用较强，水下岸坡较陡，为反射型滩面，由于沙丘沙源丰富，虽然波浪作用强，但侵蚀速率仍然较低。

2.3.8.4　沙坝-潟湖海滩

沙坝-潟湖海滩主要分布在文昌市铺前至新埠海，琼海市玉带滩，万宁市英文半岛和东方市北黎湾，岸线长约30.0 km，是由于沿岸沙坝的发育，使潟湖水体与外海隔开，仅通过狭窄的潮汐通道相连而形成的沙坝-潟湖地貌体系。沙坝-潟湖地貌体系在海南岛的分布也较广(吴正，1995)。

第3章 黄渤海沿岸典型海滩

黄渤海沿岸是我国北方主要的海滩富集区，除了辽东湾北岸、渤海湾西岸及黄河口和南黄海沿岸区域外，其余区域普遍发育海滩。本章介绍渤海及山东半岛共计 25 处典型海滩的概况、沉积物变化特征及演变特征。

3.1 葫芦岛龙湾

3.1.1 沙滩概况

葫芦岛龙湾海滨沙滩位于辽东湾西海岸，葫芦岛市西南，为一天然海水浴场（图 3.1）。葫芦岛龙湾海滨浴场沙滩，又名 313 海水浴场，地理位置为 40°40′48.2″N，120°50′04.1″E。葫芦岛龙湾海滨浴场沙滩是全国有名的浴场之一，浴场环境优良，交通便利，旅游服务设施一应俱全。该岸段岸滩走向为 NE—SW，岸滩长度约 3 800 m，平均宽度约 200 m。近岸海域水质较好，为一类水质（表 3.1）。

图 3.1　葫芦岛龙湾海滨沙滩概貌及监测剖面分布位置示意

表 3.1　葫芦岛龙湾海滨沙滩主要参数统计

沙滩走向	沙滩长度/km	沙滩宽度	滩面坡度	沉积物特征	砂泥分界线深度	浴场环境
NE—SW	3.5	南北宽度基本相同，约 200 m	坡度基本一致，坡降比 7.5%，坡度约 4.5°	灰黄色中粗砂，松散，含少量贝壳碎屑，分选差，磨圆较好。水线附近发育砾石滩	1985 国家高程基准（简称"85 高程"）下 1.5 m 左右，距离岸边 400 m 左右	水质较好，管理较规范

3.1.2 沙滩沉积物变化特征

依据表层沉积物样品分析结果，该岸段表层沉积物以砂质砾石和砾石质粗砂为主，分选差，磨圆较好，滩面散布砾石和少量贝壳碎屑。该岸段表层沉积物平均粒径最小值为0.50Φ，最大值为1.8Φ，平均值为0.9Φ；偏态测试值正偏、负偏各占一半，偏态系数平均值为0.08；分选系数平均值为1.13。

依据地质钻孔揭示，葫芦岛龙湾海滨浴场沙滩钻孔沉积物类型主要包括砾石质砂、粗砂、中砂和粉砂。沙滩表层遍布砾石，沙滩表层沉积物粒度整体较粗，为粗砂-砾石等级。垂向上，整体自表层向下沉积物粒度趋粗，砂层厚度平均约1.2 m，潮间带从岸滩表面向下60~80 cm为砾石质粗砂层，再向下则为砂质砾石层，沉积物分选较差，磨圆程度较好。

3.1.3 沙滩演变特征

比较两条剖面（HLD-1和HLD-2剖面）年冲淤变化图（图3.2和图3.3）可以发现：就剖面特征而言，位于辽东湾西岸葫芦岛市西南龙湾海滨浴场沙滩东侧的HLD-1剖面，整条剖面地形变化不大，仅水边沙滩地形变化较复杂，有较大幅度的冲淤变化，总体来看冬季侵蚀后退，夏季淤涨；位于辽东湾西岸葫芦岛市西南龙湾海滨浴场沙滩西侧的HLD-2剖面冲淤变化幅度较小，与HLD-1变化相似，除潮间带（尤其是水陆结合区域）海滩地形发生较大幅度的变化外，其他区域地形较稳定，冲淤变化幅度较小。具体分析来看，各剖面形态及其冲淤特征各具特色。

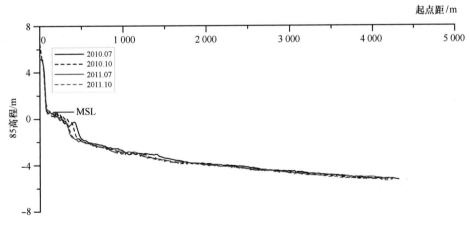

图3.2 HLD-1剖面2010年7月至2011年10月冲淤变化

HLD-1剖面（图3.2）位于辽东湾西岸葫芦岛市西南龙湾海滨浴场沙滩东侧，整条

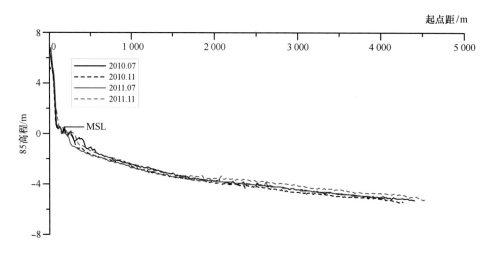

图 3.3　HLD-2 剖面 2010 年 7 月至 2011 年 10 月冲淤变化

剖面地形变化不大，仅水边线处沙滩地形变化较复杂，有较大幅度的冲淤变化，总体来看冬季侵蚀后退，夏季淤涨。两年内剖面年平均冲刷厚度为 0.66 m，年均淤积厚度 0.56 m，变化很小。近两年时间内，滩面变化很小，变化最大的-2 m 等深线向陆后退 7.6 m 余，-5 m 等深线后退 5.4 m。

HLD-2 剖面（图 3.3）位于辽东湾西岸葫芦岛市西南龙湾海滨浴场沙滩西侧，与 HLD-1 变化相似，除潮间带（尤其是水陆结合区域）海滩地形发生较大幅度的变化外，其他区域地形较稳定，冲淤变化幅度较小。该剖面两年内以普遍冲刷作用为主，约 900 m 以内呈小幅度冲刷和淤积交替变化为主，夹杂着微弱的冲刷。总体来看，该剖面冲淤变化不大，近两年内冲刷最大约 1.5 m，淤积最大约 1.4 m，平均淤积厚度小于 1.2 m。-2 m 和-5 m 等深线几乎没有变化，保持冲淤平衡态势。

3.2　兴城第一海水浴场

3.2.1　沙滩概况

兴城第一海水浴场位于辽东湾西海岸中部（图 3.4）。布设剖面 2 条，测线间距 450 m。沙滩长度约 1.5 km，南北宽度基本相同，为 140~150 m。坡度基本一致，坡降比为 6%，坡度约为 3.5°。灰黄色中粗砂，松散，含少量贝壳碎屑，分选差、磨圆较好。水线附近砾石带、礁石发育，位于 85 高程基准下 4.0~4.5 m，距离岸边 1 300 m 左右。水质较差，管理较规范。

图 3.4 兴城第一海水浴场概貌及监测剖面分布位置示意

3.2.2 沙滩沉积物变化特征

依据表层沉积物样品分析结果，该岸段表层沉积物以砂质砾石和砾石质粗砂为主，分选差，磨圆较好，滩面散布砾石和少量贝壳碎屑。该岸段表层沉积物平均粒径最小值为 -0.2Φ，最大值为 1.5Φ，平均值为 0.9Φ；偏态系数平均值为 -0.1，正偏；分选系数平均值为 0.89，分选差。

依据 4 个地质钻孔分析结果显示（其中一个 2 m，另外一个 1.5 m，一个 1.7 m 和一个 1.0 m），滩脊处砂层厚度较大，超过 1.7 m，南侧砂层厚度可达 2.0 m。钻孔柱状沉积物类型包括砂质砾石、砾石质砂、粗砂、细砂和黏土质粉砂。自表层向下，垂向上沉积物粒度总体趋于粗化。其中水边线处的钻孔处砂质海滩砂层厚度不足 1 m，自岸滩表面向下 30~40 cm 为砾石质粗砂层，再向下则为砂质砾石层，沉积物分选较差，磨圆程度较好。

3.2.3 沙滩演变特征

通过两剖面（XC-1 和 XC-2 剖面）2010 年 10 月至 2011 年 7 月年冲淤变化图（图 3.5 和图 3.6）可以发现：就剖面特征而言，位于兴城第一海水浴场北侧的 XC-1 剖面全剖面较稳定，表现为弱淤积或冲刷过程，仅 2011 年 7 月表现为强冲刷过程，究其原因，与 2012 年旅游季节人为较大规模地平整沙滩有关；位于兴城第一海水浴场南侧的 XC-2 剖面冲淤变化幅度很小，剖面较稳定，表现为弱淤积或冲刷过程，整条剖面呈现较小幅度的冲淤变化，仅在潮间带区域，尤其是水边线附近滩面变化较复杂，变化幅度较大，总体呈现冬季侵蚀、夏季淤积的变化态势。具体分析来看，各剖面形态及其冲淤特征各具不同。

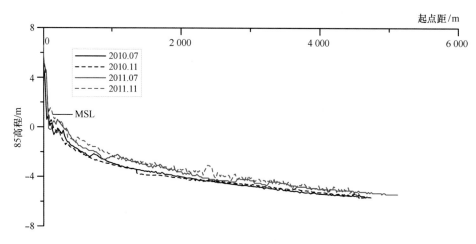

图 3.5　XC-1 剖面 2010 年 10 月至 2011 年 7 月冲淤变化

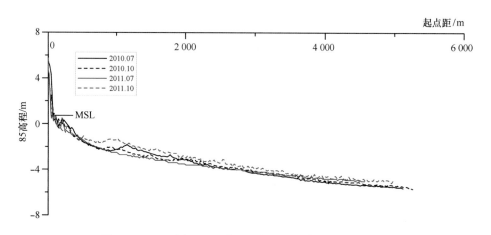

图 3.6　XC-2 剖面 2010 年 10 月至 2011 年 7 月冲淤变化

　　XC-1 剖面（图 3.5）位于兴城第一海水浴场北侧，剖面较稳定，表现为弱淤积或冲刷过程，整条剖面呈现较小幅度的冲淤变化，仅在潮间带区域，尤其是水边线附近滩面变化较复杂，变化幅度较大，总体呈现冬季侵蚀、夏季淤积的变化态势。仅 2011 年 7 月表现为强冲刷过程，究其原因，与 2012 年旅游季节人为较大规模地平整沙滩有关。具体来看，2010 年 10 月至 2011 年 7 月两年内最大冲刷厚度达到 1.20 m，剖面年平均冲刷厚度为 1.01 m。其他年份海滩地形变化不大，呈小幅度的冲淤变化。

　　XC-2 剖面（图 3.6）位于兴城第一海水浴场南侧，剖面较稳定，表现为弱淤积或冲刷过程，整条剖面呈现较小幅度的冲淤变化，仅在潮间带区域，尤其是水边线附近滩面变化较复杂，变化幅度较大，总体呈现冬季侵蚀、夏季淤积的变化态势。具体来看，该剖面 800~1 200 m 发育小型沙坝，冲淤变化主要在沙坝附近区域。两年内最大冲刷和淤积厚度分别为 0.56 m 和 0.67 m，平均冲刷和淤积厚度相当，为 0.49 m；其他区域变化不大。0 m、−5 m 等深线几乎没有变化，保持冲淤平衡态势。

3.3 绥中芷锚湾

3.3.1 沙滩概况

芷锚湾海水浴场位于辽东湾西海岸绥中县万家镇东南，目前正处于开发中。绥中芷锚湾岸段位于辽东湾西岸南部，地理位置为40°00′55.3″N，119°54′21.1″E（图3.7）。岸滩基本呈 SSE—NNW 走向，岸线长约1 300 m，北宽南窄，北侧宽度约180 m，南侧宽度约80 m，平均宽度130 m。芷锚湾后滨地带正在开发酒店及房地产等设施。目前沿岸有简陋的浴场配套设施，交通较为方便。近岸海域水质较好，为二类水质（表3.2）。

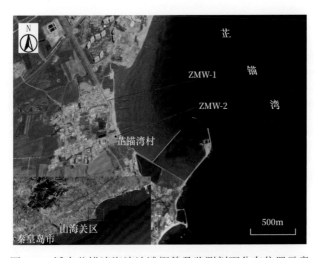

图 3.7 绥中芷锚湾海滨沙滩概貌及监测剖面分布位置示意

表 3.2 绥中芷锚湾海滨沙滩主要参数统计

沙滩走向	沙滩长度/km	沙滩宽度	滩面坡度	沉积物特征	砂泥分界线深度	浴场环境
SSE—NNW	1.3	北宽南窄，北侧宽度约180 m；南侧宽度约80 m	北部滩脊部分尚有残留，南部基本平缓，北部坡降比2.8%，坡度约1.6°；南部坡降比1.6%，坡度约0.9°	灰黄色细砂松散，含少量贝壳碎屑，分选、磨圆较好	85高程基准下4.5～5.0 m，距离岸边900 m左右	水质较好，管理混乱

3.3.2 沙滩沉积物变化特征

依据表层沉积物样品分析结果，该岸段表层沉积物类型主要包括砾石质砂、粗砂、细砂和砂质粉砂等，分选差，磨圆较好，滩面散布砾石和少量贝壳碎屑。该岸段表层沉积物平均粒径最小值为 -0.5Φ，最大值为 2.8Φ，平均值为 1.0Φ；偏态系数平均值为 0.06；分选系数平均值为 1.28。

依据 4 个地质钻孔分析结果显示（其中 2 个 2 m，另外 1 个 0.9 m，1 个 1.1 m），绥中芷锚湾滨海沙滩砂层厚度在中低潮滩为 0.9~1.1 m。潮间带上部砂层厚度均较大，厚度均超过 2 m。钻孔柱状沉积物类型包括砾石质砂、粗砂、细砂和砂质粉砂。自表层向下，垂向上沉积物粒度总体趋于粗化，个别层为有薄层粗粒或细粒夹层。水边线附近钻孔地层一般为砾石层，难以穿透。

3.3.3 沙滩演变特征

比较 ZMW-1 和 ZMW-2 两剖面 2010 年 7 月至 2011 年 10 月冲淤变化图（图 3.8 和图 3.9）可以发现：就剖面特征而言，2010 年 7 月至 2011 年 10 月，位于芷锚湾海滨浴场北侧的 ZMW-1 剖面，水下地形呈较明显的侵蚀后退变化，变化最大的时段为 2010 年 7 月至 2010 年 10 月，最大侵蚀后退距离超过 31 m（2 m 等深线以深海域）；而位于芷锚湾海滨浴场南侧的 ZMW-2 剖面，除潮间带近岸浅水区域发生较大强度的复杂变化外，水下部分剖面地形整体呈现侵蚀后退变化，一般冬季侵蚀后退、夏季淤涨。但总体来说，两断面在潮间带部分冲淤变化较大且复杂，水下部分则总体呈现侵蚀后退变化。具体分析来看，各剖面形态及其冲淤特征各具不同。

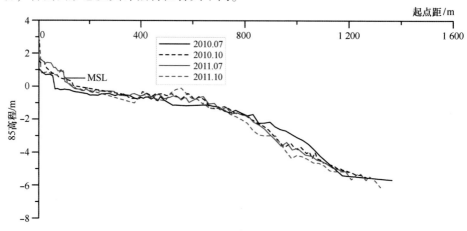

图 3.8　ZMW-1 剖面 2010 年 7 月至 2011 年 10 月冲淤变化

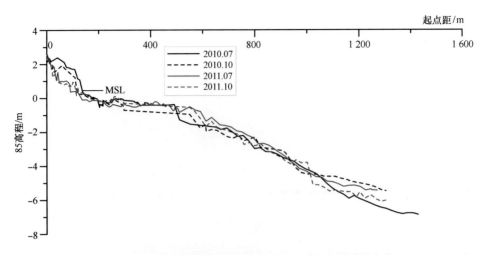

图 3.9　ZMW-2 剖面 2010 年 7 月至 2011 年 10 月冲淤变化

ZMW-1 剖面（图 3.8）位于芷锚湾海滨浴场北侧，水下地形呈逐步侵蚀后退变化，变化最大的时段为 2010 年 7 月至 2010 年 10 月，最大侵蚀后退距离超过 31 m（2 m 等深线以深区域）。具体来看，该剖面全断面发生普遍冲刷态势，约 450 m 以内呈小幅度冲刷和淤积交替变化为主，夹杂着微弱的冲刷。离岸 40~75 m 范围内的潮间带区域，2010—2011 年呈较大幅度的下蚀，最大下蚀约为 1.5 m。

ZMW-2 剖面（图 3.9）位于芷锚湾海滨浴场南侧，除潮间带和近岸浅水区域水下地形发生较大强度复杂变化外，水下部分剖面地形总体呈现侵蚀后退变化，一般冬季侵蚀后退、夏季淤涨。两年内侵蚀后退距离平均为 15 m，最大约为 21 m，在 -5 m 等深线以深区域，呈现较大幅度冲淤变化。整体来看，一般冬季侵蚀后退、夏季淤涨。两断面在潮间带部分冲淤变化较大而复杂，水下部分则总体呈现侵蚀后退变化。

3.4　秦皇岛西浴场

3.4.1　沙滩概况

西浴场坐落于美丽的海滨城市秦皇岛海港区西部，东起文涛路，西至山东堡立交桥，东临秦皇岛港，西望鸽子窝，所属海岸线长约 3 km（图 3.10）。秦皇岛西浴场海岸呈 NE—SW 走向，从形态上看属于岬湾砂质海岸的一部分。其中文涛路至冷冻二厂海滩上部建有新澳海底世界、海豚馆、广场等建筑，浴场使用海滩宽度为 40~90 m；冷冻二厂至海洋花园别墅海滩上部植被发育，植被覆盖宽度为 60~100 m，由于浴场路的改扩建工程，致使海滩进一步束窄。

图 3.10　秦皇岛西浴场概貌及布设的监测剖面分布位置

　　秦皇岛西浴场沙滩坡度为 7°~11°，局部达 13°，海滩沉积物由北向南由粗砂逐渐过渡为细砂，以中细砂为主，中值粒径变化于 0.85Φ~2.87Φ，平均粒径为 0.72Φ~2.88Φ；分选系数介于 0.52Φ~1.87Φ，属于分选中等和分选差，分选中等占 54.5%，分选差占 45.5%；偏度介于 -0.48~0.33，负偏态占 66%，正偏态占 34%，说明海滩沉积物大部分集中在 -1Φ~1Φ 区间的中细砂部分；峰态介于 0.66~1.8，大部分处于中等尖锐以下，说明沉积物粗化严重成分较为复杂，可能受人工扰动的影响。海滩砂层平均厚度大于 2 m，沙滩资源量大于 280 120 m³（图 3.11）。

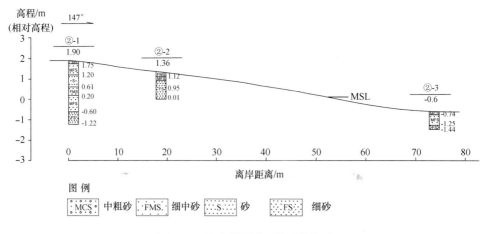

图 3.11　秦皇岛西浴场沙滩柱状图

此岸段海滩20世纪50年代建有6个碉堡，有4个现已落入水中，其中海底世界前碉堡没入海中距离最大，距现海岸线40 m余（图3.12），冷冻二厂外墙遭受波浪潮流冲蚀现已坍塌，冷冻二厂西南海岸侵蚀陡坎发育，陡坎相对高差最大处竟达1.1 m（图3.13）。此外，沿海村庄、渔堡、坝基、路基等被冲毁或因海岸侵蚀弃房而迁的屡见不鲜。

图3.12　西浴场原海滩上的碉堡

图3.13　西浴场侵蚀性海滩

3.4.2　沙滩沉积物变化特征

秦皇岛西浴场为砂质海滩，横向上后滨沉积物以中砂与粗砂为主，前滨沉积物较后滨稍细，坡脚处沉积物最粗，以粗砂为主并含极少量小砾石，向海逐渐变细，近滨沉积物则以细砂为主；纵向上海滩沉积物由东至西有变细趋势。表3.3和表3.4为监测剖面表层沉积物粒度参数。本书的粒度参数单位未特别标明者均以Φ值表示。

据表3.3和表3.4分析可知：2009年12月，西浴场QHDX01监测剖面后滨沉积物较粗，主要为中粗砂（$Mz=1.16Φ$），分选中等，正偏，双峰，峰态峭度等级窄尖；前滨沉积物与后滨沉积物相近，主要为中粗砂（$Mz=1.29Φ$），分选中等，正偏，双峰，峰态峭度窄；近滨沉积物以粗砂为主（$Mz=0.94Φ$），分选好，偏态近于对称，双峰，峰态峭度中等。QHDX02监测剖面后滨沉积物主要为粗中砂（$Mz=1.48Φ$），分选中等，正偏，双峰，峰态峭度中等；前滨沉积物较细，主要为中砂（$Mz = 1.82\Phi$），分选好，偏态近于对称，三峰，峰态峭度中等；近滨沉积物较粗，主要为中粗砂（$Mz = 1.12\Phi$），分选中等，偏态近于对称，双峰，峰态峭度窄尖。沉积物频率曲线见图3.14，编号 QHDX01（2）-1～QHDX01（2）-3 分别为代表后滨、前滨、近滨沉积物。

表 3.3　QHDX01 监测剖面沉积物粒度参数

取样位置	粒度参数	取样时间			
		2009. 12	2010. 06	2010. 12	2011. 06
后滨	平均粒径/Φ	1.16	1.16	1.19	1.15
	分选系数	0.65	0.66	0.68	1.29
	偏态系数	0.11	0.07	0.12	0.03
	峰态系数	1.14	1.11	1.11	0.65
前滨	平均粒径/Φ	1.29	1.37	1.36	1.36
	分选系数	0.53	0.55	0.62	1.09
	偏态系数	0.23	0.23	0.28	0.24
	峰态系数	1.19	1.07	1.23	0.56
近滨	平均粒径/Φ	0.94	2.14（0.97）	0.97	2.12（0.94）
	分选系数	0.36	0.64（0.40）	0.43	1.27（0.41）
	偏态系数	-0.10	-0.01（-0.05）	0.07	-0.05（-0.05）
	峰态系数	1.07	1.22（1.10）	1.23	0.68（1.19）

注：（ ）内为靠近坡脚的近滨粒度参数。

表 3.4　QHDX02 监测剖面沉积物粒度参数

取样位置	粒度参数	取样时间			
		2009. 12	2010. 06	2010. 12	2011. 06
后滨	平均粒径/Φ	1.48	1.31	1.81	1.44
	分选系数	0.54	0.63	0.60	1.39
	偏态系数	0.13	-0.01	-0.11	0.14
	峰态系数	1.00	1.12	1.14	0.85
前滨	平均粒径/Φ	1.82	2.30	2.77	2.32
	分选系数	0.46	1.05	0.62	1.56
	偏态系数	-0.08	-0.30	-0.38	-0.28
	峰态系数	0.95	1.47	0.92	1.07

续表

取样位置	粒度参数	取样时间			
		2009.12	2010.06	2010.12	2011.06
近滨	平均粒径/Φ	1.12	2.73 (2.78)	2.20	2.76 (2.82)
	分选系数	0.54	0.72 (0.70)	0.91	1.04 (0.73)
	偏态系数	−0.02	−0.40 (−0.59)	−0.10	−0.40 (−0.48)
	峰态系数	1.35	0.97 (1.01)	0.76	0.73 (1.09)

注：( ) 内为靠近坡脚的近滨粒度参数。

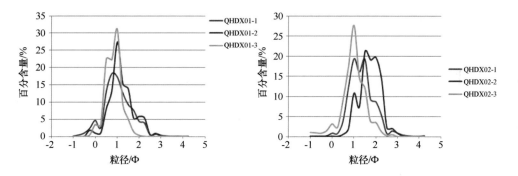

图 3.14　沉积物频率曲线 (2009.12)

半年后，2010 年 6 月，QHDX01 监测剖面沉积物粒度变化不大，粒度特征变化幅度不大，后滨沉积物依旧以中粗砂为主（$Mz = 1.16Φ$），分选变差，偏态更近于对称，峰态峭度变窄；前滨沉积物主要为中粗砂（$Mz = 1.37Φ$），分选变差，偏态不变，峰态峭度变宽；靠近坡脚的近滨沉积物稍变细，主要为中粗砂，分选变差，偏态更近于对称，峰态峭度变窄；近滨沉积物主要为细砂（$Mz = 2.14Φ$），仅靠近坡脚处为粗砂，分选中等，近于对称，峰态峭度窄。QHDX02 监测剖面沉积物变化较复杂，后滨处沉积物变化不大，粒度稍变粗，分选变差，偏态近于对称，峰态峭度变窄；前滨沉积物变化稍大，细砂成分增多，分选变差，偏态变负，峰态峭度变窄；靠近坡脚的近滨沉积物变化很大，由中粗砂变为细砂，分选变差，偏态极负偏，峰态峭度变窄；近滨沉积物以细砂为主（$Mz = 2.73Φ$），分选中等，偏态极负偏，峰态峭度中等。自然条件下，海滩沉积物的移动是靠水动力与风动力进行的，而水动力为主要动力，因此在水动力较强的前滨与靠近坡脚的近滨处沉积物粒度特征变化较大。沉积物频率曲线见图 3.15。

一年之后，2010 年 12 月，QHDX01 监测剖面沉积物粒度变化不大，后滨沉积物粒度稍变细，仍为中粗砂（$Mz = 1.19Φ$），正偏，三峰，峰态峭度窄；前滨沉积物变细，主要为中粗砂（$Mz = 1.36Φ$），分选中等，正偏，多峰，峰态峭度窄；近滨沉积物稍变粗，主

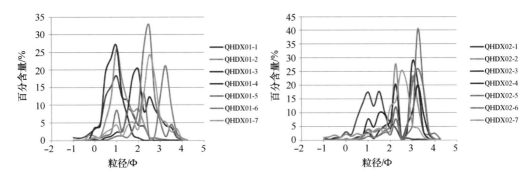

图 3.15　沉积物频率曲线（2010.06）

要为粗砂（$Mz = 0.97\Phi$），分选好，近于对称，多峰，峰态峭度窄。QHDX02 监测剖面沉积物明显变细，后滨沉积物稍变细，主要为细中砂（$Mz = 1.81\Phi$），分选中等，负偏，双峰，峰态峭度窄；前滨沉积物变细较明显，主要为细砂（$Mz = 2.77\Phi$），分选中等，极负偏，明显的粗尾，多峰，峰态峭度中等；近滨沉积物变细较明显，主要为中细砂（$Mz = 2.20\Phi$），分选中等，近于对称，多峰，峰态峭度中等。沉积物频率曲线见图 3.16。

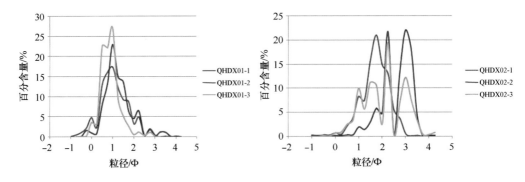

图 3.16　沉积物频率曲线（2010.12）

与 2010 年 6 月同季节对比，1 年后，2011 年 6 月，QHDX01 监测剖面沉积物平均粒径与偏态系数变化不大，但分选变差，峰态峭度变宽。QHDX02 监测剖面沉积物稍变细，偏态变化不大，分选变差，峰态峭度变宽。沉积物频率曲线见图 3.17。

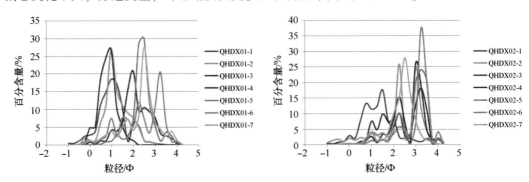

图 3.17　沉积物频率曲线（2011.06）

根据表层沉积物粒度变化特征分析得出以下结论：

（1）QHDX01 监测剖面后滨、前滨、近滨表层沉积物颗粒较粗，主要以中粗砂和粗砂为主，平均粒径在 $0.94\Phi \sim 2.14\Phi$；除靠近坡脚的近滨位置外，近滨沉积物颗粒较细，主要以细砂、细中砂及中细砂为主，平均粒径为 2.13Φ。近滨沉积物在整个调查期间基本无变化；后滨、前滨沉积物，自 2009 年 12 月至 2010 年 12 月一年期间基本无变化，至 2011 年 6 月虽然平均粒径变化不大，但分选明显变差，峰态峭度变窄尖，说明沉积物组分发生改变，为暑期前人工修整沙滩所致。

（2）QHDX02 监测剖面沉积物时空差异性较为复杂：后滨沉积物以粗中砂为主，平均粒径在 $1.31\Phi \sim 1.81\Phi$，在四次取样时间点上仅有小幅度变化，且沉积物有夏季变粗分选变差、冬季变细分选变好的趋势，为暑期人为干扰所致；前滨、近滨沉积物在 2009 年 12 月时颗粒较粗，为中砂和中粗砂，自 2010 年 6 月至 2011 年 6 月，沉积物明显变细，颗粒组分以细砂为主；近滨沉积物以细砂为主，颗粒组分变化较小。

（3）纵向上 QHDX02 监测剖面沉积物较 QHDX01 监测剖面沉积物颗粒更细，分选更差。

3.4.3 沙滩演变特征

3.4.3.1 岸线动态变化特征

根据对多期航卫片解译，结合不同年代地形图、海图和近几年来对典型岸段定位观测资料分析，此岸段侵蚀具有普遍性（图 3.18）。由于不同岸段的展布方向、组成物质不同，受到海洋动力作用的强度和抗侵蚀能力也不尽相同，加之不同气象、水文条件及人为活动和沿岸工程建筑情况有别，致使不同岸段时空侵淤变化亦不一致，其中文涛路至冷冻二厂海岸侵蚀速率为 $2.63 \sim 2.98$ m/a，最大达 3.86 m/a，冷冻二厂至海洋花园别墅海岸侵蚀速率为 $1.26 \sim 1.63$ m/a。从 1990 年开始河北省地矿局秦皇岛矿产水文工程地质调查大队在此设立监测剖面，10 多年的监测资料显示（表 3.5），此段海滩整体上一直处于侵蚀状态，也佐证了这一现象。

表 3.5 1990—2008 年海底世界滩面平均高潮线蚀淤情况统计表

监测时间	高潮线后退距离	备注
1990.03.29 至 1991.03.30	高潮线侵蚀后退 5.6 m	
1991.03.30 至 1991.06.26	高潮线侵蚀后退 2.4m	
1991.06.26 至 1991.09.08	高潮线侵蚀后退 1.2 m	
1991.09.08 至 1991.12.06	高潮线侵蚀后退 0.8 m	
1991.12.06 至 1992.03.24	高潮线淤积 2.0 m	

续表

监测时间	高潮线后退距离	备注
1991.03.30 至 1992.03.24	高潮线侵蚀后退 3.0 m	
1992.03.24 至 1993.08.13	高潮线侵蚀后退 7.0 m	
1993.08.13 至 1993.11.27	高潮线侵蚀后退 1.5 m	
1993.11.27 至 1994.07.14	高潮线侵蚀后退 9.0 m	受 1994 年 7 月 13 日 6 号台风影响
1994.07.14 至 1995.09.04	高潮线侵蚀后退 6.6 m	
1995.09.04 至 1996.05.24	高潮线淤积 10.1 m	
1996.05.24 至 1997.07.04	高潮线淤积 2.3 m	
1997.07.04 至 1998.12.05	高潮线淤积 1.6 m	
1998.12.05 至 1999.10.12	高潮线淤积 0.5 m	
1999.10.12 至 2000.10.24	高潮线侵蚀后退 2.0 m	
2000.10.24 至 2001.11.16	高潮线侵蚀后退 3.0 m	
2001.11.16 至 2002.08.01	高潮线淤积 10.0 m	
2002.08.01 至 2003.11.23	高潮线侵蚀后退 13.0 m	受 2003 年 10 月 10 日台风影响
2003.11.23 至 2004.09.20	高潮线淤积 7.2 m	
2004.09.20 至 2005.05.21	高潮线后退 1.4 m	
2005.05.21 至 2006.03.07	高潮线后退 0.7 m	
2006.03.07 至 2007.04.20	高潮线后退 1.2 m	
2007.04.20 至 2007.12.21	高潮线淤积 0.4 m	
2007.12.21 至 2008.05.02	高潮线后退 1.5 m	

3.4.3.2 岸滩近期变化特征分析

根据秦皇岛西浴场两条监测剖面的剖面数据，对西浴场海滩的侵淤状况进行分析，其中 QHDX01 剖面位于秦皇岛体育基地处，基点坐标39°54′13.94″N，119°33′17.80″E，剖面方向东偏南 66°，QHDX02 剖面位于金梦海湾 1 号售楼处西南 50 m 废弃的碉堡处，基点坐标39°53′38.52″N，119°32′20.46″E，剖面方向东偏南 50°，剖面测量时间为 2009 年 12 月至 2011 年 12 月，单宽侵淤量计算范围为自剖面基点至−1 m 高程点（85 高程）区间。表 3.6 所示为 QHDX01、QHDX02 监测剖面不同时间段的单宽侵淤量，单宽侵淤量的计算共分为 4 个周期，分别为：2009 年 12 月 7 日至 2010 年 6 月 20 日；2009 年 12 月 7

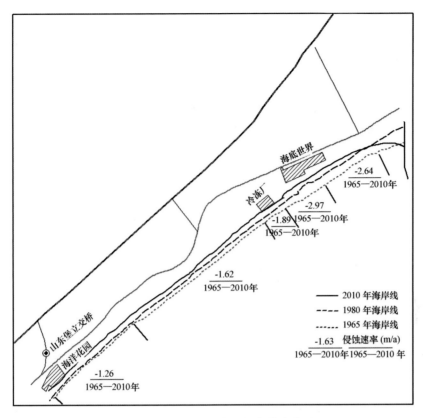

图 3.18　1965—2010 年西浴场海岸变迁

日至 2010 年 12 月 21 日；2009 年 12 月 7 日至 2011 年 6 月 24 日；2009 年 12 月 7 日至 2011 年 12 月 11 日。

1）QHDX01 监测剖面侵淤情况

根据表 3.6 中不同计算周期的单宽侵淤量值及不同位置的侵淤距离，对 QHDX01 剖面不同周期的侵淤状况进行了分析。

表 3.6　监测剖面不同时间段单宽侵淤量及侵淤距离

剖面名称	时间	单宽侵淤量 /（m³·m⁻¹）	1.5 m 线位置 侵淤距离/m	0 m 线位置 侵淤距离/m	-1 m 线位置 侵淤距离/m
QHDX01	2009.12 至 2010.06	-19.4	-7	-9.7	-15.6
	2010.06 至 2010.12	-0.5	2.8	2.5	0.3
	2010.12 至 2011.06	1.7	-0.6	-0.6	0.1
	2011.06 至 2011.12	9.0	0.9	6.5	1.7

剖面名称	时间	单宽侵淤量 / (m³·m⁻¹)	1.5 m 线位置 侵淤距离/m	0 m 线位置 侵淤距离/m	-1 m 线位置 侵淤距离/m
QHDX02	2009.12 至 2010.06	-25.7	-1.5	-11.1	-2.8
	2010.06 至 2010.12	-19.4	-6.1	-6.4	-16.2
	2010.12 至 2011.06	4.3	0.9	2.2	-2
	2011.06 至 2011.12	1.6	0.8	1.2	1.5

注："-"为侵蚀或者蚀退，无标号表示淤积或者淤进。

其中，第一个计算周期（2009 年 12 月至 2010 年 6 月），两次测量的时间间隔约半年，此阶段 QHDX01 剖面处沙滩表现为较为明显的侵蚀状态，单宽侵蚀量为 19.4 m³/m，1.5 m 高程点向岸蚀退 7 m，0 m 高程点向岸蚀退 9.7 m，-1 m 高程点向岸蚀退 15.6 m；第二个计算周期（2009 年 12 月至 2010 年 12 月），两次测量的时间间隔约一年，此阶段 QHDX01 剖面处沙滩表现侵蚀状态，单宽侵蚀量为 8.3 m³/m，1.5 m 高程点向岸蚀退 7 m，0 m 高程点向岸蚀退 9.7 m，-1 m 高程点向岸蚀退 15.6 m；第三个计算周期（2009 年 12 月至 2011 年 6 月），此时间段两次测量时间间隔约一年半，剖面表现为侵蚀状态，该时间段内的单宽侵蚀量为 18.2 m³/m，1.5 m 高程点向岸蚀退 4.8 m，0 m 高程点向岸蚀退 7.8 m，-1 m 高程点向岸蚀退 15.2 m；第四个计算周期（2009 年 12 月至 2011 年 12 月），此时间段两次测量时间间隔约两年，剖面仍表现为侵蚀状态，该时间段内的单宽侵蚀量为 9.2 m³/m，1.5 m 高程点向岸蚀退 3.9 m，0 m 高程点向岸蚀退 1.3 m，-1 m 高程点向岸蚀退 13.5 m。

分析可知该剖面整体上表现为先侵后淤再侵再淤的状态，侵蚀量大于淤积量。如第一个计算周期的半年内，剖面明显处于侵蚀状态（单宽侵蚀量为 19.4 m³/m），然后海滩由侵转淤，半年内单宽淤积量为 11.1 m³/m，接下来年半内继续侵蚀，单宽侵蚀量为 9.9 m³/m，然后再次淤积，半年内单宽淤积量为 9.0 m³/m。-1 m 高程以下的近滨地形变化较小。

2）QHDX02 监测剖面侵淤情况

根据表 3.6 中不同计算周期的单宽侵淤量值以及不同位置处的侵淤距离，对 QHDX02 剖面不同时间段内的侵淤状况进行了分析。

其中，第一个计算周期（2009 年 12 月至 2010 年 6 月），两次测量的时间间隔约半年，此阶段 QHDX02 剖面处沙滩表现为较为明显的侵蚀状态，单宽侵蚀量为 25.7 m³/m，1.5 m 高程点向岸蚀退 1.5 m，0 m 高程点向岸蚀退 11.1 m，-1 m 高程点向岸蚀退 2.8 m；第二个计算周期（2009 年 12 月至 2010 年 12 月），此时间段时间间隔约一年，与前一个计算周期相比较，侵蚀过程继续进行，单宽侵蚀量为 45.1 m³/m，1.5 m 高程点向岸蚀退7.6 m，0 m 高程点向岸蚀退 17.5 m，−1 m 高程点向岸蚀退 19 m；第三个计算周期（2009 年 12 月至 2011 年 6 月），此时间段两次测量时间间隔约一年半，剖面表现为先侵蚀后淤积的状态，单宽侵淤量为−40.8 m³/m，1.5 m 高程点向岸蚀退 6.7 m，0 m 高程点向岸蚀退 15.3 m，−1 m 高程点向岸蚀退 21 m；第四个计算周期（2009 年 12 月至 2011 年 12 月），此时间段两次测量时间间隔约两年，剖面仍表现为先侵蚀后淤积的状态，该时间段内的单宽侵蚀量为 39.2 m³/m，1.5 m 高程点向岸蚀退 5.9 m，0 m 高程点向岸蚀退 14.1 m，−1 m 高程点向岸蚀退 19.5 m。

分析可知该剖面整体上表现为先侵蚀后淤积的状态，侵蚀量大于淤积量，海滩整体仍以侵蚀为主。自 2009 年 12 月至 2010 年 12 月期间，剖面明显处于侵蚀状态（单宽侵蚀量为 45.1 m³/m）；然后随着时间的推移，海滩由侵蚀转变为淤积，第三个计算周期内，该剖面的单宽侵淤量的绝对值相对于第二个计算周期有所降低，实际中则表现为第二个计算周期结束后，该剖面处发生淤积过程，但淤积的程度不大；至第四个计算周期，该剖面的单宽侵淤量的绝对值相比上一个计算周期有所降减小，现实中则表现为该剖面处沙滩在第三周期结束后处于持续的淤积过程中，但淤积程度不大，该时间周期结束时不同高程线的侵蚀距离与前一周期结束时相比变化不大。−1 m 高程以下的近滨地形变化较小。

综上所述，通过监测剖面（QHDX01 剖面和 QHDX02 剖面）2009 年 12 月至 2011 年 12 月侵淤变化（表 3.6、图 3.19 和图 3.20）可得知：−1 m 高程线以上，位于浴场东侧的 QHDX01 剖面，2010 年上半年海滩明显侵蚀，滩肩变窄，2010 年 6—12 月表现为弱侵蚀，但滩肩变宽，2011 年以后海滩淤积；位于浴场西侧的 QHDX02 剖面，同样先侵蚀后淤积，但侵蚀程度较 QHDX01 剖面略大；−1 m 高程线以下，剖面地形基本无变化，表现为高程小幅度波动。

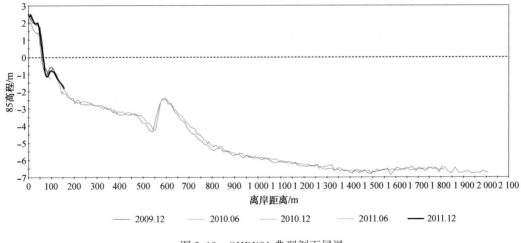

图 3.19 QHDX01 典型剖面侵淤

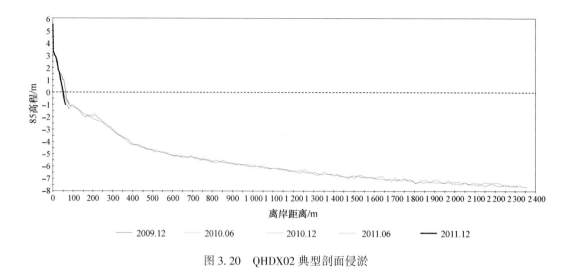

图 3.20　QHDX02 典型剖面侵淤

3.5　秦皇岛昌黎黄金海岸

3.5.1　沙滩概况

秦皇岛昌黎黄金海岸北依碣石，南临渤海，东隔北戴河，西至滦河，地理位置优越（图 3.21），自然条件独特，有中国北方最优质的沙滩海水浴场，世界罕见的海洋大漠，华北最大的潟湖——七里海，22 万亩连绵葱郁的林带，被誉为中国最美的八大海岸之一，是全国乃至国际上难得的宝地。

调查区沙滩是由岸前沙丘发育而来，岸线平直，沙滩沉积物以细砂、中细砂为主，沙丘沉积物较粗，沙滩粒度参数中值粒径变化于 1.22Φ~2.80Φ，平均粒径为 1.33Φ~2.82Φ；分选系数介于 0.64~1.26，属于分选中等和分选差；偏度介于 -0.26~0.23，大部分属于负偏态；峰态介于 0.72~1.35，大部分处于中等尖锐以下（图 3.22）。沙滩宽度 31~113 m，累计岸线长度 6.91 km，砂层厚度大于 2 m，沙滩资源量大于 1 091 700 m³。黄金海岸浴场具有水清、沙细、滩缓、潮平的特点，面积广大，可同时容纳 30 万人海浴，是中国著名的 12 个海水浴场之一。同时，适宜的气候条件、奇特的沙丘地貌和广阔的砂质海滩，也是旅游和避暑的胜地。

3.5.2　沙滩沉积物变化特征

本次重点区监测于 2009 年 12 月、2010 年 6 月、2010 年 12 月和 2011 年 6 月在黄金海岸两条监测剖面的后滨、前滨及近滨取样，共获样品 36 个，其中 12 月每条剖面获取

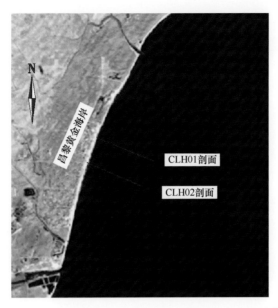

图 3.21 昌黎黄金海岸及布设的监测剖面分布位置示意

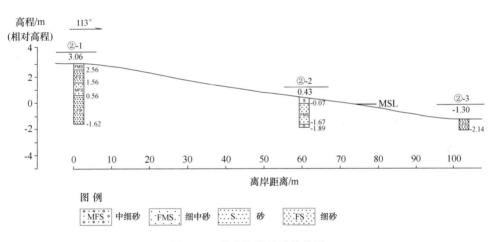

图 3.22 黄金海岸沙滩柱状图

样品 3 个，剖面后滨、前滨及靠近坡脚的近滨各 1 个，6 月每条剖面获取样品 6 个，剖面后滨、前滨各 1 个，近滨 4 个。沉积物粒度参数见表 3.7 和表 3.8。

由表 3.7 和表 3.8 数据分析可知，2009 年 12 月，CLH01 监测剖面后滨沉积物主要为细中砂（$Mz = 2.02\Phi$），分选好，负偏，多峰，峰态峭度等级窄；前滨沉积物较后滨沉积物更细，主要为中细砂（$Mz = 2.33\Phi$），分选好，偏态近于对称，多峰，峰态峭度很窄；近滨沉积物以细中砂为主（$Mz = 2.01\Phi$），分选中等，偏态近于对称，多峰，峰态峭度中等。CLH02 监测剖面后滨沉积物主要为细中砂（$Mz = 1.90\Phi$），分选好，负偏，单峰，峰态峭度中等；前滨沉积物较后滨变粗，主要为中粗砂（$Mz = 1.53\Phi$），分选中等，极正

表 3.7　CLH01 监测剖面沉积物粒度参数

取样位置	粒度参数	取样时间			
		2009.12	2010.06	2010.12	2011.06
后滨	平均粒径/Φ	2.02	2.02	1.82	2.00
	分选系数	0.47	0.47	0.59	0.48
	偏态系数	−0.18	−0.17	−0.09	−0.24
	峰态系数	1.15	1.14	1.14	1.23
前滨	平均粒径/Φ	2.33	2.32	2.77	2.32
	分选系数	0.41	0.42	0.64	0.42
	偏态系数	0.00	−0.02	−0.39	−0.07
	峰态系数	1.76	1.73	0.91	1.70
近滨	平均粒径/Φ	2.01	2.57 (2.39)	2.19	2.26 (2.33)
	分选系数	0.70	0.63 (0.91)	0.92	0.74 (1.00)
	偏态系数	−0.04	−0.11 (0.00)	−0.12	−0.05 (−0.04)
	峰态系数	1.01	1.01 (0.70)	0.80	1.15 (0.73)

注：（ ）内为靠近坡脚的近滨粒度参数。

表 3.8　CLH02 监测剖面沉积物粒度参数

取样位置	粒度参数	取样时间			
		2009.12	2010.06	2010.12	2011.06
后滨	平均粒径/Φ	1.90	2.53	2.09	2.52
	分选系数	0.41	0.68	0.49	0.71
	偏态系数	−0.12	−0.01	−0.39	−0.09
	峰态系数	0.97	1.07	1.22	1.12
前滨	平均粒径/Φ	1.53	1.90	1.84	1.91
	分选系数	0.74	0.45	0.62	0.53
	偏态系数	0.41	−0.10	−0.16	−0.19
	峰态系数	1.61	0.92	1.03	1.14
近滨	平均粒径/Φ	2.51	2.80 (3.00)	2.49	2.77 (2.97)
	分选系数	0.44	0.67 (0.64)	0.45	0.61 (0.67)
	偏态系数	0.10	−0.40 (−0.56)	0.06	−0.35 (−0.54)
	峰态系数	1.13	1.27 (2.65)	1.16	1.06 (1.85)

注：（ ）内为靠近坡脚的近滨粒度参数。

偏，多峰，峰态峭度很窄；近滨沉积物较细，主要为细砂（$Mz=2.51\Phi$），分选中等，偏态近于对称，多峰，峰态峭度窄。沉积物频率曲线见图3.23，编号CLH01（2）–1～CLH01（2）–3分别为代表后滨、前滨、近滨沉积物。

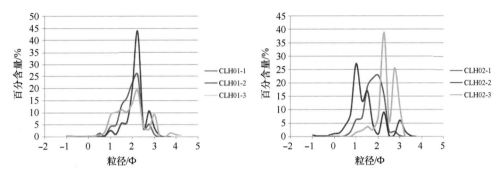

图3.23　沉积物频率曲线（2009.12）

半年后，2010年6月，CLH01监测剖面后滨沉积物基本无变化，主要为细中砂（$Mz=2.02\Phi$），分选好，负偏，多峰，峰态峭度等级窄；前滨沉积物变化较小，主要为中细砂（$Mz=2.32\Phi$），分选好，偏态近于对称，多峰，峰态峭度很窄；近滨沉积物变细，仍以中细砂为主（$Mz=2.39\Phi$），分选变差，偏态近于对称，多峰，峰态峭度变宽；近滨沉积物以细砂为主（$Mz=2.57\Phi$），分选中等，偏态负偏，以多峰为主，峰态峭度中等。CLH02监测剖面沉积物明显细化，后滨沉积物主要为细砂（$Mz=2.53\Phi$），分选变差，偏态近于对称，峰态峭度稍变窄；前滨沉积物主要为细中砂（$Mz=1.90\Phi$），分选变好，偏态近于对称，峰态峭度变宽；近滨沉积物主要为细砂（$Mz=3.00\Phi$），分选变差，极负偏，多峰，峰态峭度变窄；近滨沉积物主要为细砂（$Mz=2.80\Phi$），分选中等，负偏，峰态峭度窄。沉积物频率曲线见图3.24。

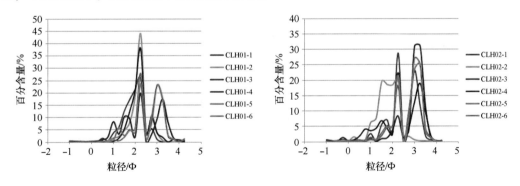

图3.24　沉积物频率曲线（2010.06）

一年之后，2010年12月，CLH01监测剖面，后滨沉积物粒度稍变粗，以中粗砂为主（$Mz=1.82\Phi$），分选稍变差，偏态近于对称，峰态峭度基本不变；前滨沉积物变细，以细砂（$Mz=2.77\Phi$）为主，分选变差，偏态极负偏，峰态峭度变宽；近滨沉积物稍变细，主要为中细砂（$Mz=2.19\Phi$），分选变差，偏态负偏，峰态峭度变宽。CLH02监测剖面表层沉积物除近滨基本无变化，后滨与前滨有细化趋势，但变化不大，后滨沉积物分选稍变差，偏态极负，峰态峭度变窄；前滨沉积物分选变好，偏态负偏，峰态峭度变宽；近滨沉积物粒度参数变化不大。沉积物频率曲线见图3.25。

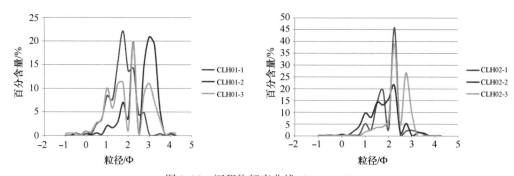

图 3.25　沉积物频率曲线（2010.12）

　　与2010年6月同季节对比，一年后，2011年6月，两剖面表层沉积物基本无变化；与2010年12月不同季节对比，半年后，两剖面沉积物有细化趋势，后滨、近滨分选变差，前滨分选变好。沉积物频率曲线见图3.26。

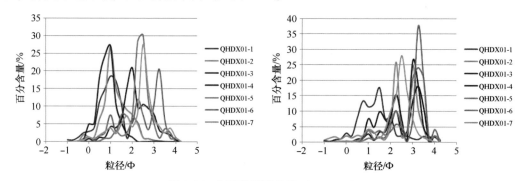

图 3.26　沉积物频率曲线（2011.06）

　　根据表层沉积物粒度变化特征分析得出以下结论：

　　（1）调查区表层沉积物颗粒较细，以细砂、中细砂、细中砂为主，平均粒径介于1.53Φ~3.00Φ。颗粒组分在调查期间变化幅度不大，但有季节差异性：同季节对比，沉积物颗粒组分相近；不同季节对比，沉积物颗粒组分变化稍大。

　　（2）CLH01剖面相同位置沉积物组分变化非常小；CLH02剖面沉积物有冬季变粗、夏季变细的趋势。后滨沉积物夏季分选更差于冬季分选，为人为平滩造成；前滨沉积物分选则为夏季好于冬季；而靠近坡脚的近滨沉积物分选刚好相反，为冬季好于夏季；近滨沉积物基本无变化。

3.5.3　沙滩演变特征

3.5.3.1　岸线动态变化特征

根据近几年对秦皇岛地区昌黎海岸沙丘进行实地考察，对典型海岸线现今位置进行圈划，并将野外定位与 1933 年、1948 年地形图，1954 年、2010 年航卫片资料进行对比，结果绘于图 3.27。由图表数据分析可知，现人造河口以南 1 500 m 岸段呈侵蚀趋势，中华人民共和国成立前其他岸段多呈淤涨趋势，尤其在大蒲河口附近淤涨明显，淤涨量最大达 250～300 m，中华人民共和国成立以来转以侵蚀为主。1954—1987 年 32 年间岸段平均侵蚀达 84 m，侵蚀速率为 2.55 m/a。1987 年后可能是由于 20 世纪 90 年代以来进行海岸开发，在海岸带建设房屋或建造防护林的缘故，本岸段以淤积为主，岸线平均淤涨了 34.6 m，平均淤涨速率为 5.77 m/a。但 2000 年以后又转为侵蚀状态，2000—2010 年平均侵蚀速率为 2.92 m/a。

图 3.27　昌黎黄金海岸岸线变迁

3.5.3.2 岸滩近期变化特征分析

根据秦皇岛黄金海岸两条监测剖面的剖面数据，对黄金海岸海滩的侵淤状况进行分析（图3.28和图3.29），其中CLH01监测剖面位于秦皇岛黄金海岸劳动保障部培训中心对面，基点坐标39°53′38.52″N，119°32′20.46″E，剖面方向东偏南24°，CLH02监测剖面位于黄金海岸全国妇联培训中心对面，基点坐标39°42′57.48″N，119°20′41.91″E，剖面方向东偏南24°，剖面测量时间为2009年12月至2011年12月，单宽侵淤量计算范围为自剖面基点至−1 m高程点区间。表3.9所示为CLH01、CLH02监测剖面不同时间段的单宽侵淤量，单宽侵淤量的计算共分为4个周期，分别为：2009年12月7日至2010年6月20日；2009年12月7日至2010年12月21日；2009年12月7日至2011年6月24日；2009年12月7日至2011年12月11日。

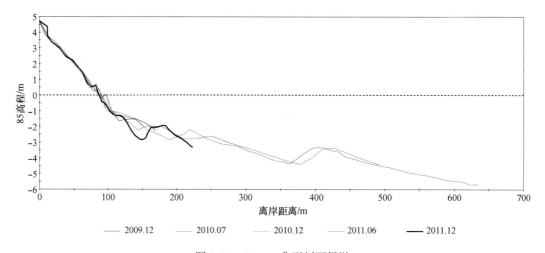

图3.28 CLH01 典型剖面侵淤

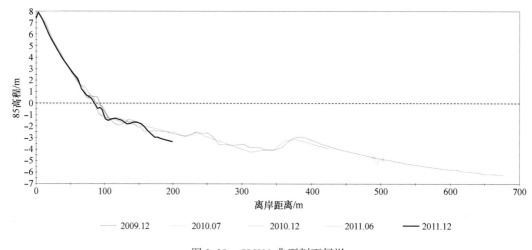

图3.29 CLH02 典型剖面侵淤

表 3.9　监测剖面不同时间段单宽侵淤量及侵淤距离

剖面名称	时间	单宽侵淤量 / (m³·m⁻¹)	1.5 m 线位置 侵淤距离/m	0 m 线位置 侵淤距离/m	-1 m 线位置 侵淤距离/m
CLH01	2009.12.07	0.0	0.0	0.0	0.0
	2010.07.24	-3.2	-3.2	-2.7	-5.1
	2010.12.21	-8.2	-0.9	-4.6	-1.3
	2011.06.25	-14.7	-5.0	-5.6	0.0
	2011.12.08	-6.3	-0.8	0.0	-3.0
CLH02	2009.12.07	0.0	0.0	0.0	0.0
	2010.07.24	-5.6	1.6	-6.3	-9.1
	2010.12.21	-10.1	0.1	-4.0	-0.3
	2011.06.25	-1.0	3	-7.7	-9.1
	2011.12.08	-10.2	0.3	-7.8	-4.3

注："-"为侵蚀或者蚀退，无标号表示淤积或者淤进。

1）CLH01 监测剖面侵淤情况

根据表 3.9 中不同计算周期的单宽侵淤量值及不同位置的侵淤距离，对 CLH01 剖面不同周期的侵淤状况进行了分析。

其中，第一个计算周期（2009 年 12 月至 2010 年 6 月），两次测量的时间间隔约半年，此阶段 CLH01 剖面处沙滩表现侵蚀状态，单宽侵蚀量为 3.2 m³/m，1.5 m 高程点向岸蚀退 3.2 m，0 m 高程点向岸蚀退 2.7 m，-1 m 高程点向岸蚀退 5.1 m；第二个计算周期（2009 年 12 月至 2010 年 12 月），两次测量的时间间隔约一年，此阶段 CLH01 剖面处沙滩表现侵蚀状态，单宽侵蚀量为 8.2 m³/m，1.5 m 高程点向岸蚀退 0.9 m，0 m 高程点向岸蚀退 4.6 m，-1 m 高程点向岸蚀退 1.3 m；第三个计算周期（2009 年 12 月至 2011 年 6 月），此时间段两次测量时间间隔约一年半，剖面表现为侵蚀状态，该时间段内的单宽侵蚀量为 14.7 m³/m，1.5 m 高程点向岸蚀退 5.0 m，0 m 高程点向岸蚀退 5.6 m，-1 m 高程点位置无变化；第四个计算周期（2009 年 12 月至 2011 年 12 月），此时间段两次测量时间间隔约两年，剖面仍表现为侵蚀状态，该时间段内的单宽侵蚀量为 6.3 m³/m，1.5 m 高程点向岸蚀退 0.8 m，0 m 高程点位置无变化，-1 m 高程点向岸蚀退 3.0 m。

分析可知该剖面整体上表现为先侵蚀后淤积的状态，自第一次测量之后的一年半内，剖面明显处于侵蚀状态（单宽侵蚀量为 14.7 m³/m），然后表现为淤积状态，自 2011 年 6 月 25 日至 12 月 8 日的接近半年内，剖面处海滩单宽淤积量为 8.4 m³/m，淤积量小于侵蚀量，海滩在两年周期内仍表现为侵蚀退化。

2）CLH02 监测剖面侵淤情况

根据表 3.9 中不同计算周期的单宽侵淤量值及不同位置的侵淤距离，对 CLH02 剖面不同周期的侵淤状况进行了分析。

其中，第一个计算周期（2009年12月至2010年6月），两次测量的时间间隔约半年，此阶段CLH02剖面处沙滩表现侵蚀状态，单宽侵蚀量为5.6 m³/m，1.5 m高程点向海淤进1.6 m，0 m高程点向岸蚀退6.3 m，−1 m高程点向岸蚀退9.1 m；第二个计算周期（2009年12月至2010年12月），两次测量的时间间隔约一年，此阶段CLH02剖面处沙滩表现侵蚀状态，单宽侵蚀量为10.1 m³/m，1.5 m高程点向海淤进0.1 m，0 m高程点向岸蚀退4.0 m，−1 m高程点向岸蚀退0.3 m；第三个计算周期（2009年12月至2011年6月），此时间段两次测量时间间隔约一年半，剖面表现为侵蚀状态，该时间段内的单宽侵蚀量为1.0 m³/m，1.5 m高程点向海淤进3.0 m，0 m高程点向岸蚀退7.7 m，−1 m高程点向岸蚀退9.1 m；第四个计算周期（2009年12月至2011年12月），此时间段两次测量时间间隔约两年，剖面仍表现为侵蚀状态，该时间段内的单宽侵蚀量为10.2 m³/m，1.5 m高程点向海淤进0.3 m，0 m高程点向岸蚀退7.8 m，−1 m高程点向岸蚀退4.3 m。

分析可知该剖面整体上表现为先侵蚀后淤积再侵蚀的状态，自第一次测量之后的一年内，剖面明显处于侵蚀状态（单宽侵蚀量为10.1 m³/m），然后表现为淤积状态，自2010年12月21日至2011年6月25日的接近半年内，剖面处海滩单宽淤积量为9.1 m³/m，第三周期之后，海滩继续侵蚀，半年内剖面处海滩单宽侵蚀量为9.2 m³/m。

3.6 唐山祥云岛

3.6.1 沙滩概况

唐山祥云岛位于华北平原的东北部，在唐山市的东南部滨海处，乐亭县境内。东南邻渤海，西接京津，东与秦皇岛市相邻，环抱在京、津、唐、秦四市之中，地理位置十分重要。津秦铁路在其北部通过，京唐港专用支线通过本区，京唐港是该地区重要港口之一，海运交通十分繁忙，唐港高速公路业已开通，并与京沈、津唐高速公路相连，沿海公路从工作区北部通过，各种等级公路四通八达，交通十分便利。

祥云岛濒临京唐港，现已有公路与陆域相连，海岛长约13 km，陆地海拔高度为3.5 m，呈NE—SW走向（图3.30）。海岛东北段为潮汐通道，现已人为改造，西南端为大清河口。东部靠海侧建有简易的人工沙堤，中西部靠海侧残留有低缓沙丘。高潮滩宽50~100 m，闭合水深沙滩宽约1 000 m，水深小于7 m，潮间带的沙滩面积约为0.64 km²。沙滩沉积物高潮滩、潮间带以浅黄色、黄棕色细砂为主，平均粒径介于2.06Φ~2.34Φ，分选系数介于0.24~0.47，分选好，平均坡度3°~8°。近滨发育三列断续分布的水下沙坝，坝顶平缓，向陆坡度陡于向海坡度，坝槽相对高度约2.2 m。沙滩整体上滩缓浪柔，是优良的天然海滨浴场。

图 3.30　唐山祥云岛位置及布设的监测剖面分布

现今祥云岛建有祥云湾海滨温泉度假村、浅水湾浴场，旅游开发已初具规模，吸引了大量京津唐等城市的消费者来此观光旅游。祥云岛开发利用范围大体上以祥云湾浴场、浅水湾浴场、金沙岛为界，分为四个区域。祥云湾海滨温泉度假村沙滩利用率为 64.7%，浅水湾浴场沙滩超负荷利用，金沙岛沙滩利用率为 43.12%，其余沙滩利用率不足 10%。

3.6.2　沙滩沉积物变化特征

调查区表层沉积物样品分析结果见表 3.10 和表 3.11。

表 3.10　XYD01 监测剖面沉积物粒度参数

取样位置	粒度参数	取样时间			
		2009.12	2010.06	2010.12	2011.06
后滨	平均粒径/Φ	2.01	2.18	2.01	2.17
	分选系数	0.48	0.47	0.48	0.50
	偏态系数	-0.17	-0.30	-0.17	-0.34
	峰态系数	1.14	1.32	1.16	1.33

续表

取样位置	粒度参数	取样时间			
		2009.12	2010.06	2010.12	2011.06
前滨	平均粒径/Φ	2.28	2.35	2.28	2.33
	分选系数	0.46	0.57	0.44	0.59
	偏态系数	−0.13	−0.03	−0.11	−0.03
	峰态系数	2.02	1.27	2.01	1.37
近滨	平均粒径/Φ	1.87	2.60 (2.58)	1.87	2.76 (2.58)
	分选系数	0.61	0.46 (0.39)	0.61	0.52 (0.39)
	偏态系数	0.02	0.05 (0.44)	0.02	−0.24 (0.43)
	峰态系数	1.03	1.37 (0.93)	1.03	1.23 (0.94)

注：（ ）内为靠近坡脚的近滨粒度参数。

表 3.11　XYD02 监测剖面沉积物粒度参数

取样位置	粒度参数	取样时间			
		2009.12	2010.06	2010.12	2011.06
后滨	平均粒径/Φ	1.91	2.53	1.90	2.54
	分选系数	0.42	0.52	0.42	0.53
	偏态系数	−0.13	0.21	−0.12	0.27
	峰态系数	1.01	0.85	0.97	0.84
前滨	平均粒径/Φ	2.50	2.54	2.50	2.52
	分选系数	0.48	0.45	0.47	0.48
	偏态系数	0.21	0.33	0.19	0.28
	峰态系数	1.48	0.77	1.33	0.81
近滨	平均粒径/Φ	2.51	2.60 (2.93)	2.48	2.74 (2.91)
	分选系数	0.44	0.50 (0.58)	0.50	0.62 (0.60)
	偏态系数	0.08	−0.18 (−0.78)	−0.01	−0.43 (−0.76)
	峰态系数	1.14	1.14 (0.64)	1.30	1.43 (0.62)

注：（ ）内为靠近坡脚的近滨粒度参数。

2009 年 12 月，XYD01 监测剖面后滨沉积物主要为细中砂（$Mz = 2.01\Phi$），分选好，负偏，多峰，峰态峭度等级窄尖；前滨沉积物较后滨沉积物更细，以中细砂（$Mz = 2.28\Phi$）为主，分选好，偏态负偏，多峰，峰态峭度很窄；近滨沉积物较粗，以细中砂为主（$Mz=1.87\Phi$），分选中等，近于对称，多峰，峰态峭度中等。XYD02 监测剖面后滨沉积物主要为细中砂（$Mz=1.91\Phi$），分选好，负偏，多峰，峰态峭度中等；前滨沉积物较后滨变细，主要为细砂（$Mz=2.50\Phi$），分选好，正偏，多峰，峰态峭度很窄；近滨沉积物较细，主要为细砂（$Mz=2.51\Phi$），分选中等，偏态近于对称，多峰，峰态峭度窄。沉积物频率曲线见图 3.31。

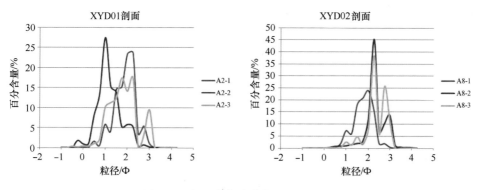

图 3.31　沉积物频率曲线（2009.12）

半年后，2010 年 6 月，XYD01 监测剖面沉积物均有变细趋势，后滨主要为细中砂（$Mz=2.18\Phi$），分选好，负偏，峰态峭度等级窄；前滨沉积物稍变细，主要为中细砂（$Mz=2.35\Phi$），分选中等，偏态近于对称，峰态峭度窄；近滨沉积物明显变细，以细砂为主（$Mz=2.58\Phi$），分选变好，极正偏，峰态峭度变宽；近滨沉积物以细砂为主（$Mz=2.60\Phi$），分选好，近于对称，以多峰为主，峰态峭度窄。XYD02 监测剖面沉积物同样变细，后滨沉积物主要为细砂（$Mz=2.53\Phi$），分选变差，偏态正偏，峰态峭度变宽；前滨沉积物主要为细砂（$Mz=2.54\Phi$），分选变好，偏态极正偏，峰态峭度变宽；近滨沉积物主要为细砂（$Mz=2.93\Phi$），分选变差，极负偏，多峰，峰态峭度变宽；近滨沉积物主要为细砂（$Mz=2.60\Phi$），分选中等，负偏，峰态峭度窄。沉积物频率曲线见图 3.32。

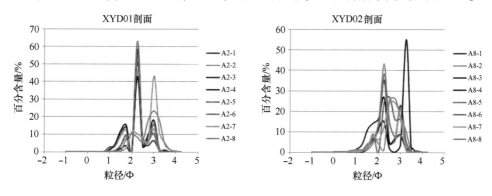

图 3.32　沉积物频率曲线（2010.06）

一年之后，2010 年 12 月，XYD01、XYD02 剖面沉积物粒度参数变化甚小，仅 XYD02 剖面近滨沉积物稍变粗，分选变差，峰态峭度变窄。沉积物频率曲线见图 3.33。

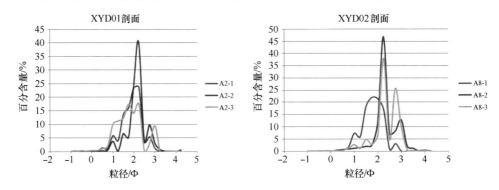

图 3.33　沉积物频率曲线（2010.12）

与 2010 年 6 月同季节对比，1 年后，2011 年 6 月，两剖面表层沉积物基本无变化；与 2010 年 12 月不同季节对比，半年后，两剖面沉积物有细化趋势，除 XYD01 剖面近滨沉积物分选变好外，其他位置沉积物分选都变差。沉积物频率曲线见图 3.34。

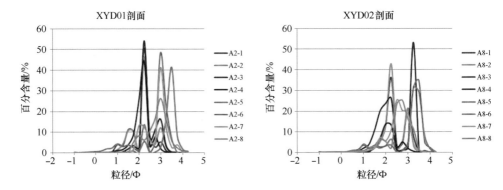

图 3.34　沉积物频率曲线（2011.06）

根据表层沉积物粒度变化特征分析得出以下结论：

（1）调查区表层沉积物颗粒较细，以细砂、中细砂、细中砂为主，平均粒径介于 1.87Φ ~ 2.93Φ。

（2）季节差异性：同季节对比，表层沉积物粒度参数相近，夏季沉积物较冬季沉积物变细，分选变差。

3.6.3　沙滩演变特征

3.6.3.1　岸线动态变化特征

根据遥感解译结果和实地监测资料分析（图 3.35、表 3.12），自 1987 年以来祥云岛沙滩岸线演化动态特征主要分为四个区域。

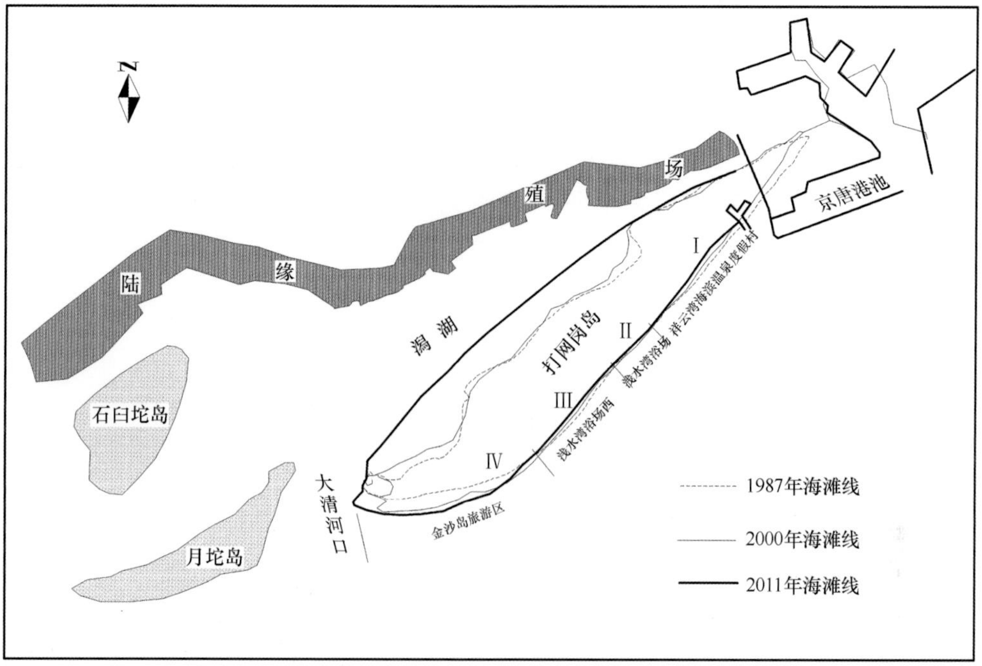

图 3.35　1987—2011 年祥云岛岸线变迁

表 3.12　祥云岛沙滩侵淤速率表

岸段名称		年均侵淤量/（m·a⁻¹）				
		1987—2000 年	2000—2004 年	2004—2009 年	2009—2011 年	1987—2011 年
祥云岛	京唐港防沙堤-浅水湾浴场东（Ⅰ）	−5.04	−4.97	−6.45	−7.08	−5.32
	浅水湾浴场东-浅水湾浴场西（Ⅱ）	−4.1	−4.8	+1.28	−0.84	−2.91
	浅水湾浴场西-金沙岛（Ⅲ）	−4.3	−4.52	−3.89	−3.93	−4.24
	金沙岛段（Ⅳ）	+11.7	+16.60	+2.75	+2.35	+10.2

1）Ⅰ区

北起祥云湾浴场，南至浅水湾浴场东侧蓝祥宾馆，岸线长约 2.97 km。其中祥云湾浴场是集休闲、健身、疗养、娱乐、商务、培训等多功能于一体的综合性旅游度假区。度假村地热资源丰富，是河北省少有的温泉资源，为医用温泉，具有很高的保健作用。海岸类型主体为临时性的土堤护岸，土质松散，祥云湾浴场海岸处修建有长约 400 m 斜坡式砌石护岸，沙滩后缘为荒芜的建筑用地和虾池，标高较低，前缘沙滩宽度不足 10 m，大潮时潮水直接涌上沙堤护岸，护岸坍塌（图 3.36）。沙滩位于京唐港防沙堤的下游，防沙堤直接拦截了 NE—SW 向的沿岸泥沙流，受其影响沙滩侵蚀退化严重。1989—2000 年随着港口的建设，损失岸滩面积 19.46×10^4 m^2，平均蚀退速率为 5.04 m/a，2000—2004 年近 4 年来岸段平均侵蚀速率为 4.97 m/a，2004—2009 年岸段平均侵蚀速率为 6.45 m/a；1987—2011 年均侵蚀后退速率约为 5.32 m/a，沙滩损失面积约 37.78×10^4 m^2。沙滩原有建筑废弃难以利用（图 3.37），依据相关规范分类标准判断，属于严重侵蚀岸段，并且沙滩侵蚀陡坎达 1.83 m（图 3.38），沙堤遭到破坏重新修建，向陆向迁移 47.6 m，潮间带滩面下蚀严重出，露大面积的潟湖相淤泥质层（图 3.39）。

图 3.36　砌石护岸坍塌

图 3.37　楼基废弃

图 3.38　侵蚀陡坎

图 3.39　潟湖相淤泥质层

2）Ⅱ区

被称为浅水湾浴场，是目前祥云岛开发利用最成熟的一段沙滩，浴场康乐设施开始建设，夏季游客密集（图 3.40）。岸线长约 1.10 km，潮间带沙滩面积约为 0.37 km^2。

1987—2000 年，海岸蚀退了 53.3 m，平均蚀退 4.10 m/a，2000—2004 年平均蚀退 4.80 m/a。2004—2009 年沙滩由于受人为影响较大，夏季人为削平岸前低缓沙丘（图 3.41），营造浴场沙滩，沙滩向海前展，平均淤积速率为 1.28 m/a，2010—2011 年局部岸段缺乏资金维护处于侵蚀状态，平均侵蚀速率为 0.84 m/a。1987—2011 年平均侵蚀后退速率约为 2.91 m/a，沙滩损失面积约为 7.68×10⁴ m²，属于较严重侵蚀岸段。

图 3.40 浅水湾浴场 图 3.41 沙滩整饰

3) Ⅲ区

位于浅水湾浴场与金沙岛之间，2011 年前该段沙滩未经开发，原始生态环境保存较好，滩面较为平坦，残留低缓沙丘，为理想的消浪地貌，沙滩沉积物以细砂为主，潮间带沙滩面积约为 0.73 km²。由于沙源补给断绝，1987—2000 年研究岸段海岸平均蚀退 55.9 m，13 年平均蚀退速率为 4.3 m/a，2000—2004 年 4 年间平均蚀退速率为 4.52 m/a，说明该段海岸侵蚀仍在加剧。2004—2010 年，此岸段受上游浅水湾浴场外延侵蚀泥沙补充，侵蚀速率有所减缓，为 3.89~3.93 m/a。1987—2010 年平均侵蚀后退速率约为 4.24 m/a，损失沙滩面积约 25.55×10⁴ m²，岸前残留沙丘已被侵蚀至中轴线处，侵蚀陡坎达 1.55 m，属于严重侵蚀岸段。2011 年人为挖掘岸前沙滩（沙丘）修建吹填围埝，高程 3.5 m（理论最低潮面），岸线后退约 16.6 m。

4) Ⅳ区

此段沙滩以金沙岛为主体，1987—2000 年岸滩受上游来沙影响处于淤积状态，向海拓展 152.1 m，平均淤积速率为 11.7 m/a；2000—2004 年此段海岸继续呈现逆时针方向发展，人为固化，向海拓展 66.4 m，平均淤积速率为 16.6 m/a；2004—2010 年在现有人工护岸的向海一侧形成宽约 56 m 的沙嘴，呈 NE—SW 走向，平均淤积速率为 2.75 m/a。1987—2010 年海岸总体向海拓展 234.6 m，平均淤积速率为 10.2 m/a，由于靠近大清河口潮间带沙滩坡度平缓，属于稳定岸段，其东北侧残留低缓的岸前沙丘。2010—2011 年人为吹填潮流通道，营造沙滩，人为淤填沙嘴内侧潮流通道，潮流改道，改变了该段沙滩泥沙运移方向，沙滩修复效果并不理想，沙滩见有大面积的贝壳碎屑，沙滩质量差（图3.42），度假木屋前缘沙滩侵蚀严重（图3.43），并且进行了人工沙袋护滩硬体防护，沙滩自然景观遭到了破坏，阻碍了沙滩的亲水性。

图 3.42　贝壳碎屑

图 3.43　侵蚀退化

综上所述，自滦河迁徙改道北移之后，祥云岛区域海岸遵循废弃沙坝-潟湖海岸一般发育规律：滦河改道-滨外沙坝废弃-滦河输沙减少-波流横向输沙作用减弱-废弃三角洲滨外沙坝向陆迁移-潟湖相软土地层出露。同时由于京唐港防沙堤的开发建设，拦截了沿岸泥沙流，加速了其不断萎缩的趋势。由图表数据分析可知祥云岛20多年来侵蚀退化严重，2000年以来，东北端的潮流通道由于港口的建设被人为改造，纳潮量减少，潟湖逐渐淤积，沙坝外缘由于沙源减少和开发建设呈侵蚀状态。

3.6.3.2　岸滩近期变化特征分析

根据唐山祥云岛两条监测剖面的剖面数据，对祥云岛海滩的侵淤状况进行分析，剖面监测时间为2009年12月至2011年12月，每半年一次，单宽侵淤量计算范围为自剖面基点至-1 m高程点区间。2010年12月测量之后出现过大的风暴潮，基点位置的防波沙堤直接被冲垮，基点移动。表3.13为XYD01、XYD02剖面各监测周期内的单宽侵淤量及不同位置的侵淤距离，单宽侵淤量的计算共分为四个周期，分别为：2009年12月至2010年6月；2009年12月至2010年12月；2009年12月至2011年6月；2009年12月至2011年12月。

1）XYD01 监测剖面侵淤情况

根据表3.13中不同计算周期的单宽侵淤量值及不同位置的侵淤距离，对XYD01监测剖面不同周期的侵淤状况进行了分析。

其中，第一个计算周期（2009年12月至2010年6月），两次测量的时间间隔约半年，此阶段XYD01剖面处沙滩表现淤积状态，单宽淤积量为 8.7 m³/m，1.5 m高程点向海淤积 5.5 m，0 m 高程点向岸蚀退 14.7 m，−1 m 高程点向海淤进 0.2 m；第二个计算周期（2009 年 12 月至 2010 年 12 月），两次测量的时间间隔约一年，此阶段 XYD01 剖面处沙滩表现侵蚀状态，单宽侵蚀量为 4.5 m³/m，1.5 m 高程点向岸蚀退 1.5 m，0 m 高程点向海淤进 4.8 m，−1 m 高程点向岸蚀退 7.4 m；第三个计算周期（2009 年 12 月至 2011 年 6 月），此时间段两次测量时间间隔约一年半，剖面表现为严重侵蚀状态，由于基点移动，剖面单宽侵淤量无法计算，1.5 m 高程点向岸蚀退 37.0 m，0 m 高程点向岸蚀退 23.5 m，−1 m 高程点向岸蚀退 38.2 m；第四个计算周期（2009 年 12 月至 2011 年 12 月），此时间段两次测量时间间隔约两年，剖面仍表现为侵蚀状态，1.5 m 高程点向岸蚀退 30.7 m，0 m 高程点向岸蚀退 19.0 m，−1 m 高程点基本无变化。

表 3.13 监测剖面不同时间段单宽侵淤量及侵淤距离

剖面名称	时间	单宽侵淤量 / (m³·m⁻¹)	1.5 m 线位置 侵淤距离/m	0 m 线位置 侵淤距离/m	−1 m 线位置 侵淤距离/m
XYD01	2009.12	0.0	0.0	0.0	0.0
	2010.06	8.7	5.5	−14.7	0.2
	2010.12	−4.5	−1.5	4.8	−7.4
	2011.06	—	−37.0	−23.5	−38.2
	2011.12	16.0	−30.7	−19.0	0.3
XYD02	2009.12	0.0	0.0	0.0	0.0
	2010.06	−5.0	0.8	−1.7	−4.2
	2010.12	−11.1	−1.9	3.5	−5.6
	2011.06	—	−46.7	−43.8	6.0
	2011.12	−35.1	−68.1	−69.9	6.9

注："−"为侵蚀或者蚀退，无标号表示淤积或者淤进。

分析可知剖面 XYD01 在整个监测时段内，先淤后侵再淤，侵蚀大于淤积，自第一次测量之后的半年内，剖面少量淤积（单宽淤积量为 8.7 m³/m）；2010 年 6 月至 2011 年 6 月表现为严重侵蚀状态，岸线向岸蚀退 30 m 余；自 2011 年 6 月至 2011 年 12 月，剖面少量淤积，单宽淤积量为 16 m³/m，淤积量小于侵蚀量，海滩在两年周期内仍表现为侵蚀退化。−1 m 以下近滨可明显观察到沙坝有向岸方向移动趋势，2010 年 6 月至 2011 年 6 月一年时间内，沙坝向岸移动 40 m 左右，高程增高约 0.4 m，图 3.44 为 XYD01 监测剖面侵淤图。

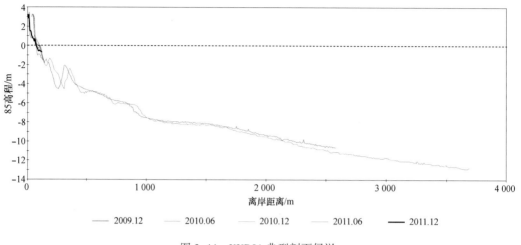

图 3.44　XYD01 典型剖面侵淤

2）XYD02 监测剖面侵淤情况

根据表 3.13 中不同计算周期的单宽侵淤量值及不同位置的侵淤距离，对 XYD02 剖面不同周期的侵淤状况进行了分析。

其中，第一个计算周期（2009 年 12 月至 2010 年 6 月），两次测量的时间间隔约半年，此阶段 XYD02 剖面处沙滩表现侵蚀状态，单宽侵蚀量为 5.0 m^3/m，1 m 高程点向海淤进 0.8 m，0 m 高程点向岸蚀退 1.7 m，−1 m 高程点向岸蚀退 4.2 m；第二个计算周期（2009 年 12 月至 2010 年 12 月），两次测量的时间间隔约一年，此阶段 XYD02 剖面处沙滩表现侵蚀状态，单宽侵蚀量为 11.1 m^3/m，1 m 高程点向岸蚀退 1.9 m，0 m 高程点向海淤进 3.5 m，−1 m 高程点向岸蚀退 5.6 m；第三个计算周期（2009 年 12 月至 2011 年 6 月），此时间段两次测量时间间隔约一年半，剖面表现为严重侵蚀，1 m 高程点向岸蚀退 46.7 m，0 m 高程点向岸蚀退 43.8 m，−1 m 高程点向海淤进 6.0 m；第四个计算周期（2009 年 12 月至 2011 年 12 月），此时间段两次测量时间间隔约两年，剖面仍表现为侵蚀状态，1.5 m 高程点向岸蚀退 68.1 m，0 m 高程点向岸蚀退 69.6 m，−1 m 高程点向海淤进 6.9 m。

分析可知，XYD02 剖面海滩在两年的监测周期内一直处于侵蚀状态，2009 年 6 月至 2010 年 6 月期间，海滩侵蚀速率较小；自防波沙堤冲毁后，海滩侵蚀速率迅速加大，仅半年间 1 m 高程点位置就后退 21.4 m。−1 m 至−5 m 高程近滨变化较明显，表现为由海向陆的横向输沙趋势，沙坝向岸方向移动，−5 m 以下海底地形基本无变化。图 3.45 为 XYD02 监测剖面侵淤图。

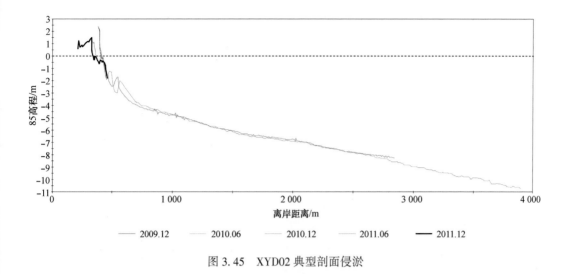

图 3.45 XYD02 典型剖面侵淤

3.7 莱州三山岛黄金海岸

3.7.1 沙滩概况

莱州湾东岸位于郯庐大断裂东侧，为上升区，属于胶东隆起及胶北台凸的西北翼，沿岸多低缓丘陵，沙嘴、沙坝和潟湖十分发育。莱州三山岛—刁龙咀砂质岸段，长度为 12 km 左右，是山东半岛西岸一段典型的平直岸段，位于莱州浅滩的东侧，是莱州浅滩的重要组成部分（图 3.46）。

莱州浅滩及其附近区域最典型的地貌类型包括沙嘴和水下浅滩，沙嘴地貌主要分布于屺姆岛南侧及刁龙咀附近，与岸线斜交，刁龙沙嘴是复式羽状沙嘴。水下浅滩以莱州浅滩最为典型，走向 NW，分布于 5 m 等深线以内，最浅处水深仅 0.8 m。在刁龙沙嘴外侧形成"人"字形水下浅滩，水深 10 m，方向偏西，中细砂组成。

莱州浅滩附近海域泥沙的直接来源为刁龙沙嘴海岸输沙，初始来源为刁龙沙嘴以东、龙口以西入海的王河、龙泉河、朱桥河、腾家河、诸流河和界河等河流输沙，其中以王河及在其东 30 km 处入海的界河为主。

莱州浅滩拥有优质石英砂资源，从 20 世纪 80 年代中期，浅滩附近的过西镇（今属三山岛镇）从小规模采挖建筑用砂开始，人为采砂活动猖獗，加之由于水库和码头等的修建导致的泥沙亏损，莱州浅滩处于侵蚀、解体状态，不同地貌部位冲淤状态存在差异，岸线扩展趋于缓和，甚至局部呈现侵蚀后退的趋势，海滩蚀低变窄，滩坡变陡，砂粒粗化。海岸侵蚀较为明显，尤其是对于旅游造成了显著影响。

图 3.46　莱州三山岛沙滩概貌及布设的监测剖面位置示意

　　龙口海洋站 1963—1979 年观测资料统计结果表明，莱州湾东岸多年平均潮差只有
0.92 m，最大潮差为 2.87 m，多年平均波高为 0.9 m，最大波高为 6.6 m。常浪向和强浪
向均为 NE 向，出现频率为 14%，次常浪向为 NNE 向，频率为 9 %。受黄河口外半日无
潮点影响，莱州浅滩及其附近海域为不规则半日潮（$K=0.88$），平均潮差约为 1.0 m，
多年平均海面为 0.91 m，最高高潮面为 3.4 m，最低低潮面为 -1.23 m。

3.7.2　沙滩沉积物变化特征

　　总体来看，此岸段岸滩应为砂砾石滩。依据表层沉积物样品分析结果，该岸段表层
沉积物以中、粗砂为主，部分区域分布砾砂或砂砾质物质。总体来看，底质沉积物分选
差，磨圆较好，滩面散布砾石和少量贝壳碎屑。该岸段表层沉积物平均粒径最小值为
1.50Φ，最大值为 2.8Φ，平均值为 2.6Φ；偏态测试值正偏、负偏各占一半，偏态系数平
均值为 0.08；分选系数平均值为 1.13。底质沉积物粒度年际间变化不大，年内总体上来
看，冬半年趋于粗化，夏半年趋于细化。

　　依据 4 个地质钻孔分析结果显示（其中 3 个 2 m，另外 1 个 0.6 m），滩脊处砂层厚
度较大，可达 1.6 m。钻孔柱状沉积物类型包括中砂、粗砂、砾砂，以及圆砾、角砾。自
表层向下，垂向上沉积物粒度总体趋于粗化，个别层为有薄层粗粒或细粒夹层。其中
0.6 m 厚度的钻孔处沙滩砂层厚度不足 1 m，自岸滩表面向下 30~50 cm 为砾石质粗砂层，
再向下则为砂质砾石层，沉积物分选较差，磨圆程度较好。

3.7.3 沙滩演变特征

3.7.3.1 区域岸滩和海底地形历史演变特征分析

据庄振业（1994）的研究结果，由莱州浅滩发育演变过程图（图3.47）可见，约在6 000 a B. P. 前，波浪作用下塑造成长50 km余、高10 m余的古海蚀崖，使三山岛、仓上等小丘成为离岸岛屿。5 000 a B. P. 左右顺岸外破浪带发育成东北—西南向的三山岛沙嘴，同时形成仓上—尹家沙嘴。西南向的泥沙流为沙嘴的发育提供了丰富的物源，NW 向的莱州浅滩，促进了泥沙的堆积，使已形成的三山岛沙嘴迅速伸长扩宽。NW 向波浪又顺水下浅滩西南侧形成仓上—青鳞铺沙嘴，在4 000 a B. P. 左右发育了仓上潟湖、黑港口潟湖。在1 400 a B. P. 左右，三山岛—西由潟湖也大部分被充填成埋藏潟湖平原。

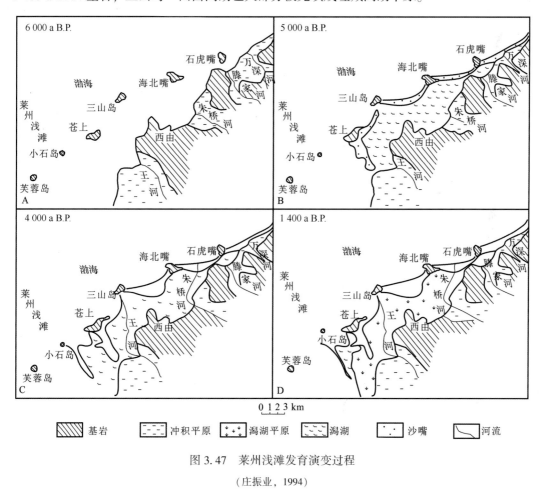

图 3.47 莱州浅滩发育演变过程

（庄振业，1994）

以中国人民解放军海军司令部航海保证部 1958—1959 年和 1984 年测量、1986 年出版的 1∶15 万老黄河口至龙口湾幅海图，以及 2002 年测量、2005 年出版的 1∶15 万莱州湾幅海图两期海图为原始资料，进行海图数字化，将经过数字化的等深线和等深点进行坐标变换，地图投影和水深基准面进行统一后，进行空间和叠加分析，计算不同范围的侵蚀与淤积量。

上述两期海图对比结果表明（图 3.48），自莱州湾黄河三角洲废黄河口至龙口屺姆岛岸段，1958—2002 年的 44 年中，莱州湾及其黄河三角洲区域除现行黄河入海口和莱州浅滩及其附近岸段表现为小幅淤涨外，其他岸段均呈现不同程度的侵蚀特征，研究区侵蚀岸线长度合计 157.0 km，平均侵蚀速率为 26 m/a；侵蚀岸线占自黄河三角洲桩西至屺姆岛岸段总岸线长度的 64%，加权平均到整个研究区，则海岸侵蚀速率为 18 m/a。东营孤东至废黄河口岸段、莱州湾南岸和莱州湾刁龙咀—屺姆岛附近岸线后退较其他区域严重，如刁河口—黄河海港岸段在 1987—2008 年间总体上属于侵蚀变化格局，岸线平均后退变化距离-193 m，年均变化速率为-9.19 m/a，莱州湾南岸岸线平均侵蚀后退速率为 27 m/a，0 m 等深线后退速率为 27～65 m/a，莱州湾东岸砂质海岸侵蚀后退速率 2～3 m/a。

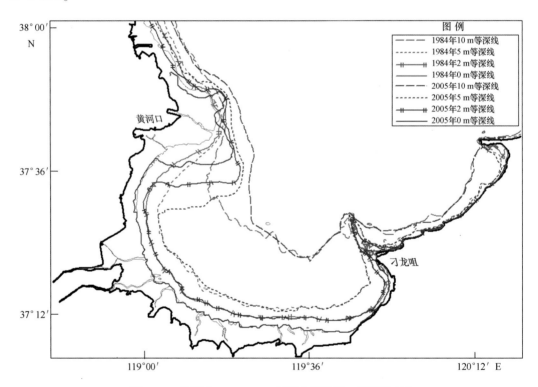

图 3.48　莱州湾 1984—2005 年调查区岸线、等深线变化

1958—2002 年的 44 a 中，除现行黄河入海口海域 0 m、-2 m、-5 m 和 -10 m 等深线向海呈较大幅度的淤进外，莱州湾东岸 10 m 等深线位置基本无变化，0 m、-2 m 和-5 m

等深线在莱州浅滩变化幅度较大。莱州浅滩两侧 0 m 等深线 44 年来淤进速率为 6 m/a，呈现淤积和稳定侵蚀等级，莱州浅滩以北 0 m 和−2 m 等深线后退 760 m。10 m 等深线以深水域地形变化不大，海区内基本处于比较稳定的冲淤平衡状态，略有冲刷，10 m 等深线向陆移动最大距离为 1 240 m；5 m 等深线以浅水域，特别是刁龙咀以北，莱州黄金沙滩及其邻近近海海域呈明显冲刷态。总体来说，测区东部近岸海域海岸蚀退和海底冲刷明显。

另外，据庄振业等（1989），自 20 世纪 80 年代以来的数十年时间，除沙嘴头端的刁龙咀一带，海岸仍有淤长之外，其他大部分岸段，均不同程度的遭受侵蚀，岸滩明显向陆后退。在三山岛一带的海滩上，1981 年曾以固定桩作标志，设置海滩定位观测站，测得 1981 年 6 月 8 日至 1985 年 5 月 23 日海滩前滨陡坡向陆后退约 8 m，4 年平均蚀退率为 2 m/a（图 3.49）。

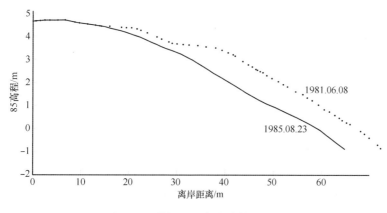

图 3.49 莱州三山岛海滩剖面对比

据庄振业等（1989）

总体而言，莱州三山岛—刁龙咀沙嘴平直岸段 20 世纪 60 年代之前长期处于稳定和缓慢淤积状态，之后该岸段由侵蚀转向冲淤平衡状态，后呈现侵蚀后退，岸线后退、滩坡变陡，砂粒粗化，岸边建筑物倒塌，海岸侵蚀灾害严重。

3.7.3.2 岸滩近期变化特征分析

图 3.50 为 2010 年 11 月拍摄的莱州三山岛砂质侵蚀岸段岸滩侵蚀现状照片，明显可见，整个岸滩中、低潮滩呈强侵蚀后退态势，在低潮线附近形成一陡坎、砾石带，滩面坡度变陡，砂粒粗化明显。

根据 2010 年 12 月至 2011 年 6 月期间刁龙咀—三山岛砂质岸段布设 5 条固定断面开展的两次野外调查结果（调查剖面空间分布见图 3.51），观测时间分别为 2010 年 12 月和 2011 年 6 月，对比分析刁龙咀—三山岛砂质海岸侵蚀特征，结果表明该段海岸侵蚀表现

图 3.50　莱州三山岛砂质岸段侵蚀现状

出较明显的时空分异特征。

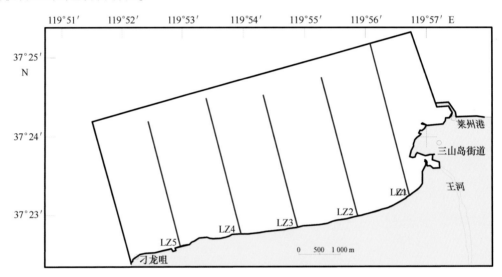

图 3.51　莱州刁龙咀—三山岛固定观测断面位置

由 2010 年 12 月至 2011 年 6 月莱州刁龙咀—三山岛海域冲淤图（图 3.52）可见，上述岸段海底地形演变年内季节性变化规律表现出带状冲淤特征，总体上以冲刷趋势为主，冲刷厚度以小于 1.2 m 为主体。约半年时间内整个调查区冲刷区所占面积最大，冲刷厚度小于 0.7 m。此外，因王河等河流入海水沙急剧减少，黄金海岸沙滩附近岸段及其近海海域遭受巨大冲刷。可表现为以下三个空间分布特征：① 该区域海底以冲刷作用为主，淤积区范围较小，主要分布在调查区西部，邻近莱州浅滩，整体冲淤变化表现为"中东部冲西淤"的变化态势。冲刷厚度最大可达 6.0 m，平均小于 0.70 m；② 调查区冲淤变化幅度较小，冲淤厚度小于 1.20 m 的区域占调查区的绝大部分；③ 在莱州黄金海岸近岸海域形成冲刷中心，冲刷厚度大于 4 m，在调查区西部莱州浅滩附近形成海域淤积中心，自此向东逐步从淤积过渡到稳定等级，后转变为侵蚀态势，但均表现为冲淤变化非常复杂剧烈的特征。

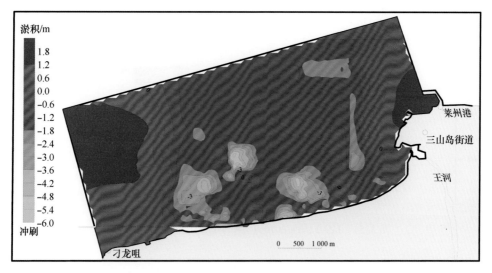

图3.52　2010年12月至2011年6月刁龙咀—三山岛砂质岸段冲淤特征

3.7.3.3　典型剖面近期变化分析

通过两剖面（LZ-1剖面和LZ-2剖面）2010年10月至2012年7月年冲淤变化图（图3.53和图3.54）可以发现：就剖面特征而言，位于莱州黄金海岸东部的LZ-1剖面全剖面除2011年10月近岸端表现为强冲刷外，其他时间段剖面较稳定，表现为弱淤积或冲刷过程；位于黄金海岸西部的LZ-2剖面冲淤变化幅度很小，除2012年7月表现为强冲刷外，其他时间剖面较稳定，表现为冲淤平衡或轻微淤积的特征，淤积厚度很小。具体分析各剖面形态及其冲淤特征如下。

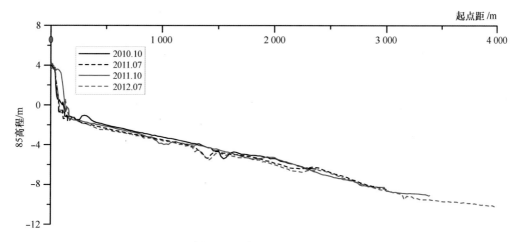

图3.53　LZ-1剖面2010年10月至2012年7月冲淤变化

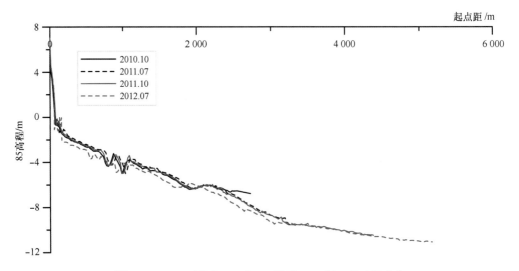

图 3.54　LZ-2 剖面 2010 年 10 月至 2012 年 7 月冲淤变化

　　LZ-1 剖面（图 3.53）位于黄金海岸沙滩东侧，剖面较稳定，表现为弱淤积或冲刷过程，2011 年 10 月近岸端表现强冲刷过程，究其原因与 2011 年冬半年较强风暴潮横扫该区域有关。具体来看，两年内最大冲刷厚度达到 1.90 m，剖面年平均冲刷厚度 1.54 m。海滩地形呈冲刷、淤积交替变化态势，最大淤积厚度仅 1.22 m。-5 m 等深线几乎没有变化，-2 m 等深线后退 12 m，后退变化速率 0.46 m/a。

　　LZ-2 剖面（图 3.54）位于黄金海岸西部，剖面较稳定，表现为弱淤积或冲刷过程，仅 2012 年 7 月表现为强冲刷过程，究其原因与 2012 年旅游季节较大规模地人为平整沙滩有关。具体来看，该剖面 2.10 km 以内呈波浪式冲刷和淤积交替进行的特征，两年内最大冲刷和淤积厚度分别为 1.51 m 和 1.67 m，平均冲刷和淤积厚度相当，为 1.49 m。2.10 km 以外则表现为普遍淤积态势。发生冲刷的部位位于距岸 2.10 km 的范围内，冲刷幅度达到 2.40 m，平均为 1.67 m。-5 m 等深线几乎没有变化，保持冲淤平衡态势。

3.8　威海第一国际海水浴场

3.8.1　沙滩概况

　　威海第一国际海水浴场位于威海火炬高技术产业开发区，是一个天然海水浴场。东侧为玛珈山，西侧为烟墩山（图 3.55）。沙滩走向 NEE—SWW，沙滩长度 2.8 km，沙滩宽度为 60~70 m，东西部差别较小。坡度东部略缓，西部略陡，坡度在 4.5°~5°变化。

沉积物为灰黄色中细砂，松散–中密，分选磨圆好。砂泥分界线深度在85高程基准下为16~17 m，距离岸边1.5 km左右。水质好，管理较规范。

图3.55 威海第一国际海水浴场概貌及布设的监测剖面位置示意

威海第一国际海水浴场沙滩作为山东三个重点调查区之一，布设两条测线，间距800 m。开展两年四季地形重复测量，并选择合适的海滩地貌部位开展地质钻孔取样。据此，进行沙滩稳定性的分析研究。

3.8.2 沙滩沉积物变化特征

依据表层沉积物样品分析结果，该岸段表层沉积物以砾石质粗砂为主，分选好，磨圆度较好，水线附近滩面散布砾石及少量贝壳碎屑。该岸段表层沉积物平均粒径最小值为0.1Φ，最大值为1.5Φ，平均值为0.93Φ；以负偏态为主，偏态系数平均值为−0.12；分选系数平均值为0.89。高潮滩沉积物较低潮滩分选与磨圆好，人为补砂痕迹较明显。水线附近砾石条带发育，水下有礁石分布。底质沉积物粒度年际间变化不大，年内总体上来看，冬半年趋于粗化，夏半年趋于细化。

依据4个地质钻孔分析结果显示（其中3个2 m，另外1个0.6 m），滩脊处砂层厚度较大，可达1.6 m左右。钻孔柱状沉积物类型包括中砂、粗砂、砾砂，以及圆砾、角砾。自表层向下，垂向上沉积物粒度总体趋于粗化，个别层为有薄层粗粒或细粒夹层。依据地质钻孔揭示，中低潮滩砂层厚度在0.7~1.5 m变化，高潮滩砂层较厚，可达1.5~2.0 m，下伏地层均为砂质砾石层。

3.8.3 沙滩演变特征

比较两条剖面（WH-1 剖面和 WH-2 剖面）年冲淤变化图（图 3.56 和图 3.57）可以发现：就剖面特征而言，位于威海第一国际海水浴场东侧的 WH-1 剖面，480 m 以内沙滩地形变化较复杂，有较大幅度的冲淤变化；位于威海第一国际海水浴场西部的 WH-2 剖面冲淤变化幅度较小，除潮间带（尤其是水陆结合区域）海滩地形发生较大幅度的变化外，其他区域地形较稳定，冲淤变化幅度较小。具体分析各剖面形态及其冲淤特征如下。

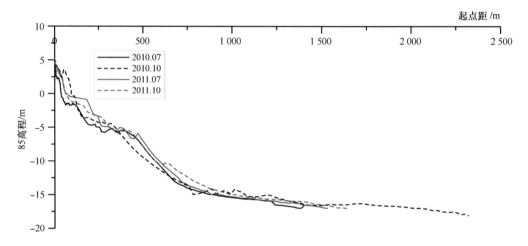

图 3.56　WH-1 剖面 2010 年 7 月至 2011 年 10 月冲淤变化

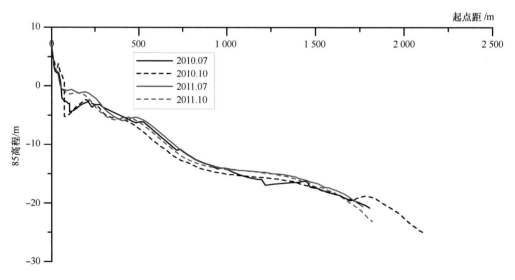

图 3.57　WH-2 剖面 2010 年 7 月至 2011 年 10 月冲淤变化

WH-1 剖面（图 3.56）位于威海第一国际海水浴场东侧，460 m 以内沙滩地形变化较复杂，有较大幅度的冲淤变化，其他区域地形较稳定，冲刷或淤积变化幅度较小，两年内最大冲刷厚度达到了 4.40 m，剖面年平均冲刷厚度为 2.66 m。近两年时间内，-2 m 等深线向陆后退近 70.6 m 余，-5 m 等深线后退 95.4 m。表现为总体侵蚀后退下蚀的特征。

WH-2 剖面（图 3.57）位于威海第一国际海水浴场西部，冲淤变化幅度较小，除潮间带（尤其是水陆结合区域）海滩地形发生较大幅度的变化外，其他区域地形较稳定，冲淤变化幅度较小。该剖面两年内以普遍冲刷作用为主，约 900 m 以内呈小幅度冲刷和淤积交替变化为主，夹杂着微弱的冲刷。总体来看，该剖面冲淤变化不大，近两年内冲刷最大约 4.5 m，淤积最大约 3.4 m，平均淤积厚度小于 1.2 m。-2 m 和 -5 m 等深线几乎没有变化，保持冲淤平衡态势。

3.9 海阳万米沙滩

3.9.1 沙滩概况

海阳万米沙滩坐落于海阳凤城旅游度假区内，距海阳市约 10 km，交通便捷，浴场内设施完备（图 3.58）。沙滩走向 SW—NE，沙滩长度沙滩绵延 20 km 左右，目前开发较好的约 5 km。沙滩宽度东北部略窄，北侧宽度约 120 m；南侧宽度约 130 m。沙滩滩脊发育，滩面坡度总体上向海一侧东北陡西南缓，向陆一侧东北缓西南陡；北部向海一侧坡度约 4.3°；南部向海一侧坡度约 3.5°；北部向陆一侧坡度约 2.3°；南部向陆一侧坡度约 3.1°；沉积物特征为灰黄色砾砂-中细砂，富含石英颗粒，分选中等，磨圆较好。水线下发育砾石带。砂泥分界线深度在 85 高程基准下为 3.5~4.0 m（推测值），距离岸边 400 m 左右。浴场环境水质较好，管理较规范。

海阳万米沙滩作为山东三个重点调查区之一，布设两条测线，位于开发情况良好的 5 km 岸段内，间距 1 km。开展两年四季地形重复测量，并选择合适的海滩地貌部位开展地质钻孔取样。据此，进行海阳万米沙滩稳定性的分析研究。

3.9.2 沙滩沉积物变化特征

依据表层沉积物样品分析结果，该岸段表层沉积物以中粗砂为主，分选较好，磨圆中等，滩面散布砾石及大量贝壳碎屑。该岸段表层沉积物平均粒径最小值为 0.1Φ，最大值为 3.0Φ，平均值为 1.85Φ；以负偏态为主，偏态系数平均值为 -0.5；分选系数平均值为 1.05。后滨区沉积物为外来补砂形成，水下有礁石分布。底质沉积物粒度年际间变化不大，年内总体上来看，冬半年趋于粗化，夏半年趋于细化。

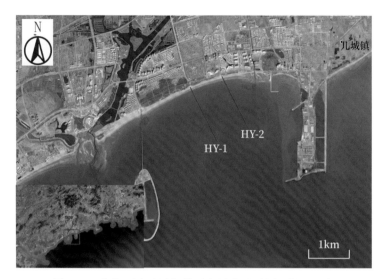

图 3.58　海阳万米沙滩概貌及布设的监测剖面位置示意

依据 4 个地质钻孔分析结果显示（其中 2 个为 2 m，1 个为 0.9 m，另外 1 个为 1.5 m），海阳万米沙滩砂层厚度在中低潮滩约 1 m 左右。潮间带上部沙层厚度均较大，厚度均超过 2 m。钻孔柱状沉积物类型包括中砂、粗砂、砾砂，以及圆砾、角砾。自表层向下，垂向上沉积物粒度总体趋于粗化，个别层有薄层粗粒或细粒夹层。

3.9.3　沙滩演变特征

比较两剖面 2010 年 7 月至 2011 年 10 月冲淤变化图（图 3.59 和图 3.60）可以发现：就剖面特征而言，2010 年 7 月至 2011 年 10 月，位于海阳万米沙滩西部的 HY-1 剖面，除 2011 年 7 月剖面地形变化较复杂外，其他时间段剖面地形较稳定，表现为全剖面冲刷的特征，但变化不大；而位于海阳万米沙滩东部的 HY-2 剖面除潮间带及其近岸浅水区域地形发生较复杂变化外，其他区域冲淤变化幅度均很小，表现为冲淤平衡或轻微淤积的特征，但淤积厚度很小。但总体来说，两断面在潮间带部分冲淤变化较大而复杂，沙滩上部或近岸水下部分剖面地形变化较小。具体分析各剖面形态及其冲淤特征如下。

HY-1 剖面（图 3.59）位于海阳万米沙滩西部，除 2011 年 7 月剖面地形变化表现为较大幅度的全剖面侵蚀外，其他时间段剖面地形较稳定，表现为全剖面冲刷的特征，但变化不大。具体来看，该剖面全断面发生普遍冲刷态势，约 450 m 以内呈小幅度冲刷和淤积交替变化为主，夹杂着微弱的冲刷。总体来看，该剖面冲淤变化不大，局部发生较大的冲刷，两年内冲刷最大约为 5.5 m，淤积最大约为 4.4 m，平均淤积厚度小于 1.3 m。-2 m 和-5 m 等深线几乎没有变化，保持冲淤平衡态势。

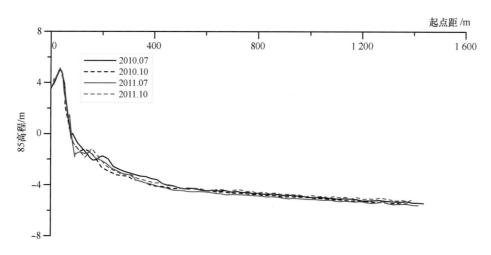

图 3.59　HY-1 剖面 2010 年 7 月至 2011 年 10 月冲淤变化

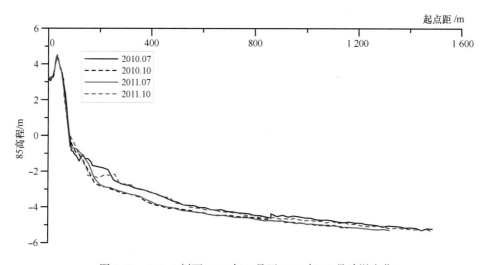

图 3.60　HY-2 剖面 2010 年 7 月至 2011 年 10 月冲淤变化

　　海阳万米沙滩东部的 HY-2 剖面（图 3.60），除潮间带及其近岸浅水区域地形发生较复杂变化外，其他区域冲淤变化幅度均很小，表现为冲淤平衡或轻微淤积的特征，但淤积厚度很小，总体表现出冲淤平衡或普遍小幅度淤积的趋势，局部发生较大的冲淤变化，两年内冲淤厚度最大为 4.52 m，呈现较大幅度的变化。整体来看，该断面以轻微淤积为主，淤积幅度较小，仅在近岸段表现为冲淤交替变化的特征，等深线位置的变化也较小。

3.10 青岛石老人浴场

青岛市前海的海滩是全新世中—后期在近岸波浪作用下形成的，没有较大的河流在这个时期向前海输沙，海岸岬角、近岸海底的侵蚀是海滩沙的主要来源。研究区为岬湾型海岸，海湾和岬角相间分布，岬角突出入海，海湾凹向陆地。波浪进入岬湾后形成复杂的水动力环境，不断地调整海滩沉积物的分布。

3.10.1 沙滩概况

石老人浴场长约为 2.1 km，平均宽为 210 m，滩肩平均宽约为 80 m，滩肩面积为 13.7 km²，滩肩至滩面厚度超过 2 m。浴场中段和北段发育宽阔的滩肩，往南滩肩逐渐变窄至几乎不发育。浴场两头剖面较短，游人罕至，最南端有海蚀崖和海蚀柱。浴场为知名旅游景点，管理良好。青岛石老人海水浴场沙滩作为山东两个重点调查区之一，布设监测剖面 3 条（图 3.61）。开展两年四季地形重复测量，并选择合适的海滩地貌部位开展地质钻孔取样。据此，进行沙滩稳定性的分析研究。

图 3.61　青岛石老人浴场海滩概貌及布设的监测剖面位置分布

3.10.2 沙滩沉积物变化特征

青岛石老人海滩的沉积物类型主要为砂、粉砂质砂等，沉积粒度向海深处有不断变细的趋势。海滩沉积物粒度分布的影响因素很多，粒度分布的研究有助于了解沉积物所处的沉积动力环境。海滩属于岬湾型，呈 NE—SW 走向。

沉积物的平均粒径表示其粒度分布的集中趋势，也能够体现出沉积环境平均动能的大小；分选系数用于表征沉积物颗粒大小的均匀程度。如石老人海滩共选取3个固定剖面进行表层样采集，2010年分别在4月和10月各采样17个，现将各个剖面的粒度参数变化情况说明如下：

如图3.62所示，2010年10月的平均粒径明显细于4月的。4月和10月的平均粒径分别为1.89Φ和2.48Φ。10月的样品平均粒径均不同程度地减小，同时，分选程度普遍变好。其中剖面三的样品颗粒最细，分选程度最好。两次剖面一、剖面二、剖面三的分选程度都分别为较好、较好、较差。海滩滩肩、滩面位置的沉积动力情况不同，因此，海滩的不同地貌位置在4月、10月的粒度参数特征也是有区别的。10月滩肩、滩面处的沉积物平均粒径较4月的普遍变细。滩面处的分选性有变好的趋势，滩肩处的分选由中等变为较好。两次取样的沉积物偏态都为负偏，即细偏。剖面一和剖面三的偏态都是10月的比4月的小，而剖面二是增大的。剖面二的偏态由4月的极负偏变为10月的负偏。10月取样的沉积物峰态都比4月的变大，颗粒的集中程度变大。剖面一的峰态峭度由窄变为很窄。在海滩的滩肩、滩面处峰态值都不同程度地变大。

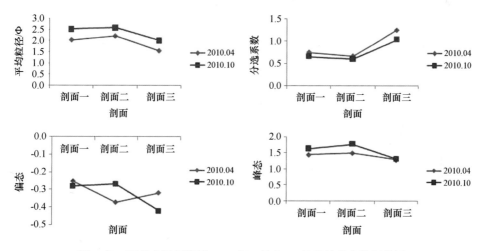

图3.62　石老人浴场海滩2010年4月和10月的粒度参数折线图

综上可知，2010年4月和10月的表层沉积物的粒度参数对比变化明显，这与海滩不同时期所处的动力环境不同密切相关，其中，波浪作用是主要的影响因素，体现在沉积物粒度变化中主要是10月表层沉积物平均粒径较4月的普遍变细，分选大多呈现不同程度变好的趋势。

3.10.3　沙滩演变特征

青岛石老人海滩长约2.15 km，后滨为绿化带、房屋等人工建筑和道路，该海滩剖面测量的平均长度达到210 m，其中剖面一和剖面二的长度分别为276 m和196 m。剖面

一、剖面二、剖面三的坡度分别为 2.6%、2.5%、2.1%。海滩东北侧剖面二、剖面三的滩肩宽度分别约为 69 m、26 m。

波浪、潮汐、风等动力作用都会对海滩剖面形态产生一定的影响，海滩剖面存在着动态的变化，剖面的形态在其所处沉积动力环境不同时会发生改变。通常，在不同的沉积动力条件下的典型剖面形态是风暴剖面和涌浪剖面。研究区海滩的实地风、浪情况下，两种剖面的具体转换过程是，冬季主要受 NW 向浪的影响，大的风暴会使泥沙从滩肩处发生离岸运动，产生侵蚀，被侵蚀的泥沙堆积在离岸区域形成沿岸沙坝。沙坝形成后削弱了波浪对海滩的作用，对海岸起到保护，逐渐形成风暴剖面。随着季节的变化，夏季以 SE 向浪为主，在波浪的作用下，沙坝的泥沙开始向岸运移，不断堆积的泥沙逐渐形成海滩的滩肩，而且滩肩不断增长，海滩逐渐形成涌浪剖面。此时，海滩总的坡度较风暴剖面时的陡。海滩剖面在以上两种典型剖面之间不断发生转换。

青岛石老人海水浴场的冬季、夏季剖面测量情况见图 3.63。2010 年和 2011 年的冬季剖面变化较大，夏季剖面变化相对较小。该海滩基本呈 NE—SW 向，3 条固定剖面长度不同，但剖面形态基本稳定，只有剖面一呈现一定的侵蚀，剖面二、剖面三都出现不同程度的淤积。其中，剖面一的少量侵蚀主要出现在滩面处，推测该处出现侵蚀的原因和 9 月的台风有关。剖面二和剖面三的滩面处都有少量淤积，虽然剖面二和剖面三也会受到台风的影响，但是其靠近海滩东侧方向的岬角，而剖面一离东侧岬角最远，该岬角

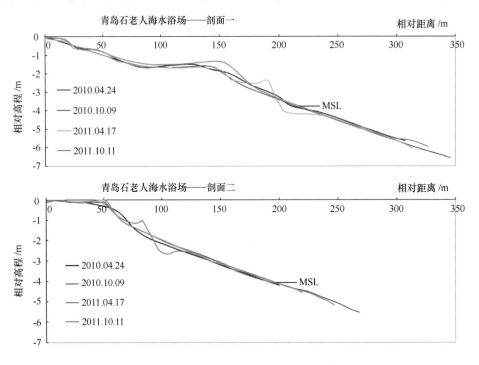

图 3.63　青岛石老人浴场剖面季节变化

对波浪的阻拦可以在一定程度上减小波浪对海滩的作用。

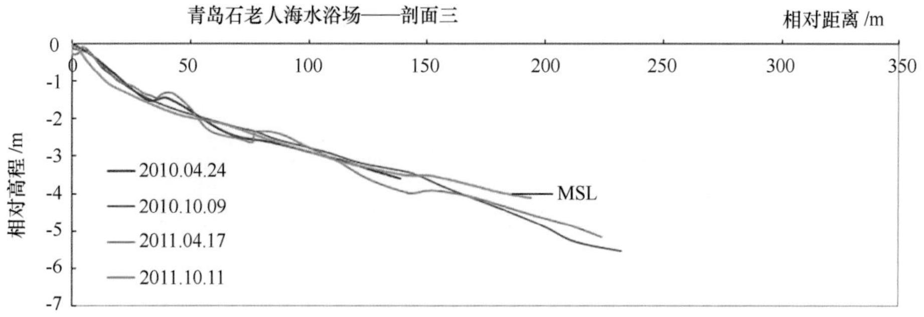

图 3.63　青岛石老人浴场剖面季节变化（续）

3.11　日照万平口浴场

日照万平口海滩长约为 6.2 km，宽为 100~200 m，属于夷直型砂质海滩，海滩岸线宽阔平直，不见基岩岬角，潮汐作用弱，以波控为主。海滩剖面平缓，大部分岸段后滨发育宽阔平缓的滩肩。海滩作为旅游景点开发管理较完善，岸线人工改造较大。剖面冬夏季的测量结果显示，滩面季节变化较小，各剖面总体处于稳定有少量淤长的状态。日照重点区为低平海岸，处在地壳稳定的胶南台地上，海岸形态出现了滨外沙坝和潟湖，这是由丰富的沙源和波浪潮汐的混合作用形成的。日照境内有多条河流如吉利-白马河、两城河、巨峰河、付疃河等，为本区提供了丰富的泥沙。研究区海岸为 NE 走向，与区域构造方向线一致，这是平直砂质海岸的地质基础。研究区附近波浪常浪向和强浪向为东南方向，与岸线垂直，使泥沙在区域内重新分配。在丰富的沙源及波浪潮汐均衡作用下，形成平缓的海滩剖面。

3.11.1　沙滩概况

日照万平口海水浴场处在地壳稳定的胶南台地上，海岸形态出现了滨外沙坝和潟湖，这是由于丰富的沙源和波浪潮汐的混合作用形成。重点研究区附近波浪常浪向和强浪向为东南方向。

日照万平口浴场长为 6.39 km，宽度为 50~160 m，滩肩最宽处有 50 m，窄处约为 10 m，滩肩面积为 19.6 km²，滩肩至滩面厚度超过 2 m。夷直型砂质海滩，海滩剖面平缓，坡度为 $0.03° \sim 0.06°$。日照万平口浴场沙滩作为两个重点调查区之一，布设 6 条测线（图 3.64），开展两年四季地形重复测量，并选择合适的海滩地貌部位开展地质钻孔取样。据此，进行沙滩稳定性的分析研究。

图 3.64　日照万平口浴场海滩概貌及布设的监测剖面位置示意

3.11.2　沙滩沉积物变化特征

海滩表层沉积物以中砂-粗砂为主，平均粒径为 0.57Φ~1.91Φ，变化略大（图 3.65）。夏季样品中，2010 年平均粒径为 0.89Φ~1.91Φ，平均值为 1.32Φ，2011 年平均粒径为 1.37Φ~1.79Φ，平均值为 1.54Φ；冬季样品中，2010 年平均粒径为 0.61Φ~1.23Φ，平均值为 0.82Φ，2011 年平均粒径为 0.91Φ~1.54Φ，平均值为 1.29Φ。同年份冬夏季沉积物粒径相比较，夏季比冬季细，从 2010 年至 2011 年，沉积物粒径总体有变细的趋势，从命名可以看出，2010 年 4 月的沉积物除 PMA 外全为粗砂，到了 2011 年 10月变为中砂，总体变细。

分选性方面，分选系数在 0.85~1.93，大部分剖面分选为差，2010 年分选系数平均为 1.43~1.44，变化不大，2011 年，分选系数平均值变大，分选变差，但是各剖面表现不一样，PMC、PMD、PME 分选变差，而 PMF、PMG 处则呈相反趋势。

各剖面偏态情况复杂，偏度为-0.19~0.29，跨越负偏、正偏，峰态范围为 0.83~1.78，从宽平到很尖窄都有分布。季节变化方面，偏态在 2010 年冬季为-0.05~0.25，夏季为-0.12~0.18，偏态间差值不变，2011 年，冬季范围为-0.04~0.29，夏季范围为-0.19~0.23，总体来看，夏季较冬季偏度增加，2011 年较 2010 年偏度增加。峰态方面，2010 年冬季范围 0.83~1.78，夏季为 1.03~1.49，2011 年冬季为 0.93~1.45，夏季为 1.01~1.29，两年的数据均表明，冬季较夏季宽平，且冬季的峰度差值较夏季大，横向

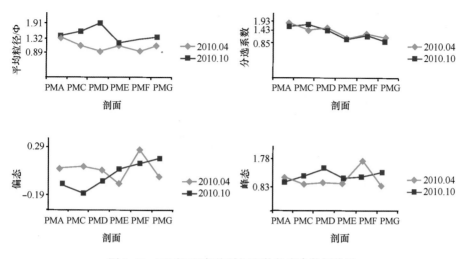

图3.65 万平口浴场海滩沉积物粒度参数折线图

上,峰度差值有减小的趋势。各剖面的粒度频率分布多呈多峰窄态分布,沉积物的组成较为复杂,海滩物质来源较多,波浪动力条件也较复杂。

总体来说,夏季(2010年10月)粒径比冬季(2010年4月)变细,剖面平均粒径由冬季的0.89Φ~1.91Φ变为夏季的0.57Φ~1.23Φ,从各剖面的沉积物命名也可以看出。从图3.65可见,分选性变化不大,分选系数由冬季的1.12~1.93变为夏季的1.10~1.85,略为优化。偏态、峰态变化复杂,偏态值由冬季的-0.5~0.25变为夏季的-0.12~0.31,峰态由冬季的0.93~1.78变为夏季的1.03~1.49,PMA、PMC、PMD和PMF的偏态值夏季较冬季低,PME和PMG则呈相反变化,PMC、PMD、PMF、PMG夏季较冬季变宽,PMA和PMG则变窄。

3.11.3 沙滩演变特征

万平口浴场海滩长6.39 km,宽度50~160 m,滩肩最宽处有50 m,短处约10 m,滩肩至滩面厚度超过2 m。在海滩布设6条测线,从海滩北端向南依次为PMA、PMC、PMD、PME、PMF、PMG,从2010年4月和10月,以及2011年4月和10月4次测量的剖面变化进行分析(图3.66)。其中PMA因为2011年海滩后滨建造大量建筑物,固定桩遭破坏,无法定位,只进行2010年两次测量。

从剖面位置图显示,PMA、PMC剖面,PMD、PME剖面,PMF、PMG剖面两两相邻,剖面发育形态相似,故在一起分析。PMA、PMC剖面位于浴场北端,为人工海岸,滩肩不发育,后滨为建筑物和道路。剖面冬夏季的测量结果显示,剖面PMA、剖面PMC的滩面在2010年10月发生蚀减,可能由于测量期间,海滩后滨建造大量建筑就地采砂所致。剖面PMC处滩肩发生冬夏季季节转变,冬季水下沙坝有少量淤积。

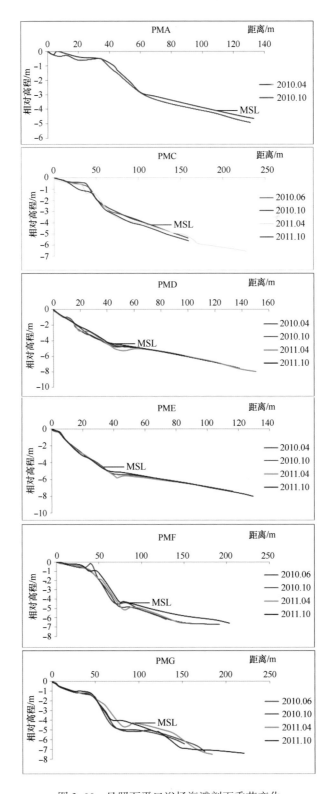

图 3.66　日照万平口浴场海滩剖面季节变化

PMD 和 PME 剖面位于浴场中段，剖面长 140~150 m，后滨为木栈道和防护林，滩肩不发育，剖面上部坡度较大。PMD 剖面在 2010 年 4 月因为涨潮只测量了 45 m，由图 3.66 可看出 PMD 和 PME 剖面变化情况基本一致，剖面下部自转折处至近滨呈稳定状态，剖面转折处至高潮线附近在每年春季（4 月）发生侵蚀，然后在秋季（10 月）略恢复，剖面上部基本稳定。由于 PMD 和 PME 剖面位于浴场开发管理较成熟的区段，受人为影响较少，处于自然演化状态且基本稳定。

PMF 和 PMG 剖面位于海滩南段，长 200~220 m，发育宽阔的滩肩，长约 40~45 m，滩肩基本处于稳定状态，处于沙坝型剖面和滩肩型剖面的转化过程中。自高潮线至剖面转折处直到水下发生淤积，这是由于在常浪向和强波向作用下，泥沙自北向南沿岸输运，由于岸段南部丁坝的阻挡作用，阻断了泥沙的南向运输，在水下发生淤积。

3.12　烟台港栾—栾家口

3.12.1　沙滩概况

调查区位于山东半岛北部，烟台龙口市与蓬莱市之间海岸，西起港栾码头，东至栾家口港，总长度为 13.63 km，为一沙坝–潟湖型砂质海岸。海岸较为平直，在东侧受栾家口基岩岬角的影响，呈弧形（图 3.67）。

龙口市北部濒临渤海，沙滩底质主要为砂质，分布于龙口湾、屺姆岛以东。

海蚀地貌主要分布在基岩岬角处，如桑岛、屺姆岛、栾家口港等地方，调查区主要为海积地貌，龙口市海岸广布海积平原，以砂质为主，部分为砾石，其沉积超覆于陆相冲洪积层之上，有浅滩海湾相、潟湖相、沙坝沙堤相等。

境内断裂十分发育。NE 向断裂最发育，分为 NE 50°一组、NE 30°一组，后一组晚于前一组。较大的断裂为招远大曲庄西—蓬莱于家庄东断裂，经丰仪店、石良集东等地，断裂走向 NE 30°，倾向 W，倾角 45°，长 40~80 km，为压扭性的。NNE 向的北沟—玲珑断裂经过下丁家、兰高、诸由观镇东。境内最大的断裂构造为掖—黄弧形断裂，近 E—W 走向，倾向 N，倾角 30°~45°，为压扭性。此断裂系在原来 E—W 向老断裂基础上，经过焦家—界河的 NE 向断裂在经黄山馆入 E—W 向断裂复合而成，故表现为多期活动性。另在乡城镇西北有近 E—W 向柳海、草泊断裂，是新构造运动的产物。

注入调查区最主要的河流为黄水河，黄水河于龙口北部黄河营村东侧入海，为境内最大河流，发源于栖霞县猪山、狼当顶和寺口西境十字坡，干流总长 55 km。1959 年，其中上游建一大型水库——王屋水库，总库容 1.49×10^8 m^3，拦截大量泥沙。

龙口市近海潮汐性质属不规则半日潮，潮汐形态数 F 为 0.92。累年平均潮差为

图 3.67　调查区位置示意

0.91 m。最大潮差为 2.87 m，最小潮差为 0.03 m。最高潮位为 3.40 m，出现在 1972 年 7 月 27 日。最低潮位为-1.23 m，出现在 1972 年 4 月 1 日。

依据龙口屺姆岛海洋水文站波浪资料（表 3.14），该海域以风浪为主，频率为 97%~99%，涌浪频率一般为 40%。最多风浪向为 NNE，频率 20% 左右，最多涌浪向亦为 NNE，频率为 15% 左右，年均波高为 0.7 m，平均周期为 3.3 s。最大波高为 7.2 m。波向 NE。最大周期 13.1 s。

表 3.14　屺姆岛外波浪统计

方位	N	NNE	NE	ENE	SSE	S	SSW	SW	WSW	W	WNW	NW	NNW
平均波高/m	1.2	1.3	1	0.4	0.1	0.2	0.4	0.5	0.6	0.9	1.2	1.4	1.4
平均周期/s	4.7	4.8	3.9	2.2	0.2	1.5	2	2.4	2.5	3.5	4.2	3.9	4.7
最大波高/m	5.6	6.6	7.2	2.7	1.3	2	2.9	2.7	3	3.6	4.9	5.2	5.3
频率/%	3	9	14	2	1	8	4	4	2	3	3	6	3

注：中国海湾志编纂委员会，1993。

调查区沙滩较长，约为 13.6 km，平均宽度约为 60 m，其中东侧滩面宽缓，西侧则相反，窄而且陡。通过钻探得到砂层厚度，结果表明，西侧砂层较厚，普遍超过 2 m，麻花钻钻探至 2.2 m 未见底，而在东侧砂层一般小于 2 m，约为 1.7 m，砂层之下为黑色淤泥，可以证实此处原为潟湖，砂层覆盖在潟湖之上。通过计算可得该岸段滩面砂资源总量约为 1 635 600 m³。

3.12.2 沙滩特征

剖面测量和沉积物分析是研究沙滩特征的一个普遍采用的手段，对调查区用时两年进行海滩剖面调查 4~5 次（图 3.68），结果如下。

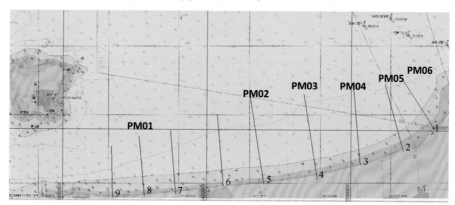

图 3.68 港栾至栾家口岸段剖面位置示意

水下和陆上剖面的对应关系为：PM01→8；PM02→5；

PM03→4；PM04→3；PM05→2；PM06→1。

水下剖面 3 由于位于养殖区域，布满渔网，未能测量

3.12.2.1 海滩剖面特征

港栾—栾家口岸段在东侧为栾家口港，玄武岩基岩出露，而且栾家口港的建设加强了该基岩岬角的作用，受这个岬角的遮蔽作用，该岸段东侧沉积物以细砂、中细砂为主，而向西沉积物粒度逐渐变粗（图 3.69），在岬角无法影响的区域，沉积物以中砂、粗中砂为主；沉积物的粒度在该岸段的中间部分变化较大，为 -0.2Φ~0.8Φ，这是由于该岸段直接面对外海，沉积物容易受地形和水动力作用影响，甚至受到海滩上构筑物的影响，第 3 个取样站位沉积物比起东西两侧细正是因为在其东西两侧数十米各有一个小型的丁坝，最西侧第一个站位沉积物较细是由于其受到桑岛的遮蔽作用和港栾码头的影响，栾家口港的影响在第 5、第 6 个取样站位体现比较明显，沉积物从 -0.2Φ 很快变为 2.5Φ。

海滩的剖面形态也发生极大的改变，东侧为沙坝消散型海滩、低潮沙坝型海滩，向西过渡为沙坝海滩，甚至在最西侧出现了反射型海滩（图 3.70）。在西侧滩面宽度均不超过 40 m，其中最短的只有 25 m（PM02），坡度大约为 6.5°，从 PM04 开始滩面宽度增加，从 40 m 增加到超过 80 m，而且滩面坡度变缓，PM05 坡度大约为 2.5°，而 PM06 坡

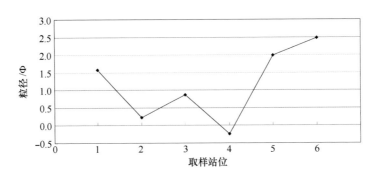

图 3.69　港栾—栾家口沉积物粒径沿途变化（从西向东）

度仅仅为 2.2°，而且在 PM05 和 PM06 的潮间带低潮时可以看到沙坝出露，其水下部分仍然发育有沙坝。

3.12.2.2　剖面短期变化

从测量的剖面中选取重复测量的 4 条来分析岸线的变动（图 3.71）。

PM02 与 PM05 剖面连续两年的观测结果显示，岸段海滩基本处于稳定有少量淤长状态。而 PM04 剖面由于观测季节分别为秋季与翌年春季，处于夏季滩肩型与冬季沙坝型转换过程中，海滩基本处于稳定状态。PM06 剖面上部滩面没有明显变化，由于常浪向与强浪向均以 NE 向为主，岸向朝向 NW，泥沙运动以沿岸输沙为主，但岸段东部的丁坝对沿岸流起到了一定阻断作用，减少了泥沙的沿岸向西输运，泥沙在此处有少量堆积，水下部分呈现淤长状态。

以上分析表明，在人为因素影响（采砂、不合理人工建筑）较小，自然作用为主的条件下研究区砂质海岸没有产生明显的蚀退现象，但由于丁坝的拦截及没有河流输沙，导致此岸段缺乏沙源，总体分析应处于侵蚀状态，但侵蚀量无法通过短短一年的海滩剖面监测发现，也反映了短时间的海滩剖面监测难以对海滩的淤蚀状况进行判断。

3.12.3　沙滩演变特征

3.12.3.1　本区砂质海岸形成演变

港栾—栾家口砂质海岸为沙坝-潟湖型海岸（庄振业等，1989），其形成为冰后期海侵的淤长的过程。由图 3.72 可知，古岸线在向陆一侧，冰后期随着海侵过程，沙坝向陆迁移，形成沙坝潟湖地貌，沙坝进一步迁移，覆盖在古潟湖之上，形成了广泛分布的海积平原；该岸段受 NE 向、NNE 向常浪向波浪影响，沉积物向西运移，在沿岸输沙的影响下，逐渐形成了下游的屺姆岛连岛沙坝；海平面稳定后，岸线演化主要受河流输沙的

134

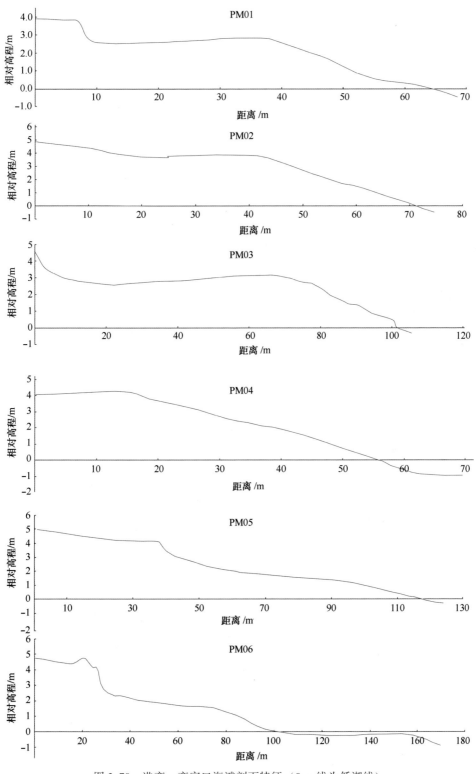

图 3.70　港栾—栾家口海滩剖面特征（0 m 线为低潮线）

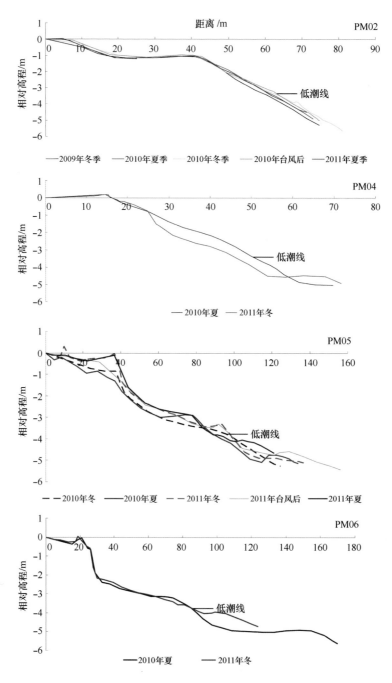

图 3.71　港栾—栾家口岸段剖面重复测量结果

影响，20 世纪 50 年代以前基本保持稳定，河流上游建设水库后，海岸遭受侵蚀。

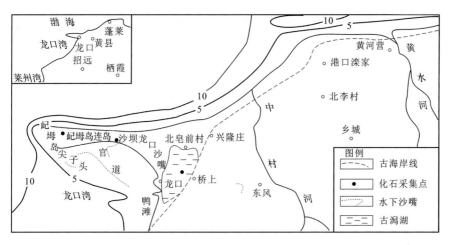

图 3.72　调查区古岸线

据吴桑云（1986）修改

3.12.3.2　近 30 年冲淤特征

1）遥感影像对比

调查区海岸总体遭受侵蚀，通过遥感影像提取岸线进行计算可知，该岸段从 1979 年至 2010 年这 31 年间，平均侵蚀后退速率为 3 m/a，岸段不同位置侵蚀后退速率不尽相同，其中河口位置侵蚀较剧烈。

河口位置是海岸冲淤演化的热点位置，在供沙充足的年份，河口向海生长，在岸线上表现为向海凸出，而泥沙供给断绝之后，河口泥沙随着向海、向下游岸段扩散，河口岸线必然后退。本区大的河口不多，最主要的是黄水河、界河，夹河，其中夹河受人为改造影响较大，无法体现其自然状态下岸线演变趋势，因此以界河和黄水河为例。

黄水河是龙口最大的河流，位于龙口市北，黄河营村东侧入海（图 3.73），没有在上游建造水库时，每年向海输沙量为 $36.6 \times 10^4 \sim 59.9 \times 10^4$ t（烟台市情，1989），建造后泥沙几乎断绝，因此岸线在数十年间急剧后退（图 3.74），同一岸段中侵蚀后退量、侵蚀速率一直比较大，在图 3.74 中，黄水河口位于断面 126~130 之间，三个时间段的侵蚀速率分别为 6.6 m/a、6.5 m/a 和 4.3 m/a，而平均侵蚀速率分别为 3.60 m/a、3.02 m/a 和 1.62 m/a，河口附近侵蚀速率为平均值的 2 倍左右。虽然与周边岸线相比要大很多，但在该岸段局部也有侵蚀速率值较大的位置，如在最东侧靠近栾家口港的位置，因此将该岸段 1979—2010 年后退总量按断面位置绘制统计（图 3.75），结果很明显可以看到河口位置（断面 126~130）向岸净迁移量最大，最大值超过 160 m。

2）海滩层理研究

海滩层理可分为冲流作用形成的向海倾斜的前滨层理与冲越流作用形成的向陆倾斜

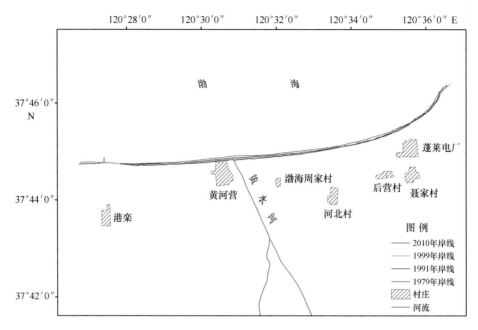

图 3.73　黄水河河口岸线变化

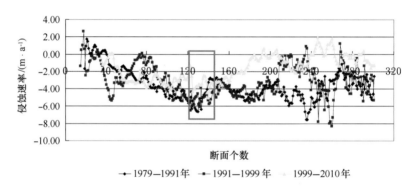

图 3.74　港栾—栾家口岸段各断面上每个时间段的侵蚀速率
绿框为黄水河口

的后滨层理，前滨层理与后滨层理的组构记录了较长时期的海滩淤蚀动态（M. G. Hughe et al.，1997)，涵盖了海滩的长、短演变周期，开挖垂岸海滩探槽，能阐明近数十年的海滩进退过程。

　　本次探槽开挖选在 PM01 的位置，因为该位置几乎不受人为影响。该海滩前滨坡度 5.5°，后滨陆邻 50 多年树龄的马尾松林，附近未发现海滩淤、蚀标志物，亦无前人研究和历史记载。通过垂直岸线开挖 5 m 宽，1.5 m 深的两探槽（图 3.76），解释近数十年海滩动态历史和预测。

　　探槽 C-a 照片显示前滨层理与后滨层理的交切构造。自下而上分 3 个层系组：第 1

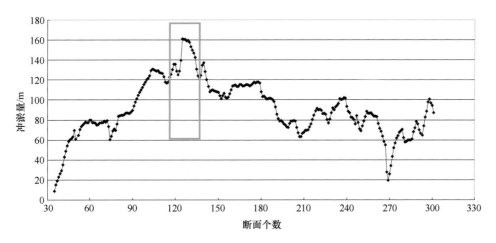

图 3.75　港栾-栾家口岸段岸线冲淤量
绿框为黄水河口；正值表示侵蚀后退量，负值表示淤积量

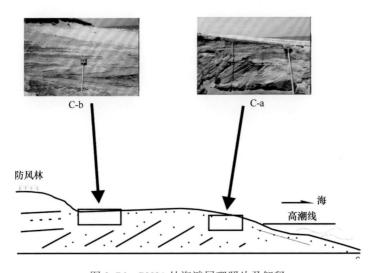

图 3.76　PM01 处海滩层理照片及解释

层系组，厚 60 cm，粗中砂，向陆倾约 30°的后滨斜层理，细层厚 3~5 cm，层间平整，层中向海侧夹约 30 年前的化肥编织袋，顶部为近水平的切割面；第 2 层系组，粗中砂，厚 50~60 cm，在该水平切面以上，为向陆倾 3°左右的后滨斜层理，倾角向上逐渐变大，细层厚 2~3 cm，组成滩肩，顶部为向海倾 3°~5°的侵蚀切割面；第 3 层系组，厚 10 cm 左右，向海倾 5°左右的中细砂，前滨层理，夹风沙（细砂）薄纹层。探槽照片 C-b 全为向陆微倾的后滨层理，上部夹细砂风沙层。

照片 C-a 的第 1 层沉积（约 30 年前）之前，该点应位于海滩沿岸堤之内的凹槽上，第 1 层顶的切平面反映凹槽被翻越浪沉积填平；第 2 层为后滨滩肩的上部砂层，翻越浪有向上增强的趋势，则该层相应的前滨层应被后期侵蚀掉；第 2 层与第 3 层之间的侵蚀切割面为不久前的暴风浪侵蚀面，至今，海滩一直有侵蚀而少见沉积。照片 C-b 为后滨环境。总之，探槽所在的海滩今后将进一步侵蚀，岸线继续蚀退。

3.13 长兴岛海滩

3.13.1 海岛基本概况

长兴岛位于辽东半岛西侧，隶属大连市，是我国北方第一大岛，2010 年经国务院批准，升级为国家级经济技术开发区。海岛岸线长 100 km，宽约 11.5 km，面积 219 km^2（图 3.77）。

图 3.77　长兴岛概貌及主要海滩分布位置

长兴岛西部有海滨浴场、小礁浴场、海滨高尔夫球场和海岛森林公园，北部老鹰窝发育海蚀地貌景观，是东北地区较具影响力的旅游度假海岛。海岛交通便利，相关旅游设施配备齐全。

海滨浴场海滩呈 NW—SE 走向，海滩总长约 3.3 km，潮间带宽约 105 m，面积约 0.3 km^2，滩面平缓，滩肩表层沉积物以砾质砂为主。小礁浴场海滩呈近东西走向，海滩总长约 0.7 km，潮间带宽约 0.07 km，面积约 0.049 km^2，滩面较陡，滩肩表层沉积物以砾质砂为主。

3.13.2 海岛海滩资源分布与特征

2012年陆-岛高速公路贯成通车之后，极大地带动了长兴岛旅游业的发展，尤其是海滩旅游业。海滩开发利用和管理水平比较成熟。

长兴岛砂质岸线总长14.9 km，但是海滩旅游资源匮乏，旅游砂质海滩仅有2个（表3.15），分布在海岛的西部。海滨浴场海滩长度大于1 000 m，开发利用成熟。

表3.15 长兴岛海滩及基本特征

序号	海滩名称	位置	方位	长度/m	平均宽度/m	平均厚度/m	开发程度	备注
1	海滨公园海滩	39°37′10.68N，121°26′58.64″E	NW—SE向	3 300	105	>1	开发利用较为成熟	海滩较长，交通便利，基础设施齐全，夏季游客较多
2	小礁浴场	39°36′08.06N，121°22′29.30″E	近E—W向	700	70	>1	开发利用不成熟	交通便利，滩面较窄，未形成规模，多为自助游客

3.13.3 海滩自然属性与动态变化

3.13.3.1 沙滩沉积物变化特征

长兴岛小礁浴场沙滩表层沉积物类型包括砾质砂、中砂和细砂，平均粒径介于−0.5Φ~2.87Φ。由平均高潮线向海，沉积物基本呈粗-细的变化规律。分选系数介于0.37~1.37，大部分站位为分选较好和中等、个别站位为好或较差，垂直岸线向海没有一致明显的变化规律（图3.78）。

3.13.3.2 沙滩演变特征

1）岸线蚀淤变化

在长兴岛小礁浴场海滩，沿岸线共布设了3条垂直岸线方向的监测断面（断面位置见图3.79）。

2014年11月至2015年11月，长兴岛小礁浴场海滩岸线淤积5.38 m，海岸蚀淤等级为淤积（图3.79）。

2）岸滩剖面变化

2014—2015年3次监测结果表明，CXD-6、CXD-8断面为淤积，淤积速率分别为

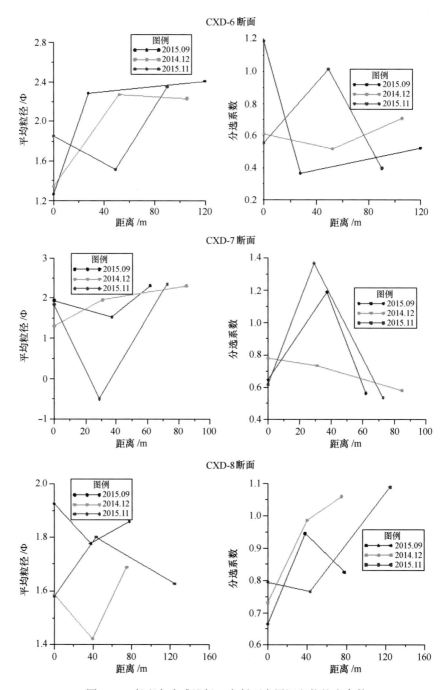

图 3.78　长兴岛小礁浴场 3 个断面表层沉积物粒度参数

5.21 cm/a、9.02 cm/a，CXD-7 断面为侵蚀，下蚀速率为 4.58 cm/a。2015 年度内断面变化总体为淤积，断面平均抬升高度为 3.82～11.55 cm（图 3.80）。

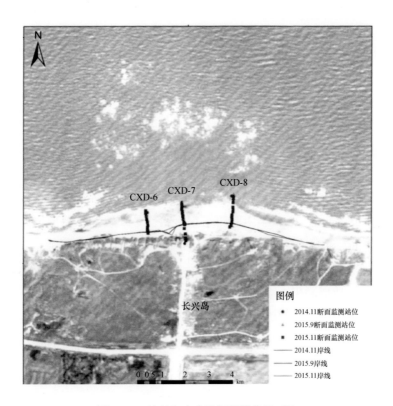

图 3.79 长兴岛小礁浴场岸线位置对比

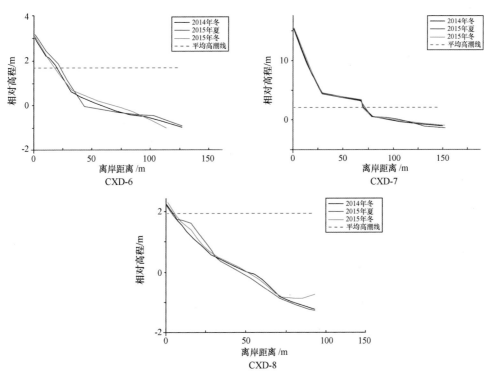

图 3.80 长兴岛小礁浴场剖面地形对比

CXD-6 断面从 2014—2015 年的地形年际变化来看，淤积速率为 5.21 cm/a，潮上带滩肩部分为淤积，淤积速率为 6.81 cm/a，潮间带上部侵蚀较强，下蚀速率为 8.10 cm/a，潮间带中下部淤积，淤积速率为 13.81 cm/a，潮下带有强侵蚀，下蚀速率为 11.64 cm/a。从 2015 年内监测结果来看，断面地形总体为淤积，抬升平均高度为 3.82 cm，而潮上带、潮间带上部地形下蚀 20.98 cm，潮间带中部、下部的地形平均抬升 27.17 cm，潮下带部分平均下蚀高度为 17.92 cm。

CXD-7 断面 2014—2015 年际变化表现为微侵蚀，下蚀速率为 4.58 cm/a；岸滩潮上带、潮间带地形比较稳定，无明显变化，潮间带下部到潮下带有较强的侵蚀现象，这部分下蚀速率为 7.08 cm/a。2015 年内监测结果表明，冬季较夏季地形抬升明显，平均抬升高度为 11.55 cm。2015 年冬季地形除了在潮间带有一部分岸段下蚀，其余部分都为淤积，下蚀部分平均下蚀高度为 5.80 cm。CXD-8 断面年内、年际地形变化都为淤积。断面 2014—2015 年际地形淤积速率为 9.02 cm/a，除了潮间带有一段很短距离轻微侵蚀外，其他部分都为淤积。从 2015 年内变化来看，潮间带部分冬季较夏季为侵蚀状态，平均下蚀高度为 13.77 cm，其余部分都为淤积，整体平均淤积高度为 9.08 cm。

3.14 觉华岛海滩

3.14.1 海岛基本概况

觉华岛（又称菊花岛）隶属兴城市，是辽东湾第二大岛，海岛岸线长为 24.5 km，宽约为 4 km，海岛面积为 11.2 km² （图 3.81）。

觉华岛是国家 3A 级风景名胜区，觉华岛素有"北方佛岛"之称，著名的名胜古迹有辽代大龙宫寺、明代大悲阁、海云寺、石佛寺、八角井和唐王洞，岛上交通较为便利，旅游管理较为成熟。

觉华岛南海浴场呈近 E—W 走向，潮间带宽度约 85 m，滩面较陡，表层沉积物以中砂为主。码头浴场海滩呈 NW—SE 走向，长度约 1.5 km，潮间带宽度约 45 m，滩面较陡，表层沉积物以中粗砂为主。

3.14.2 海岛海滩资源分布与特征

觉华岛发育南海浴场沙滩和码头浴场海滩，海滩开发利用和管理水平相对不成熟。觉华岛岸线总长 24.5 km，旅游海滩 2 个 （表 3.16），总长度 1.2 km。在南海浴场沿岸布设了 3 条垂直岸线的监测剖面 （图 3.83）。

图 3.81 觉华岛海滩分布

表 3.16 觉华岛海滩及基本特征

序号	海滩名称	位置	方位	长度/m	平均宽度/m	平均厚度/m	开发程度	备注
1	南海浴场	40°29′19.58″N；120°47′42.84″E	东南	748	85	>1	开发利用不成熟	海滩正在开发过程中，夏季游客较多，潜力较大
2	码头浴场	40°30′49.48″N；120°49′02.88″E	北部	410	50	>1	不成熟	码头附近，环境较差，礁石较多，多为渔业活动

3.14.3 海滩自然属性与动态变化

3.14.3.1 沙滩沉积物变化特征

觉华岛南海浴场沙滩表层沉积物类型包括粗砂和中砂，平均粒径介于 0.8Φ～2.01Φ。由平均高潮线向海，沉积物基本呈粗-细的变化规律。分选系数介于 0.50～0.96，分选较好和中等，垂直岸线向海分选基本呈中等–较好的变化规律（图3.82）。

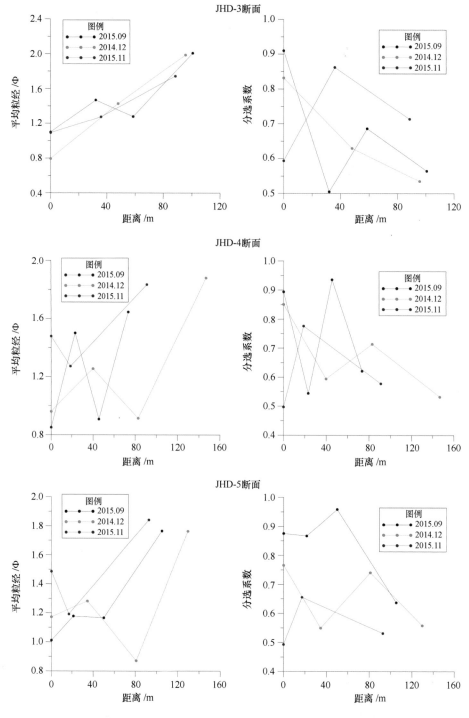

图 3.82　觉华岛南海浴场表层沉积物粒度参数

3.14.3.2 沙滩演变特征

1）岸线蚀淤变化

2014 年 11 月至 2015 年 11 月，觉华岛南海浴场岸线淤积 3.9 m，海岸蚀淤等级为淤积（图 3.83）。

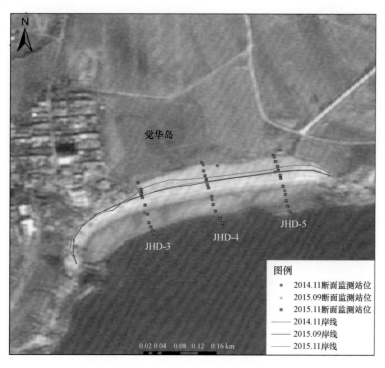

图 3.83　觉华岛南海浴场岸线位置对比

2）岸滩剖面变化

2014—2015 年三次监测结果表明，JHD-3 断面为淤积，淤积速率为 1.52 cm/a，JHD-4 断面为较强侵蚀，下蚀速率为 9.29 cm/a，JHD-5 断面为稳定，地形无明显变化。从 2015 年内变化来看，JHD-3 断面淤积，地形平均抬升高度为 10.40 cm，JHD-4 断面强侵蚀，平均下蚀深度为 11.02 cm，JHD-5 断面有轻微淤积，断面平均抬升高度为 2.88 cm（图 3.84）。

JHD-3 断面潮上带淤积现象明显，该区域正在进行建筑工程，有大量的土石方填入，从而导致地形抬升，2014—2015 年该部分淤积速率为 77.50 cm/a；潮间带、潮下带有较强侵蚀，下蚀速率为 6.85 cm/a。断面 2015 年内变化与年际变化基本一致，潮上带部分淤积，地形平均抬升高度为 56.69 cm；潮间带及以下部分侵蚀，断面平均下蚀深度为 5.75 cm。

JHD-4 断面整体为较强侵蚀，但是与 JHD-3 断面一样，由于滩肩部分有人为干预，地

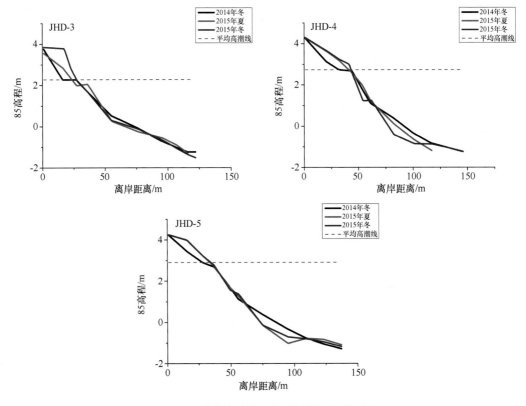

图 3.84 觉华岛南海浴场沙滩剖面地形对比

形大幅度抬升,2014—2015 年淤积速率为 36.83 cm/a;但是在潮间带、潮下带发生严重侵蚀,下蚀速率为 36.08 cm/a。从 2015 年内变化来看,潮上带淤积并不明显,但潮下带侵蚀严重,平均下蚀深度为 28.07 cm,在潮下带有一小段淤积,平均抬升高度为 17.17 cm。

JHD-5 断面地形无明显变化,整体为稳定。从图 3.84 中看出,该断面也是潮上带淤积,潮间带、潮下带侵蚀。2014—2015 年,淤积段的淤积速率为 28.12 cm/a,侵蚀段的下蚀速率为 20.35 cm/a;本岸段在潮下带也出现了一小段淤积现象,该段的淤积速率为 8.10 cm/a。断面 2015 年内变化为淤积,其中,潮间带及以上部分为主要淤积部分,断面平均抬升高度为 5.89 cm,潮下带发生小幅侵蚀,平均下蚀深度为 8.36 cm。

3.15 北长山岛海滩

3.15.1 海岛基本概况

北长山岛位于渤海海峡南部,地理坐标为 37°58′30″N, 120°42′30″E,北为长山水道,南与南长山岛相连,岛的长轴方向呈北西向展布,面积 8.25 km²,岸线长 15.68 km,海拔为195.7 m，为长岛县第二大岛。

北长山岛水产资源和旅游资源是该岛最大资源优势。

3.15.2　海岛海滩资源分布与特征

北长山岛旅游资源比较丰富，旅游景点配套设施完善，交通便利，海滩以砾石滩为主，规模大。据统计主要有4处海岛旅游海滩，其中3处海滩长度超过500 m，2处海滩开发较为成熟。从分布区域位置上来看，主要分布在海岛东、北部，海岛西部未见大型海滩（表3.17），岛屿多山地，高程变化大。海岛东部直接朝向外海，受波浪冲刷较为严重，海滩多需要养护。其中，在北部月牙湾海滩沿岸布设了3条监测剖面（图3.85）。

图3.85　北长山岛及其北部月牙湾海滩布设的监测剖面分布位置

表3.17　北长山岛主要海滩及其基本特征

序号	海滩名称	位置	方位	长度/m	平均宽度/m	开发程度	备注
1	北长山岛月牙湾海滩	37°59′10″N，120°42′37″E	北部	954	40	开发较为成熟	是一个天然砾石滩，经过人工填沙，旅游开发完善，设施较为完备
2	北长山岛九丈崖海滩	37°59′31″N，120°41′50″E	东北部	603	50	开发较为成熟	是一个砾石滩，一侧为陡峭悬崖，交通不便，侵蚀比较严重

序号	海滩名称	位置	方位	长度 /m	平均宽度 /m	开发程度	备注
3	北长山岛 渔港海滩	37°57′48″N, 120°43′12″E	南部	181	33	不成熟	靠近环岛公路及大量居民区，砂质较粗，周围见大量渔船及养殖池，旅游开发差
4	北长山岛 长滩	37°58′16″N, 120°43′40″E	东部	978	47	未开发	是一个狭长海滩，砂质较粗，侵蚀严重，堆积大量大小不等的石头，调查期间周边在进行工程建设

3.15.3 海滩自然属性与动态变化

3.15.3.1 海滩沉积物变化特征

北长山岛月牙湾海滩为典型的砾石滩。潮间带是细砾，滩肩顶砾石较粗，高潮线砾石变细。

3.15.3.2 海滩剖面特征

根据北长山岛月牙湾海滩剖面的观测结果（图 3.86 和图 3.87）分析可以得出其剖面特征。海滩剖面特征均表明该地区滩脊发育，整体坡度不大，剖面图显示该地区整体后滨坡度较陡。通过对比 2015 年和 2016 年 3 次测量结果可以看出，北长山岛月牙湾海滩前滨滩面冲刷比较严重。

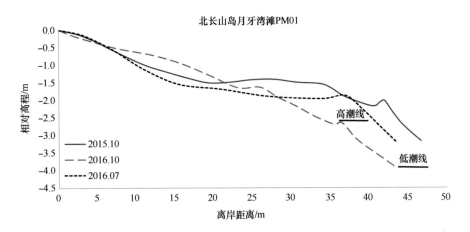

图 3.86　北长山岛月牙湾海滩 PM01 剖面

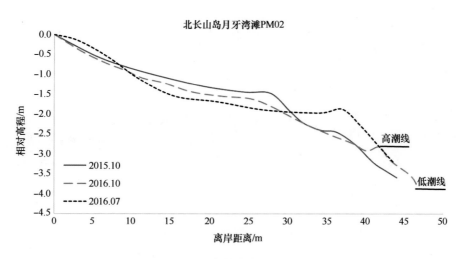

图 3.87 北长山岛月牙湾海滩 PM02 剖面

3.16 南长山岛海滩

3.16.1 海岛基本概况

南长山岛位于渤海海峡，地理坐标为 37°55′00″N，120°44′30″E，南隔登州水道与蓬莱市高角相望，距大陆最近距离 3.5 n mile；北以人工堤与北长山岛相连。岛的长轴方向呈 NNW 展布，长 7.35 km，宽 3.85 km，面积为 13.43 km²，岸线长 21.60 km，岛上最高点黄山海拔高度155.9 m，为山东第一大岛。南长山岛为长岛县人民政府驻地，是政治、经济、文化的中心。

南长山岛大地构造属于新华夏系第二隆起带，次级构造为胶辽隆起区。岛上地层为上元古界蓬莱群辅子夼组，相当于辽南的震旦系，为滨海相泥砂碎屑岩建造，经轻微变质，岩石类型为石英岩和板岩。坡麓及广谷区堆积着较厚的新、老黄土堆积物，为风积、坡洪积产物。该岛沿岸分布多处小型海滩，对它们布设的监测剖面位置示于图 3.88。

南长山岛经济力量雄厚，产业结构较合理，商贸比较发达。近年来，群众物质生活和文化生活发生较大变化，生活水平达到小康。该岛空气清新，气候宜人，岸缘景观丰富，奇礁异洞，风光秀丽，是观海、听涛、旅游、垂钓的好地方，也是避暑、疗养、度假、旅游的胜地。岛上长山列岛国家地质公园（图 3.89）、峰山鸟馆和黄山历史博物馆等人文景观，对全国县级单位来说也是罕见的。

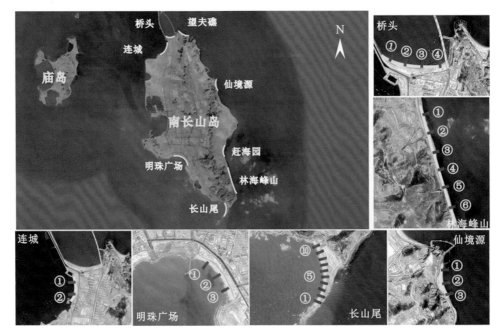

图 3.88　南长山岛概貌及沿岸各海滩监测剖面分布位置

图 3.89　位于南长山岛的长山列岛国家地质公园

3.16.2　海岛海滩资源分布与特征

　　南长山岛海滩旅游资源是调查的六个岛中最丰富的。既有砾石滩，也有沙滩，沙滩是由人工抛砂形成（即明珠广场海滩），其他海滩均为砾石滩。南长山岛的几处规模较大的砾石海滩，开发程度不一，但大多都开发较好，部分海滩处于正在开发阶段。但由于海岛东部主要的几处砾石滩均靠近山体，交通情况多不便利。南长山岛经济较为发达，所以海岛娱乐、住宿条件较好。岛上各主要海滩的基本特征如表 3.18 所示。

表 3.18 南长山岛主要海滩及其基本特征

序号	海滩名称	位置	方位	长度 m	宽度 m	开发程度	备注
1	明珠广场海滩	37°54′32″N 120°44′12″E	西南部	450	50	开发成熟	位于向陆一侧，侵蚀不严重，砂质好，设施完备，周边交通、经济发达
2	长山尾海滩	37°53′31″N 120°45′18″E	南部	400	15	初步开发	为黄、渤海分界点，是一砾石滩，波浪很强，冲刷严重
3	林海峰山公园海滩	37°54′38″N 120°45′12″E	东南部	480	20	旅游开发较为成熟	是一个砾石滩，为了便利交通，修建有海滩道路，周边设施较为完备，海滩开发利用较好
4	赶海园海滩	37°54′38″N 120°45′12″E	东南部	180	20	旅游开发较为成熟	私人开发的一个砾石滩，砾石磨圆度较好，周边设施良好，旅游开发较为完善
5	仙境源海滩	37°56′06″N 120°44′58″E	东部	240	20	初步开发	海滩一侧为山地，东西两侧可见人工构筑物，海滩可见生活垃圾，缺乏养护
6	望夫礁海滩	37°57′10″N 120°44′04″E	东北部	300	30	旅游开发较为成熟	为一个砾石滩，砾石磨圆度较好，周边设施良好，旅游开发较为完善
7	桥头海滩	37°57′05″N 120°43′43″E	北部	300	30	无开发	修筑连接南北长岛的跨海大桥造成水动力条件改变，淤积形成的海滩
8	连城海滩	37°57′00″N 120°43′41″E	西北部	280	40	无开发	砾石滩，尚未进行旅游开发

3.16.3 海滩自然属性与动态变化

3.16.3.1 海滩沉积物变化特征

沉积物和剖面分析主要针对南长山岛六处发育较好的海滩，分别为明珠广场海滩、连城海滩、林海峰山海滩、桥头海滩、仙境源海滩和长山尾海滩。除明珠广场海滩外，其余海滩均为典型的砾石滩，砾石的粒径测量与沙滩沉积物不同。样品采集时，砂质海滩全部剖面进行采样；而砾石海滩进行部分剖面采样，要求所选剖面能够覆盖整个海滩。

根据沉积物取样，并进行室内分析，综合对比表明，南长山岛明珠广场海滩沉积物以砂为主（表 3.19）。从粒径上来看，中值粒径为 1.01Φ～10.19Φ，平均值为 2.95Φ；平均粒径变化范围在 0.98Φ～7.81Φ 之间，平均值为 3.29Φ。南长山岛明珠广场海滩沉积物分选系数变化范围为 0.49～1.32，平均值为 0.70；偏态变化范围为 -0.74～0.57，平均值 -0.18；峰态变化范围为 0.54～3.01，平均值 1.13。

表 3.19 明珠广场海滩表层沉积物粒度参数

时间	采样编号	砂组分含量/%	沉积物类型	中值粒径/Φ	平均粒径/Φ	分选系数	偏态	峰态
	NCD-MZ-pm01-2	93	砂	1.51	2.51	3.51	4.51	5.51
	NCD-MZ-pm01-6	99.6	砂	1.08	1.04	-0.49	0.09	1.16
	NCD-MZ-pm01-7	99.7	砂	1.01	0.98	-0.44	0.16	1.07
	NCD-MZ-pm01-8	95.8	砂	1.17	1.17	-0.58	-0.08	1.36
	NCD-MZ-pm01-12	55.8	砂	2.75	4.99	-4	-0.71	0.57
	NCD-MZ-pm02-10	79.3	砂	2.02	2.62	-2.64	-0.6	3.02
	NCD-MZ-pm02-12	46.2	砂	2.64	4.96	-4.55	-0.66	0.54
2015.10	NCD-MZ-pm02-13	96.5	砂	1.5	1.5	-0.52	-0.04	1.16
	NCD-MZ-pm02-14	43.3	砂	1.48	1.48	-0.47	0.03	1.07
	NCD-MZ-pm02-15	46.2	砂	3.18	5.27	-4.12	-0.65	0.57
	NCD-MZ-pm03-06	99.3	砂	1.58	1.67	-1.04	-0.4	2.38
	NCD-MZ-pm03-08	92.6	砂	1.47	1.5	-0.52	-0.06	1.08
	NCD-MZ-pm03-10	99.6	砂	10.19	7.81	-4.49	0.58	0.54
	NCD-MZ-pm03-12	40.4	砂	10.1	7.75	-4.46	0.57	0.54
	NCD-MZ-pm03-17	54.5	砂	2.62	5.1	-4.29	-0.74	0.54

注：表中 MZ-pm01-2 表示明珠广场海滩剖面 1 第 2 个采样编号，以此类推。

从其变化特征上来看，横向上，自陆地向海方向，中值粒径有增大变化趋势，沉积物趋于粗化；沿岸方向，沉积物中值粒径趋于变粗。这个可能与人工养滩后，海滩再次受到侵蚀有关。

连城海滩砾石平均粒径-4.55Φ，分选较好，偏态近对称，峰态等级为宽。砾石粒径在高潮线附近最小，后滨位置的砾石分选程度最好（表 3.20）。

表 3.20 连城海滩表层沉积物粒度参数

剖面	中值粒径/Φ	平均粒径/Φ	分选系数	偏态	峰态
NCD-LC-pm01-1 后滨	-4.67	-4.700	0.427	-0.218	1.144
NCD-LC-pm01-2 滩肩	-4.78	-4.837	0.454	-0.249	1.050

剖面	中值粒径/Φ	平均粒径/Φ	分选系数	偏态	峰态
NCD-LC-pm01-3 高潮线	-4.1	-4.170	0.523	-0.175	0.789
NCD-LC-pm01-4 水边	-4.57	-4.510	0.452	0.246	1.127

林海峰山砾石海滩表层砾石平均粒径为-4.66Φ，剖面02平均粒径为-4.82Φ，剖面04平均粒径为-4.70Φ，剖面05平均粒径为-4.48Φ，剖面02和04分选均为较好，剖面05分选为好，偏态方面剖面02为近对称，剖面04和剖面05为正偏，峰态方面三条剖面有所差异，剖面02为宽峰态，剖面04为中等峰态，剖面05为窄峰态（表3.21）。向海方向上，三条剖面大体符合砾石海滩横向分布规律。

表 3.21　林海峰山海滩表层沉积物粒度参数

剖面	中值粒径/Φ	平均粒径/Φ	分选系数	偏态	峰态
NCD-LH-pm02-后滨	-4.62	-4.588	0.547	0.050	1.291
NCD-LH-pm02-滩肩顶高	-4.49	-4.410	0.490	0.260	1.005
NCD-LH-pm02-水边线	-5.12	-5.103	0.516	0.035	0.743
NCD-LH-pm04-后滨	-4.824	-4.899	0.496	-0.240	0.871
NCD-LH-pm04-滩肩顶	-5.006	-5.023	0.516	-0.045	0.732
NCD-LH-pm04-高潮线	-4.381	-4.307	0.518	0.209	0.838
NCD-LH-pm04-水边线	-5.025	-5.047	0.507	-0.056	0.754
NCD-LH-pm05-后滨	-5.303	-5.224	0.493	0.253	0.927
NCD-LH-pm05-滩肩顶	-4.678	-4.706	0.532	-0.067	1.329
NCD-LH-pm05-高潮线	-3.396	-3.317	0.456	0.268	0.883
NCD-LH-pm05-水边线	-4.65	-4.663	0.478	-0.050	1.345

桥头砾石海滩表层砾石平均粒径为-4.77Φ，剖面02平均粒径为-4.62Φ，剖面04平均粒径为-4.93Φ；剖面02和剖面04砾石分选较好；偏态方面剖面02为负偏，剖面04为近对称；峰态方面剖面02和剖面04均为中等峰态（表3.22）。由岸向海，平均粒径整体呈现出逐渐变细的趋势。

表 3.22　桥头海滩表层沉积物粒度参数

剖面	中值粒径/Φ	平均粒径/Φ	分选系数	偏态	峰态
NCD-QT-pm02-后滨	-5.766	-5.839	0.481	-0.255	1.054
NCD-QT-pm02-滩肩顶	-5.6	-5.672	0.592	-0.125	1.308
NCD-QT-pm02-高潮线	-3.881	-3.947	0.666	-0.054	0.952
NCD-QT-pm02-水边线	-4.682	-3.021	-0.610	-0.647	1.039
NCD-QT-pm04-后滨	-4.842	-4.871	0.604	-0.040	0.808
NCD-QT-pm04-滩肩顶	-4.685	-4.692	0.541	-0.043	1.313
NCD-QT-pm04-高潮线	-6.808	-6.808	0.719	0.048	1.314
NCD-QT-pm04-水边线	-3.369	-3.337	0.681	-0.015	0.847

　　仙境源位于南长山岛东北部，海滩大致呈 NW-SE 走向，该海滩表层砾石平均粒径为-2.95Φ，分选较好，偏态呈近对称，峰态等级为宽，在所调查海滩中，该海滩平均粒径最小（表 3.23）。

表 3.23　仙境源海滩表层沉积物粒度参数

剖面	中值粒径/Φ	平均粒径/Φ	分选系数	偏态	峰态
NCD-XJY-pm02-后滨	-3.649	-3.630	0.618	0.115	0.891
NCD-XJY-pm02-滩肩顶	-3.301	-3.242	0.477	0.166	1.019
NCD-XJY-pm02-高潮线	-3.009	-3.047	0.539	-0.132	0.812
NCD-XJY-pm02-水边线	-1.816	-1.877	0.408	-0.224	0.800

　　长山尾位于南长山岛的最南端，该砾石海滩样品取自沙嘴西侧，整体平均粒径较粗，达到-4.96Φ。剖面 06 平均粒径为-5.21Φ，剖面 08 平均粒径比剖面 06 细，为-4.70Φ，分选程度均为较好，剖面 06 偏态为近对称，剖面 08 为正偏，峰态均为中等。向海方向上两条剖面的平均粒径在滩肩顶处最小，向两侧均为增大趋势（表 3.24）。

表 3.24　长山尾海滩表层沉积物粒度参数

剖面	中值粒径/Φ	平均粒径/Φ	分选系数	偏态	峰态
NCD-CSW-pm06-后滨	−5.369	−5.391	0.474	−0.055	1.353
NCD-CSW-pm06-滩肩顶	−4.858	−4.811	0.508	0.137	0.749
NCD-CSW-pm06-高潮线	−5.075	−5.011	0.447	0.279	1.114
NCD-CSW-pm06-水边线	−5.643	−5.659	−0.433	−0.673	−2.308
NCD-CSW-pm08-后滨	−5.672	−5.236	0.564	1.000	0.606
NCD-CSW-pm08-滩肩顶	−4.405	−4.399	0.444	−0.004	1.406
NCD-CSW-pm08-高潮线	−4.465	−4.541	0.537	−0.148	1.075
NCD-CSW-pm08-水边线	−4.535	−4.599	0.821	−0.122	1.046

3.16.3.2　海滩剖面特征

明珠广场海滩、连城海滩、林海峰山海滩、桥头海滩、仙境源海滩和长山尾海滩剖面如下。

1）明珠广场海滩

明珠广场海滩剖面 1、2、3 滩肩发育较明显，滩面较陡，2016 年和 2015 年剖面的形态基本一致，侵蚀堆积速率接近相等（图 3.90 至图 3.92）。

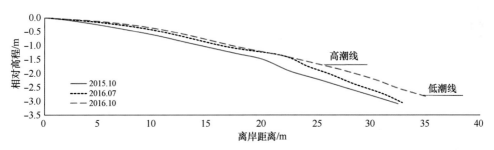

图 3.90　明珠广场海滩 PM01 剖面形态

2）连城海滩

连城海滩海滩剖面 1、2 呈缓斜形态，滩肩发育不明显，滩面较为平缓开阔（图 3.93）。

3）林海峰山海滩

对林海峰山海滩剖面 2、3、4 和 6 进行测量（图 3.94 至图 3.97），发现滩肩发育明显，滩面较为平缓开阔，2014 年和 2015 年剖面的形态具有一定的差异，滩面侵蚀堆积速

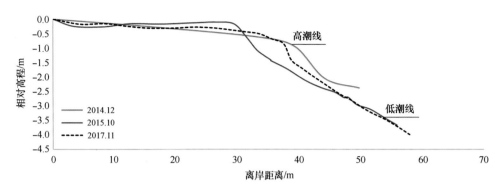

图 3.91　明珠广场海滩 PM02 剖面图形态

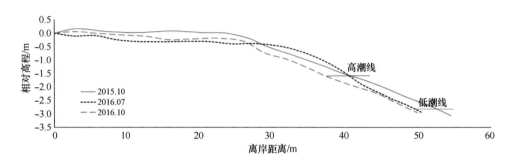

图 3.92　明珠广场海滩 PM03 剖面形态

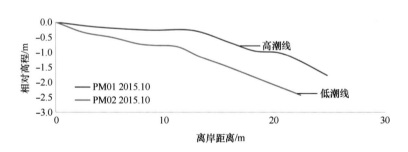

图 3.93　连城海滩剖面形态

率存在差值，即滩肩堆积，而高-中潮滩下蚀（图 3.94）。

4）桥头海滩

桥头海滩剖面 1、2、3、4 滩肩发育明显，滩面较为陡峭，形态变化较大（图 3.98）。

5）仙境源海滩

仙境源海滩剖面 1、2、3 滩肩发育较明显，滩面较陡（图 3.99 至图 3.101），2014 年和 2015 年剖面的形态差异较大，表明侵蚀堆积速率存在差异。

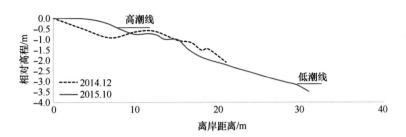

图 3.94　林海峰山海滩 PM02

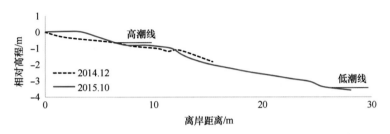

图 3.95　林海峰山海滩 PM03

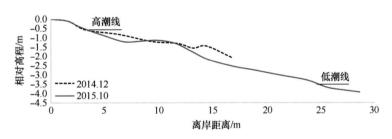

图 3.96　林海峰山海滩 PM04

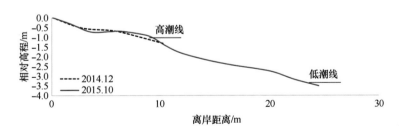

图 3.97　林海峰山海滩 PM06

6）长山尾海滩

长山尾海滩剖面 1-10 滩肩发育不明显，滩面较为平缓开阔（图 3.102）。

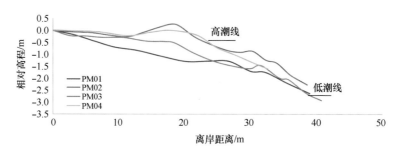

图 3.98　桥头海滩剖面形态

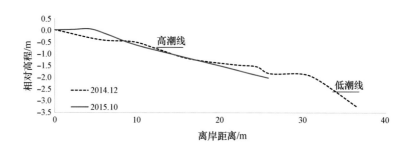

图 3.99　仙境源海滩 PM01 形态

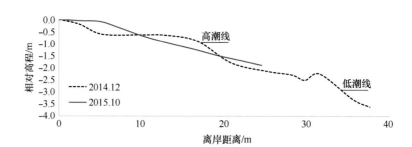

图 3.100　仙境源海滩 PM02 形态

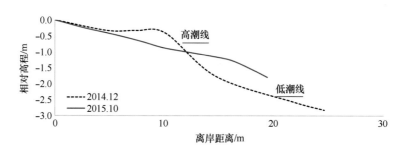

图 3.101　仙境源海滩 PM03 形态

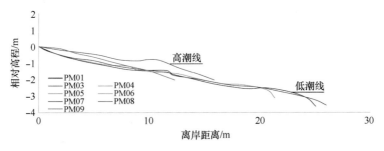

图 3.102　长山尾海滩剖面形态（测量时间：2015 年 10 月）

3.17　养马岛海滩

3.17.1　海岛基本概况

养马岛位于烟台市牟平区北部，北纬 37°28′00″，东经 121°37′00″。形似一只"刺参"横卧于黄海之中，长 7 km，宽 1.5 km，海拔 104.8 m，岸线长为 17.23 km。面积 7.6 km²。全岛丘陵起伏，10 多个小丘连成一线。旅游海滩分布在养马岛东部（图 3.103）和西部（图 3.104）。

图 3.103　养马岛概貌及海滩监测剖面分布位置

地貌以低丘陵为主，其中西大山最高（104.8 m）。岛西部丘坡较陡，基岩出露较多，东部低丘陵丘体浑圆。岛陆地貌类型还有基岩坡、堆积坡、冲沟、洪海积平原、潟湖平原，潟湖平原分布在岛的中部赛马场附近。底质类型多样，主要有礁石、砾石、粗砂、中砂、泥质粉砂和粉砂质泥。多种底质类型适宜多种经济海洋生物栖息和繁衍。周边海域的环境质量基本良好，适合各类海洋生物的生长繁殖；潮间带油类超标，其主要原因是船只和工厂排污。水域广阔，有滩涂，浅海面积 3 266.7 hm²，养殖面积 274.5 hm²。浅海、滩涂经济生物资源不仅品种多而且资源量相当丰富。

图 3.104　养马岛西部海滩

养马岛被喻为胶东半岛一颗璀璨的明珠。天然山水景观优美怡静，气候宜人。有脍炙人口的自然景观和神话传说遗址。1984 年被列为山东省重点旅游开发区以来，岛上建起了国内一流水平的赛马场和天然大型海水浴场。水、电、路、通信等均达到了良好水平。拥有各类宾馆、别墅、休养所、度假村 30 余处。多种经济贝类和海珍品为旅客提供了丰富的美味佳肴。总之，养马岛为旅游业服务"行、住、食、游、购、娱"已初具规模。旅游资源得天独厚，目前已成为该岛的龙头产业。尤其是限制海岛开发的水、电、交通等设施已解决。已由陆地供水、电话并入市网、公路直达海岛。丰富的海岛资源为海岛开发提供了良好基础。

3.17.2　海岛海滩资源分布与特征

养马岛上丘陵起伏，草木葱茏，山光海色，秀丽如画，海岛呈东北西南走向，地势南缓北峭，岛前海面宽阔，风平浪静，岛后惊涛拍岸；东端碧水金沙，优良浴场。西端水深浪小，天然良港。岛上气候宜人，冬无严寒，夏无酷暑，年平均气温 11.8℃。养马岛旅游资源比较丰富，全岛较大沙滩有 2 个，即东部海滩和西部海滩，其基本特征见表3.25。其他均为礁岩海岸。岛上环岛公路建设较好，住宿交通完善。对该 2 个海滩布设的监测剖面位置示于图 3.103。

表 3.25　养马岛主要海滩及其基本特征

序号	海滩名称	位置	方位	长度/m	平均宽度/m	开发程度	备注
1	养马岛东部海滩	37°28′24″N，121°38′25″E	东	840	65	开发利用较为成熟	海滩砂质较细，且坡度平缓，是一个半封闭式海滩，周边设施齐全，开发较好
2	养马岛西部海滩	37°27′26″N，121°35′23″E	西	200	25	开发利用	发育在海蚀崖附近，砂质较粗，现已开发为旅游海滩，滩肩有人工建筑物和养殖池

3.17.3　海滩自然属性与动态变化

3.17.3.1　海滩沉积物变化特征

根据沉积物取样，并进行室内分析的结果（表 3.26），综合对比表明，养马岛东部海滩沉积物以砂为主；砂组分含量在 86.9%~99.9%，砂组分含量平均值为 98.4%；中值粒径在 0.02Φ~1.47Φ，平均值为 0.74Φ；平均粒径变化范围在 0.01Φ~1.47Φ，平均值为 0.80Φ；滩沉积物分选系数变化范围在 0.28~1.11 之间，平均值为 0.70；偏态变化范围在 −0.51~0.47 之间，平均值−0.08；峰态变化范围在 0.02~2.24 之间，平均值 1.11。

表 3.26　养马岛海滩沉积物粒度参数

监测时间	剖面	砂组分含量/%	沉积物类型	中值粒径/Φ	平均粒径/Φ	分选系数	偏态	峰态
2015.10	YM01-pm01-1	99.8	砂	0.9	0.82	0.65	0.16	1.18
	YM01-pm01-4	99.9	砂	1.46	1.47	0.69	0.06	0.94
	YM01-pm01-5	98.3	砂	1.26	1.27	0.75	0.07	1.16
	YM01-pm01-7	99.9	砂	0.81	0.88	0.9	−0.12	0.9
	YM01-pm01-9	99.4	砂	0.23	0.29	0.74	−0.32	1.28
	YM01-pm01-11	96.8	砂	0.07	0.19	0.71	−0.45	1.48
	YM01-pm02-7	99.2	砂	1.3	1.18	1.15	0.1	0.62
	YM01-pm02-9	97.5	砂	0.37	0.5	0.83	−0.31	1.01
	YM01-pm02-13	99.7	砂	0.38	0.77	1.11	−0.46	0.58
	YM01-pm02-15	98.7	砂	1.71	1.68	0.61	0.12	0.86
	YM01-pm02-19	99.8	砂	1.99	1.79	0.69	0.47	1.06
	YM01-pm02-22	99.9	砂	0.23	0.37	0.82	−0.31	1.07
	YM01-pm02-23	99.8	砂	0.16	0.24	0.64	−0.32	1.12

续表

监测时间	剖面	砂组分含量/%	沉积物类型	中值粒径/Φ	平均粒径/Φ	分选系数	偏态	峰态
	YM01-pm02-27	86.9	砂	0.02	0.01	0.53	-0.01	1.03
	YM01-pm02-30	99.4	砂	0.02	0.19	0.72	-0.51	1.24
	YM01-pm03-05	97.8	砂	1.41	1.29	0.62	0.07	0.72
	YM01-pm03-06	99.8	砂	0.54	0.88	0.65	-0.48	0.73
	YM01-pm03-07	96.9	砂	0.39	0.70	0.82	-0.51	1.03
	YM01-pm03-10	99.8	砂	0.90	1.02	0.68	-0.18	0.74
	YM01-pm03-11	92.9	砂	1.79	1.50	0.53	0.45	0.87
	YM01-pm03-12	91.4	砂	1.31	1.18	0.72	0.22	0.80
	YM01-pm03-14	96.8	砂	1.53	1.30	0.81	0.34	0.67
	YM01-pm04-1	99.8	砂	1.02	1.19	0.28	0.49	2.24
	YM01-pm04-3	99.9	砂	2.02	2.19	1.28	1.49	3.24
	YM01-pm04-5	99.4	砂	3.02	3.19	2.28	2.49	4.24
2015.10	YM01-pm04-7	98.9	砂	4.02	4.19	3.28	3.49	5.24
	YM01-pm04-11	99.7	砂	5.02	5.19	4.28	4.49	6.24
	YM01-pm04-13	99.2	砂	6.02	6.19	5.28	5.49	7.24
	YM01-pm04-18	98.9	砂	7.02	7.19	6.28	6.49	8.24
	YM01-pm04-19	99.4	砂	8.02	8.19	7.28	7.49	9.24
	YM01-pm05-1	99.9	砂	9.02	9.19	8.28	8.49	10.24
	YM01-pm05-3	97.7	砂	10.02	10.19	9.28	9.49	11.24
	YM01-pm05-4	95.9	砂	11.02	11.19	10.28	10.49	12.24
	YM01-pm05-5	99	砂	12.02	12.19	11.28	11.49	13.24
	YM01-pm05-9	99.9	砂	13.02	13.19	12.28	12.49	14.24
	YM01-pm05-13	99	砂	14.02	14.19	13.28	13.49	15.24
	YM01-pm05-11	99.5	砂	15.02	15.19	14.28	14.49	16.24
	YM01-pm05-15	99.1	砂	16.02	16.19	15.28	15.49	17.24

注：YM01-pm01-1 表示养马岛东部海滩，东北部，剖面 1，以此类推。

从其变化特征上来看，横向上，自陆地向海方向，中值粒径有增大-变小-增大的趋势，但总体上沉积物呈现粗化趋势；沿岸方向，海滩中部较两侧，沉积物中值粒径趋于变粗。

养马岛西部砾石海滩大致呈 NE—SW 走向，海滩整体平均粒径为 -4.53Φ，剖面 01 平均粒径为-4.81Φ，剖面 02 平均粒径较小，为-4.25Φ，分选程度剖面 01 为中等，剖面 02 分选为较好，偏态方面剖面 01 为近对称，剖面 02 呈负偏；峰态剖面 01 呈窄峰态，剖面02为很宽（表3.27）。

向海方向规律性不明显，剖面01滩面处粒径较细，水边线处粒径最粗达到-6.17Φ，剖面02从高潮线向两侧递减。

表3.27 养马岛西部海滩表层沉积物粒度参数

剖面	中值粒径 /Φ	平均粒径 /Φ	分选系数	偏态	峰态
YM02-pm01-滩肩	-4.5	-4.470	0.698	-0.153	0.771
YM02-pm01-滩肩顶	-4.55	-4.600	0.650	-0.002	0.794
YM02-pm01-高潮线	-3.99	-3.987	0.728	-0.492	1.083
YM02-pm01-水边线	-6.16	-6.167	1.033	0.345	2.079
YM02-pm02-滩肩	-4.46	-4.450	0.504	0.110	0.482
YM02-pm02-滩肩顶	-3.62	-3.667	0.441	-0.425	0.336
YM02-pm02-高潮线	-4.49	-4.553	0.600	-0.116	0.620
YM02-pm02-水边线	-4.3	-4.330	0.811	-0.383	1.205

注：YM02-pm01-滩肩 表示养马岛西部海滩，剖面1，以此类推。

3.17.3.2 海滩演变特征

养马岛东部海滩剖面3、4、5都是缓倾斜式的形态（图3.105至图3.107），滩肩发育较明显，2016年和2015年两年测量的剖面的形态基本一致，说明了养马岛东部海滩环境动力较为均衡，侵蚀堆积速率接近相等。

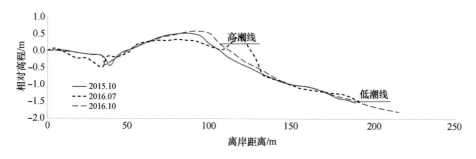

图3.105 养马岛东部海滩PM03剖面变化图

养马岛东部海滩砂质较细，且坡度平缓，是一个半封闭式海滩，海滩在剖面3中滩肩位置变化较为剧烈，滩肩后部具有下洼地的出现，整体坡度变化较缓。剖面4处坡度整体加大，整体变化较小，但在滩肩处2016年出现了冲蚀，冲蚀高差高达2 m多。剖面5处一年的变化较小，在滩肩处坡度大，滩肩过后，海滩整体剖面较为平缓。

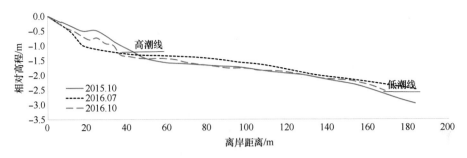

图 3.106   养马岛东部海滩 PM04 剖面变化图

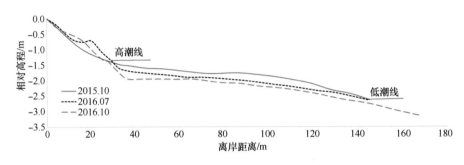

图 3.107   养马岛东部海滩 PM05 剖面图

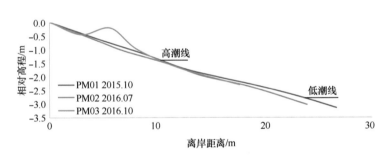

图 3.108   养马岛西部海滩剖面图

3.18   田横岛海滩

3.18.1   海岛基本概况

田横岛因忠于齐王田横的五百义士在此自刎就义而得名，至今有 2 000 多年历史，隶属即墨市。该岛位于崂山北侧，洼里乡东南的横门湾内。地理位置 36°25′08″N，120°57′32″E，东西长 3 km，南北宽 0.43 km，总面积约 1.262 0 km²，是青岛市第三大

岛。岸线长 9.54 km，最高点在岛西部田横顶，海拔高度 54.5 m，中部高 28 m，东部高
26 m，岛丘起伏。田横岛周围有牛岛、驴岛、马龙岛、猪岛、车岛、涨岛和水岛，构成
星罗棋布的岛群。该岛最有开发前途的是浅海养殖，而且环境幽静，周围有各具特色的
人迹罕见小道，岛上有五百义士墓，是青岛市重点文物保护单位。田衡岛西距大陆仅
3 km，南距青岛码头 68 km，与著名的崂山风景区隔海相望，发展旅游业有一定潜力和
前景。岛上海滩主要分布在北岸，如西部渔港海滩和东北岸海滩，对它们布设的监测剖
面位置示于图 3.109。图 3.110 示出东北岸海滩的概貌。

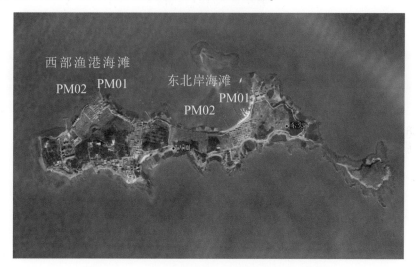

图 3.109　田横岛概貌及海滩监测剖面分布位置

图 3.110　田横岛东北岸海滩概貌

3.18.2　海岛海滩资源分布与特征

田横岛因特有的历史文化与人文精神称名于世，其优越的地理位置，宜人的气候特征，旖旎的海岛风貌，丰富的海产资源也使之不负虚名。岛上空气清新，苍松滴翠，温暖湿润的海洋性气候造就了冬暖夏凉的人间胜境。田横岛是垂钓的绝好去处，北岸湾深，港静，是游泳、帆船、摩托艇等海上运动项目的极佳场所。田横岛海滩资源分布及其特征见表3.28。

表 3.28　田横岛主要海滩及其基本特征

序号	海滩名称	位置	方位	长度/m	平均宽度/m	开发程度	备注
1	田横岛东北岸沙滩	36°25′16″N，120°58′07″E	东北部	368	30	未开发	位于田横岛东北部，周围见大量渔船，剖面平缓，砂质较细，剖面平缓，但水质较差，旅游开发差
2	田横岛西部渔港附近海滩	36°25′25″N，120°57′04″E	西部	165	20	未开发	邻近渔港，淤积形成沙滩，缺乏开发

3.18.3　海滩自然属性与动态变化

3.18.3.1　海滩沉积物变化特征

根据沉积物取样，并进行室内分析（表3.29），综合对比表明，田横岛海滩沉积物以砂为主，砂组分含量为50%~100%，砂组分含量平均值为86.2%，中值粒径在-0.35Φ~3.37Φ，平均值为1.64Φ，平均粒径变化范围在-0.35Φ~4.79Φ，平均值为1.17Φ，海滩沉积物分选系数变化范围在0.67~4.67之间，平均值为1.6；偏态变化范围在-0.14~0.72之间，平均值为-0.23；峰态变化范围在0.57~2.03之间，平均值为1.23。

从其变化特征上来看，横向上，自陆地向海方向，中值粒径有增大-变小-增大的趋势，但总体上沉积物呈现粗化趋势；沿岸方向，海滩中部较两侧的沉积物中值粒径趋于变粗。

表 3.29　田横岛海滩沉积物粒度参数

监测时间	剖面	砂组分含量/%	沉积物类型	中值粒径/Φ	平均粒径/Φ	分选系数	偏态	峰态
2015.10	TH01-PM01-01	99.8	砂	0.08	0.06	0.61	0.07	0.81
	TH01-PM01-03	95.2	砂	0.33	0.26	0.81	0.12	0.98
	TH01-PM01-04	98.8	砂	0.08	0.17	0.56	-0.31	0.83
	TH01-PM01-07	99.8	砂	-0.14	-0.04	0.46	-0.27	1.11
	TH01-PM01-08	99.4	砂	-0.07	0.04	0.50	-0.29	0.93
	TH01-PM01-10	72.1	砂	1.18	3.86	4.60	-0.74	1.19
	TH01-PM01-12	50.0	砂	3.37	4.79	4.67	-0.40	0.57
	TH01-PM02-07	99.5	砂	-0.23	-0.16	0.49	-0.26	1.71
	TH01-PM02-09	99.4	砂	-0.14	0.03	0.61	-0.40	1.23
	TH01-PM02-12	99.8	砂	-0.14	-0.04	0.46	-0.27	1.11
	TH02-PM01-01	65.8	砂	2.61	2.59	2.42	-0.21	1.98
	TH02-PM01-03	76.9	砂	2.31	2.22	1.79	-0.07	1.31
	TH02-PM01-04	69.8	砂	2.48	2.54	2.70	-0.27	2.03
	TH02-PM01-06	73.4	砂	1.71	1.65	2.84	-0.24	1.20
	TH02-PM01-07	93.1	砂	-0.35	-0.35	0.71	0.03	1.52
	TH02-PM02-01	71.8	砂	0.38	0.35	0.82	0.08	0.93
	TH02-PM02-02	79.2	砂	0.22	0.23	0.51	-0.05	1.52
	TH02-PM02-03	67.4	砂	0.26	0.26	0.63	-0.02	1.02
	TH02-PM02-04	81.8	砂	0.15	0.14	0.49	-0.08	1.29
	TH02-PM02-05	92.8	砂	0.07	0.04	0.52	0.06	1.07

注：TH01-PM01-01 表示田横岛东北部海滩，剖面 1，样品 1；TH02-PM01-01 表示田横岛西部海滩，剖面 1，样品 1。以此类推。

3.18.3.2　海滩演变特征

田横岛东北岸海滩剖面 1、2 都是缓倾斜式的形态，滩肩发育不明显，滩面较为平缓开阔，而且 2016 年和 2015 年剖面的形态大致一致说明田横岛东北海滩环境动力较为均衡，侵蚀堆积速率接近相等（图 3.111 和图 3.112）。

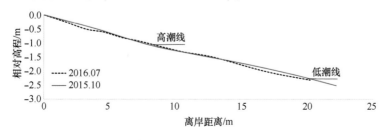

图 3.111　田横岛东北岸海滩 PM01 剖面地形变化

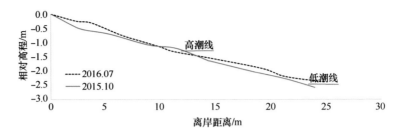

图 3.112　田横岛东北岸海滩 PM02 剖面地形变化图

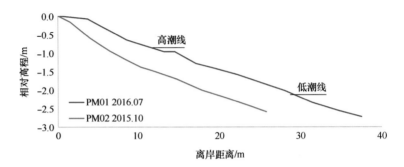

图 3.113　田横岛西部渔港附近海滩剖面地形图

第4章 东海沿岸典型海滩

东海沿岸海滩主要分布于舟山群岛、苍南，以及台湾海峡西岸，多发育于基岩岬角间的半开敞海湾。本章介绍浙江与福建省大陆沿岸及 8 个海岛共计 20 处海滩的概况、沉积物变化特征以及演变特征。

4.1 舟山朱家尖岛东沙

4.1.1 沙滩概况

朱家尖岛是舟山群岛中海滩分布最集中的区域，该岛位于舟山群岛的东南部海域，面积为 62.2 km²，海岸线长 79.2 km，其东岸发育多个砂砾质海滩，海滩岸线总长达 9.3 km。东沙海滩是该岛最大的海滩，长 1.44 km，它面向东海，南侧为后门山岛，北侧为朱家尖的牛泥塘山，呈 NNE—SSW 走向，是典型的岬湾海滩，海滩所在湾岙较开敞（图 4.1）。图 4.1 中示出的东沙海滩剖面呈 NW—SE 走向，其中可分成北部、中部和南部 3 个剖面。该区域平均风速为 7.1 m/s；冬春季盛行风向为 NW、NNW，夏季盛行风向为 SSE、SE。东沙所处海域平均波高为 0.5 m，平均波周期为 3.6 s。潮汐性质为正规半日潮，平均潮差为 2.61 m，平均大潮潮差为 3.50 m。

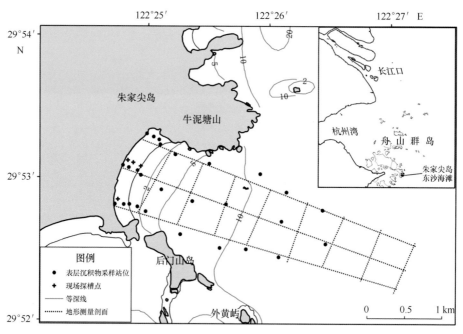

图 4.1　朱家尖岛东沙海滩的地理位置

东沙海滩长 1 440 m、宽约 250 m，分布在南、北岬角控制的湾岙内（图 4.2），后缘陆域以丘陵地貌为主，一般海拔在 100~200 m，最高点海拔 373 m，丘陵之间发育有小型的冲积、海积平原，沿岸南部及北部部分地区建有防护海塘。海滩外侧为平缓的水下岸坡，并逐渐过渡到东海陆架堆积平原地貌。从海滩地形地貌特征来看，后滨沿岸线发育有风成沙地（图4.3），宽度小于50 m，中部稍宽，北部和南部略窄。

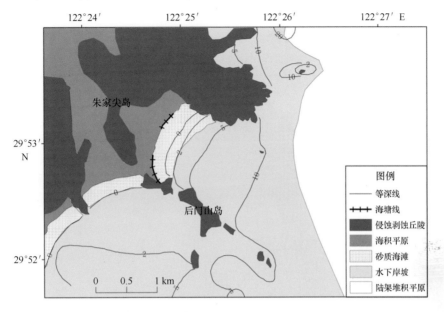

图4.2 东沙海滩及周边区域地貌分布

图4.3 东沙海滩地貌照片

拍摄于2011年3月

4.1.2 沙滩沉积物变化特征

从海滩及邻近海域表层沉积物类型的平面分布来看（图4.4），海堤前沿分布有狭窄的砾石带，北部宽 30 m，向南逐渐变窄，部分区域宽度不足 2 m。砾石带以外海滩沉积物类型以中细砂及细中砂为主，西北部以细中砂居多，中部及南部则以中细砂为主。至 2 m 等深线附近，海床沉积物类型逐渐演变为细砂。2 m 等深线以深，沉积物向粉砂过渡。5 m 等深线以深，沉积物全部为黏土质粉砂。海滩的北部及中部沉积物粒径普遍大于南部，这种现象同样存在于水下岸坡。

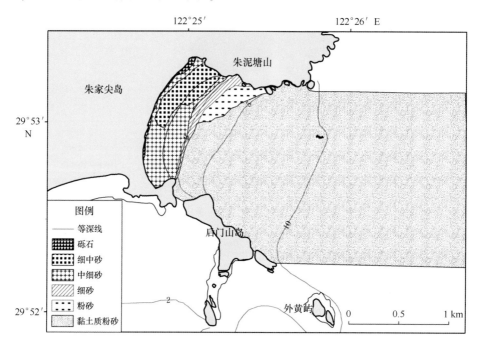

图 4.4　东沙及邻近海域表层沉积物类型分布

　　根据东沙地貌与沉积物特征，自岸向海岸滩剖面可以划分为 3 个地貌相带，即砂质海滩、水下岸坡及内陆架堆积平原（图 4.5）。砂质海滩沿岸分布，至高程 -5 m 附近，滩面平均坡度 1.8°，沉积物组成以中、细砂为主。水下岸坡发育在高程为 -5~（-15）m 的区域，空间上为离岸距离 500 m 直至 2 000~2 200 m 的地区。水下岸坡地势平坦，坡度小于 0.5°且变化小。沉积物以黏土质粉砂为主，分选差，偏度为正偏，峰态峭度中等（表 4.1）；其中粉砂含量高达 63.3%，黏土含量达 27.8%。陆架堆积平原发育在高程 -15 m 以深的海域，离岸距离大于 2 200 m，地势平坦，平均坡度小于 0.5°。沉积物同样以黏土质粉砂为主，粉砂含量高达 63.4%，黏土达 26.7%。水下岸坡和陆架堆积平原之间存在明显的坡折带，高差达 5 m。

　　海滩是东沙岸滩的重要组成部分。根据海滩微地形地貌与潮汐特征，海滩剖面可进一步划分为后滨、前滨、近滨 3 个相带（图 4.5）。

　　后滨位于高潮带以上，高程为 2 m 以上，坡度较陡，无明显滩肩地貌发育。中部和北部宽约 30~50 m，南部仅有 10 m，主要原因是沿海海塘修建不利于后滨大面积发育。

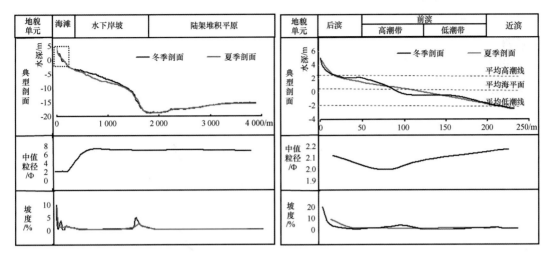

图 4.5　地貌相带示意图

右图为左图海滩部分的放大

沉积物类型主要为中细砂和砾石。中细砂平均中值粒径为 2.1Φ，沉积物组成为细砂平均含量 57.3%，中砂平均含量 37.4%；总体分选较好。向岸的狭窄地带，分布有砾石，宽为 1~5 m，由南向北逐渐变宽。北部滩角出现小范围的砾石滩，粒径范围为 -5.7Φ~（-6.0）Φ，多为盘状或扁平状。

表 4.1　东沙海滩沉积物粒度特征

取样位置		中值粒径/Φ	分选系数	偏度	峰态	沉积物类型
海滩	后滨	2.122	0.426	0.311	0.624	细砂
	前滨（高潮带）	1.997	0.545	-0.563	1.04	中砂
	前滨（低潮带）	2.083	0.836	-0.91	1.31	细砂
	近滨	2.174	0.527	-0.416	0.925	细砂
水下岸坡		7.045	1.959	0.107	1.100	极细粉砂
陆架堆积平原		6.961	1.991	0.096	1.114	细粉砂

前滨从高潮带以下至平均低潮线，高程为 2 m 以下至 -2 m，是东沙海滩的主要组成部分。冬季发育有滩脊-沟槽地貌，滩脊坡度一般为 5°。夏季滩面坡度更加平缓，为 1°~2°，与前人的观测结果一致。受中等潮差影响，前滨较宽阔，低潮位时出露水面的海滩宽度一般可达 200 m。沉积物类型为细中砂，平均中值粒径为 2.022Φ，分选中等，高潮带沉积物的分选性优于低潮带。沉积物组成为中砂平均含量 47.0%，细砂平均含量 44.2%。平均高潮线附近有少量砾石呈稀疏带状分布，砾石的中值粒径为 -4.6Φ~（-4.8）Φ，多为波浪上冲流挟带。南部滩面裂流发育，带走部分表层的砂质沉积物，使

得先前暴风浪沉积的少部分砾石暴露出来。

近滨为高程在$-2 \sim (-5)$ m 的区域，坡度小于 2°。宽度约为 300 m，沉积物类型为中细砂，分选好到中等。沉积物的组成以细砂为主，含量达 59.6%，中砂含量为 35.9%，相比前滨细砂含量增多，并占据主要成分。近滨的水下沙坝发育不明显。

4.1.3 沙滩演变特征

由海滩的 4 次观测结果对比看（图 4.6），不同地貌相带的季节性地貌调整和冲淤变化各有不同。

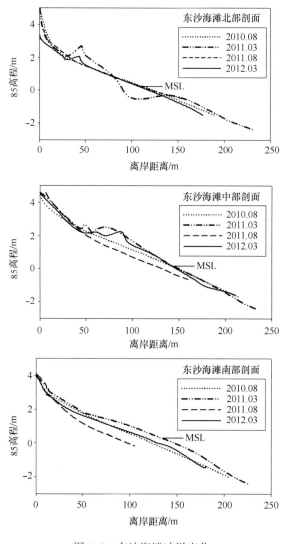

图 4.6 东沙海滩冲淤变化

北部滩面夏季为平坦斜坡式海滩，冬季转换为滩脊-沟槽式海滩，发育一条滩脊，观测时并未发展为滩肩。后滨坡度陡，2012 年 3 月出现明显的冲刷，最大冲刷幅度达 2 m。考虑地貌调整因素，前滨未发生大幅度冲刷；对比两次冬春观测结果，2011 年 3 月，北部海滩发育有明显的滩脊和低潮台地，2012 年 3 月滩脊发育程度弱于 2012 年 3 月，并且未发现明显的低潮台地；两次夏秋观测结果则接近重合，无明显冲刷。近滨冬季最大冲刷幅度达 1 m。

中部滩面呈现与北部相同形式的地貌调整，冬季发育两条滩脊。后滨坡度相对于北部剖面较平缓，地貌调整较明显：2010 年 8 月至 2011 年 8 月持续淤积，2011 年 8 月至2012 年 3 月开始转为冲刷，观测期内总体有小幅度淤积。前滨呈现为明显的冬季淤积、夏季冲刷；对比两次冬春观测结果，2011 年 3 月滩脊的发育明显较好，2012 年 3 月前滨滩面较低，滩脊离岸较远，滩脊高度低于 2011 年 3 月，滩脊的坡度也较大；相比 2010年 8 月，2011 年 8 月前滨冲刷幅度达 0.5 m。

南部滩面无明显的地貌形态调整，地貌结构相对简单，整条剖面冬季淤积、夏季冲刷现象明显。相对于 2011 年 3 月，2012 年 3 月滩面发生 0.5~0.6 m 的淤积；相对于2010 年 8 月，2011 年 8 月滩面出现了 0.7 m 的冲刷。观测期内，南部滩面总体上呈现为被侵蚀的状态。现场观察可以明显地发现，2011 年 8 月前滨被蚀低，后滨边缘线发育滩坎。2012 年 3 月，后滨宽度减小，侵蚀后退加剧。

水下岸坡及内陆架堆积平原的观测时间为 2011 年 3 月及 2011 年 8 月。对比两次观测结果发现，水下岸坡存在冬季淤积、夏季冲刷的现象，平均冲淤幅度达 0.6 m；最大冲淤幅度为 1.2 m，发生在南部剖面离岸 500 m 的区域，该区域恰处于东沙与后门山岛之间的峡道附近，水动力较强，因此该地区的冲刷幅度较大。陆架堆积平原地貌基本保持稳定，季节性变化极小，反映了该地段水动力平稳且强度较小。

总体上看，东沙海滩地貌呈现不断地季节性调整，冬季发育有滩脊-沟槽，夏季则成为平坦缓坡。水下岸坡及陆架堆积平原之不同季节为夏季侵蚀，冬季堆积。相同季节的观测显示海滩遭到侵蚀，尤其以南部侵蚀明显（图 4.7）。2012 年 3 月滩脊发育滞后，滩脊坡度大。水下岸坡的近岸部分冬季淤积，夏季冲刷。陆架堆积平原地貌保持稳定，冲淤变化较小。

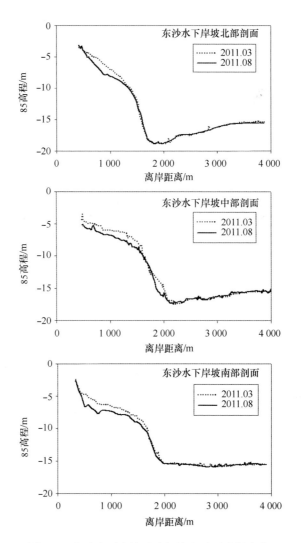

图 4.7   东沙水下岸坡及陆架堆积平原冲淤变化

4.2   象山县皇城海滩

4.2.1   海滩概况

皇城海滩位于浙江省象山县石浦镇城区东北部沿岸昌国湾（图 4.8），北接大目涂湾，南与石浦港相邻，中心位置大约在 29°14′50.1″N，121°57′28.1″E，属宁波象山县管辖。其滩头平缓，砂质软硬适中，海滩长 1 800 m 余，宽 300 m 余，状如一弯新月。皇城海滩受南、北两端向东延伸的岬角控制，海滩上下岬角宽约 1.7 km，最大凹入长度约

1.0 km，没有河流切穿入海。其弧形开口朝东偏北，海滩的中部为开敞岸段，经受波浪的直接冲击。

图 4.8　象山县皇城海滩地理位置及监测剖面分布

4.2.2　沙滩沉积物变化特征

4.2.2.1　海滩滩面及其近岸沉积物类型与分布特征

根据 2010—2012 年 4 次采样获取的样品分析，皇城海滩及近岸海域表层沉积物类型分布如图 4.9 所示。皇城海滩滩面沉积物的中值粒径范围为 2.13Φ~2.78Φ，沉积物组成

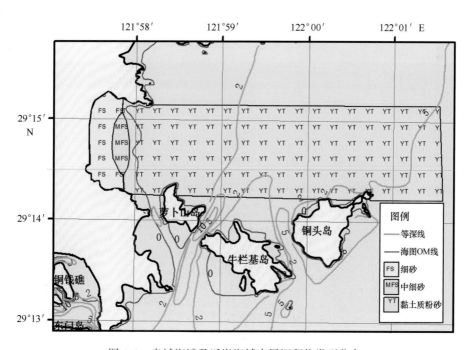

图 4.9　皇城海滩及近岸海域表层沉积物类型分布

为细砂到极粗砂之间（表4.2），细砂累计百分含量基本都在60%以上。

表4.2 皇城海滩表层沉积物组成百分含量（%）

采样编号	极粗砂	粗砂	中砂	细砂	极细砂	沉积物名称
x1-01	0.44	0.22	14.26	69.92	12.08	细砂
x1-02	0.67	1.74	8.68	76.90	11.28	细砂
x1-03	4.40	5.89	12.98	64.01	12.46	细砂
x2-01	0.70	1.36	13.15	73.40	11.30	细砂
x2-02	0.32	0.85	13.91	74.25	10.52	细砂
x2-03	4.75	10.48	21.74	52.45	9.69	中细砂
x3-01	0.01	0.01	3.21	84.13	12.61	细砂
x3-02	0.12	0.66	16.67	73.41	9.08	细砂
x3-03	0.31	1.07	12.98	74.19	11.18	细砂

皇城海滩近岸海域沉积物组成与海滩沉积物组成不同，主要以粉砂和黏土为主，中值粒径范围为6.58Φ~7.23Φ，沉积物组成由中粉砂到细黏土之间（表4.3），总体粒径较细。沉积物分选系数均值为1.78，分选程度较差；偏度基本是近对称至正偏，表明沉积物组成偏向粗粒径；峰态峭度以中等至窄尖为主。

表4.3 皇城海滩近岸海域表层沉积物组成百分含量（%）

采样编号	砂	粉砂	黏土	沉积物名称
x1-04	0.59	67.28	27.58	黏土质粉砂
x1-05	3.72	68.10	24.15	黏土质粉砂
x1-06	3.08	65.89	26.70	黏土质粉砂
x1-07	3.18	65.86	26.67	黏土质粉砂
x1-08	1.94	63.49	29.68	黏土质粉砂
x1-09	2.37	65.69	27.32	黏土质粉砂
x2-04	2.27	67.53	25.89	黏土质粉砂
x2-05	3.43	66.34	25.86	黏土质粉砂
x2-06	2.29	69.51	23.98	黏土质粉砂
x2-07	5.29	61.93	28.18	黏土质粉砂

续表

采样编号	砂	粉砂	黏土	沉积物名称
x2-08	3.46	65.63	26.57	黏土质粉砂
x2-09	4.10	64.62	26.84	黏土质粉砂
x3-04	3.76	65.75	26.13	黏土质粉砂
x3-05	3.17	63.34	28.86	黏土质粉砂
x3-06	4.27	69.22	22.51	黏土质粉砂
x3-07	5.94	65.83	24.20	黏土质粉砂
x3-08	4.12	61.67	29.32	黏土质粉砂
x3-09	4.71	63.92	27.04	黏土质粉砂

通常情况下，在波浪的长期作用下，粗颗粒沉积物可以到达浪基面水深附近，即水深15~20 m，向岸则发育数条平行于海岸的水下沙坝。而从图4.9、表4.2和表4.3中可以看出，本研究区域自岸向海，大约以最低低潮位为界，存在一明显的砂、泥分界线。向岸，皇城海滩沉积物组成单一，滩面沉积物基本都为细砂；向海，近岸底床沉积物则均为黏土质粉砂。上述分布特征表明该海滩水下沙坝不发育，海滩存在泥化的趋势，这可能与沉积物来源及水动力条件有关。一方面，沿岸无入海河流直接输入，粗颗粒沉积物来源不足，而受长江入海泥沙扩散南下的影响，海域悬浮泥沙来源不断，导致细颗粒泥沙逐渐淤积并向岸推进；另一方面，研究区域为强潮海区，较强的涨、落潮流频繁作用于海底，限制了水下沙坝的发育。

4.2.2.2 海滩表层沉积物空间分布特征

沉积物粒度参数不但能够很好地反映出沉积物特性，也能够表征调查区的沉积环境。以2011年8月25日采集的海滩沉积物为例，其粒级组成、中值粒径、分选系数、偏度、峰态等粒度参数具有明显的空间分布特征，如图4.10至图4.14所示。

总体上看，海滩沉积物粒级组成以细砂为主，含量介于60%~90%，其次为中砂和极细砂。从空间分布来看，海滩北部的x1剖面，中滩附近沉积物主成分（细砂、极细砂）含量比高滩、低滩沉积物的主成分含量高，高、低滩沉积物中均含有少量砾石；海滩中部的x2剖面，高滩沉积物中几乎没有砾石和极粗砂，中滩沉积物中含有较多的中砂，而低滩沉积物中含有一定量的砾石和极粗砂；海滩南部的x3剖面，中滩沉积物含有较多的中砂，高、低滩沉积物中基本只含有细砂和极细砂。

海滩沉积物中值粒径为2.43Φ~2.77Φ，集中在2.64Φ~2.84Φ。从三条剖面的分布

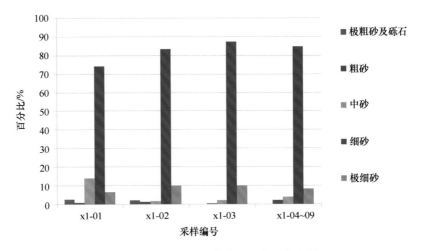

图 4.10 x1 剖面沉积物粒级组成百分含量

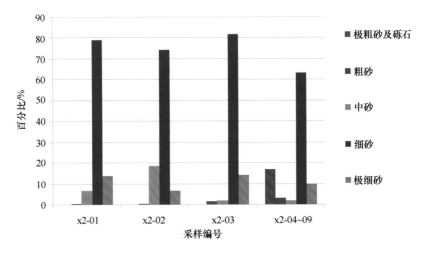

图 4.11 x2 剖面沉积物粒级组成百分含量

情况来看 (图 4.13), 高、中滩沉积物中值粒径变化较大, 而低滩沉积物中值粒径基本一致。从各剖面的情况来看, x1 剖面高滩中值粒径较大, x2 剖面中滩中值粒径较大, x3 剖面中值粒径则大致一致。皇城海滩南、北部沉积物相对海滩中部较粗, 可能与岬角侵蚀下来的沉积物多在此沉积有关 (分选系数亦有此反映)。

海滩沉积物分选系数介于 0.4~1.0, 集中于 0.4~0.6, 总体分选较好。x1 剖面高、中滩的分选比低滩差, 这与上岬角的遮蔽作用、海滩北部动力作用较弱有关; x2 剖面分选系数除极个别外都分选较好, 说明海滩中部波流作用相对较强, 低潮带以下分选系数突然增大与该区沉积物含有一定量的砾石有关; x3 剖面分选系数则呈逐渐变大的趋势。皇城海滩南、北部分选系数相对海滩中部而言要大, 主要与岬角受侵蚀所冲刷下来的泥沙多在此沉积有关。

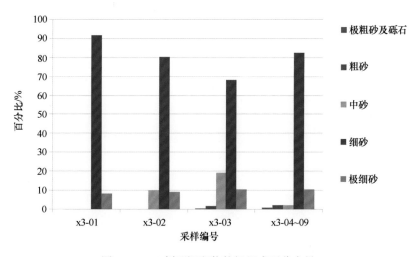

图 4.12　x3 剖面沉积物粒级组成百分含量

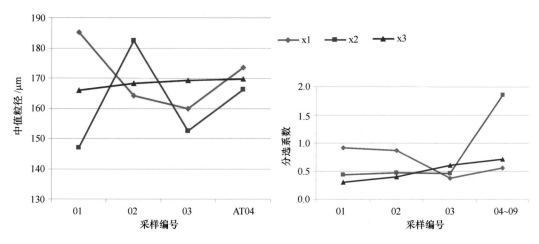

图 4.13　海滩沉积物粒度参数

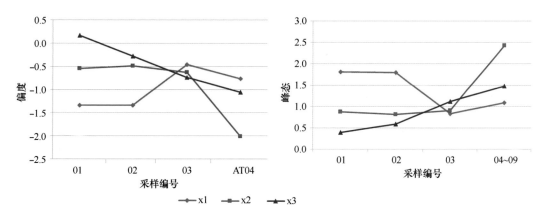

图 4.14　海滩沉积物偏度、峰态变化特征

偏度系数大部分介于-1.5~0，集中于-0.5~1，总体为负偏，即沉积物为粗偏，平均值将向中位数的较粗方向移动，粒度集中在颗粒的细端部分。

峰态大部分介于0.5~2，集中于0.5~1.5，总体为中等峰态峭度至窄尖。

4.2.2.3　海滩表层沉积物时间变化特征

海滩沉积物也具有明显的季节变化特征，如表4.4和图4.15所示。

表4.4　皇城海滩沉积物粒度特征

时间		分选系数	偏度	峰态	中值粒径/Φ
2010年8月	范围	0.32~1.28	-1.10~（-0.23）	0.54~1.57	1.16~3.00
	平均	0.70	-0.68	1.06	2.65
2011年3月	范围	0.32~0.79	-0.27~（-0.12）	0.46~1.26	2.00~2.75
	平均	0.55	-0.51	0.83	2.58
2011年8月	范围	0.30~1.86	-2.01~0.16	0.39~2.43	2.43~2.77
	平均	0.66	-0.79	1.17	2.59
2012年3月	范围	0.34~1.46	-1.99~0.23	0.59~2.44	2.31~2.62
	平均	0.63	-0.61	1.01	2.48

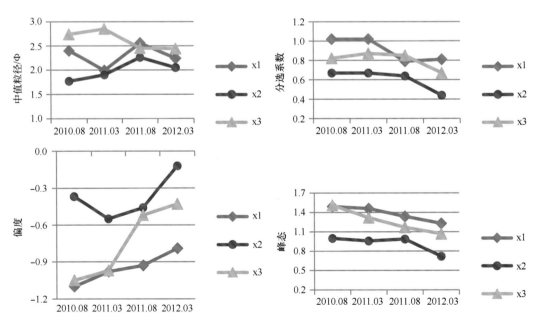

图4.15　沉积物季节变化特征

总体上来看，沉积物中值粒径、分选系数与峰态系数都表现为夏季大于冬季，即冬季沉积物比夏季粗、分选好、峰态峭度宽；偏度表现为夏季小于冬季，即夏季更负偏。

从 3 条剖面来看，中值粒径季节变化幅度不大；分选系数的季节变化基本一致，总体上是减小趋势；偏度的季节变化也基本一致，总体上是增大趋势；峰态的季节变化也基本一致，总体上也是减小趋势。

4.2.3 沙滩演变特征

4.2.3.1 皇城海滩及近岸海床剖面地形特征

以 2011 年 8 月 25 日 3 条剖面地形测量数据为例，皇城海滩宽约 200 m，坡度较陡，海滩以外海床坡度逐渐变缓，水下沙坝地形不发育。平面上，北、中部剖面地形平缓，南部剖面地形则有一些起伏（图 4.16）。

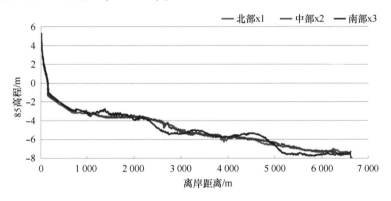

图 4.16　皇城海滩及其近岸海床地形剖面

4.2.3.2 皇城海滩剖面时间变化特征

在皇城海滩的北部、中部、南部各条剖面（图 4.8），高程基准为 85 高程，测量时间为 2010 年 9 月 3 日、2011 年 3 月 27 日、2011 年 8 月 25 日、2012 年 3 月 23 日各一次（图 4.17 至图 4.19）。

海滩北部的 x1 剖面：2010 年 9 月至 2011 年 3 月，在高、低滩有一定侵蚀，而中滩变化不大；2011 年 3 月至 2011 年 8 月，在高、中滩侵蚀，低滩淤积；2011 年 8 月至 2012 年 3 月，在中滩淤积、低滩侵蚀。总体来看，秋冬季期间，中滩淤积、低滩侵蚀；春夏季期间，上冲下淤。

海滩中部的 x2 剖面：2010 年 9 月至 2011 年 3 月，在高、中滩有一定淤积，而低滩变化不大；2011 年 3 月至 2011 年 8 月，在高、中、低滩均发生侵蚀；2011 年 8 月至 2012

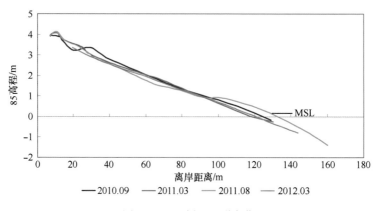

图 4.17　x1 剖面地形变化

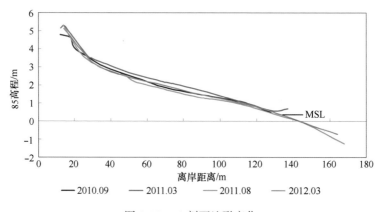

图 4.18　x2 剖面地形变化

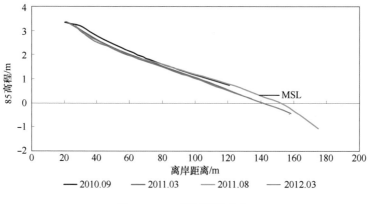

图 4.19　x3 剖面地形变化

年 3 月，在中滩淤积，高、低滩变化不大。总体来看，秋冬季期间，高、中滩淤积，低滩变化不大；春夏季期间，海滩剖面均发生侵蚀。

海滩南部的 x3 剖面：2010 年 9 月至 2011 年 3 月，高、中、低滩均有一定侵蚀；2011年 3 月至 2011 年 8 月，中、低滩淤积，高滩稍有侵蚀；2011 年 8 月至 2012 年 3 月，中、低滩侵蚀，高滩变化不大。总体来看，秋冬季期间，高滩变化不大，中、低滩侵蚀；春夏季期间，上冲下淤。

综合而言，x1 和 x3 剖面的季节变化规律相似，秋冬季剖面上淤下冲，春夏季剖面则上冲下淤。而位于海滩中部的 x2 剖面的季节变化规律有所不同，秋冬季剖面均发生淤积，春夏季剖面均发生冲刷。上述差异性表明，在横向输沙因海塘修建而受阻、湾外沿岸纵向输沙受岬角限制的情况下，湾内沿岸输沙变得更为活跃。海滩中部为开敞岸段，受波浪直接冲击，动力作用强，表现出典型的夏冲冬淤，夏季水动力强，将海滩中部的泥沙向两侧冲散，泥沙向海滩南、北部搬运，造成海滩中部侵蚀，海滩南、北部淤积；冬季水动力减弱，泥沙从海滩南、北部向海滩中部搬运，造成海滩中部淤积，海滩南、北部侵蚀。

4.3　苍南渔寮海滩

4.3.1　沙滩概况

渔寮沙滩位于温州市苍南县东南部的渔寮乡境内，距县城灵溪 64 km，紧靠马站镇（图 4.20）。渔寮沙滩是集避暑、度假、休闲、娱乐为一体的省级风景名胜区（3A 旅游区），具有山青、水碧、沙净、海阔、浪缓、石奇等特点，素有"东方夏威夷"之称。渔寮沙滩南北长 1 700 m，东西宽 200~250 m，呈新月形，是我国东南沿海大陆最大的沙滩。有三溪口入海，沙滩北侧残坡积物与海积沙体交迭，局部有石块规模。高潮位至低潮位间滩面几乎均为黄至灰黄色细砂，分选较好。沙滩中段马鼻岬角两侧各有一溪口入海，溪口南侧有高出大潮高潮位 2~3 m 的沙堤分布，沙堤沉积物以细砂为主，分选好，堤外滩面以细砂为主的沙体延伸至低潮位之下。溪口跨越滩体呈散流状，底质为砂，含贝壳碎屑，与两侧沙滩相比分选较差。

渔寮沙滩潮间带粗颗粒物质主要来源于河流（山地丘陵中带来的）和海岸侵蚀作用；水下岸坡沉积物则主要由湾外沿岸流带入的粉砂质黏土构成，这与长江入海物质及内陆架长期改造有关。渔寮沙滩有南向输沙的趋势。

渔寮水下岸坡水深不及 2 m，坡度为 1‰~2‰，底质为粉砂质黏土。湾口宽为 5.5km，深为 4.6~5 m，地势平缓，但在南侧岬角外大丽关两侧有大门、小门两个宽不及百米且多为礁石岩滩所阻的小口门。湾内水下岸坡通过开阔的湾口与湾外水下岸坡连成一片。渔寮湾口门开畅，波浪作用较强，基岩岬角和沙滩构成的岸线基本稳定。

图 4.20 渔寮沙滩及其监测剖面地理位置

渔寮湾风向风速季节变化非常明显。冬季盛行 NNE、N 向风，风速较大。春季锋面气旋活动频繁，风向多变，风速也较大，仍盛行 NNE、NE、N 向风；夏季盛行 SW、SE 和 S 向风，风速一般较小，但在台风活动较多的 7—8 月，风速亦较大；秋季盛行 NNE、N、NE、NNW 向风。月平均风速最大值出现在 10 月至翌年 2 月的秋冬季，平均风速为 3.8~8.8 m/s。多年平均风速，渔寮附近马站为 3.9 m/s，年际变化较小；历年最大风速，马站为 28.0 m/s，风向均为 NNE。渔寮湾外边南麂站的多年平均大风日数（风力≥8 级日数）为 178.5 d，最多年 231 d（1970 年），最少年 118 d（1973 年）。大风日数的季节变化比较明显，大风日数的年变化曲线呈"W"形，高值区在 10 月至翌年 3 月，7 月由于台风影响，大风日数也比较多。

渔寮湾属正规半日潮区，平均潮差 3.9 m。潮流呈明显的左旋性质，潮流方向每小时都在变化，因此转流时刻不明显。流速比较小，最大流速为 0.4 m/s 左右。余流明显受台湾暖流和浙江沿岸流的影响。夏季余流方向基本上被东北或北向余流控制，流速 18~26 cm/s。冬季几乎全是南向流，流速一般为 20~30 cm/s。悬沙含量低，平均为 0.02~0.08 kg/m³，但冬季含沙量高于夏季，底层含沙量高于表层，并且由岸往外递减，同时，存在一个含沙量突变区，在突变区外侧，含沙量稳定少变。

4.3.2 沙滩沉积物变化特征

4.3.2.1 海滩滩面及其近岸沉积物类型与分布特征

根据 2010—2012 年 4 次采样获取的样品分析，渔寮海滩滩面沉积物的中值粒径范围为1.70Φ~3.28Φ，沉积物类型全部为砂，组成中含有极少量的粉砂和细砾（表4.5）。沉积物分选系数均值为0.84，分选程度中等；偏度分布极不均匀，平均值为-0.84，属于极负偏，表明沉积物粒度组成总体上集中在细端部分；峰态峭度等级以中等至很窄为主，总体上为窄。

表4.5　渔寮海滩表层沉积物组成百分含量（%）

剖面采样点号	细砾	极粗砂	粗砂	中砂	细砂	极细砂	粉砂	沉积物名称
y1-01	0.96	7.98	10.89	36.13	39.17	4.85	0.02	砂
y1-02	0.79	6.35	10.72	11.86	40.01	30.21	0.06	砂
y1-03	1.11	1.55	4.00	11.77	50.50	30.95	0.12	砂
y2-01	0.00	0.07	1.82	61.35	34.89	1.86	0.02	砂
y2-02	1.48	9.42	16.06	49.79	20.93	2.31	0.01	砂
y2-03	0.08	0.85	7.19	62.24	27.26	2.35	0.02	砂
y3-01	0.14	0.03	0.03	5.66	49.51	44.57	0.06	砂
y3-02	1.44	6.88	14.42	27.12	33.44	16.69	0.01	砂
y3-03	1.65	0.35	0.26	0.79	6.67	88.01	2.27	砂

渔寮海滩近岸海域沉积物组成与海滩沉积物组成不同，沉积物类型全部为黏土质粉砂，主要以粉砂和黏土为主，中值粒径范围为7.27Φ~7.85Φ（表4.6），总体粒径较细。沉积物分选系数均值为1.63，分选程度差；偏度大部分属于正偏，表明沉积物粒度组成总体上集中在粗短部分；峰态峭度全部为窄。

表4.6　渔寮海滩近岸海域表层沉积物组成百分含量（%）

剖面采样点号	砂	粉砂	黏土	沉积物名称
y1-04	0	59.65	34.75	黏土质粉砂
y1-05	13.63	53.45	32.92	黏土质粉砂
y1-06	0	61.56	38.44	黏土质粉砂
y1-07	0	62.25	37.75	黏土质粉砂
y1-08	0	58.19	41.81	黏土质粉砂
y1-09	0	61.87	38.13	黏土质粉砂
y2-06	0	52.96	47.04	黏土质粉砂
y2-07	0	62.06	37.94	黏土质粉砂
y2-08	0	61.45	38.55	黏土质粉砂

续表

剖面采样点号	砂	粉砂	黏土	沉积物名称
y3-04	0	60.15	39.85	黏土质粉砂
y3-05	0	62.46	37.54	黏土质粉砂
y3-06	0	60.78	39.22	黏土质粉砂
y3-07	0	60.14	39.86	黏土质粉砂
y3-08	0	57.19	42.81	黏土质粉砂

　　本研究区域自岸向海，大约以最低低潮位为界，存在一明显的砂、泥分界线。向岸，渔寮海滩沉积物组成单一，滩面沉积物全部为砂；向海，近岸底床沉积物则均为黏土质粉砂。上述分布特征表明该海滩水下沙坝不发育，显然这与水动力条件是密不可分的。一方面，粗颗粒沉积物来源不足，同时受长江入海泥沙扩散南下的影响，海域悬浮泥沙来源不断，导致近岸细颗粒泥沙淤积；另一方面，研究区域为强潮海区，较强的涨、落潮流频繁作用于海底，限制了水下沙坝的发育。

4.3.2.2　海滩表层沉积物空间分布特征

　　沉积物粒度参数不但能够很好地反映出沉积物特性，也能够表征调查区的沉积环境。以2010年9月采集的海滩沉积物为例，其粒级组成、中值粒径、分选系数、偏度、峰态等粒度参数具有明显的空间分布特征，如图4.21至图4.26所示。

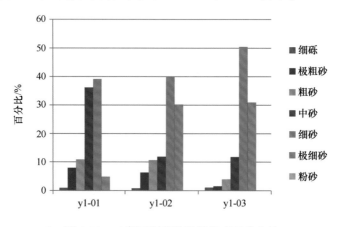

图4.21　y1剖面沉积物粒级组成百分含量

　　从空间分布来看，不同剖面的沉积物组成不同，同一剖面的组成差异也很大。y1剖面，不同相带沉积物主成分都是细砂，且各自的细砾与粉砂含量相差不大，但高滩中砂含量与细砂含量比较接近，中、低滩则是极细砂含量较高。y2剖面，高滩与低滩沉积物

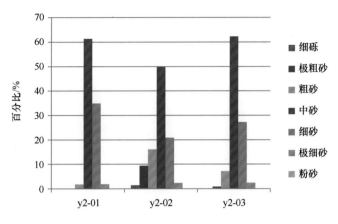

图 4.22　y2 剖面沉积物粒级组成百分含量

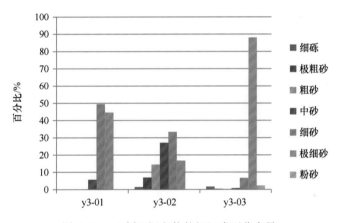

图 4.23　y3 剖面沉积物粒级组成百分含量

的主成分均为中砂和细砂，两者的含量总计都高达 90% 左右，其他成分含量很少；尽管低滩沉积物的主成分也是中砂，但极粗砂、粗砂和细砂的含量也不低，三者合计值达16%。y3 剖面，不同相带沉积物成分变化极大，高滩沉积物主成分是细砂和极细砂，两者含量相关不大；低滩为极细砂，含量高达 88%；而中滩以细砂和中砂为主，但也含有相当比例的粗砂和极细砂。

　　海滩沉积物中值粒径介于 1.70Φ~3.28Φ，平均值为 2.30Φ。从 3 条剖面的分布情况来看（图 4.24），不同相带沉积物中值粒径变化较大，且 y2 剖面的值总体上最小。从各剖面的情况来看，y1 剖面高滩中值粒径较小，中、低滩较大且比较接近；y2 剖面各相带沉积物的中值粒径变化不大；y3 剖面中滩的中值粒径较小，高滩与低滩较高且相差不大。渔寮海滩南、北部沉积物相对海滩中部较细，可能与海滩中间岬角侵蚀下来的沉积物多在此沉积有关（分选系数亦有此反映）。

　　海滩沉积物分选系数介于 0.4~1.2，总体分选中等。3 条剖面的变化规律大体相同

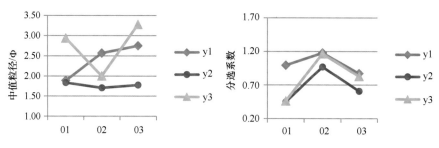

图 4.24　海滩沉积物粒度参数

（图 4.25），都是中滩最高，高、低滩较低。y1 剖面中滩分选差，高、低滩的分选中等，这可能与上岬角的遮蔽作用、高低滩有基岩出露有关；y2 剖面中滩分选中等，高、低滩分选好，说明海滩中部波流作用相对较强；y3 剖面中滩分选差，高滩分选好，低滩分选中等，这可能与中间岬角的遮蔽作用、位置靠近溪口有关。渔寮海滩南、北部分选系数相对海滩中部而言要大，主要与岬角受侵蚀所冲刷下来的泥沙多在此沉积有关。

偏度系数大部分介于 –1.5 ~（–0.5），总体为极负偏，即沉积物为细偏，平均值位于中位数左方，粒度集中在颗粒的细端部分。

峰态值介于 0.6 ~ 2，峰态峭度以中等至很窄为主，总体上为窄。

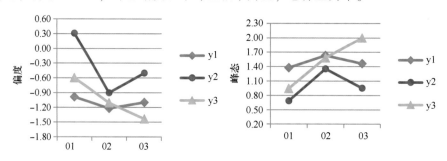

图 4.25　海滩沉积物偏度、峰态变化特征

4.3.2.3　海滩表层沉积物时间变化特征

海滩沉积物也具有明显的季节变化特征，如表 4.7 和图 4.26 所示。

表 4.7　海滩沉积物粒度特征

采样日期		分选系数	偏度	峰态	中值粒径/Φ
2010 年 9 月	范围	0.45 ~ 1.18	–1.43 ~ 0.31	0.68 ~ 2.00	1.70 ~ 3.28
	平均	0.84	–0.84	1.33	2.30
2011 年 3 月	范围	0.41 ~ 1.33	–1.44 ~（–0.12）	0.62 ~ 1.80	1.71 ~ 2.98
	平均	0.85	–0.83	1.25	2.25

续表

采样日期		分选系数	偏度	峰态	中值粒径/Φ
2011 年 9 月	范围	0.39~1.10	-1.47~0.38	0.55~1.91	1.80~3.12
	平均	0.76	-0.64	1.16	2.42
2012 年 3 月	范围	0.38~1.11	-1.04~0.53	0.52~1.58	1.85~2.81
	平均	0.66	-0.48	1.04	2.27

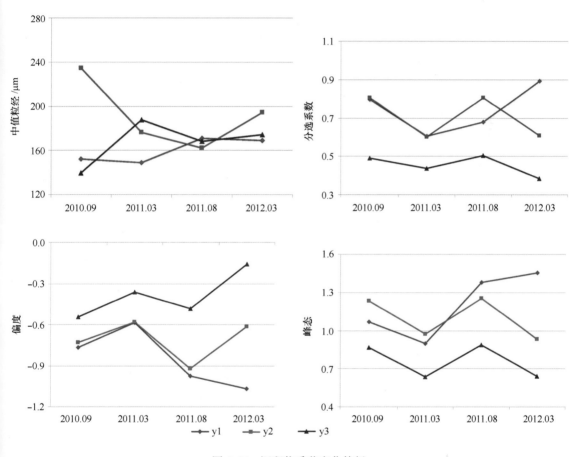

图 4.26　沉积物季节变化特征

　　海滩沉积物平均中值粒径介于 2.48Φ~2.65Φ，从 3 条剖面来看，y1 与 y3 剖面的中值粒径季节变化不大，而处于海滩中部的 y2 剖面的中值粒径季节变化明显，这与海滩中部相对开敞、水动力季节变化明显有关。海滩沉积物分选系数平均值介于 0.5~0.7，总体上分选较好，从 3 条剖面来看，分选系数的季节变化基本一致，冬季沉积物分选稍好于夏季。海滩沉积物偏度值介于 -0.7~（-0.5），都表现为极负偏，夏季负偏更为明显。

海滩沉积物平均峰态介于 0.8~1.2，峰态峭度表现为中等，夏季峰态明显高于冬季。

4.3.3 沙滩演变特征

4.3.3.1 渔寮海滩及近岸海床剖面地形特征

以 2011 年 3 月 y1 与 y2 剖面地形测量数据为例，渔寮海滩宽为 200~300 m，离岸 350~500 m 区域有一水下陡坎，海滩以外水下岸坡坡度较小，水下沙坝不发育（图 4.27）。

4.3.3.2 渔寮海滩剖面时间变化特征

由海滩的 4 次观测结果对比看（图 4.28 至图 4.30），不同地貌相带的季节性地貌调整和冲淤变化各有不同。

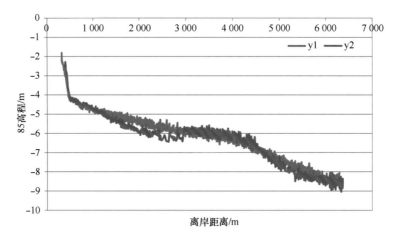

图 4.27　渔寮海滩及其近岸海床地形剖面

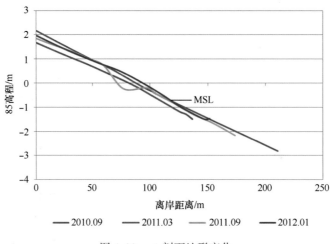

图 4.28　y1 剖面地形变化

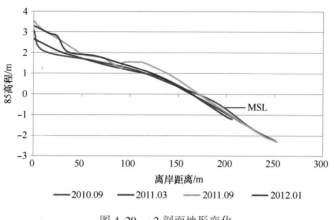

图 4.29　y2 剖面地形变化

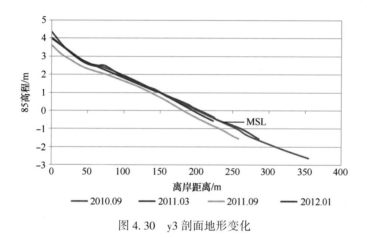

图 4.30　y3 剖面地形变化

海滩北部的 y1 剖面：该剖面坡度较陡，无明显滩肩，不同季节的剖面形态总体比较稳定。2010 年 9 月至 2011 年 3 月，剖面整体下蚀，高滩下蚀程度最大，中滩最小；2011 年 3 月至 2011 年 9 月，在中滩局部区域有明显侵蚀，高、低滩淤积，这很可能是受到台风影响的结果；2011 年 9 月至 2012 年 1 月，高滩与低滩变化不明显，仅有中滩明显淤积。总体来看，秋冬季期间，海滩剖面整体变化规律不明显；春夏季期间，中滩侵蚀，高、低滩淤积。2010 年 9 月至 2011 年 9 月期间，0 m 等深线后退 6.9 m，−2 m 等深线后退 1.35 m。

海滩中部的 y2 剖面：该剖面坡度相对较缓，有较明显的滩肩，不同季节的剖面形态有较大变化。2010 年 9 月至 2011 年 3 月，高滩淤积明显，低滩侵蚀明显，中滩局部区域有轻微侵蚀，基本上呈上淤下冲的态势；2011 年 3 月至 2011 年 9 月，在高、中、低滩均发生淤积，其中高、中滩淤积明显；2011 年 9 月至 2012 年 1 月，高滩总体略微侵蚀，中、低滩侵蚀明显。总体来看，秋冬季期间，高滩有冲有淤，中、低滩侵蚀；春夏季期间，海滩剖面整体发生淤积。2010 年 9 月至 2011 年 9 月期间，0 m 等深线没有变化，−1 m 等深线后退 0.78 m。

海滩南部的 y3 剖面：该剖面坡度相对较陡，无明显滩肩，不同季节的剖面形态变化不大。2010 年 9 月至 2011 年 3 月，总体变化不明显，仅在高、低滩局部区域有轻微淤积；2011 年 3 月至 2011 年 9 月，高、中、低滩整体侵蚀，其中中滩侵蚀程度最小；2011 年 9 月至 2012 年 1 月，高、中、低滩整体淤积，其中中滩淤积程度最小。总体来看，秋冬季期间，海滩剖面整体上以淤积为主；春夏季期间，海滩剖面整体侵蚀。2010 年 9 月至 2011 年 9 月期间，0 m 等深线后退 5.7 m，−1 m 等深线后退 21.55 m。

综上所述，三条剖面的季节性变化规律各不相同，这表明，在横向输沙因海塘修建而受阻、湾外沿岸纵向输沙受岬角限制的情况下，湾内沿岸输沙变得更为活跃。在秋冬季南向余流的作用下，海滩北部与中部泥沙被侵蚀搬运到南部，造成海滩南部淤积；而在夏季东北或北向余流的作用下，海滩南部被侵蚀泥沙则被搬运到中部和北部，造成淤积。另外，海滩北段靠近北部岬角，同时受到海塘和离岸坝的双重影响，并且高低滩区域多基岩碎石，因此，通常情况下变化规律不明显；但在春秋季台风影响期间，剖面中部由于受到的保护最差，因而易发生侵蚀，侵蚀下来的泥沙被横向搬运到高低滩，造成高低滩的淤积。海滩中段马鼻岬角两侧各有一溪口入海，且溪口南侧有高出大潮高潮位 2~3 m 的沙堤分布，因而在夏季物质来源相对丰富的情况下，海滩剖面易发生淤积。

4.4 平潭岛坛南湾

坛南湾位于平潭岛南部，坐标介于 25.43—25.47°N，119.75—119.83°E。西部为将军山，为天然岬角，东部为澳前作为岬角，砂质海岸全长可达 22 km，由于未被开发，海滩保持天然状态，有"白金海岸"之美誉。该段海岸被数个伸向海中的小型岬角所隔断，形成一系列小型岬湾海滩。

4.4.1 海滩概况

坛南湾位于平潭岛东南，这是一处旅游条件不逊于龙凤头海滨的又一天然浴场。沙滩岸线 22 km，是一个待开垦的"处女地"，有"白金海岸"之美誉，是未来平潭海滨沙滩开发的重点。自 2009 年平潭综合实验区成立以来，坛南湾的佳景引来一批又一批的考察团。据不完全统计，已有近千批次考察团到这里考察。海岸环境优美无污染。林带护卫，丘陵环抱，湾内海域辽阔，岸线曲折，港澳众多，岛现礁隐，激浪千层，层次繁复，色彩丰富。坛南湾东临大海，滩面平缓，细沙如银，有"坛南银滩"之称。坛南湾尽头的潭角尾，岬角突出，景物不凡，象形奇岩遍布海滨沙岗。

4.4.2 海滩沉积物变化特征

坛南湾岸滩为砂质海滩，在该岸段布设了 TN1 和 TN2 两条监测剖面（图 4.31）。依据表层沉积物样品分析结果，该岸段表层沉积物以中、细砂为主，滩面可见少量贝壳碎屑。总体来看，底质沉积物分选好-中等，分选系数平均值为 0.83，磨圆较好；峰态峭度等级为平坦-中等尖锐；该岸段表层沉积物平均粒径最小值为 1.12Φ，最大值为 2.20Φ，平均值为 1.69Φ；偏态测试值以负偏为主，其中在剖面的两端，由于岸上有风沙性质，水下持续受波浪作用，砂质沉积物近乎对称分布，而靠近水边线的部位偏态为负偏，甚至极负偏，偏态系数平均值为-0.19。

图 4.31　坛南湾海滩及其监测剖面的位置

4.4.3 海滩演变特征

由图 4.32 可见，潭南湾两条剖面（TN1 和 TN2）年冲淤变化和季节变化均不太大，主要是由于剖面所在的岸段，基本处于原始状态，受人工开发影响较小，海滩几乎没有受到破坏，因此海滩无论是平面特征还是剖面特征都基本处于平衡状态。两条剖面的测量结果显示，其形态相似，变化趋势趋同，没有季节性剖面的差别。剖面冲淤变化不太明显，在后滨和水边线处变化较其他位置显著，主要是受到人类的影响和水动力场变化所造成的。

两条剖面的冲淤规律不很明显，两年之内既有侵蚀（TN1）也有淤积（TN2），侵蚀与淤积量都不很大，剖面 TN1 在整条剖面上年平均侵蚀厚度为 0.1 m，而剖面 TN2 年平均淤积厚度为0.05 m，几乎无法感知海滩的变化，在剖面的后滨段，海滩剖面变化明显，是受到人为影响或者降雨等天气状况的影响，但沙量总体处于平衡状态。

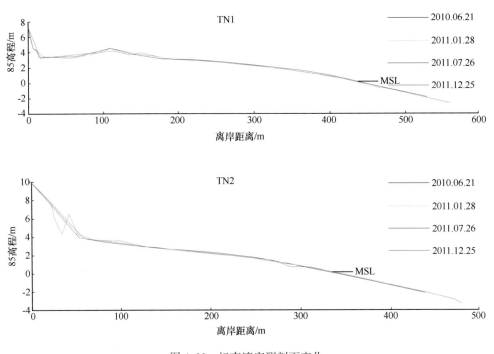

图4.32 坛南湾实测剖面变化

4.5　崇武青山湾

青山湾位于崇武—秀涂海岸东段，横跨惠安县的张坂、山霞和崇武三个乡镇，地理坐标为24°51′—24°54′N，118°49.5′—118°54′E，东起崇武镇前坡村岬角，西至张坂镇前见村岬角，岸线长度约10 km。青山湾海岸几乎全部为砂质岸线，其中山霞镇下坑村海岸沙滩，岸线长度约为1.5 km（山霞镇境内长度），沙滩形态、沙体质量最为优良，加之该处海岸及临近岸段少有污染源入海，海水质量较好，因此是游人乐于光顾、游览的滨海胜地。

4.5.1　海滩概况

4.5.1.1　海岸地貌

1）海岸形态及海岸线类型

海湾两端均为燕山期花岗岩基岩岬角，其余则为内凹的砂质海岸，中部湾顶区内侧分布有小潟湖；以潟湖潮汐通道为界，青山湾沙滩分为东西两部分，其中东端部分沙滩较为发育；本项目研究区主要是青山湾中东部之下坑村沙滩，该岸段东起崇武—山霞交界海岸点东侧、西至下坑村沙嘴西端，沙滩长度约 1.5 km，宽度上呈东窄西宽的特点（图 4.33）；东端前坂村岬角附近沙滩退化，其护岸根部即为岩滩到沙滩，向西沙滩宽度逐渐变宽，至下坑村岸段（潟湖外侧），沙滩宽度（由滩肩到低潮带）超过 200 m。海滩地形为低潮阶地型，潮间带宽阔、坡度平缓，滩坡多向南偏东倾斜与敞开；滩面沉积物主要由中粗砂和中细砂组成。下坑村岸段海滩是优良的天然海滨浴场，是青山湾景区主要的旅游景观。

图 4.33　青山湾海滩及布设的两条监测剖面位置

青山湾海域水下岸坡略陡，离岸约 2 km 即是 5 m 以深的深水区。海湾近岸海区中有南洋屿、小洋礁和半羊礁等岛礁分布。青山湾海岸线地质类型除东西两端海岸为基岩（花岗岩）陡崖及岩滩外，其间砂质岸线的海岸主要由沙堤或潟湖沙坝组成。

目前，对青山湾砂质海岸资源的开发利用还较为落后，唯中部湾顶区岸段（面积约 3.7×10^4 m³），由于具有较好滨海旅游的区位条件，经山霞镇政府委托，已由珠海市规划设计院厦门分院完成了详细的风景区修建性规划论证，目前已形成滨海旅游度假区之雏形。

2）陆地地质与地貌

根据现场调查和综合已有资料，按《全国海岸带和海涂资源综合调查简明规程》对海岸地貌的分类原则，青山湾邻近地区的陆地地貌可分为四种类型（图 4.34）。

（1）侵蚀剥蚀低丘陵（L1）

侵蚀剥蚀低丘陵分布于下坑村北面青山（海拔 146.7 m）和后厝北面寨仔顶山（海

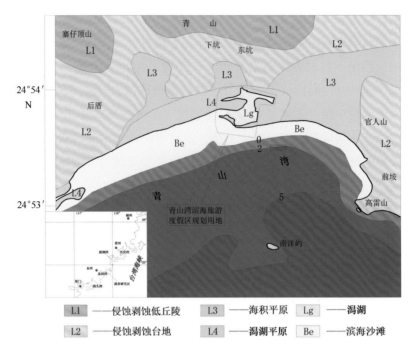

图 4.34　青山湾沙滩位置、海岸形态及地貌略图

拔 107.9 m）。丘顶浑圆，山坡陡峭。山体经流水切割，地形崎岖，沟谷发育。青山一带丘体主要由上三叠统—侏罗系（T_3—J）变粒岩及其风化残积物组成。寨仔顶山一带丘体则主要由燕山期黑云母花岗岩（$\gamma_5^{3(1)b}$）及其风化残积物组成。

（2）侵蚀剥蚀台地（L2）

侵蚀剥蚀台地分布于海湾北面寨仔顶山和青山南侧的后厝、下坑、东坑村一带，以及湾东侧官人山和高雷山地段。地面呈波状起伏，坡度较缓，多见垄岗状残丘，并发育沟谷和坳谷。台地高程在 100 m 以下。本地貌类型是新构造期以来，由于地壳间歇上升而形成的一种地面受流水冲刷和夷平等侵蚀作用的地貌形态结构。组成物质主要为基岩（包括上三叠统—侏罗系变粒岩、燕山期黑云母花岗岩和混合二长花岗岩）的残积坡积物（Q^{el-dl}）和少量出露的基岩残岗。

（3）海积平原（L3）

海积平原分布在青山湾东北侧和下坑村、东坑村的南面。地面海拔高度大多 3~5 m，地势低平，并向海微倾斜。地层主要由覆盖在第四系残积层或基岩之上的全新世晚期海积沉积物（Q_4^{2m}）构成。组成物质包括淤泥、砂、砾石等，但以黏土质砂为主。本次调查在青山湾东段 QS1 地形-沉积物监测剖面潮上带西侧采集的样品（QS1-1 样）系呈暗灰色半固结状态，经粒度分析得其沉积物类型为中粗砂，中值粒径为 1.02Φ，全由砂质颗粒组成（粗砂占 48.48%，中砂占 48.22%，细砂占 3.3%）。调查区海积平原大多开辟作为耕作农田,近岸带多开发为水产养殖场。全新世晚期以来,本区海积平原海岸普遍发育沙堤岸,同时在后滨防护林带,通常有薄层现代沙丘覆盖。但近几十年来,由于海滩沙量减少,沙堤岸及其人工堤均遭受严重侵蚀。

(4)潟湖平原(L4)

潟湖平原主要分布在海湾中部海积平原外侧,西端小洋礁北面也有小潟湖平原分布。湾中部潟湖平原之西段,拦湾沙坝为一呈 NEE 向延伸的条带状沙堤沙体,内侧河沟状潟湖由于建设泉州滨海大道已经被填埋;东段拦湾沙坝则是一个沙嘴沙体,它作为湾东北部海积平原岸外侧沙堤沙体海岸之延伸部分,目前仍有向西生长的迹象。

4.5.1.2 海洋水文

1)潮汐

崇武沿海的潮汐类型为正规半日潮。根据崇武验潮站 1956—1980 年实测潮位资料统计,其潮汐特征如表 4.8 所示。

表 4.8 崇武沿海潮汐特征值 单位:m

水位	崇武水尺零点高程	以85高程为基面	潮差值
最高潮位(HHWL)	8.53	4.29	
最低潮位(LLWL)	0.84	−3.40	
平均大潮高潮位(MSHTL)	7.18	2.94	平均潮差 4.27
平均高潮位(MHW)	6.67	2.43	最大潮差 6.67
平均低潮位(MLW)	2.40	−1.84	最小潮差 1.22
平均海面(MSL)	4.52	0.28	

2)实测潮流

国家海洋局第三海洋研究所于 2010 年 8 月 11 日 9 时至 8 月 12 日 11 时(农历初二至初三)开展了崇武至秀涂海岸水文泥沙观测;根据良好天文日期的计算,观测的潮型可代表大潮的典型潮型。各测站具体位置见图 4.35。

各站涨、落潮流向主要受水道及周围地形的影响而表现不同。图 4.35 中 1#站涨潮流向主要为 NW 向,落潮朝 SE 向;2#站涨潮流向主要为 SW 向,落潮朝 NE 向;3#站涨潮流向主要为 WNW 向,落潮朝 ESE 向;4#站涨、落潮流向分别为 W 向和 E 向。

实测最大流速:1#站实测最大涨、落潮流流速均为 32 cm/s;2#站实测最大涨潮流流速为 28 cm/s、落潮流流速为 23 cm/s;3#站实测最大涨潮流流速为 33 cm/s、落潮流流速为 29 cm/s;4#站实测最大涨潮流流速为 99 cm/s、落潮流流速为 110 cm/s。

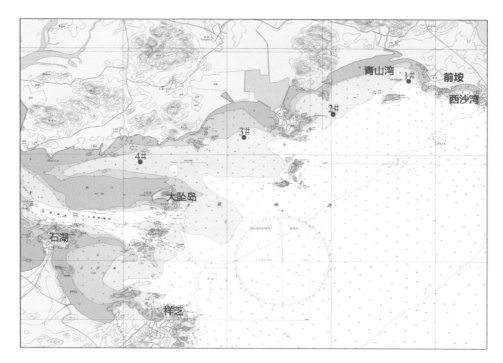

图 4.35　海流观测站位

　　垂线平均流速、流向：1#站的涨、落潮平均流速分别为 14 cm/s 和 17 cm/s，涨、落潮最大垂线平均流速分别为 27 cm/s 和 28 cm/s。2#站的涨、落潮平均流速分别为14 cm/s 和 13 cm/s，涨、落潮最大垂线平均流速分别为 25 cm/s 和 21 cm/s。3#站的涨、落潮平均流速分别为 21 cm/s 和 18 cm/s，涨、落潮最大垂线平均流速分别为 31 cm/s 和 26 cm/s。4#站的涨、落潮平均流速分别为64 cm/s 和 53 cm/s，涨、落潮最大垂线平均流速分别为 90 cm/s 和 97 cm/s。

　　余流：余流主要是指从实测海流中消除周期性流（如潮流）后的剩余部分，受诸多因素的影响。1#站垂线平均余流流速为 5.5 cm/s，流向为 SSW；2#站垂线平均余流流速为 0.3 cm/s，流向为 N；3#站垂线平均余流流速为 6.0 cm/s，流向为 N；4#站垂线平均余流流速为 3.6 cm/s，流向为 W。

　　3）波浪

　　国家海洋局第三海洋研究所在该海域开展波浪动力观测工作，波浪观测点位于青山湾海域离岸线约 9 km 的位置（图 4.36）。波浪观测从 2010 年 9 月 15 日开始至 2011 年10 月 11 日结束，连续观测时间约 13 个月。

　　观测结果：① 观测海域主要波型是混合浪。观测期间全年的波向主要集中在 ENE、E、ESE、SE、SSE、S、SSW、SW 向，E 为常浪向，所占频率为 27.05%；春季和冬季常浪向为 E 向，夏季常浪向为 SSE 向，秋季常浪向为 ESE 向。全年强浪向出现在 S 向，

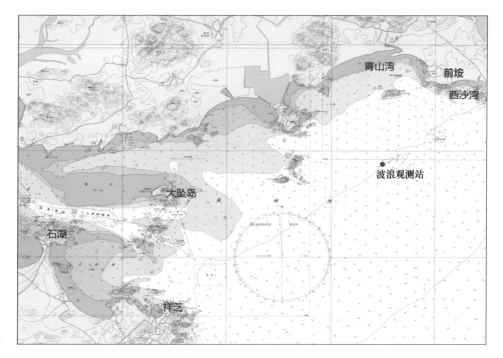

图 4.36　波浪观测站位示意图

H_{max} 波高最大值为 10.10 m。② 全年 H_{max} 波高以 3 级浪为主，年出现频率为 67.44%，其次为 4 级浪，年频率为 17.07%，2 级浪出现频率为 15.28%，5 级浪出现频率为 0.21%，6 级出现频率最少，为 0.01%；H_{max} 波高年平均值为 1.03 m，月平均最小值为 0.68 m，出现在 2011 年 4 月，月平均最大值为 1.50 m，出现在 2011 年 1 月；统计所有观测期（2010 年 9 月 15 日至 2011 年 10 月 11 日）$H_{1/10}$ 波高年最大值为 7.68 m，H_{max}（最大波高）波高的最大值为 10.10 m，出现在 2010 年 9 月 20 日"凡亚比"台风期间。观测期间 T_m 的年平均值为 3.9 s，最大值为 9.0 s。T_m 的各月平均值介于 3.3~4.5 s，最小值出现在 2011 年 5 月，最大值出现在 2011 年 1 月。③ 台风造成区较大的波浪波高，对应的谱峰周期为 9.7 s，波向为 S 向；次之为 6.74 m，出现在 2010 年第 13 号台风"鲇鱼"期间，对应的谱峰周期为 7.8 s，波向为 ESE 向。

4.5.2　海滩沉积物变化特征

该岸段岸滩为砂质海滩，两条剖面沉积物差别较大。依据表层沉积物样品分析结果，QS2 剖面表层沉积物主要以中粗砂-粗中砂为主，滩面可见少量贝壳碎屑，该岸段表层沉积物平均粒径最小值为 0.63Φ，最大值为 1.38Φ，平均值为 0.95Φ；而 QS3 剖面表层沉积物主要以中砂-中细砂为主，滩面可见少量贝壳碎屑，该岸段表层沉积物平均粒径最小值为 0.98Φ，最大值为 2.09Φ，平均值为 1.74Φ；QS2 剖面底质沉积物分选较好-中等，分选系数平均值 0.98，磨圆较好；QS3 剖面底质沉积物分选较好，分选系数平均值为 0.70；QS2 剖面峰态峭度为平坦-中等，QS3 剖面峰态峭度为中等-尖锐；偏态测试值以负偏为主，但是两剖面差别较大，其中 QS2 中所有样品偏态均近乎对称，其值均处于 ±0.1 之内，而 QS2 中样品以对称-负偏为主，个别达到极负偏。两条剖面的沉积物特征差异较大，反映两条剖面冲淤特征的不同，显示 QS2 遭受侵蚀较为严重。

4.5.3　海滩演变特征

经过多次剖面测量结果分析可见，该处海滩剖面变化比较复杂，受外力作用影响较大，基本上为后滨淤积，滩面侵蚀的状态。剖面特征（图 4.37）通过分析可见，后滨和滩面变化量较大，存在季节性变化，后滨变化多受人为影响。

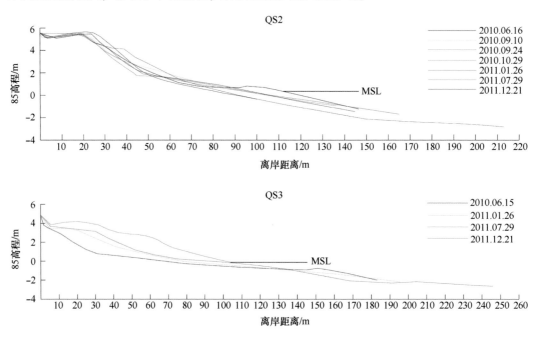

图 4.37　青山湾实测剖面

剖面 QS2 测量总长 150 m 左右，后滨潮上部分变化较大，其他位置变化相对较小，剖面形态在中低潮间存在坡折，该坡折处也是潮间带剖面变化最明显处，年内变化最大超过 3 m（2011 年夏、冬剖面），年际最大变化约 4 m，有缓慢侵蚀的趋势，平均冲刷厚度约为 0.25 m。低潮区主要是由于滩肩被侵蚀的泥沙在低潮区堆积，提供补给的原因。总体上剖面侵蚀比较大，亦有处于季节性调整、年际调整的状态。

剖面 QS3 的变化更明显，同样是后滨变化较大，因为受到人类活动的影响；滩面变化相对较小，只是在中低潮区间坡折处变化比较明显。通过剖面分析，该处海滩季节性变化平均为 3.5 m，而年际变化平均为 2.7 m，有冲有淤，规律性不明显。

4.6　湄洲岛莲池

莲池岸段位于湄洲岛东岸，坐标大致介于 25°3′—25°6′N，119°7′—119°9′E，位于福建中部，湄洲湾口，北起高朱村，南至三佛山，总长约 2.7 km（图 4.38）。该岸段为砂质海岸，结合之前现场调查资料，该岸段侵蚀严重，2007 年滩面出露老红砂和红土层，因此海滩遭受一定的破坏。湄洲岛为妈祖祖庙所在，旅游资源丰富，因此海滩开发前景良好。

图 4.38　湄洲岛莲池海滩形态及布设的监测剖面位置

4.6.1　海滩概况

据沈金瑞（2011）研究（图 4.39），莲池沙滩发育有较好的沿岸堤，为近南北延长向陆凸出的垅状沙脊，沿岸平行排列。顶莲池沿岸堤规模较大，长约 2 km。两者均为单堤，堤坝形态内陡外缓，主要由砂和少量贝壳组成，层纹清晰。

风浪是该岛海岸地貌形成的主要海洋动力。本区主要以 NE 向风为主，约占全年的 34%，其次是偏南风，约占全年的 11%。由于东部、南部和北部为主要迎风面，所以风浪较西部强，海蚀作用较西部发育。

东部海岸的堆积除潮流作用外，主要为风浪堆积。强烈的东北风形成南西方向的进浪，正好与本岛中段（顶莲池至大山鼻头）近垂直，在波浪作用下，泥沙向岸搬运。由于东岸濒临台湾海峡，海面宽阔少屏障，大量泥沙向岸搬运，形成规模巨大的沙滩，如

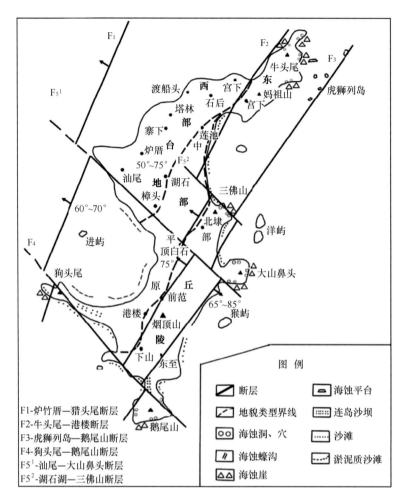

图 4.39　湄洲岛地质地貌略图

（沈金瑞，2011）

莲池沙滩、大三沙滩。

4.6.2　海滩沉积物变化特征

该岸段岸滩为砂砾质海滩。依据表层沉积物样品分析结果，该岸段表层沉积物以砾砂-砂砾为主，只在剖面向海一侧沉积物略细，为粗砂，滩面可见少量贝壳碎屑，该岸段表层沉积物平均粒径最小值为 -1.82Φ，最大值为 1.34Φ，平均值为 -0.53Φ；总体来看，底质沉积物分选中等-差，只在剖面向海一侧沉积物分选较好，与粒度有一定的相关性，分选系数平均值为 1.10；峰态峭度为平坦-中等尖锐；两剖面偏态测试值有较大区别，其中剖面 MZ1 为对称或极正偏，偏态系数平均值为 0.21，剖面 MZ2 为负偏、对称或极正偏，偏态系数平均值为 -0.03。两剖面沉积物特征均反映出海滩侵蚀严重，沉积物粗化，滩面仅剩下粗砂和砾石质沉积物，因此偏态和分选均没有规律，砾石的存在对沉积物分析影响较大。

4.6.3 海滩演变特征

4.6.3.1 海滩发育历史

全新世海进之前，湄洲岛是两个 NE—SW 走向的主山丘和几个小山包（如狗头尾岛、鹅尾山岛、小连岛、大山鼻头等）。主山丘之间为一低洼地带，湄洲湾入海河谷从岛的南北两端向东延伸（图 4.40a）。

全新世海进最盛时，海水从内陆架（即台湾海峡南部）缓慢上升并最终到达湄洲岛时，随海平面上升而向海岸推来的由残留砂组成的沙坝到达岛的东侧，建造了一列不连续的连岛沙坝与海岸沙堤。在这个海进阶段，至少有 3 条连岛沙坝同时形成（图 4.40b）。

在海进后的相当长一段时期里，至少自海进最盛期至 2 200 a B. P. 左右，即风沙层开始发育之前，在海岸沙体背后的平静海湾区和海滩上，沉积作用缓慢地进行（图 4.40c）。

由于风沙的发育，下李湾的大量中细砂被东北风吹向西南，依次建造了南、北两岛之间的连岛沙坪区、西南部狭长的滨岸沙带和狗头尾连岛沙坝（图 4.40d）。

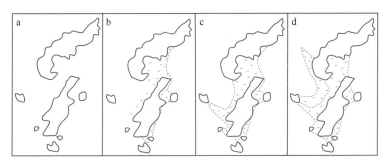

图 4.40 湄洲岛发育阶段图示（蔡爱智和蔡月娥，1988）

4.6.3.2 岸滩近期变化特征分析

通过分析可见，湄洲岛莲池岸段剖面（图 4.41）后滨变化较大，滩面变化不大，基本处于冲淤平衡状态，存在季节性变化，砂层厚度变化范围小于 0.4 m。后滨变化多受人为影响。

剖面 MZ1 测量总长 160 m 左右，后滨潮上部分变化较大，其他位置变化相对较小，剖面形态在中低潮间存在坡折，该坡折处也是潮间带剖面变化最明显处，年内变化最大超过 7 m（2011 年夏、冬剖面），年际最大变化约 4 m，有缓慢侵蚀的趋势，平均冲刷厚度约为 0.25 m。低潮区变化很小，主要是由于滩肩被侵蚀的泥沙在低潮区堆积，提供补给的原因。总体上剖面侵蚀比较缓慢或者仅仅是处于季节性调整、年际调整的状态。

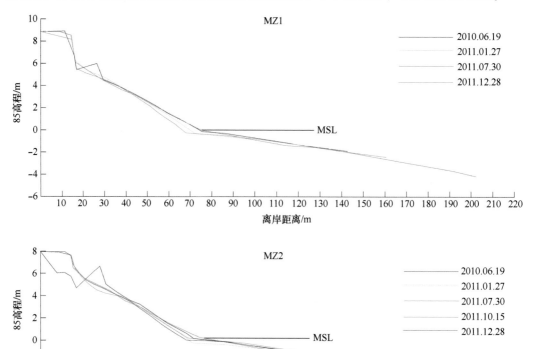

图 4.41　湄洲岛莲池沙滩实测剖面

剖面 MZ2 的变化趋势大致与 MZ1 相似，同样是后滨变化较大，因为受到人类活动的影响；滩面变化较小，只是在中低潮区间坡折处变化比较明显，两年之间后退最大距离为 6.2 m，低潮区最大侵蚀厚度约为 0.3 m。通过剖面分析，该处海滩季节性变化平均为 4.5 m，而年际变化平均为 2.7 m，有冲有淤，规律性不明显，与 MZ1 相似，剖面仅仅是弱侵蚀或者在经历合理的调整过程。

4.7　崇武半月湾

半月湾的大致地理坐标为 24°52′—24°53′N，118°55.5′—118°57.5′E，即位于福建中部沿海崇武半岛南岸，其湾口朝南，濒临泉州湾外海域（图 4.42）。该湾东西长度 3 km 左右，两端均为燕山期花岗岩基岩岬角，西侧为崇武古城风景区，东侧已建一级渔港工程。湾内岸线大体呈东西向延伸的月牙形，岸前滨海沙滩连绵约 2.5 km，沙滩宽度几十米至近 200 m 不等，向南倾斜与敞开。水下岸坡较陡，离岸约 200 m 即是 5 m 深水区。

湾之东南面近岸海区原本有 5 个岛礁呈弧形断续分布，但目前已经建造防波堤将各个岛礁连接在一起。

图 4.42 崇武半月湾海滩形态及布设的两条监测剖面位置

4.7.1 海滩概况

4.7.1.1 海岸地貌

根据现场调查和综合现有资料，按《全国海岸带和海涂资源综合调查简明规程》对海岸地貌的分类原则，崇武半月湾邻近地区的陆地地貌大体可以分为两种类型（图4.43）。

1）侵蚀剥蚀平原与台地（L1）

侵蚀剥蚀平原与台地分布在崇武古城和烟墩山北侧，以及大岞山南面，地面高程在 50 m 以下，略呈波状起伏，坡度较缓和，多见垄岗状残丘；台地高程一般为 50～100 m，地面起伏较明显，多见基岩山岗，并发育沟谷和坳谷。本地貌类型是新构造期以来，由于地壳间歇上升而形成的一种地面受流水冲刷和夷平等侵蚀作用的地貌形态结构，主要组成物质系燕山期花岗岩基岩及其残-坡积层，局部低洼区分布全新统海积沉积层。

2）风成沙地（L2）

风成沙地为半月湾沙滩直接背依的海岸地貌类型。季风、风暴潮，以及全新世海面上升时滨面向陆转移是本地貌类型形成的主要动力与原因。由于半月湾海岸的后缘无障

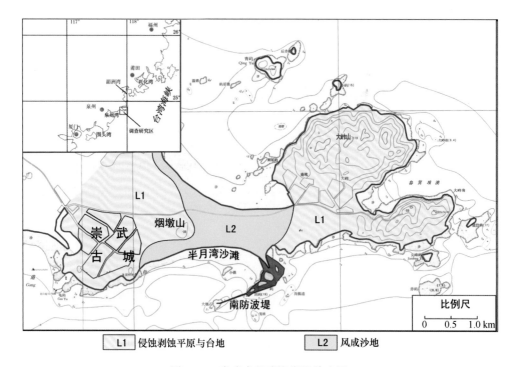

图 4.43　崇武半月湾海岸地貌略图

碍，本区风成沙地地面较为平坦，而且呈现出多期（次）风沙加积的地貌现象。按风沙沙层堆积的时间先后及组成物质的区别，自下而上可分出以下三种不同的层位：

（1）更新统海-风积层（俗称老红砂——Q_3^{m+col}）

老红砂层主要出露于半月湾西部。在烟墩山南麓分布的老红砂直接不整合覆盖在燕山期花岗岩风化壳之上；湾之西段海岸的侵蚀陡崖基本上是由老红砂层所组成；同时，在西岸段潮间带海滩中也常有老红砂层裸露，其中可见发育海蚀洞穴。

从出露的老红砂层的沉积结构来看，上部层位主要为褐红色、砖红色的厚层中细砂，其中粒组含量为砂占 84.94%、粉砂占 7.80%、黏土占 7.26%，平均粒径为 2.34Φ，标准偏差为 1.64，偏度为 0.50，峰值为 3.23；砂颗粒呈半胶结状，胶结物主要为水合氧化铁、赤铁矿和黏土矿等；砂层中有时可见夹有细砾层，砾石多为白色石英岩卵石。下部层位颜色变浅，一般为呈淡蓝灰色的半固结状黏土质砂，其中可见夹有薄层灰黑色碳质淤泥，直接覆盖在花岗岩风化壳残积土之上。

（2）全新统晚期海滨风成沙丘岩层（Q_4^{2col}）

海滨风成沙丘岩层主要分布在半月湾东段海岸后缘平原区，覆盖于崇武与大岞山之间古连岛沙坝之上。该层是在全新世海侵海面相对稳定后，海滩上的松散碎屑沉积物经风力搬运，堆积于潮间带以上的较高部位，后长期在干湿气候交替的条件下，由于大气淡水下渗时其中生物钙质壳屑遭受淋溶，以及粒间水又发生表面蒸发，而逐渐形成钙质胶结的一种地层，碎屑颗粒主要为石英、长石和少量生物屑、重矿物等，胶结物以粒状方解石为主，胶结程度较差，易碎。在半月湾东段海岸北面的一个采样点（24°52′58″N，118°56′56″E），于深约 50 cm 的耕作土下面采集到的呈灰白色半固结状沙丘岩，经粒度分析为粉砂质砂，其中粒组含量为砂占 66.69%、粉砂占 21.42%、黏土占 11.90%，平均粒径为 3.72Φ，标准偏差为 2.89，偏度为 0.58，峰值为 0.86。

（3）现代潮上带海岸风成沙丘（Q_4^{3co1}）

现代海岸沙丘主要分布在近岸潮上带，呈灰白色松散状，主要是由石英、长石组成的粗中砂或中粗砂，粒组含量除局部含少量砾石外，均由砂构成，平均粒径为 0.36 ~ 1.48Φ，标准偏差为 0.53 ~ 0.79，偏度为 -0.03 ~ 0.06，峰值为 0.86 ~ 0.98。现代海岸沙丘披覆在老红砂、沙丘岩等地质体的上面。

4.7.1.2 海洋水文

1）潮汐与潮流

崇武沿海的潮汐类型为正规半日潮。根据崇武验潮站 1956—1980 年实测潮位资料统计，其潮汐特征如表 4.8（见第 4.5 节）所示。

从崇武古城南面近岸海区所测表层潮流资料来看，其潮流性质属半日潮流型。潮流大多为往复流，涨潮自 E 向 W，落潮相反；局部地区受地形影响，流态较为复杂，如半月湾南大礁附近落潮流系由 N 往 S。涨潮流最大流速 0.31 ~ 0.46 m/s，最强潮发生在高潮前 1 h；落潮最大流速 0.31 ~ 0.46 m/s，最强潮发生在高潮后 5 h。

2）波浪

崇武海区风浪出现频率稍多于涌浪。涌浪以偏 S 向为主。为表述半月湾沙滩外侧近岸海区的年平均风浪情况，我们利用当地风况资料和 1:10 万海图，按《海港水文规范》中的有关规定，对坐标为 24°52′N，118°56′E 的地点（静水深约 16 m）的年平均深水有效波高（H_{os}）和有效波周期（T_s）做了计算，其计算公式如下：

$$\frac{gH_s}{V^2} = 5.5 \times 10^{-3} \left(\frac{gF}{V^2}\right)^{0.35} \tag{4.1}$$

$$\frac{gT_s}{V} = 0.55 \left(\frac{gF}{V^2}\right)^{0.233} \tag{4.2}$$

式中，g——重力加速度（m/s^2）；

H_s——有效波高（m）；

V——风速（m/s）；

F——风区长度（m）；

T_s——有效周期（s）。

计算结果如表 4.9 所示。从表 4.9 可以看出，半月湾沙滩的优势来波为 SSW—SW 向；偏 NE 方向的波浪虽然频率较高，但对该海湾海岸而言为离岸向，即不影响其沿岸输沙。

表 4.9   半月湾沙滩外侧波浪计算点各波向年平均深水有效波高、周期及频率计算值

波向	N	NNE	NE	ENE	E	ESE	SE	SSE
H_{os}/m	0.09	0.25	0.29	0.26	0.35	0.29	0.32	0.33
T_s/s	1.0	1.6	1.8	1.8	2.5	2.4	2.5	2.5
频率/%	5.0	28.0	26.0	8.0	2.0	1.0	1.0	2.0
波向	S	SSW	SW	WSW	W	WNW	NW	NNW
H_{os}/m	0.40	0.54	0.38	0.21	0.11	0.13	0.06	0.07
T_s/s	2.7	3.0	2.6	1.9	1.4	1.4	1.0	0.9
频率/%	4.0	8.0	8.0	2.0	1.0	0.1	0.1	1.0

4.7.2   海滩沉积物变化特征

该岸段岸滩为砂砾质海滩。依据表层沉积物样品分析结果，该岸段表层沉积物以砾砂-中砂为主，从岸向海方向，沉积物粒度逐渐变细，滩面可见少量贝壳碎屑，该岸段表层沉积物平均粒径最小值为 -0.98Φ，最大值为 1.97Φ，平均值为 0.13Φ；底质沉积物分选中等-差，只在剖面向海一侧沉积物分选较好，与粒度有一定的相关性，分选系数平均值 0.97；峰态峭度为中等-尖锐；两剖面偏态测试结果以负偏为主，在向岸一侧个别沉积物出现正偏现象，受水动力作用的沉积物倾向负偏，而在剖面靠海一侧，沉积物偏态近乎对称，其中剖面 CW1 偏态系数平均值为 -0.14，剖面 CW2 偏态系数平均值为 -0.07。

4.7.3   海滩演变特征

崇武半月湾海滩变化受到外部条件的影响较大，不同的岸段冲淤变化也比较明显，两条剖面（图 4.44）无论形态，还是宽度都差别很大，CW1 没有滩肩，而 CW2 发育20 m 余宽的滩肩，这主要是受半月湾东侧修建渔港的影响，渔港修建后阻挡东向波浪向西的输沙，致使该岸段原本输沙平衡被打破，输沙形式变为向东的净输沙，因此东侧海滩略淤或稳定，而西侧海滩则严重侵蚀。

剖面 CW1 测量总长 100 m 左右，滩肩被侵蚀消失，滩面坡度较陡，滩面上部蚀退较为明显，年际最大变化约 2.3 m，年内变化最大约为 8.9 m（2011 年夏、冬剖面），有缓

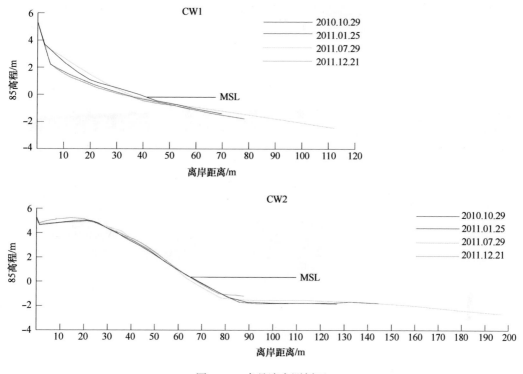

图 4.44 半月湾实测剖面

慢侵蚀的趋势，中低潮区平均冲刷厚度约为 0.13 m/a。剖面上部冲刷沉积物堆积在低潮区，低潮区略有淤积。总体上剖面处于缓慢侵蚀状态，季节性变化是剖面的主要变化过程，与码头刚建成时的极速后退相比，侵蚀速率明显减小。

剖面 CW2 测量总长 150 m 左右，最长可达 190 m，滩肩宽约 25 m，滩面上部坡度较陡，中低潮区有明显的转折；滩肩变化较为明显，可能受人为影响，高潮区变化较大，年际最大变化约为 1.2 m，年内变化最大约为 2.4 m（2011 年夏、冬剖面），有缓慢淤积的趋势，中低潮区平均淤积厚度约为 0.25 m/a。总体上剖面处于缓慢淤积状态，季节性变化不大，年际变化比较明显，淤积的主要原因是泥沙的定向运移，剖面 CW1 泥沙向 CW2 运移，并堆积下来，而码头的建设使得 CW2 处水动力减弱，剖面变化比较和缓。

4.8 围头塘东沙嘴

围头湾位于晋江市东南，介于金门岛和晋江之间。海湾东南面与台湾海峡相通，开口宽度约 11 km。西面通过金门与厦门之间的水域与厦门湾连接。湾顶向陆深入为安海湾（图 4.45）。

图 4.45　塘东沙嘴位置及其海滩中布设的监测剖面

4.8.1　海滩概况

4.8.1.1　海岸形态与地质地貌

晋江市大地构造属"闽东滨海加里东隆起带"（或称"闽东滨海台拱"）的一部分。中生代燕山运动非常剧烈，断裂构造发育是晋江市最主要的构造形式，北东向断裂多为压性兼具扭性，北西向断裂多为张性。新构造运动也较强烈。主要的构造断裂带有：罗裳山—灵源山断裂（长乐—诏安断裂带主干断裂）、灵秀山断裂、深沪—金井断裂（长乐—诏安断裂带滨海断裂）。本研究所在海岸段位于深沪—金井断裂上，断裂带沿烟墩山—乳山—塔山一线展布，表现为一系列的小破裂面及节理密集带断续出现。常有基性岩脉及小石英脉侵入于破裂面内，节理密集带内的岩石被切成 1~2 cm 的薄板状。有的地段表现为伟晶岩脉带，伸展方向与断裂的展布一致。

晋江市地貌成因属复式的地堑地垒构造。北东向主干断裂通过地段，地貌上表现为侵蚀-剥蚀的阶地及断块丘陵分布区。东侧的滨海断裂，东断块上升，地貌上表现为条带状低丘；西断块下降，地势较为低平，也呈条带状分布。北东向地貌条带，受活动性较大的北西向断裂的切割，在引张的应力作用下，形成断陷区，成为堆积地貌发育的空间，故较大的堆积地貌也呈北西走向。

晋江市的地垫多形成平原、台地，地垒形成丘陵或残丘。经历新第三纪以来的准平原化侵蚀剥蚀过程，特别是第四纪中更新世以来的湿热风化，形成了在准平原面上发育的巨厚红土风化壳台地，表现在地貌形态上具有其显著的特点。深沪、金井、东石等地红土台地海岸岸段，由花岗岩风化的残坡积红土、砂质黏土构成。红土海崖高达 5~10 m，坡度较大，在湖尾一带达 70°~80°。沿岸的红土台地风化壳结构比较松散，极易受到侵蚀形成侵蚀陡坎（图 4.46）。

图 4.46　红土台地受侵蚀形成陡坎

4.8.1.2　海洋水文

围头湾属正规半日潮类型。根据围头角和厦门海洋站 2000 年 7 月 1 日至 8 月 6 日同步实测潮位资料统计，潮位特征值见表 4.10。平均潮差均大于 4.0 m，属于强潮海湾。围头湾内潮流流速不大，1995 年 2 月由泉州水文站完成的测验资料表明测点最大涨落垂线平均流速均在 0.9 m/s 以内。水文测验 A 点大潮涨潮垂线平均流速为 0.6 m/s；落潮最大垂线平均流速为 0.8 m/s。大潮涨潮平均流速为 0.68 m/s；落潮最大流速为 0.98 m/s，水文测验 B 点（A 点西南方 1 300 m 处），大潮涨潮最大垂线平均流速为 0.75 m/s，落潮最大垂线平均流速为 0.85 m/s，大潮涨潮最大流速为 0.83 m/s，测点落潮最大流速为 0.92 m/s。涨潮流向 142°~160°东南流，落潮流向 314°~350°西北流。

表 4.10　潮位特征值表（理基）　　　　　　　单位：m

项目	围头角	厦门海洋站
平均高潮位	5.29	5.66
平均低潮位	1.10	1.33

项目	围头角	厦门海洋站
平均潮差	4.18	4.35
最大潮差	6.13	6.41
最小潮差	2.43	2.94

从不同浪级出现的频率看（表4.11），本海区以3~4级的波浪为最多，出现频率为51.9%；0~2级波浪次之，出现频率为39.2%；大于等于5级的波浪出现频率为8.8%。而3~4级的波浪中又以东南东向为最多，其出现频率为17.3%；北东向次之，出现频率为14.7%。

表 4.11　围头湾多年（1961—1979年）各级波高出现频率（%）

方向	N	NNE	NE	ENE	E	ESE	SE	SSE	S	SSW	SW	WSW	W	WNW	NW	NNW	累计
0~2级	0.01	0.2	1.0	1.0	2.8	19.1	12.1	1.8	0.3	0.7	0.2	0.01	0.01	—	—	—	39.23
3~4级	0.08	3.0	14.7	4.9	4.8	17.3	4.2	0.8	0.35	1.1	0.6	0.02	0.01	0.01	0.01	0.01	51.93
>5级	0.01	0.92	6.2	0.64	0.2	0.62	0.12	0.02	0.04	0.01	—	0.01	—	—	—	—	8.84

4.8.2　海滩沉积物变化特征

该岸段岸滩为砂质海滩。依据表层沉积物样品分析结果，该岸段表层沉积物以中砂为主，只在剖面靠海一侧沉积物为细砂，滩面可见少量贝壳碎屑，该岸段表层沉积物平均粒径最小值为1.04Φ，最大值为2.30Φ，平均值为1.47Φ；底质沉积物分选较好，只在剖面靠近水边线处分选中等，与水动力作用有关，分选系数平均值为0.65；所有沉积物峰态峭度为中等，相差不大，其平均值为0.94；两剖面偏态测试结果显示，几乎所有沉积偏态近乎对称，只有在水边线处沉积物略微负偏，其中剖面TD1偏态系数平均值为-0.01，剖面TD2偏态系数平均值为-0.03。

4.8.3　海滩演变特征

围头塘东剖面较长，滩肩发育，高潮区坡度较陡，宽约30 m，中低潮区十分平缓，宽度可达160 m。研究区为沙嘴地貌，受沿岸输沙影响较大，沙嘴活动性较强，尤其是沙嘴末端，会发生摆动，因此剖面变化特征与沿岸输沙量大小关系较大，其季节性变化和年际变化规律性不强。

两剖面变化趋势基本相同（图4.47），滩肩上部变化比较复杂，这是由于人类活动

的影响所造成的。滩面变化有上冲下淤的特点,高潮区以下蚀为主,中、低潮区以淤积
为主。

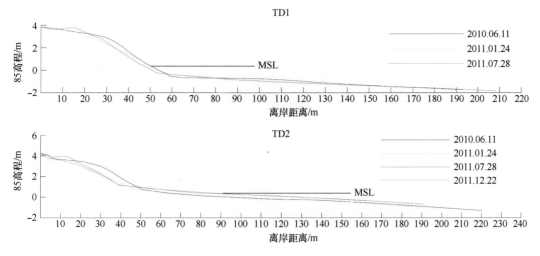

图 4.47 围头塘东沙嘴实测剖面

沙嘴剖面的变化首先受控于上游输沙,上游输沙的变化直接在沙嘴的形态上有所反
应;其次是海洋动力环境的变化,两者共同决定了沙嘴发展趋势。

4.9 衢山岛海滩

4.9.1 海岛基本概况

衢山岛地处舟山群岛中北部(图4.48),岱山县政府驻地高亭镇北偏东21.3 km,岱
山县北部(图4.48)。俯瞰岛呈长块型,东西走向,长 15 km,宽 6.5 km,陆域面积
62.85 km²,潮间带面积为 13.8 km²,海岸线总长 90.45 km,最高点为西南部的观音山,
海拔 314.4 m,地理坐标为 30°25.7′N,122°18.7′E。衢山岛为岱山县第二大岛屿,舟山
群岛第四大岛屿。行政上隶属于浙江省岱山县衢山镇。

岛上天然河流较少,大多源短流小。现有天然河流沿山麓或岙中分布,河岸曲折,
人工河道主要集中在西部,沿道路分布,河岸平直。

明代以前分东胸山和西胸山两个较大海岛。东胸山较大,包括现衢山岛东部、中部
和西北部,山势较缓,延绵不绝。西胸山为现衢山岛西南部的观音山区域,山势高耸,
山坡陡峭。在元代至明代,两岛因淤积而相连的过程中,枕头山、横勒山、老鼠山等小
岛也与之相连。清代以后,由于涂地淤积,通过筑堤围涂,潮间带不断纳入岛内。清代
以来,通过围涂造地,陆地面积增加 17 km²,其中1958—2008 年围垦 24 处,面积

1 134.5 hm²，陆地面积因此增加 12.01 km²，泥螺山、中泥螺山、外泥螺山等小岛在围垦中与衢山岛相连。

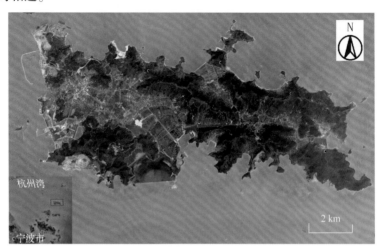

图 4.48　衢山岛地理分布

衢山岛北半部出露前震旦系陈蔡群变质岩系，衢山岛总体都呈东西方向展布。高丘陵多分布于衢山岛，以高坞组熔结凝灰岩组成的观音山和凉亭基岗地势最高，海拔分别为 314.4 m 和 256.5 m。褶皱基底岩层历经构造变动和风化作用，大多地势比较低缓，而且由南往北越接近背斜构造轴部，侵蚀剥蚀作用越强烈，以致呈现支离破碎的诸小岛屿。堆积地貌主要分布在衢山岛中部以及丘陵坡麓、沟谷，以海积平地为主。基岩海岸海蚀地貌发育。

衢山岛西为杭州湾，北为黄泽洋，南为岱衢洋，东临东海，四周海域开阔。水下地形微向北东倾斜，西、南面水深 10~20 m，北、东面水深略大于 20 m。岛间和主要岛屿两侧有潮流深槽、深潭等。海岸以基岩岸为主。潮间带滩地发育，以淤泥质潮滩为主。岸滩和海域沉积物以黏土质粉砂为主，岸滩和潮流深槽有砂和砂砾等粗碎屑物质。海滩主要分布在北部的南岙—冷峙一带海岸。

4.9.2　海岛海滩资源分布与特征

自 1959 年以来，海岸线变化主要发生在西岸、南岸的湾岙处。1990 年，海岛陆域面积 59.792 km²，海岸线长度 100.78 km，其中，基岩岸线 76.61 km，人工岸线 17.56 km，砂砾质岸线 17.56 km。2007 年，南岸的泥螺山围垦工程合龙，海岸线又发生明显变化，海岛面积扩大为 62.852 km²，海岸线缩短为 90.447 km。

衢山岛海滩主要分布在北部的南岙—冷峙一带海岸，其中沙龙海滩长度达 1.1 km，宽度在 300 m，出露规模较大，旁临沙峙海滩和冷滩海滩。由于长期以来采砂不止，位于沙岭以北 400~500 m 范围内的海滩被破坏，留下 15~20 m 宽的砾石滩。沙岭以南的砂已被采尽，见有下伏基岩裸露。双基海滩位于衢山岛南侧湾岙顶部，见于高潮位以下 15~20 m，是由灰黄色粗中粒砂组成的海滩，坡度在 4°~5°；低潮位附近以粗中砂为主，含少量砾石。另外，在小龙潭、双基和黄砂村等地的湾岙顶部都有小规模的海滩。

潮滩主要集中在北岸石子门至和尚咀岸段，分布在湾岙内及湾岙口；泥螺山东西两侧潮滩范围较大；岛西南部岛斗南岙滩涂为粉砂滩。

4.9.3 海滩自然属性与动态变化

4.9.3.1 沙龙海滩

沙龙海滩位于浙江省舟山市衢山岛的北部区域（图 4.49 和图 4.50），是集避暑、度假、休闲、娱乐为一体的旅游好去处，具有海水碧蓝、砂质纯净的特点。沙龙海滩与冷峙海滩相邻，呈月牙形东西排列，其中沙龙海滩长 2 500 m，宽 120 m，为衢山岛最长的海滩。沙龙海滩呈南北走向，分布在南、北岬角控制的湾岙内。

图 4.49 沙龙海滩照片

1）海滩沉积物变化特征

从沙龙海滩表层沉积物的砾石含量来看（表 4.12），不同岸段相差较大，且表现出一定的变化规律。总体上来说，北部滩面的砾石含量最高，其次是中部，南部的砾石含量最低。同一剖面的不同相带差别也很明显，并且也表现出一定的变化规律：2015 年 2 月，沙龙海滩北部滩面的砾石含量比例情况为低滩小于中滩，中部和南部也是如此。由此可见，龙头跳海滩的低滩的砾石含量最低，中滩含量较高。

图 4.50　沙龙海滩滩面测量剖面

表 4.12　沙龙海滩剖面表层沉积物组分含量

采样时间	剖面位置	采样编号	采样位置	组分含量/%		
				砾	砂	粉砂
2015 年 2 月	北部	ZWT01-04	中滩	27.53	72.47	0.00
		ZWT01-06	低滩	3.22	96.78	0.00
	中部	ZWT05-03	中滩	9.98	90.02	0.00
		ZWT05-07	低滩	1.84	98.16	0.00
	南部	ZWT07-07	中滩	7.02	92.98	0.00
		ZWT07-09	低滩	0.42	99.57	0.01

　　从沙龙海滩表层沉积物的分选系数来看（表 4.13），不同岸段相差较大，且表现出一定的变化规律：2015 年 2 月，北部、中部和南部的分选程度较差，且南部优于中部，中部优于北部。同一剖面的不同相带差别也比较明显，并且也表现出一定的变化规律：2015 年 2 月，沙龙北部、中部以及南部滩面的分选程度均为低滩小于中滩。

　　沙龙海滩表层沉积物的偏态和峰态值的变化规律不明显。

　　从沙龙滩表层沉积物的中值粒径来看（表 4.13），不同岸段相差较大，且表现出一定的变化规律：2015 年 2 月，中值粒径的变化规律是南部、中部小于北部。同一剖面的不同相带差别也很明显，并且也表现出一定的变化规律：2015 年 2 月，北部、中部和南部的滩面中值粒径的变化规律是中滩小于低滩。由此可见，大部分情况下，低滩沉积物的中值粒径最大，中滩的最小。

表 4.13 沙龙海滩剖面表层沉积物粒度参数

采样时间	剖面位置	采样编号	采样位置	粒度参数			
				中值粒径/Φ	分选系数	偏态	峰态
2015 年 2 月	北部	ZWT01-04	中滩	1.778	1.906	-1.351	2.089
		ZWT01-06	低滩	2.472	1.096	-1.361	1.754
	中部	ZWT05-03	中滩	0.684	1.343	0.505	1.574
		ZWT05-07	低滩	1.267	0.917	-0.780	1.212
	南部	ZWT07-07	中滩	0.608	1.052	-0.630	1.407
		ZWT07-09	低滩	1.611	0.755	-0.641	1.038

2）海滩演变特征

由沙龙海滩的一次观测结果可以看出其剖面特征（图 4.51），海滩的北部、中部、南部剖面显示整体滩面平坦且坡度不大，没有滩脊、滩肩的发育，地貌结构十分简单，但是没有长期的观测数据进行对比，所以无法看出沙龙海滩的季节性调整和冲淤情况的具体变化。

4.9.3.2 凉峙海滩

凉峙海滩长 1 500 m，宽 50 m，呈 NE—SW 走向，东部受到伸入海中的岬角控制，滩面平缓，砂质细腻金黄，软硬适中，无入海河流，与沙龙海滩之间隔狗头颈相望，远远望去恰似"双龙戏珠"，滩外海域水色湛蓝，平静似湖，偶有礁石露出水面（图 4.52 和图 4.53）。

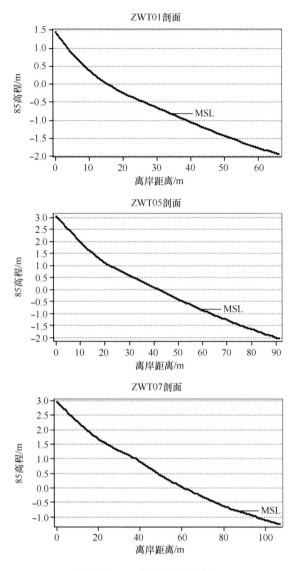

图 4.51　沙龙海滩剖面特征

图 4.52　凉峙海滩照片

图4.53　凉峙海滩滩面剖面布设

1) 海滩沉积物变化特征

从凉峙海滩表层沉积物的砾石含量来看（表4.14），不同岸段相差较大，且表现出一定的变化规律：2015年2月，西部大于中部和东部，可以说，中部和东部海滩砾石含量远低于西部。同一剖面的不同相带差别也很明显，并且也表现出一定的变化规律：2015年2月，东部砾石含量比例是中滩小于低滩，中部的沉积物砾石组成成分表现是中滩大于低滩，低滩大于高滩，西部的沉积物砾石组成成分的表现是高滩远大于中滩和低滩。根据凉峙海滩近年表层沉积物组分含量数据可见，整个滩面的高滩部位存在砾石成分，砾石的组成含量很高。

表 4.14　凉峙海滩剖面表层沉积物组分含量

采样时间	剖面位置	采样编号	采样位置	组分含量/%		
				砾	砂	粉砂
2015 年 2 月	东部	LZ01-06	中滩	0.02	99.96	0.01
		LZ01-10	低滩	0.17	99.80	0.02
	中部	LZ05-02	高滩	0.17	99.82	0.01
		LZ05-04	中滩	0.82	99.17	0.01
		LZ05-06	低滩	0.68	99.31	0.00
	西部	LZ09-02	高滩	62.82	37.18	0.00
		LZ09-04	中滩	0.36	99.63	0.01
		LZ09-06	低滩	0.68	99.31	0.01

　　从凉峙海滩表层沉积物的分选系数来看（表 4.15），不同岸段相差较大，且表现出一定的变化规律：2015 年 2 月，东部、中部和西部的沉积物的分选程度表现为西部优于东部，东部优于中部。总体上来说，滩面的沉积物分选程度东部和西部最好，中部次之。同一剖面的不同相带差别也比较明显，并且也表现出一定的变化规律：2015年 2 月，凉峙东部滩面的分选程度为中滩优于低滩，中部分选程度是高滩优于中滩，中滩优于低滩，西部的分选程度则是中滩优于高滩，高滩优于低滩。总体上来说，整体岸段的分选程度表现为高滩优于中滩和低滩。

表 4.15　凉峙海滩剖面表层沉积物粒度参数

采样时间	剖面位置	采样编号	采样位置	粒度参数			
				中值粒径/Φ	分选系数	偏态	峰态
2015 年 2 月	东部	LZ01-06	中滩	1.852	0.642	-0.508	0.886
		LZ01-10	低滩	1.779	0.738	-0.607	1.020
	中部	LZ05-02	高滩	1.786	0.631	-0.538	0.901
		LZ05-04	中滩	1.375	0.860	-0.628	1.148
		LZ05-06	低滩	0.946	1.010	-0.285	1.183
	西部	LZ09-02	高滩	-1.301	0.693	0.509	0.958
		LZ09-04	中滩	1.654	0.643	-0.590	0.980
		LZ09-06	低滩	1.798	0.732	-0.759	1.126

2）海滩演变特征

由凉峙海滩 2015 年 2 月观测结果可以看出其剖面特征（图 4.54），海滩的东部、中部剖面表明有滩脊、滩肩的发育，整体坡度不大，中部剖面显示后滨坡度较陡，而西部的剖面较为平整。由于没有长期的观测数据进行对比，所以无法看出凉峙海滩的季节性调整和冲淤情况的具体变化。

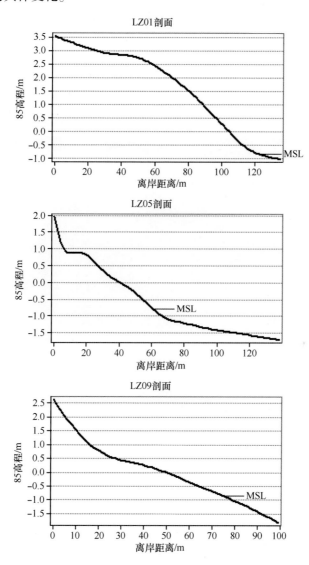

图 4.54　凉峙海滩剖面特征

4.10　岱山岛海滩

4.10.1　海岛基本概况

岱山岛地处杭州湾口，舟山群岛中部，舟山岛以北海域，距大陆最近 37.8 km，与舟山岛岸距 11.4 km（图 4.55）。俯瞰全岛形似桑叶，东西走向，东宽西窄，长 14.8 km，宽 10.4 km，陆域面积 106.289 km²，潮间带面积 14.345 km²。海岸线长 87.17 km，最高点为岛东南部的磨心山，海拔 257.1 m，地理坐标为 30°15.9′N，122°11.7′E。岱山岛是舟山群岛第二大海岛，行政上隶属于浙江省岱山县，是岱山县政府驻地。

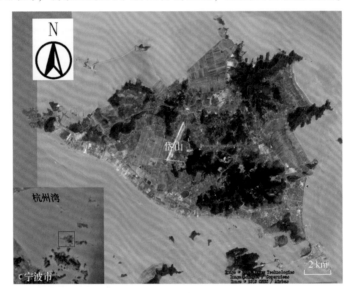

图 4.55　岱山岛地理分布

明代以前，今岱山岛为东岱山、西岱山两岛，中隔一浦，两头通海，自南浦至北浦，可通船舶。清至民国，东、西岱山岛在东沙镇桥头有桥相通。1948—1949 年在南浦至茶前山一带建成机场，浦被淤塞，两岛相连。岛东北部后沙洋蜻蜓山、岛东部北峰礁门山、鳌山、泥螺山、岛东部南峰下后山、岛西部青黑笔架山、岛北端的燕窝山、蟹钳山、次蓬山、中桂山、岛西端的双合山，原都是悬海水小岛，分别于 1951 年建后沙洋海塘、1958 年 7 月建北峰内塘、1958 年建南峰下后塘、1960 年 10 月建青黑塘、1974 年 4 月建拷门大坝和 1980 年建仇江门大坝后，与岱山岛相连。1951—2010 年，围垦海涂 119 处，面积共 3 775.1 hm²，岱山岛因此增加陆地面积 37.8 km²。

岱山岛四周岛屿环绕，水道、航门密布，岸线曲折，沿海有不少优良港口和锚地。

岛南有岱山主港——高亭港，是岱山县主要的渔港、商港和对外交通枢纽。岛北岸的东沙港是岱山县内的商港、渔港和避风港。

岱山岛除外围零星分布有上侏罗统茶湾组和九里坪组火山岩、秀山岛有密集的霏细斑岩脉以外，绝大部分为上侏罗统高坞组火山碎屑岩组成的侵蚀剥蚀低丘陵。丘陵分布零散，地势低缓，除岱山岛磨心山、老鹰山及秀山岛梅山岗的海拔超过200 m外，大部分都在海拔200 m以下。堆积地貌主要分布在岱山岛和秀山岛，约占两岛面积一半，以海积平原为主。基岩海岸段的海蚀地貌发育。

诸岛北为岱衢洋，西和西南为灰鳖洋，东和东南为岱山水道、黄大洋，南为灌门水道及大猫洋等。岛间潮流水道纵横交错。诸洋水下地形平坦，水深10~20 m，诸水道、航门区地形起伏大，最大水深70 m左右。诸岛以基岩海岸为主，占68.32%，人工海岸占28.05%。潮间带以淤泥质潮滩为主，岱山岛滩地面积最大；砂砾滩以岱山岛东部的后洋沙最大，号称"万步铁板沙滩"。

岱山岛属大陆基岩岛，原系浙东北丘陵山地的一部分，地质构造形成于燕山晚期，在全新世海侵过程中陷入海中。除岛西北端及南端有零星的晚侏罗世潜流纹斑岩，以及上侏罗统茶湾组熔结凝灰岩、凝灰质砂岩等分布外，绝大部分区域出露上侏罗统高坞组熔结凝灰岩。

地貌以海岛丘陵为主，地势东高西低，平地西多东少，东部多丘陵，西部多平地，丘陵约占总面积的38%，以东南部的磨心山为最高，海拔257.1 m，次高为东北部的老鹰山，海拔207.8 m。沿岸多滨海平地，由海积黏土、粉砂质黏土构成。河流众多，一般都短小量少，呈放射状从中东部向四周流淌。

4.10.2 海岛海滩资源分布与特征

岱山岛北、西、东三岸岸线曲折，南岸相对平顺。基岩岬角有海蚀地貌发育，常伴有砾石滩。

岛周围多潮间带滩涂。全岛潮间带面积14.345 km²，以粉砂质黏土沉积的淤泥滩为主。滩涂主要有岛西北的东沙涂，岛东、东南的双峰涂、庙后涂，面积均在2 km²以上，以及淤积岛西北部仇家门大坝两侧的近万亩淤泥滩。其余较大的尚有岛东北角后沙洋的鹿栏晴沙海滩，面积约1 km²。

4.10.3 海滩自然属性与动态变化

鹿栏晴沙海滩位于浙江省舟山市岱山县东北部的后沙洋，是"蓬莱十景"之首，因处鹿栏山下而得名。海滩呈南北走向，长约3 600 m，宽约500 m。状如一弯新月，砂质细腻而坚硬，砂色呈铁灰色，滩坡平缓，受两侧延伸入海的岬角限制，没有入海河流。

其弧形开口东向敞开，海滩中部为开敞岸段，受波浪的直接冲击（图 4.56 和图 4.57）。

图 4.56　鹿栏晴沙海滩照片

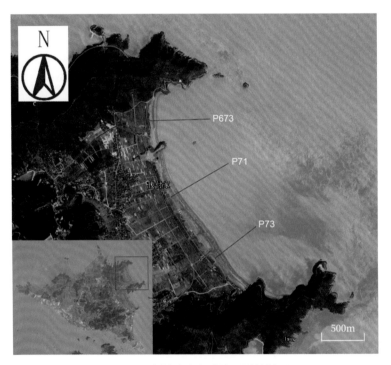

图 4.57　鹿栏晴沙海滩滩面测量剖面

4.10.3.1 海滩沉积物变化特征

从鹿栏晴沙海滩表层沉积物的砾石含量来看（表4.16），不同岸段相差较大，且表现出一定的变化规律：2014年8月，砾石含量的变化规律都是南部小于中部，中部小于北部；2015年2月，北部、中部和南部相差不大。总体上来说，南部滩面的砾石含量最低，中部和北部的砾石含量有降低的趋势，沉积物趋向砂质沉积物。同一剖面的不同相带差别也很明显，并且也表现出一定的变化规律：2014年8月，北部和中部滩面砾石含量的变化规律都是中滩小于低滩，低滩小于高滩，而南部表现为高滩、低滩小于中滩。

表 4.16 鹿栏晴沙海滩剖面表层沉积物组分含量

采样时间	剖面位置	采样编号	采样位置	组分含量/%		
				砾	砂	粉砂
2014年8月	北部	P673-05	高滩	2.08	97.59	0.33
		P673-10	中滩	0.00	64.47	35.53
		P673-16	低滩	1.18	98.79	0.03
	中部	P71-02	高滩	0.76	99.07	0.17
		P71-09	中滩	0.05	99.79	0.17
		P71-18	低滩	0.15	99.82	0.03
	南部	P73-02	高滩	0.00	94.52	5.48
		P73-09	中滩	0.83	99.13	0.04
		P73-18	低滩	0.00	99.17	0.83
2015年2月	北部	P673-04	高滩	0.00	99.94	0.06
		P673-10	中滩	0.28	99.70	0.01
		P673-18	低滩	0.02	99.89	0.09
	中部	P71-06	高滩	0.37	99.59	0.04
		P71-08	中滩	0.17	99.80	0.02
		P71-13	低滩	0.00	99.98	0.02
	南部	P73-04	高滩	0.26	99.69	0.05
		P73-09	中滩	0.12	99.87	0.01
		P73-16	低滩	0.00	99.99	0.01

2015 年 2 月，北部砾石含量是高滩、低滩小于中滩，中部和南部是高滩大于中滩，中滩大于低滩。根据鹿栏晴沙海滩近年表层沉积物组分含量数据可见，低滩的砾石含量相对最低，高滩、中滩的含量较高。

从时间变化上来看，从 2014 年 8 月至 2015 年 2 月，鹿栏晴沙海滩表层沉积物的砾石含量是降低的，预计砂质沉积物的含量会增加。

从鹿栏晴沙海滩表层沉积物的分选系数来看（表 4.17），不同岸段相差较大，且表现出一定的变化规律：2014 年 8 月，不同岸段沉积物的分选程度都较好；2015 年 2 月，北部、中部和南部的沉积物的分选程度也表现较好。总体上来说，滩面的沉积物分选程度南部最好，中部和北部次之。同一剖面的不同相带差别也比较明显，并且也表现出一定的变化规律：2014 年 8 月，北部岸段滩面沉积物的分选程度低滩优于中滩，中滩优于高滩，中部也是低滩优于中滩优于高滩，南部则是低滩优于高滩，高滩优于中滩；2015

表 4.17　鹿栏晴沙海滩剖面表层沉积物粒度参数

采样时间	剖面位置	采样编号	采样位置	粒度参数			
				中值粒径 /Φ	分选系数	偏态	峰态
2014 年 8 月	北部	P673-05	高滩	2.645	0.995	-1.304	1.710
		P673-10	中滩	3.718	0.814	-0.591	1.126
		P673-16	低滩	2.300	0.768	-0.989	1.374
	中部	P71-02	高滩	2.323	0.803	-0.932	1.313
		P71-09	中滩	2.219	0.596	-0.561	0.955
		P71-18	低滩	2.192	0.534	-0.567	0.912
	南部	P73-02	高滩	2.644	0.685	0.644	0.981
		P73-09	中滩	2.273	0.732	-0.920	1.309
		P73-18	低滩	2.268	0.576	0.399	0.892
2015 年 2 月	北部	P673-04	高滩	2.297	0.579	-0.527	0.838
		P673-10	中滩	2.068	0.610	-0.662	1.014
		P673-18	低滩	2.230	0.663	-0.623	0.986
	中部	P71-06	高滩	1.909	0.713	-0.624	1.047
		P71-08	中滩	1.738	0.646	-0.555	0.955
		P71-13	低滩	2.063	0.440	-0.308	0.611
	南部	P73-04	高滩	2.127	0.619	-0.585	0.983
		P73-09	中滩	1.741	0.555	-0.434	0.822
		P73-16	低滩	1.930	0.498	-0.316	0.685

年 2 月，鹿栏晴沙北部滩面的分选程度为高滩优于中滩，中滩优于低滩，中部和南部则都是低滩优于中滩优于高滩。总体上来说，整体岸段的分选程度表现为低滩优于中滩和高滩。

4.10.3.2 海滩演变特征

由鹿栏晴沙海滩滩面的两次观测结果对比看（图 4.58），不同地貌相带的季节性地貌调整和冲淤变化各有不同。

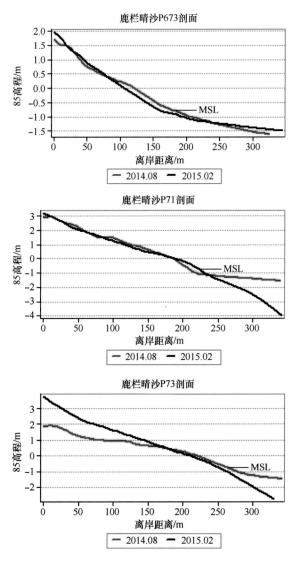

图 4.58 鹿栏晴沙剖面变化特征

北部岸滩为平坦斜坡式海滩，观测时未发现滩肩，两次观测对比无明显的地形地貌调整变化，地貌结构相对简单，整条剖面保持冲淤稳定；中部岸滩的高滩、中滩无明显变化，低滩处有冲淤侵蚀的现象，后滨较平缓；南部岸滩变化比较明显，高滩处淤积且低滩处冲刷，淤积冲刷的幅度将近 1 m。总体上来看，整个滩面无滩脊发育，现场实地观测发现鹿栏晴沙海滩面整体保持冲淤稳定，地形地貌并无明显改变，局部地区略有变化。

4.11 厦门岛海滩

4.11.1 海岛基本概况

4.11.1.1 地理位置

厦门岛位于中国东南沿海，台湾海峡西侧，厦门港湾内，九龙江河口湾之外侧。在厦门港湾的外围有大、小金门岛，大担，二担，青屿和浯屿诸岛环绕，形成了天然的屏障。

4.11.1.2 气候

厦门岛位于副热带季风区，风向和风速的季节变化十分明显。参照 2006 年国家海洋局第三海洋研究所在香山全年逐时风速、风向观测资料统计结果，此海岸区冬半年常风向为 NE—ENE，累积频率达 30.8%；夏半年常风向为 SSW，出现频率 9.8%。冬半年风速大于夏半年风速，最大风速 18.6 m/s，风向 NE。根据各段岸线的走向，简单从风况来看，海洋新村—白石炮台岸线夏半年受风的影响较冬半年大，白石炮台—五通岸线则刚好相反。厦门地区是台风风暴多发区。根据统计，自 1952 年至 1990 年共有 184 个热带风暴和台风影响厦门地区，平均每年近 5 个；其中在厦门附近地区（指晋江—厦门—诏安沿海一带）登陆的台风平均每年 0.6 个。每年台风影响厦门最多的时间为 5—11 月。

4.11.1.3 潮汐潮流

潮汐类型为正规半日潮，平均潮差 3.99 m，最大潮差 6.42 m，最小潮差 0.99 m。历年月平均潮差以 9 月份最大，为 4.12 m。厦门海域属强潮区，以 85 高程为基面，厦门平均海平面为 0.393 m。平均高潮位 5.68 m、平均最低低潮位 1.69 m、最高高潮位 7.39 m、最低低潮位 0.87 m。

潮流性质属非正规半日潮浅海潮流。潮流运动形式一般为往复流，但是，当地地形对潮流运动影响甚大，其潮流流向一般与当地海域等深线的切线方向近于平行。现场观测表明，白石炮台海域为潮流分流区，白石炮台以东海域近岸涨潮流向 ENE，落潮流向 WSW，涨落潮流向也基本平行海岸；白石炮台以西海域近岸涨潮流总体流向为 NW 向，落潮流向为 SE 向，涨落潮流流向基本平行海岸。白石炮台以西海域落潮流速大于涨潮流速，而以东海域的落潮流速则小于涨潮流速。在石胄头以北近岸海域，流向有所变化，涨潮流向 NNE—NE 方向，落潮流向 SSW—SW 方向。厦门东侧最大流速可达到 2 m/s，胡里山南侧最大流速达 1.6 m/s。

4.11.1.4　波浪

一年中，11 月至翌年 2 月常浪向为 NNE 向，频率为 23.43%～33.48%；3—8 月常浪向为 SSW 向，频率为 19.03%～47.98%；9 月常浪向为 SW 向，频率为 18.91%；10 月常浪向为 WSW 向，频率为 21.86%。一年中，海域的强浪向主要为 ENE、NE、SSW、NNE 方向。年内最大波高为 2.10 m。浪向的季节变化明显：春、夏、秋三季均以 S—WSW 向浪为主，所占频率分别为 55.17%、76.24% 和 41.86%，其次为 NE—E 向，所占频率分别为 29.7%、10.5% 和 29.42%；冬季则以 NE—E 向浪为主，所占频率为 53.56%，其次为 S—WSW 向，所占频率为 33.48%。

4.11.2　海岛海滩资源分布与特征

厦门岛海滩资源丰富，呈现出海滩规模大，砂质较好，人工修复海滩居多，海滩开发度大，游客多，配套设施完善等特点。主要集中在厦门岛的东侧和南侧。从五通往南至白石炮台再往西至厦大白城，断断续续有不少成片的旅游海滩。

厦门岛东部海岸自五通角朝南到白石炮台，再转向西直至沙坡尾，存在一股由北往南的沿岸泥沙流。这股泥沙流促使研究区滨岸于不同的海岸环境形成诸如滨海沙滩、沙堤、沙坝和沙嘴等不同形态的砂质地貌堆积体。例如，中部岸段黄厝和溪头角一带海积平原前缘发育的沿岸沙堤，其长度达数千米，宽 10 m 余，高 1～3 m。迄今为止，在亚洲大酒店后侧海岸仍保留天然状态。再如，南部岸段厦港沙坡尾和北部岸段泥金一带潟湖平原前缘系由拦湾沙坝或沙嘴组成的海岸。

基岩岬角海岸分布于海岸突出部位的五通角、香山头、溪头角、白石炮台和胡里山炮台等处。组成岩性主要为燕山期花岗岩和中生代的火山岩地层，呈明显向海突出的岬角，系遭受强烈风浪侵蚀的岸段，海蚀现象显著，常形成基岩陡崖海岸。崖岸海拔高度各处不一，从几米至数十米。在岸面上常见有海蚀坑或海蚀陡崖，岸前发育基岩砾石滩或海蚀平台，且有离岸礁石群分布。

为了研究厦门岛海滩地形的变化，在厦门岛东岸的砂质岸段从北往南共布设监测剖面 45 条，从 XM-P1 至 XM-P45（图 4.59）。

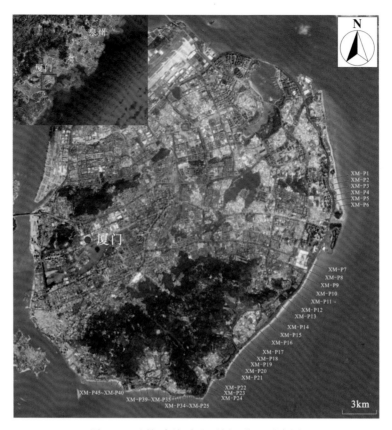

图 4.59　厦门岛海滩监测剖面位置示意图

4.11.3　海滩自然属性与动态变化

4.11.3.1　观音山海滩（长尾礁—香山）

从 XM-P1 至 XM-P6 剖面各时段地形监测结果（图 4.60）发现，该海滩基本处于稳定状态，2016 年 11 月的高程都比 7 月的高程稍高。滩肩下的陡坡坡度 11 月也比 7 月陡。XM-P5 剖面在离岸约 100 m 处，11 月高程比 7 月的高出 2 m 左右。

4.11.3.2　会展海滩

从会展海滩 5 条剖面的监测结果（图 4.61）发现，2015 年 11 月同 7 月相比，XM-P7、XM-P9、XM-P10、XM-P11 剖面的滩肩向陆一侧缩进，发生了侵蚀，而 XM-P8 剖面的滩肩略有淤涨。总体上看，该海滩处于侵蚀状态。

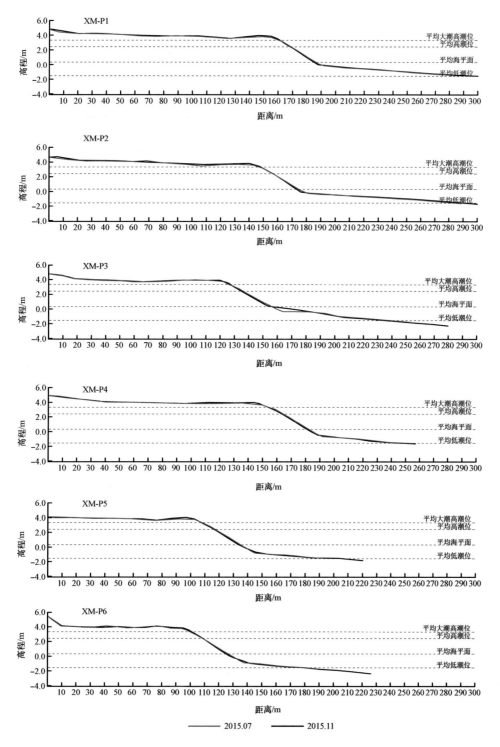

图 4.60　XM-P1 至 XM-P6 剖面各时段地形监测结果

高程基准为 1985 国家高程基准，距离为离岸水平距离

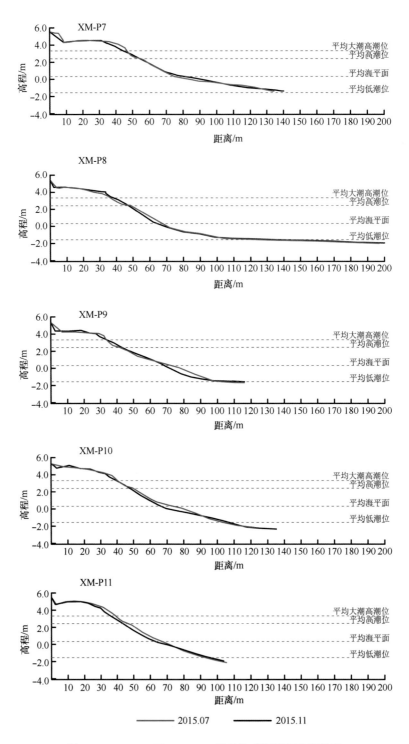

图 4.61　XM-P7 至 XM-P11 剖面各时段地形监测结果

高程基准为 1985 国家高程基准，距离为离岸水平距离

4.11.3.3　椰风寨（"一国两制"岸段）海滩

共在椰风寨海滩布设了 5 条监测剖面。2015 年 7 月和 11 月的剖面地形对比结果（图 4.62）表明，该海滩处于淤积状态。其中，XM-P12、XM-P13、XM-P16 剖面略有淤涨，滩肩和坡折带略有淤积；而 XM-P14 剖面则基本保持不变。

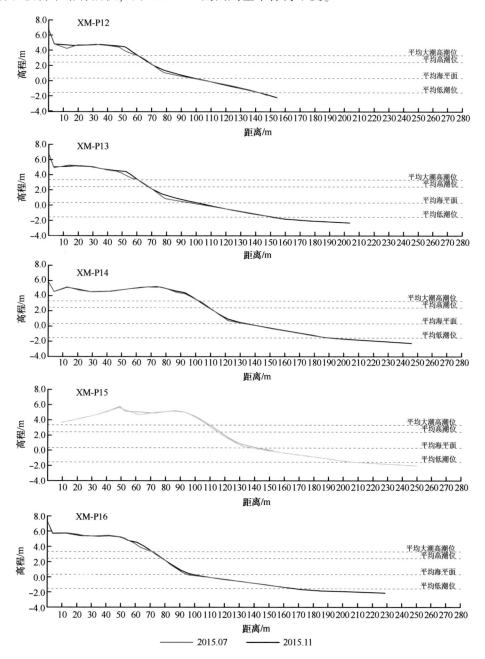

图 4.62　XM-P12 至 XM-P16 剖面各时段地形监测结果

高程基准为 85 黄海基面，距离为离岸水平距离

4.11.3.4　黄厝海滩

共在黄厝海滩布设了 5 条监测剖面。2015 年 11 月和 2015 年 7 月的剖面地形对比结果表明（图 4.63），该海滩总体处于侵蚀状态。其中，XM-P17、XM-P20、XM-P21 剖面从陆地向海高程一直下降，滩肩呈斜坡式，与 XM-P18、XM-P19 剖面滩肩形态存在差异。XM-P17、XM-P18、XM-P19 和 XM-P20 剖面略有侵蚀，而 XM-P21 剖面略有淤涨，淤积部位主要在前滨。

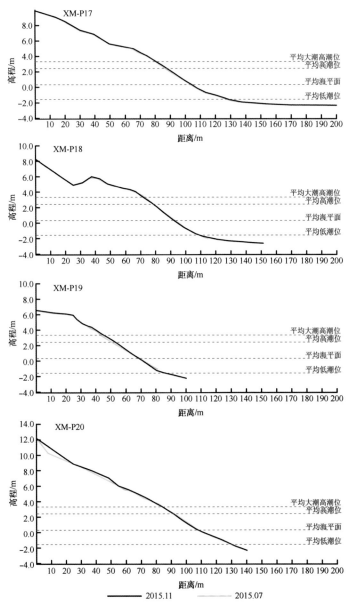

图 4.63　XM-P17 至 XM-21 剖面各时段地形监测结果

高程基准为 85 黄海基面，距离为离岸水平距离

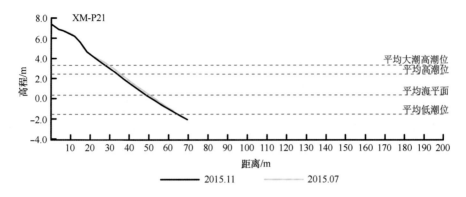

图 4.63 XM-P17 至 XM-21 剖面各时段地形监测结果（续）

高程基准为 85 黄海基面，距离为离岸水平距离

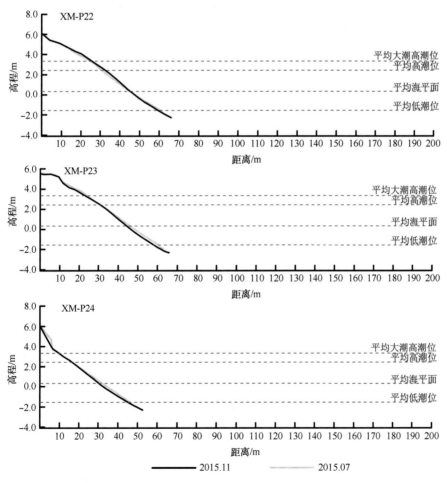

图 4.64 XM-P22 至 XM-24 剖面各时段地形监测结果

高程基准为 85 黄海基面，距离为离岸水平距离

4.11.3.5 太阳湾海滩（台湾民俗村—白石炮台）

共在太阳湾海滩布设了 3 条监测剖面。XM-P22 至 XM-P24 剖面地形结果（图 4.64）可以看出，太阳湾海滩滩肩较窄，从陆地向海高程一直下降，滩肩呈斜坡式。2015 年 11 月与 7 月相比，XM-P22 剖面稍有淤积，XM-P23 剖面在离岸 10 m 内呈现出侵蚀，离岸 25 m 之后就开始淤积，并且淤积比侵蚀的多。XM-P24 剖面在离岸 5 m 内有部分侵蚀，之后就一直稳定在沙量较少的状态下。

4.11.3.6 天泉湾海滩（白石炮台—曾厝垵）

共在天泉湾海滩布设了 10 条监测剖面。从 XM-P25 至 XM-P34 剖面（图 4.65）可以看到，滩肩高程都有所增加，然而滩肩宽度却向陆蚀退。XM-25 至 XM-P27 剖面向海水下部分基本不变，XM-P28 至 XM-P33 剖面向海水下部分都有沙量的增加。XM-P28 剖面更是在离岸 30 m 处淤出了一个平地。XM-P34 剖面又回到了平衡不变的状态。

4.11.3.7 曾厝垵西侧海滩（曾厝垵—胡里山炮台）

共在曾厝垵西侧海滩布设了 5 条监测剖面。从剖面地形监测结果（图 4.66）看到，该岸段的不同剖面之间变化比较明显。XM-P35 和 XM-P36 还有较明显的滩肩以及滩肩上的沙滩部分，XM-P35 的滩肩在 2015 年 11 月向海移动，而 XM-P36 则向陆侵蚀。XM-P37 还有较不明显的滩肩，但距离陆地很近，并且到了 11 月有侵蚀的现象。XM-P38 和 XM-P39 已经看不出滩肩，从陆向海一直往下倾斜。XM-P38 沙量在 11 月有所增加，而 XM-P39 在近陆处侵蚀，中间淤积了一些，到离岸 35 m 左右又开始侵蚀。

4.11.3.8 白城海滩（胡里山炮台—厦大白城）

从 XM-P40 至 XM-P45 剖面地形监测结果（图 4.67）发现，白城海滩 6 个剖面海滩高程很明显都有所增加，除了 XM-P40 滩肩向陆靠近了一些，XM-P41、XM-P42 和滩肩不太明显的 XM-P45 的滩肩位置都向海移动了。XM-P43 和 XM-P44 虽然看不出滩肩，但沙量也增多了。

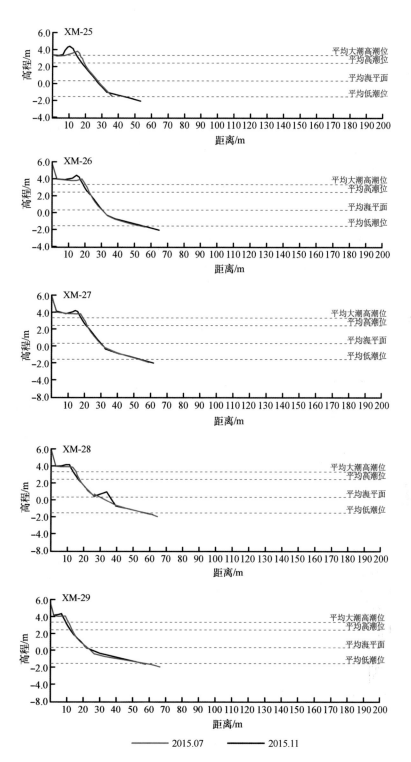

图 4.65 XM-P25 至 XM-P34 剖面各时段地形监测结果

高程基准为 85 黄海基面，距离为离岸水平距离

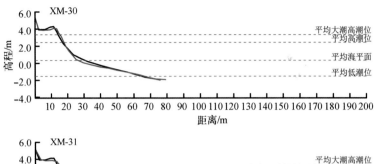

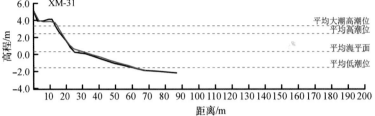

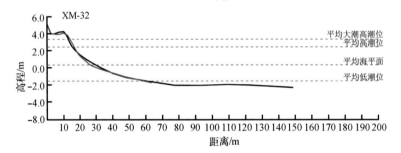

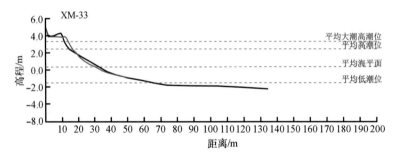

图 4.65　XM-P25 至 XM-P34 剖面各时段地形监测结果（续）

高程基准为 85 黄海基面，距离为离岸水平距离

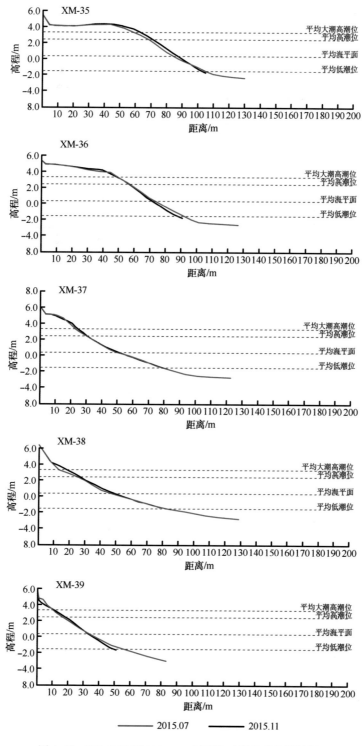

图 4.66　XM-P35 至 XM-P39 剖面各时段地形监测结果

高程基准为 85 黄海基面, 距离为离岸水平距离

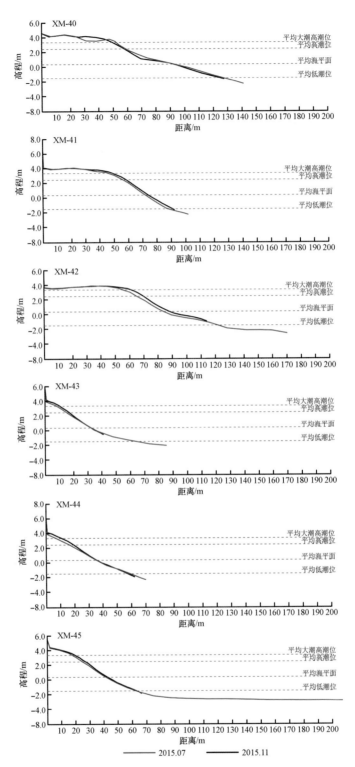

图 4.67　XM-P40 至 XM-P45 剖面各时段地形监测结果

高程基准为 85 黄海基面，距离为离岸水平距离

4.12 东山岛海滩

4.12.1 海岛基本概况

东山岛位于福建省南部沿海，东侧与台湾隔海峡相望，北西经 620 m 长的"八尺门"海堤与云霄县相接；西侧为诏安湾，北东侧为东山湾，东南侧有南彭列岛，面积为 217.84 km²，岸线长 148.06 km，海拔 274.3 m，形如蝴蝶，又被称为"蝶岛"（图 4.68）。

图 4.68 东山岛概貌

4.12.2 海岛海滩资源分布与特征

东山岛海滩总长度为 32.28 km，主要以分布于岛东、南侧，以金銮湾、马銮湾和乌礁湾为代表（图 4.68），砂质优良，坡度适宜，各项质量指标均达到国际海滨浴场条件，区内沙滩自然状态下质量优良，有着"天蓝水碧海湾美，沙白林绿高礁奇"的独特魅力（图 4.69），但养殖取水和滨海采砂等人为破坏极为严重，许多沙滩严重退化。

东山岛其他迎风的海湾中，苏尖湾和铜陵南汀海滩规模较大，其坡度一般为5°~6°，南部的宫前湾和澳角湾等坡度为 11°。高潮滩多为含贝壳砂砾，中潮滩坡度变化不大。低

图 4.69　东山岛马銮湾海滩

潮滩较缓，以细砂为主，滩面平整。

海滩从稳定性可分为三种状态：

侵蚀型海滩：主要见于东山岛东部和南部开敞的海域，受迎面强风的侵蚀，海蚀地貌发育。还有东山岛东北端的南门湾质岸，蚀退率达到 1 m/a。

淤涨型海滩：东山湾及诏安湾内，湾顶泥滩淤积迅速。八尺门西港道 1960—1983 年滩面每年淤涨 10 cm；东山湾东北部 0 m 线往南淤涨 500~1 000 m，湾顶水道西侧，0 m 线往东淤涨 400 m；湾西南 2 m 线向东南方向淤涨 1 000~1 500 m；石矾塔浅滩不断地在北西和南东两个方向延伸扩大。

稳定型岸滩：东山岛北部，位处湾内，浪蚀能力较弱，相对稳定。岛之西部、东部的南门湾，以及东山湾的北侧和东侧的人工护堤，为稳定岸滩。

20 世纪 80 年代以来的 30 年间，东山岛的海岸线变化不是很明显，绝大多数岸段保持稳定，仅个别岸线略向海推进，如东北部铜陵镇海岸线由于填海造地，海岸线向海推进。金銮湾和马銮湾砂质岸段略向后蚀退。由于岛屿大部分为人工岸线，海岸保持稳定，基岩岸线岸段也基本稳定，砂质岸线岸段则处于微侵蚀状态，但近年来乌礁湾、马銮湾南部等砂质海岸侵蚀强烈，防护林遭受破坏，海蚀崖发育（表 4.18）。

表 4.18　东山岛主要海滩及其基本特征

序号	海滩名称	位置	长度/km	平均宽度/m	坡度	开发现状
1	东山铜陵南门湾沙滩	23°44′10.31″N，117°31′46.86″E	3.25	60	1/10	旅游业。南湾后滨有养殖场

续表

序号	海滩名称	位置	长度/km	平均宽度/m	坡度	开发现状
2	东山康美马銮湾沙滩	23°43′35.17″N, 117°30′3.18″E	3.36	100	1/20	该沙滩是东山岛旅游开发最完善的沙滩,沙滩活动丰富,已成为著名旅游度假区
3	东山康美金銮湾沙滩	23°42′26.01″N, 117°29′15.47″E	2.87	150	1/50	旅游业迅速发展,后滨经营排档。鲍鱼养殖,取水管线较多
4	东山陈城乌礁湾沙滩	23°39′50.76″N, 117°26′44.19″E	9.68	100	1/20	鲍鱼养殖,滩面遍布取水管和排水口。人工采砂,有多处硅砂矿开采场
5	东山陈城澳角沙滩	23°35′18.82″N, 117°25′45.46″E	1.5	70~100	1/15	养殖较少,西段有部分鲍鱼养殖,排水冲蚀切割沙滩。后滨存在人工采砂现象
6	东山陈城山南沙滩	23°34′55.17″N, 117°24′9.12″E	1.05	100	1/18	完全粗放式的鲍鱼养殖
7	东山陈城山东沙滩	23°34′44.95″N, 117°22′3.54″E	3.16	100	1/15	大量鲍鱼养殖场占据后滨
8	东山陈城南湖湾沙滩	23°34′40.89″N, 117°20′10.68″E	2.06	100	1/20	大量鲍鱼养殖场占据后滨

4.12.3 海滩自然属性与动态变化

4.12.3.1 马銮湾海滩

1) 沙滩沉积物变化特征

根据沉积物取样位置的不同(图4.70),并进行室内分析,综合对比表明(表4.19),马銮湾沙滩表层沉积物以砂为主。从粒径上来看,中值粒径为0.65Φ~1.58Φ,平均值为1.19Φ;平均粒径变化范围为0.57Φ~1.59Φ,平均值为1.22Φ。马銮湾沙滩表层沉积物分选系数变化范围为0.31~1.58,平均值为0.41;偏态变化范围为1.08~2.85,平均值为1.76;峰态变化范围为0.16~0.64之间,平均值为0.36。

图 4.70　马銮湾表层沉积物取样点位置编号

表 4.19　马銮湾沙滩表层沉积物特征值

编号	中值粒径/Φ	平均粒径/Φ	分选系数	偏态	峰态
1	0.65	0.57	0.58	1.08	0.47
2	1.15	1.1	0.31	1.65	0.16
3	1.38	1.64	0.41	1.47	0.64
4	1.58	1.59	0.34	2.85	0.18

2）沙滩演变特征

通过 2014 年 11 月以及 2015 年 9 月两期冬、夏季现场测量，得到马銮湾海滩岸线变化如图 4.71 所示。

在海滩选取 4 处剖面（图 4.72），分别于 2014 年 11 月以及 2015 年 9 月进行剖面测量。马銮湾海滩的岸线测量和断面监测结果图 4.73 表明，该沙滩季节变化明显，海滩朝向东南，夏季时浪向以南向、西南向为主，沉积物向东北侧运移，岸线以西冲东淤为特征，冬季则相反，浪向以东向为主，沉积物向西南向运移，岸线东冲西淤，属于沙滩岸线的自然调整；相应的剖面也出现季节性变化，夏季发育明显的滩肩，海滩剖面特征偏向于反射型，而冬季因平均波高较大，滩肩被冲刷，潮上带明显蚀低，潮下带可见沙坝发育（P4），海滩剖面向耗散型转变（图 4.73）。

4.12.3.2　金銮湾海滩

金銮湾沙滩位于东山岛东部，沙滩长度 1.5 km，宽度 70 ~ 100 m，坡度 1/15，干滩宽度 20 ~ 50 m，形态上属于开阔岬湾型海滩（图 4.74）。近岸养殖较少，潮间带坡度大，较窄，沉积物也相对较粗。沙滩维持基本完整性，东段后方修有斜坡护堤，后滨空间被

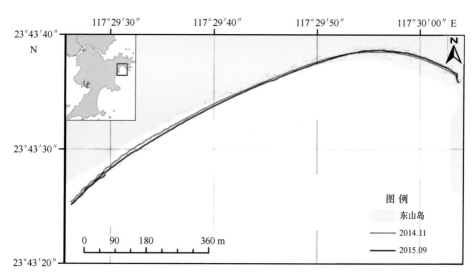

图 4.71　马銮湾海滩岸线变化

图 4.72　马銮湾沙滩剖面变化图（相对高程）

侵占。

1）沙滩沉积物变化特征

2010 年表层沉积物样品分析结果，两剖面差别较大，图 4.75 中的 DS1 剖面沉积物均为细砂，且比较均匀，滩面可见少量贝壳碎屑，显示其基本处于自然状态，受外界扰动不大，该剖面表层沉积物平均粒径的最小值为 2.11Φ，最大值为 2.32Φ，平均值为 2.18Φ，而 DS2 剖面沉积物粒度变化比较大，中细砂至砂砾均有分布，平均粒径的最小值为−0.96Φ，最大值为 2.07Φ，平均值为 0.61Φ，显示该剖面受到侵蚀或者人为扰动的影响较大；两剖面底质沉积物分选也差别很大，DS1 剖面分选好，分选系数平均值为 0.49，DS2 剖面分选较好−差，分选系数平均值为 0.92，剖面靠海一侧分选好于靠陆地一侧；DS1 剖面沉积物峰态峭度为中等，近于常态，相差不大，其平均值为 0.95，DS2 剖面沉积物峰态峭度为平坦−尖锐，跨度较大，平均值为 1.06；两剖面偏态测试结果显示，

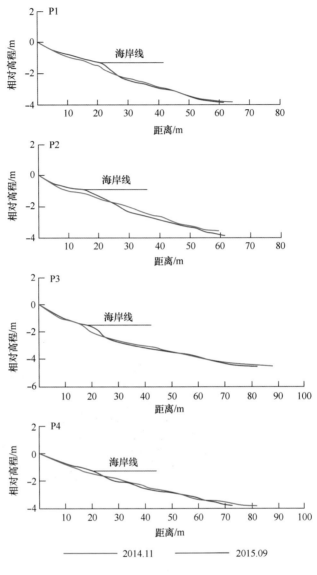

图 4.73　马銮湾沙滩剖面变化

DS1 剖面所有沉积物偏态近乎对称，偏态系数平均值为 0，剖面 DS2 以正偏为主，靠海的沉积物近于对称，偏态系数平均值为 0.17。两剖面各项参数差别都很大，显示两个剖面不同的冲淤状态。

2014 年表层沉积物样品分析结果（图 4.75 和表 4.20），金銮湾沙滩表层沉积物以砂为主。从粒径上来看，中值粒径在 -0.05Φ ~ 0.39Φ，平均值为 0.17Φ；平均粒径变化范围在 -0.08Φ ~ 0.41Φ，平均值为 0.165Φ。沙滩表层沉积物分选系数变化范围在 0.57 ~ 0.47，平均值为 0.52；偏态变化范围在 -0.24 ~ 1，平均值为 0.38；峰态变化范围在 0.69 ~ 0.38，平均值为 0.53。

图 4.74 金銮湾沙滩

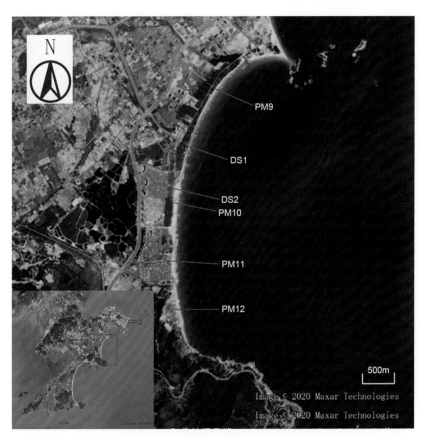

图 4.75 金銮湾海滩表层沉积物取样点位置示意（2014 年）

表 4.20　金銮湾沙滩表层沉积物特征值

编号	中值粒径/Φ	平均粒径/Φ	分选系数	偏态	峰态
DS1	-0.05	-0.08	0.57	-0.24	0.69
DS2	0.39	0.41	0.47	1.00	0.38

2）沙滩演变特征

DS1 和 DS2 两剖面形态特征相似，剖面没有明显的滩肩发育，坡度非常平缓，沉积物一般较细。两个剖面在高潮区变化比较大，中低潮区比较平滑，可能是受到人为活动的影响。

通过 2010 年 6 月至 2011 年 12 月冬、夏季各两期现场测量（图 4.76），发现可能该岸段存在采砂的现象，2010 年夏季剖面 DS1 在高潮区和低潮区均有凹坑，高潮区凹坑直径约为 10 m，深度不到 0.2 m，应是后期水动力或风力作用下淤浅，低潮区沙坑直径30~40 m，深度大于 0.5 m，在 2010 年冬季测量时滩面已经重塑；剖面季节性变化不大，夏季上部略淤，下部略侵蚀，厚度不超过 0.1 m，年际变化也不大，除了采砂造成的影响外，2010 年与 2011 年冬季剖面对比几乎无变化。DS2 在两年间的四次调查中有三次可见滩面沙坑，其直径大约为 30 m，深约 0.7 m，对该剖面冲淤演化影响巨大。

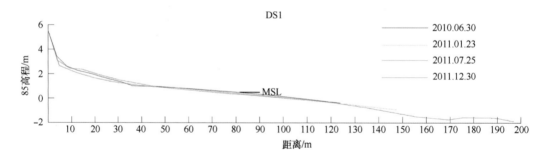

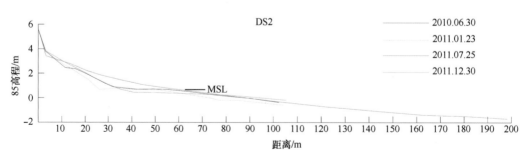

图 4.76　东山岛金銮湾实测剖面

平均海平面为 0.575 m，以 85 高程起算通过 2014 年 11 月及 2015 年 9 月（冬、夏季）两期现场测量，得到金銮湾海滩岸线变化如图 4.77 所示。

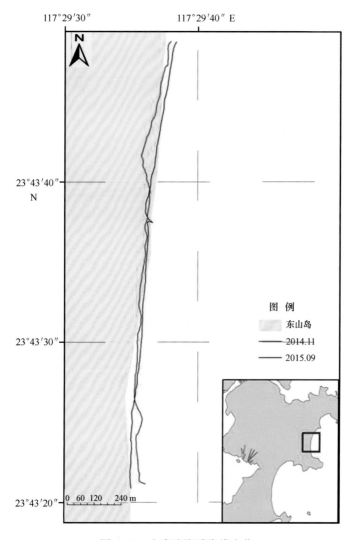

图 4.77　金銮湾海滩岸线变化

在海滩选取的另 4 处剖面，分别于 2016 年 8 月以及 2016 年 11 月进行剖面测量。断面监测结果表明（图 4.78），该处沙滩季节变化明显，海滩朝向东，夏季时浪向以南向、西南向为主，沉积物向东北侧运移，岸线以南冲北淤为特征，属于沙滩岸线的自然调整；相应的剖面也出现季节性变化，夏季发育明显的滩肩，海滩剖面特征偏向于反射型，而冬季因平均波高较大，滩肩被冲刷，潮上带明显蚀低，潮下带淤涨，海滩剖面向耗散型转变。

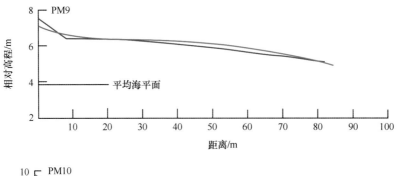

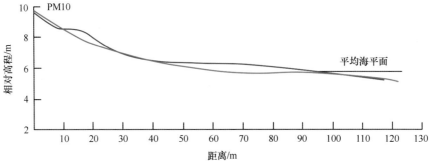

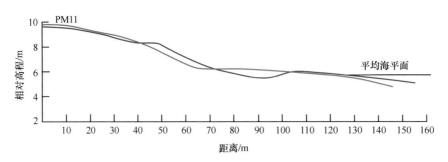

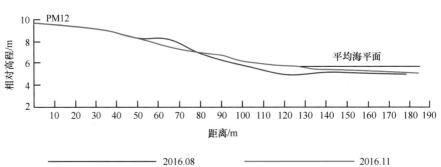

图 4.78 金銮湾沙滩剖面变化图（相对高程）

以 85 高程起算，图中平均海平面高度为 0.575 m

第5章　南海沿岸典型海滩

南海沿岸海滩在广东南澳岛至广西防城港沿线，以及海南岛广泛分布，是我国华南海滩主要富集区，岬湾、沙坝–潟湖与夷直各类型海滩均有发育。本章介绍南海沿岸共计15处海滩的概况、沉积物变化特征、演变特征，以及近滨海底地形与表层沉积物监测结果。

5.1 汕头市濠江区北山湾省级旅游区沙滩

5.1.1 沙滩概况

汕头北山湾沙滩位在韩江河口湾型三角洲堆积海岸地区，外围达濠半岛的东北隅，即处在汕头港口区南侧于末次冰期后海侵高海面时期之岛丘的一个岬湾内（图 5.1）。该岬湾岸线呈南北走向，长度约为 1.5 km，近岸海区范围为 23°18.0′—23°19.3′N，116°45.0′—116°47.0′E，系一个向东朝着南海东北部开敞的海区（图 5.2），其周边陆地及两端岬角均由燕山期黑云母花岗岩所组成的侵蚀剥蚀低丘-台地，山体迫岸，近岸海区地形受韩江和榕江河口沉积物堆积的影响，岸坡相当平缓。

图 5.1　北山湾沙滩海岸地貌景观

北山湾潮间带砂质海滩连绵长约 900 m，其中部偏北位置分布一礁盘，将沙滩分成北、南两个岸段。北段沙滩（图 5.3 和图 5.4）长约 300 m，宽度 100 m 余，主要由细砂和中细砂组成，其中低潮滩的次表层沉积物较粗，可达粗砂；后滨由草丛沙丘（Q_4^{3col}）覆盖在侵蚀剥蚀低丘山麓之花岗岩体（$\gamma_5^{3(1)b}$）及其风化壳之上构成；沙滩前滨滩面剖面形态呈耗散型（图 5.5）。南段沙滩（图 5.6 和图 5.7）长约 500 m，宽 100 m 左右，表

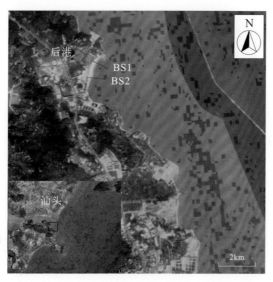

图 5.2　汕头北山湾海滩形态及固定监测剖面位置

层沉积物以细砂为主,次表层主要为砂和砾砂;海岸地貌与北段沙滩基本相同,但因旅游开发已被人工改造及护岸;前滨滩面剖面形态亦基本呈耗散型,但与北段沙滩相比,坡度略大(图5.8)。

图 5.3　北山湾北段沙滩概貌及基岩岬角

图 5.4　北山湾北段潮上带草丛沙丘

汕头北山湾的区域海洋水文状况,根据北侧汕头港口妈屿岛海岸站的实测资料统计,其潮汐类型属不规则半日潮,潮汐特征见表5.1。

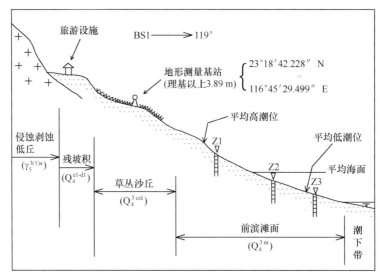

图 5.5　BS1 监测断面岸滩勘查地形地貌素描图

平均海面高程为 1.37 m，以理论最低潮面（简称"理基"）起算

图 5.6　北山湾南段沙滩北侧岛礁及岸滩

图 5.7　北山湾南段沙滩南部浴场

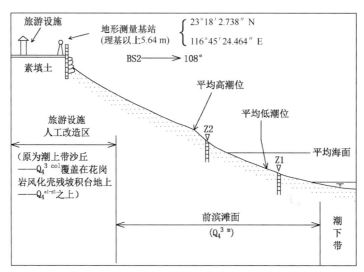

图 5.8　BS2 监测断面岸滩勘查地形地貌素描图

平均海面高程为 1.37 m，以理基起算

表5.1　汕头北山湾潮汐特征值　　　　　　　　　　　　　　　单位：m

水位	高程	潮差值
平均高潮	1.77	
平均低潮	0.93	平均潮差0.91
平均高高潮	1.91	平均大潮差1.06
平均低低潮	0.46	最大潮差3.99
平均海面	1.37	

注：高程以理基起算。

按南澳岛南侧云澳海洋站（23°47′N，117°06′E）1962—1975年的波浪观测资料，北山湾近岸海区的波浪状况如下：① 本海区为以风浪为主的混合浪，风浪全年出现频率为87%，主要来自NE—E向，出现频率为57%，尤以NE向为最多，占21.4%；② 年平均波高（$H_{1/10}$，下同）为1.1 m（表5.2），大浪的出现主要由NE大风和热带气旋引起；③ 主浪向为NE—E向，出现频率占47%；其次为SSE—SW向，出现频率占40%；④ 强浪向与主流方向基本一致；⑤ 冬半年风浪、涌浪分别以NE向、SSE向为主；夏半年的风浪、涌浪则分别以SW向、S向为主。根据上述波浪资料以及北山湾的海岸形态，北段沙滩近滨的盛行波浪应为偏SE方向，南段沙滩近滨的盛行波浪则为偏NE方向。

表5.2　北山湾近岸海区各方向波浪要素年均值

方向	N	NNE	NE	ENE	E	ESE	SE	SSE	S
频率/%	1.5	3.5	21.4	18.6	6.8	1.9	1.7	17.5	11.4
$H_{1/10}$/m	0.9	1.0	1.3	1.3	0.9	0.7	1.0	0.7	0.7
H_{max}/m	2.2	3.0	4.7	4.7	5.1	4.0	4.6	4.3	3.5
T/s	3.2	3.4	3.8	3.7	3.4	3.3	4.3	4.4	4.3

方向	SSW	SW	WSW	W	WNW	NW	NNW	C
频率/%	7.7	3.5	2.1	1.4	0.4	0.3	0.5	0
$H_{1/10}$/m	0.8	1.0	0.9	0.9	1.0	0.9	0.9	
H_{max}/m	5.0	6.5	6.5	3.3	2.7	2.0	1.7	
T/s	3.6	3.5	3.5	3.5	3.2	3.2	3.2	0.9

注：据云澳海洋站1962—1975年观测资料统计；"C"为海上无浪。

5.1.2 沙滩沉积物变化特征

5.1.2.1 表层沉积物变化

根据图 5.9 和图 5.10 所示表层沉积物的监测结果可以看出。

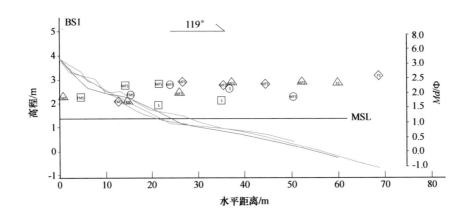

2010.08.10剖面 ——　　2011.04.22剖面 ——　　2011.09.08剖面 ——　　2012.01.10剖面 ——

2010.08.10采样点△　2011.04.22采样点□　2011.09.08采样点◇　2012.01.10采样点○

注：水平标尺表示离岸距离，左侧标尺表示高程（理基），右侧标尺表示样品粒度参数$Md\Phi$值；
　　采样点符号中心点表示采样点离岸距离和中值粒径，符号关联字符表示沉积物类型

图 5.9　汕头北山湾北段沙滩 BS1 剖面岸滩地形–表层沉积物变化监测结果

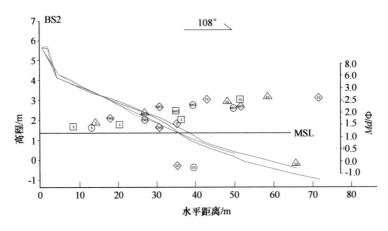

2010.08.10剖面 ——　2011.04.22剖面 ——　　2011.09.08剖面 ——　　2012.01.10剖面 ——
2010.08.10采样点△　2011.04.22采样点□　2011.09.08采样点◇　2012.01.10采样点○
注：水平标尺表示离岸距离，左侧标尺表示高程（理基），右侧标尺表示样品粒度参数$Md\Phi$值；
　　采样点符号中心点表示采样点离岸距离和中值粒径，符号关联字符表示沉积物类型

图 5.10　汕头北山湾南段沙滩 BS2 剖面岸滩地形–表层沉积物变化监测结果

① 北山湾北、南段沙滩的前滨滩面表层沉积物均以细砂和中细砂为主，中值粒径通常在 1.5Φ~2.5Φ。潮上带粒径略粗，在北段沙滩一般为细中砂；在南段沙滩潮上带多为分选较差的砂（可能受人工填沙的影响）。

② 从高潮滩、中潮滩到低潮滩沉积物的颗粒粒径有变细的趋势，即通常由细中砂或砂变化为细砂或中细砂。

③ 有关沉积物粒径的季节性变化，对于高、中潮滩而言，夏季略大于冬季；对于低潮滩则夏季略小于冬季。

④ 不管是北段沙滩或是南段沙滩，其表层沉积物的年际变化均不显著。

5.1.2.2　沉积物垂直变化与沙层厚度

根据图 5.5 和图 5.8 两个监测断面上所示钻孔孔位柱状样的分析，得以下结果：

1）北段沙滩（BS1 监测断面）

（1）Z1 孔。位于高潮滩，坐标 23°18′41.873″N，116°45′30.379″E，孔口高程在理基以上 1.61 m，钻孔进尺 2.50 m，沙层厚度为 2.10 m，钻孔地质柱状剖面自上而下沉积物分布如下：

0~0.08 m 为 MFS，呈暗土黄色，$Md = 2.44Φ$；

0.08~1.60 m 为 MFS，呈土黄色，$Md = 2.29Φ$；

1.60~2.10 m 为 FCS，呈土黄色，$Md = 1.11Φ$；

2.10~2.50 m 为 TS，呈暗灰色，$Md = 3.11Φ$。

（2）Z2 孔。位于中潮滩，坐标 23°18′41.791″N，116°45′30.588″E，孔口高程在理基以上 1.22 m，钻孔进尺 3.10 m，沙层厚度为 2.07 m，钻孔地质柱状剖面自上而下沉积物分布：

0~0.04 m 为 FS，呈暗土黄色，$Md = 2.50Φ$；

0.04~0.10 m 为 CFS，呈暗土黄色，$Md = 1.80Φ$；

0.10~0.30 m 为 MFS，暗土黄色，$Md = 2.48Φ$；

0.30~0.80 m 为 FCS，土黄色，$Md = 0.31Φ$；

2.70~3.10 m 为 TS，暗灰色，$Md = 3.24Φ$。

（3）Z3 孔。位于低潮滩，坐标 23°18′41.708″N，116°45′30.759″E，孔口高程在理基以上 0.80 m，钻孔进尺 2.50 m，沙层厚度 1.90 m，钻孔地质柱状剖面自上而下沉积物分布：

0~0.18 m 为 MFS，暗土黄色，$Md = 2.14Φ$；

0.18~0.60 m 为 CS，土黄色，$Md = -0.41Φ$；

0.60~1.20 m 为 S，土黄色，$Md = 2.03Φ$；

1. 20～1. 90 m 为 MFS, 黄灰色, $Md=2.45\Phi$;

1. 90～2. 50 m 为 TS, 暗灰色, $Md=2.83\Phi$。

2) 南段沙滩（BS2 监测剖面）

（1）Z1 孔。位于中、低潮滩, 坐标 23°18′28. 428″N, 116°45′26. 0303″E, 孔口高程在理基以上 0. 84 m, 钻孔进尺 2. 05 m, 沙层厚度 2. 05 m, 钻孔地质柱状剖面自上而下沉积物分布:

0～0. 52 m 为 FS, 深土黄色, $Md=2.44\Phi$;

0. 52～1. 08 m 为 S, 土黄色, $Md=1.59\Phi$;

1. 08～1. 68 m 为 TS, 黄灰色, $Md=2.90\Phi$;

1. 68～2. 05 m 为 FCS, 黄灰色, $Md=1.36\Phi$;

2. 05 m 以深为花岗岩。

（2）Z2 孔。位于高潮滩, 坐标 23°18′28. 476″N, 116°45′25. 795″E, 孔口高程在理基以上 1. 57 m, 钻孔进尺 2. 30 m, 沙层厚度为 2. 06 m, 钻孔地质柱状剖面自上而下的沉积物分布:

0～0. 09 m 为 FS, 深土黄色, $Md=2.45\Phi$;

0. 09～0. 29 m 为 GS, 深土黄色, $Md=-0.07\Phi$;

0. 29～1. 07 为 GS, 黄灰色, $Md=-0.49\Phi$;

1. 07～1. 71 m 为 TS, 黄灰色, $Md=2.75\Phi$;

1. 71～2. 06 m 为 S, 黄灰色, $Md=1.67\Phi$;

2. 06～2. 30 m 为 TS, 带绿黄灰色, $Md=3.10\Phi$;

2. 30 m 以深为花岗岩。

从以上北山湾沙滩的钻探资料可以看出: ①该湾潮间带砂质沉积物的厚度均在 2 m 左右, 并以细砂和中细砂为主要特征。南段沙滩高潮滩次表层有约 1 m 厚的砾砂层, 可能是人工填砂; ②在砂质沉积物层以下一般为粉砂质砂, 其 $Md\Phi$ 值均在 2. 8 以上, 颜色多呈暗灰色或黄灰色。揭示出砂质沉积物层是在全新世海侵后海面相对稳定以来的产物。

5. 1. 3 沙滩演变特征

据图 5. 9 和图 5. 10 所示北山湾北段沙滩 BS1 剖面和南段沙滩 BS2 剖面岸滩地形监测结果的分析, 得以下几点结论。

（1）潮上带沙丘地形均为略显淤涨, 在监测期间的年平均淤涨率, BS1 剖面为 8～10 cm/a, BS2 剖面为 3～5 cm/a。

（2）高-中潮滩呈现夏淤冬冲的明显特点, 从 2011 年 4 月 22 日和 2011 年 9 月 8 日之间的监测结果看, BS1 剖面普遍淤高 30 cm（即单宽淤涨约 6. 0 m³/m）, BS2 剖面大多淤高 25 cm（单宽淤涨约 5.0 m³/m）。

（3）低潮滩则大体呈夏冲冬淤的趋势，但特征不十分明显。

（4）从两年的监测期间看，BS1 剖面和 BS2 剖面的前滨滩面均具有上冲下淤的特征：对于平均海面以上前滨滩面，在 BS1 剖面大多下蚀 10 cm/a，平均单宽下蚀率 1.5 m³/（m·a），BS2 剖面下蚀多在 5~15 cm/a，平均单宽下蚀约为 2.0 m³/（m·a）；而平均海面以下滩面，BS1 剖面平均淤高 13 cm/a，BS2 剖面基本处在冲淤平衡状态。

5.1.4　近滨海底地形–表层沉积物监测结果

本次重点区沙滩调查对北山湾海岸布设的 BS1 和 BS2 两个监测剖面，分别于 2010 年 8 月 10 日和 2011 年 9 月 2 日进行了近滨区海底地形–表层沉积物变化监测，兹将调查结果分别表示在图 5.11 和图 5.12 中。

从图 5.11 所示 BS1 剖面的监测结果可以看出：① 在离岸 110 m 以内为潮间带沙滩向外延伸的斜坡带；离岸 110 m（水深在理基面下 1.8 m）往外到离岸 2 200 m（水深 6.5 m），岸坡坡度相对较平缓（约 2.2‰），再往外为德州水道西翼，坡度变大；监测期间整个近滨海底地形变化不大；② 砂质沉积物自低潮滩的细砂向外延伸到离岸 600~700 m的近 2.3 m 水深（离岸 550 m 处出现粉砂质砾砂可能是暗礁旁边的沉积物），往外沉积物逐渐转变为黏土质粉砂或粉砂。

图 5.12 所示 BS2 剖面的监测结果表明：近滨海底地形除靠近海滩外侧的区段（约离岸 300 m 以内）出现较明显的下蚀（平均下蚀约 16 cm/a，其下蚀率自陆向海方向逐步减小）以外，均基本处于稳定不变状态，即与 BS1 剖面的变化大体一致。但从表层沉积物分布方面看，潮间沙滩向外延伸的砂质沉积范围明显比 BS1 剖面窄，即自离岸 400 m 余以外均为淤泥质沉积（黏土质粉砂或粉砂）。

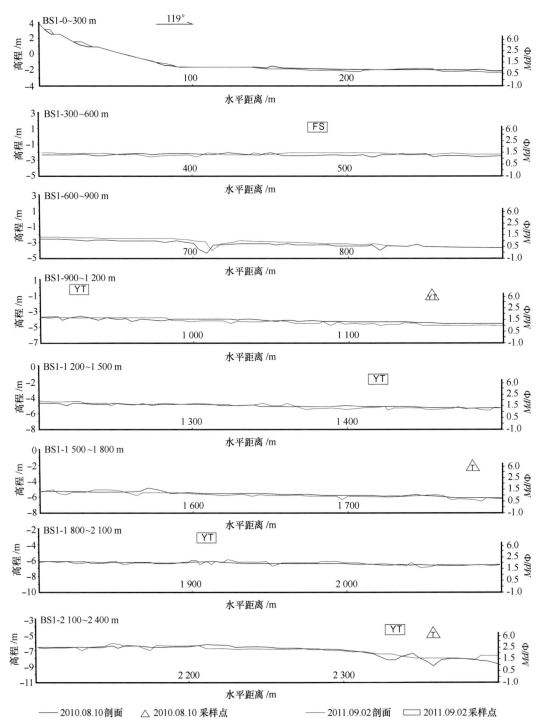

图 5.11　北山湾海岸 BS1 剖面近滨水下地形与表层沉积物变化监测结果

注:　水平标尺表示离岸距离,左侧标尺表示高程(理基),右侧标尺表示样品粒度参数值,采样符号中心点表示采样点离岸距离和中值粒径,
　　符号关联字符表示沉积物类型。

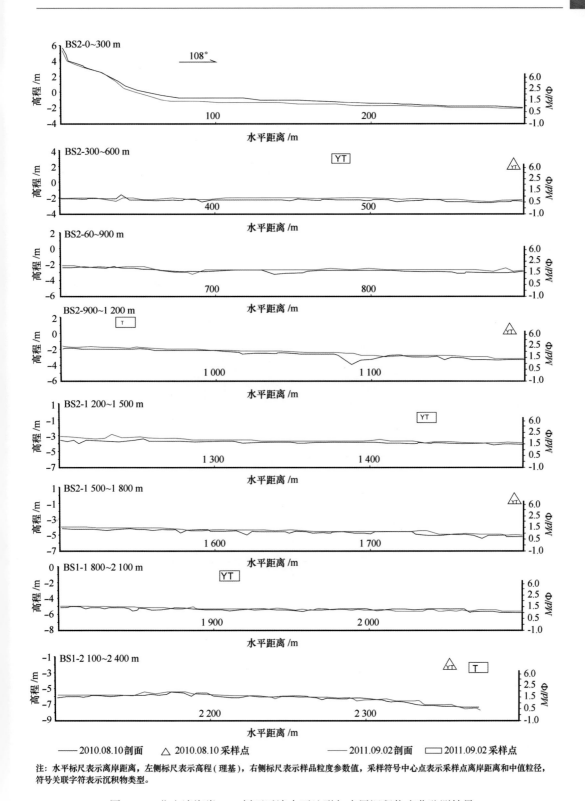

注：水平标尺表示离岸距离，左侧标尺表示高程（理基），右侧标尺表示样品粒度参数值，采样符号中心点表示采样点离岸距离和中值粒径，
符号关联字符表示沉积物类型。

图 5.12　北山湾海岸 BS2 剖面近滨水下地形与表层沉积物变化监测结果

5.2 汕尾市遮浪角旅游沙滩

5.2.1 沙滩概况

汕尾市遮浪角旅游沙滩处在粤东西部海陆丰河湾、台地相间堆积海岸区段之碣石湾西南端岬角的东、西两侧，近岸海区范围为 22°38′—22°41′N，115°31′—115°37′E。遮浪角乃一向南海北部延伸的半岛（图 5.13），该岬角滨海沙滩的堆积地貌属台地岬湾海岸（叠置沉积）类型，可分为东侧沙滩（布设监测剖面 ZL1）和西侧沙滩（布设监测剖面 ZL2）。周边陆地地貌及两端岬角均为由燕山期黑云母花岗岩（$\gamma_5^{3(1)b}$）所组成的侵蚀剥蚀台地（红土台地广泛分布）和海积平原，近岸海区坡陡。

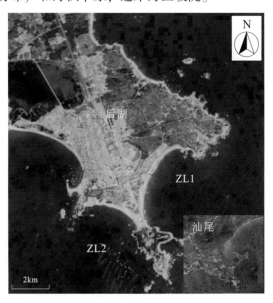

图 5.13　汕尾遮浪角海滩形态及固定监测剖面位置

东侧沙滩（图 5.14）长约 1 100 m，宽度（含滩肩）100 m 左右。滩肩沉积物主要为中细砂，呈缓坡向海倾斜，外缘发育典型的大滩角。前滨滩面呈陡坡状（坡度为 15°～20°），高潮滩上部为中粗砂，下部为砾砂；中-低潮滩表层为粗砂，其下为砾砂。沙滩剖面形态形成含滩肩的沙坝类型（图 5.15），正常海况下波浪汹涌频繁。

西侧沙滩（图 5.16）长度约 700 m，宽度（含滩肩）近 100 m。滩肩沉积物主要为中砂，上段较平缓，紧连草丛沙丘，下段略向海倾斜。前滨滩面坡陡（坡度为 15°～20°）；高潮滩以粗砂为特征，表层为粗中砂；中-低潮滩也主要由粗砂组成，表层为中粗砂。沙滩剖面形态构成含滩肩的沙坝类型（图 5.17），正常海况下波浪汹涌频繁。

图 5.14 遮浪角东侧沙滩岸滩概貌

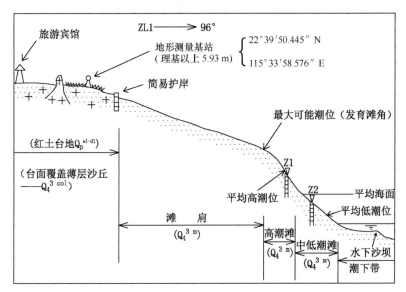

图 5.15 ZL1 监测剖面岸滩勘查地形地貌素描图

平均海面高程为 1.22 m，以理基起算

图 5.16 遮浪角西侧沙滩岸滩概貌

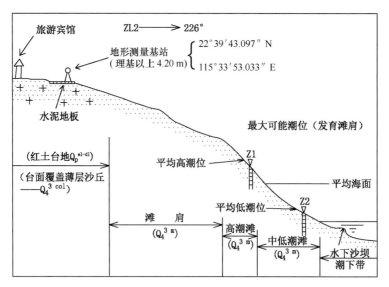

图 5.17　ZL2 监测剖面岸滩勘查地形地貌素描图

平均海面高程为 1.22 m，以理基起算

　　汕尾遮浪角区域海岸水文状况（表 5.3）：① 潮汐类型属不规则日潮型，潮汐特征值据碣石站（22°48′N，115°40′E）的短期观测资料（以理基起算），平均高潮位为 1.90 m，平均低潮位为 0.54 m，最大可能潮位为 2.57 m，平均海面为 1.22 m；② 海区波浪特征，据遮浪海洋站（22°34′N，115°34′E）于 1971—1990 年的观测资料，本区以风浪为主，其年频率为 94%，涌浪频率为 40%；常浪向为 ENE—ESE 向，出现频率为 19%~22%，共占 60%；强浪向为偏南向；年平均波高为 1.4 m，年平均周期为 4.2 s。大浪主要由冬季 NE 向大风和夏季热带气旋引起；冬季常浪向和强浪向均为 E 向，出现频率 33%，平均波高 1.5 m；夏季常浪向为 SW 向，出现频率 22%，平均波高 1.2 m；强浪向则为 SE 向。

表 5.3　遮浪海洋站各方向波浪要素统计（1971—1990 年）

方向	N	NNE	NE	ENE	E	ESE	SE	SSE	S
频率/%	1.74	6.76	5.68	18.53	21.66	19.36	5.53	2.32	2.74
$H_{1/10}$/m	1.5	1.4	1.5	1.8	1.6	1.1	0.9	0.9	0.9
T/s	4.0	4.1	4.0	4.3	4.3	4.2	4.1	4.0	4.2
H_{max}/m	3.8	6.5	4.6	5.6	6.0	9.0	9.5	7.0	6.5
方向	SSW	SW	WSW	W	WNW	NW	NNW	C	
频率/%	3.47	8.03	2.84	0.91	0.11	0.09	0.19	0.03	

方向	SSW	SW	WSW	W	WNW	NW	NNW	C
$H_{1/10}$/m	1.0	1.0	1.2	1.0	0.9	1.0	1.3	—
T/s	3.9	3.8	3.9	3.7	3.8	3.9	4.0	—
H_{max}/m	6.1	8.3	4.8	4.5	4.0	2.9	4.0	—

5.2.2 沙滩沉积物变化特征

5.2.2.1 表层沉积物变化

1）东侧沙滩（ZL1 监测剖面）表层沉积物变化

由图 5.18 所示的监测结果可看出，东侧沙滩表层沉积物的中值粒径分布范围在-0.40Φ~1.18Φ，其沉积物类型从粗砂到细中砂变化，在中潮滩的次表层可见砾砂。滩肩以中粗砂为主；高潮滩主要为中粗砂和粗中砂；中潮滩沉积物粒度变粗，即主要为粗砂和中粗砂；低潮滩的粒径最细，主要由细中砂和细砂组成。前滨滩面沉积物的这种粒度变化，显然与其高-中潮滩坡度较陡、低潮滩坡度相对较平缓的沙滩剖面形态密切相关。从沙滩在夏、冬季监测期间沉积物的变化趋势来看，滩肩表现为夏粗冬细的现象；高潮滩变化不大；中潮滩上段也变化不大，但下段则有夏细冬粗的趋向；低潮滩粒度变化不明显。监测期间表层沉积物变化，大体表现出潮位较高的滩面（滩肩和高潮滩）变细，而潮位较低的滩面（中、低潮滩）变粗的现象。

2）西侧沙滩（ZL2 监测剖面）表层沉积物变化

由图 5.19 所示的监测结果看出，西侧沙滩表层沉积物的中值粒径分布范围为 0.2Φ~1.45Φ，其沉积物类型从粗砂（次表层见砾砂）到中砂均有分布。滩肩沉积物以中粗砂为主；高潮滩为中粗砂和粗中砂；中潮滩粗砂、砾砂至粗中砂均有分布；低潮滩变细，为由中砂和粗中砂组成。监测期间夏、冬季沉积物变化表现出，滩肩夏粗冬细；高潮滩亦为夏粗冬细；中潮滩也有夏粗冬细的趋向；低潮滩则变化不大。监测期间表层沉积物的总体变化，除低潮滩外略显变细的趋向。

5.2.2.2 沉积物垂直变化与沙层厚度

根据 ZL1 监测剖面（图 5.15）和 ZL2 监测剖面（图 5.17）上所示钻孔孔位的柱状样分析，得以下结果。

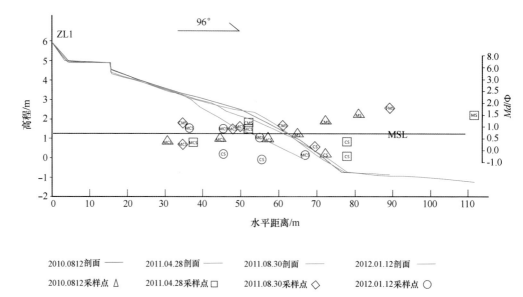

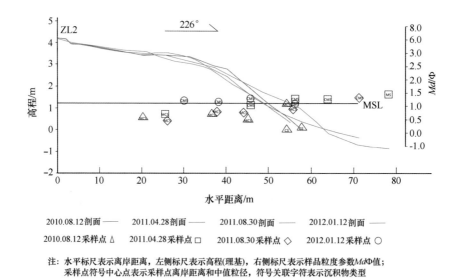

2010.0812剖面 ——　　2011.04.28剖面 ——　　2011.08.30剖面 ——　　2012.01.12剖面 ——

2010.0812采样点 △　　2011.04.28采样点 □　　2011.08.30采样点 ◇　　2012.01.12采样点 ○

注：水平标尺表示离岸距离，左侧标尺表示高程(理基)，右侧标尺表示样品粒度参数$Md\Phi$值；
采样点符号中心点表示采样点离岸距离和中值粒径，符号关联字符表示沉积物类型

图 5.18　汕尾遮浪角东侧沙滩 ZL1 剖面岸滩地形–表层沉积物变化监测结果

2010.08.12剖面 ——　　2011.04.28剖面 ——　　2011.08.30剖面 ——　　2012.01.12剖面 ——

2010.08.12采样点 △　　2011.04.28采样点 □　　2011.08.30采样点 ◇　　2012.01.12采样点 ○

注：水平标尺表示离岸距离，左侧标尺表示高程(理基)，右侧标尺表示样品粒度参数$Md\Phi$值；
采样点符号中心点表示采样点离岸距离和中值粒径，符号关联字符表示沉积物类型

图 5.19　汕尾遮浪角西侧沙滩 ZL2 剖面岸滩地形–表层沉积物变化监测结果

1）东侧沙滩（ZL1 监测剖面）的沙层变化

（1）Z1 孔。位于高潮滩，坐标 22°39′50.398″N，115°34′00.616″E，孔口高程在理基

以上 1.84 m，钻孔进尺 3.45 m，沙层厚度 2.87 m，钻孔地质柱状剖面自上而下沉积物分布如下：

0~0.70 m 为 MCS，呈浅黄色，$Md = 0.78\Phi$；

0.70~2.16 m 为 GS，浅黄色，$Md = -0.24\Phi$；

2.16~2.87 m 为 S，鲜橘黄色，$Md = 1.49\Phi$；

2.87~3.45 m 为 S，呈灰白色，$Md = 1.61\Phi$，其中含 T 和 Y 达 11.5%。

（2）Z2 孔。位于中低潮滩，坐标 22°39′50.395″N，115°34′00.833″E，孔口高程在理基以上 1.00 m，钻孔进尺 2.45 m，沙层厚度 2.45 m，钻孔地质柱状剖面自上而下沉积物分布如下：

0~0.12 m 为 CS，呈浅黄色，$Md = 0.28\Phi$；

0.12~2.10 m 为 GS，浅黄色，$Md = -0.42\Phi$；

2.10~2.45 m 为 CMS，鲜橘黄色，$Md = 1.20\Phi$。

2）西侧沙滩（ZL2 监测剖面）的沙层变化

（1）Z1 孔。位于高潮滩，坐标 22°39′42.396″N，115°33′52.394″E，孔口高程在理基以上 1.76 m，钻孔进尺 3.45 m，沙层厚度 2.44 m，钻孔地质柱状剖面自上而下沉积物分布如下：

0~0.10 m 为 CMS，呈浅黄色，$Md = 1.04\Phi$；

0.10~1.12 m 为 CS，浅黄色，$Md = 0.17\Phi$；

1.12~2.44 m 为 CS，浅黄色，$Md = 0.10\Phi$；

2.44~3.45 m 为 MCS，灰色，$Md = 1.34\Phi$，其中含 T 和 Y 达 23.46%。

（2）Z2 孔。位于中低潮滩，坐标 22°39′42.121″N，115°33′52.161″E，孔口高程在理基以上 0.38 m，钻孔进尺 2.45 m，钻孔地质柱状剖面自上而下沉积物分布如下：

0~0.10 m 为 MCS，浅黄色，$Md = 0.63\Phi$；

0.10~0.98 m 为 CS，浅黄白色，$Md = -0.18\Phi$；

0.98~1.76 m 为 CS，浅黄色，$Md = -0.01\Phi$；

1.76~2.45 m 为 CS，黄灰色，$Md = 1.06\Phi$，其中含 T 和 Y 达 19.66%。

由上述各钻孔的钻探资料可以看出：① 遮浪角东、西两侧旅游沙滩的砂质沉积层厚度一般为 2~3 m，其中东侧沙滩略厚，并显示高潮滩比中低潮滩厚的趋势；② 砂质沉积物的粒径较粗，以粗砂和砾砂为主要特征，这一点与遮浪角近岸海区波浪能量较高、潮差较小，海滩剖面形态构成带滩肩（发育滩角）的沙坝类型是对应的；③ 从东、西侧两个沙滩沉积物粒径的对比来着，东侧沙滩以砾砂为主，而西侧沙滩以粗砂为主，即前者粒径明显大于后者。显然，这与表 5.3 所示的波浪要素统计特征有关，即 ENE—E 向波浪明显小于偏 SW 向；④ 砂质沉积层底部均为含粉砂和黏土较高的沉积物，可能是全新世中期海侵高海面时期的产物。

5.2.3 沙滩演变特征

根据图 5.18 和图 5.19 所示遮浪角东侧沙滩 ZL1 剖面和西侧沙滩 ZL2 剖面岸滩地形监测结果的分析可得以下结果。

5.2.3.1 东侧沙滩（ZL1 监测剖面）地形演变

监测期间滩肩外缘向陆蚀退近 14 m（蚀退率约为 7.0 m/a），平均单宽侵蚀量达 2.3 m³/m。平均海面以上的前滨滩面总体呈现夏淤冬冲的特点；但在监测期间，由于受夏秋季节风暴效应的影响，整体下蚀，下蚀量 0.65～1.00 m（平均下蚀率约为 33 cm/a），单宽侵蚀量为 17.0 m³/m。平均海面以下滩面，夏、冬季的冲淤特征不显，但监测期间其上段也表现下蚀，平均下蚀 29 cm/a，单宽下蚀 5.5 m³/（m·a）；下段滩面向外侧逐渐转变成淤积状态。综合 4 次监测结果分析，滩面最显著的侵蚀出现在 2011 年 8 月和 2012 年 1 月之间，推断可能与 2011 年 9 月 29 日登陆广东的 1117 号强台风"纳沙"有关。

5.2.3.2 西侧沙滩（ZL2 监测剖面）地形演变

监测期间滩肩外缘向陆蚀退近 16 m，平均单宽侵蚀量达 2.4 m³/m，但滩肩中部则略有淤涨（单宽淤涨量约为 1.0 m³/m）。平均海面以上的前滨滩面在四次监测时段，表现出连续下蚀的特征，其下蚀率平均约为 0.16 m/a，单宽侵蚀率为 2.9 m³/（m·a）。平均海面以下滩面在监测期间的地形变化不大（约平均下蚀 0.06 m/a）；但于 2011 年 4 月的监测时段表现出明显淤涨（淤涨量与 2010 年 8 月监测时段相比，平均淤高为 0.56 m，平均单宽淤涨量为 7.8 m³/m），这是该时段前滩肩蚀退和高潮滩下蚀所造成的结果。

5.2.4 近滨海底地形-表层沉积物监测结果

本次重点区调查对遮浪角东、西两侧海岸布设的 ZL1 和 ZL2 监测剖面，分别于 2010 年 8 月 10 日和 2011 年 9 月 2 日进行了近滨区海底地形-表层沉积物变化监测，现将结果表示于图 5.20 和图 5.21 中。

根据图 5.20 所示 ZL1 剖面的监测结果，可以看出：①近滨海底地形变化大体具有两个不同的区段：其一为近岸斜坡段，即自离岸 75 m（理论最低潮位面位置）至 1 141 m（水深 18.3 m），岸坡坡度 17.2‰，其中自离岸 148～200 m 的较浅水深部位分布有一高度不大的水下沙坝；其二，离岸 1 141 m 以外的海区为海底缓坡段（海底平原）；② 监测期间整个近滨区海底地形基本处于稳定不变状态，仅近岸水下沙坝呈向陆推移而略显下蚀现象（平均下蚀约 4 cm/a）；③ 近岸斜坡段海底表层沉积均为由细砂到细中砂所组成

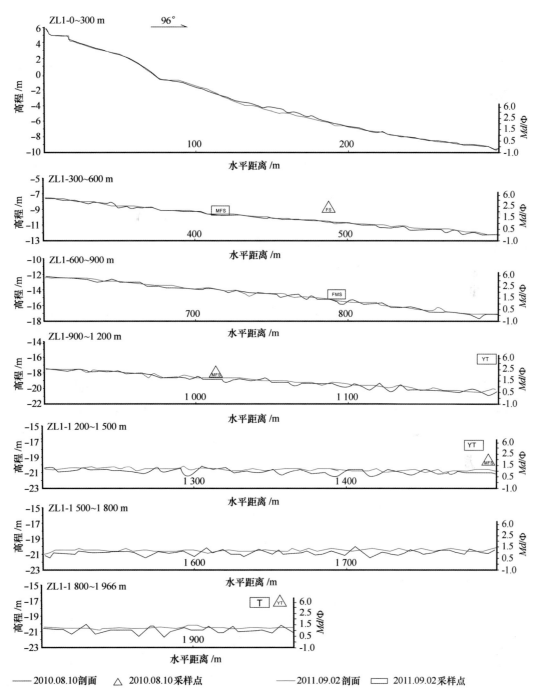

注: 水平标尺表示离岸距离, 左侧标尺表示高程(理基), 右侧标尺表示样品粒度参数值, 采样符号中心点表示采样点离岸距离和中值粒径, 符号关联字符表示沉积物类型。

图 5.20　遮浪角海岸 ZL1 剖面近滨水下地形与表层沉积物变化监测结果

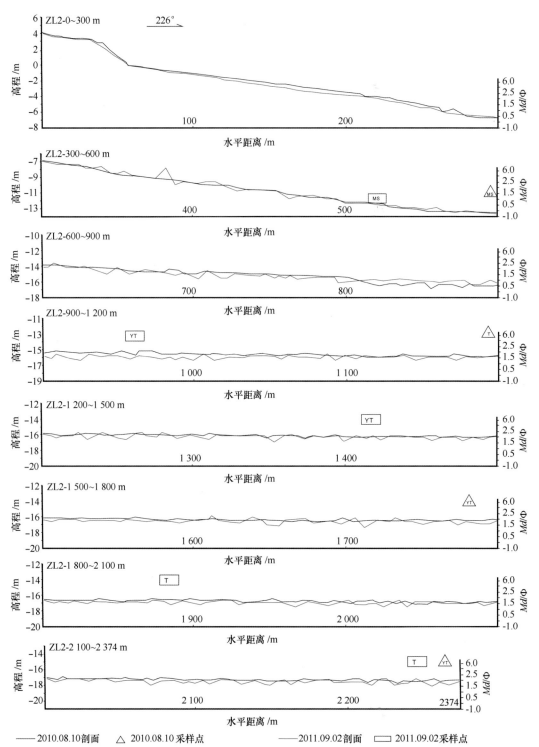

图 5.21　遮浪角海岸 ZL2 剖面近滨水下地形与表层沉积物变化监测结果

注：水平标尺表示离岸距离，左侧标尺表示高程（理基），右侧标尺表示样品粒度参数值，采样符号中心点表示采样点离岸距离和中值粒径，符号关联字符表示沉积物类型。

的砂质类型；而外侧海底平原则为淤泥质沉积，即主要为黏土质粉砂或粉砂，偶见中细砂；监测期间表层沉积物类型变化不大。

由图5.21所示的ZL2剖面监测结果分析可得：① 与ZL1剖面相似，近滨海底地形也可分为两段，即离岸800 m（水深15.3 m）以内为近岸斜坡段，岸坡坡度20.8‰；离岸800 m以外为海底平原段；② 监测期间整个近滨海底地形变化不大；③ 近岸斜坡段主要由中砂组成的砂质沉积，而外侧海底平原为淤泥质沉积物，以黏土质粉砂为主，部分地段分布粉砂；监测期间沉积物类型分布不变。

5.3　深圳市大鹏湾顶小梅沙旅游沙滩

5.3.1　沙滩概况

深圳市小梅沙旅游沙滩处在惠深山丘基岩港湾侵蚀海岸区段中，大鹏湾湾顶的一个低山丘陵小岬湾内，近岸海区范围为22°34′—37′N，114°18.5′—21′E。小梅沙湾呈弓形面南向大鹏湾开敞，滨海沙滩分布在湾内的西部岸段（图5.22），其堆积地貌类型属山丘岬湾岸叠置沉积类型，可分为东段沙滩（布设监测剖面MS1）和西段沙滩（布设监测剖面MS2）。周边陆地地貌及西端岬角均为由燕山期（$\gamma_5^{2\gamma(3)}$）所组成的侵蚀剥蚀低山，山体迫岸，近岸海区地形坡陡。在滨海沙滩之后侧分布狭小的潟湖平原，潮上带为沙堤-沙丘海岸（已建滨海旅游设施），东侧为小潟湖通道。

图5.22　深圳小梅沙海滩形态及固定监测剖面位置

东段沙滩（图5.23）长约400 m，宽度（含滩肩）120 m左右。滩肩剖面平缓，沉积物以中细砂为特征；前滨滩面坡陡，其高潮滩滩坡较陡（坡度为15°~20°），沉积物主要为粗中砂和粗砂；中潮滩坡度也较大，以砾砂为主；低潮滩平缓，沉积物粒径变细，主要为中细砂。沙滩剖面形态形成含滩肩的低潮沙坝/裂流型（图 5.24）。

图 5.23　小梅沙旅游沙滩东段岸滩概貌

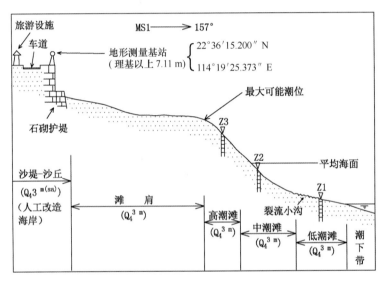

图 5.24　MS1 监测剖面岸滩勘查地形地貌素描图

平均海面高程为 1.20 m，以理基起算

西段沙滩（图 5.25 和图 5.26）长约 400 m，宽度（含滩肩）120 m 左右。滩肩面较为平坦，沉积物主要为中细砂；前滨滩面坡度较陡（高、中潮滩坡度为 15°~20°，低潮滩略缓，为 5°~8°）；高、中潮滩主要由粗中砂和中粗砂组成；低潮滩沉积物以分选较差的砂为主。沙滩剖面形态（图 5.27）形成含滩肩的低潮沙坝/裂流型，其中低滩坡折处常见裂流小水沟微地貌。

小梅沙近岸海区主要海洋水文特征如下。

（1）潮汐性质：由于大鹏湾海区地壳断块在新构造运动表现为地堑式下沉，因而构成了一个面向东南的"冂"形大溺谷海湾，有利于南海潮波顺湾传入，并直至湾顶，该湾潮汐基本不受大河径流影响。湾内无长期验潮点，按盐田的短期观测资料，潮汐类型属不规则半日潮。

图 5.25 小梅沙西段沙滩及其西端岬角　　　　图 5.26 小梅沙西-东段浴场景观

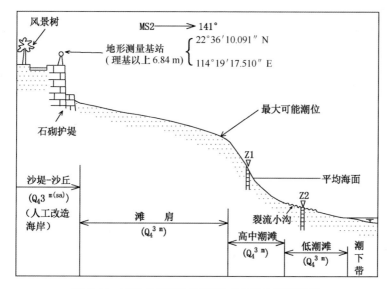

图 5.27 MS2 监测剖面岸滩勘查地形地貌素描图

平均海面高程为 1.20 m，以理基起算

（2）潮汐特征：根据 2007 年大鹏湾湾顶海区海图的测量资料所附潮信表，盐田港区（以理基起算）高潮面平均 1.60 m，低潮面平均 0.80 m，高高潮面平均 2.00 m，低高潮面平均 1.30 m，低低潮面平均 0.40 m，高低潮面平均 1.10 m，平均海面为 1.20 m。

（3）波浪：湾内无长期测波资料，根据湾顶区上洞短期测点（22°36′N，114°22′E）1985 年 4 月至 1986 年 4 月的波浪观测得出以下波况：① 常见的波浪为以涌浪为主的混合浪，偏 S 向浪可直接从湾口传入湾顶，尤其 SSE 向波浪的出现频率达 74.25%（其中包括夏、秋季由热带气旋引起的大浪）；② 波浪资料统计（表 5.4）表明，年平均波高（$H_{1/10}$）为 0.4 m，偏南向波高较大，为 0.4~0.5 m，波向主要出现在 ESE—SSW 向（共占 92.49%），常浪向和强度向均在偏南方向。

表 5.4 大鹏湾湾顶上洞测波点各方向平均波高和频率统计（1985 年 4 月至 1986 年 4 月）

方向	N	NNE	NE	ENE	E	ESE	SE	SSE	S
频率/%	2.81	0.48	0.21	0.14	0.48	3.84	6.71	74.25	6.18
$H_{1/10}$/m	0.24	0.27	0.30	0.50	0.41	0.51	0.46	0.39	0.48
方向	SSW	SW	WSW	W	WNW	NW	NNW	C	
频率/%	1.51	0.62	0.34				0.46	2.05	
$H_{1/10}$/m	0.34	0.36	0.64				0.44	0.22	

5.3.2 沙滩沉积物变化特征

5.3.2.1 表层沉积物变化

1）东段沙滩（MS1 监测剖面）表层沉积物变化

根据图 5.28 所示的监测结果可以看出，东段沙滩表层沉积物中值粒径的分布范围在 $-0.75\Phi \sim 2.05\Phi$，其沉积物类型为砾砂到中细砂各类型均有分布。沉积物自岸向海的变

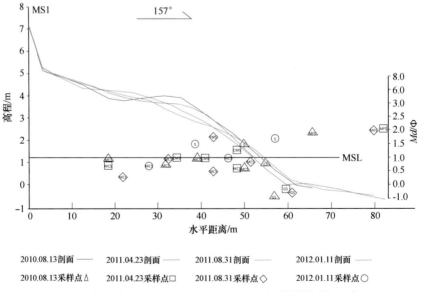

注：水平标尺表示离岸距离，左侧标尺表示高程(理基)，右侧标尺表示样品粒度参数$Md\Phi$值；
采样点符号中心点表示采样点离岸距离和中值粒径，符号关联字符表示沉积物类型

图 5.28 深圳小梅沙东段沙滩 MS1 剖面岸滩地形–表层沉积物变化监测结果

化：滩肩沉积物均由中粗砂构成；高潮滩以中粗砂和粗中砂为主，粒径变化不大，时见分选差的砂或细中砂；中潮滩上段主要由中粗砂组成，时见粗中砂或砂；中潮滩下段则粒度最粗，以砾砂为特征；低潮滩粒度变细为中细砂。前滨滩面沉积物这种粒度的变化情况与其剖面形态构成低潮沙坝/裂流型是相对应的。以季节性的颗粒度变化看，高潮滩沉积物具有夏粗冬细的趋势；中潮滩也大体有夏粗冬细的现象；低潮滩变化不明显。监测期间的粒度变化总体不很明显。

2）西段沙滩（MS2 监测剖面）表层沉积物变化

根据图 5.29 所示的监测结果可以看出，西段沙滩表层沉积物中值粒径范围为 0.30Φ~2.12Φ，总体表现为较细于东段沙滩（可能与沿岸输沙为自东往西有关）。自岸向海的沉积物变化如下：滩肩沉积物主要为中粗砂，时见粗中砂；高潮滩沉积组成与滩肩类似，但常覆盖薄层（3~5 cm）的细中砂；中潮滩沉积物与高潮滩基本相似；低潮滩主要为中细砂。整个滩面沉积物粒度的季节性变化和监测期间变化均不明显。

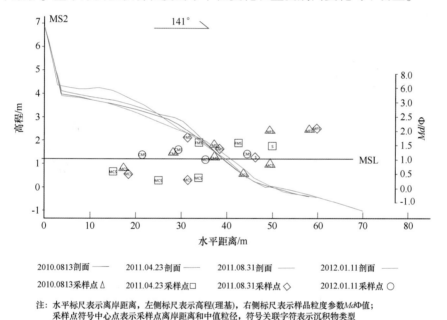

图 5.29　深圳小梅沙东段沙滩 MS2 剖面岸滩地形-表层沉积物变化监测结果

5.3.2.2　沉积物垂直变化与沙层厚度

根据图 5.24 MS1 监测剖面和图 5.27 MS2 监测剖面上所示钻孔孔位的柱状样分析，得以下结果。

1）东段沙滩（MS1 监测剖面）沙层变化

（1）Z1 孔。位于低潮滩，坐标 22°36′13.468″N，114°19′26.502″E，孔口高程在理基

以上 0.13 m，钻孔进尺 2.50 m，沙层厚度 2.26 m，钻孔地质柱状剖面自上而下沉积物分布如下：

0~0.29 m 为 MFS，呈浅黄色，$Md = 2.06\Phi$；

0.29~0.75 m 为 MFS，浅黄色，$Md = 2.01\Phi$；

0.75~2.06 m 为 S，浅黄色，$Md = 1.34\Phi$；

2.06~2.26 m 为 GS，浅黄色，$Md = 1.33\Phi$；

2.26~2.50 m 为 S，浅黄色，$Md = 1.62\Phi$，其中含 T 和 Y 达 17.66%。

（2）Z2 孔。位于中潮滩，坐标 22°36′13.703″N，114°19′26.334″E，孔口高程在理基以上 1.10 m，钻孔进尺 2.50 m，沙层厚度 2.12 m，钻孔地质柱状剖面自上而下沉积物分布如下：

0~0.10 m 为 FMS，浅黄色，$Md = 1.95\Phi$；

0.10~0.35 m 为 GS，浅黄色，$Md = -0.13\Phi$；

0.35~0.96 m 为 GS，浅黄色，$Md = -0.78\Phi$；

0.96~2.22 m 为 GS，浅黄色，$Md = -0.74\Phi$；

2.22~2.50 m 为 GS，浅灰黄色，$Md = 0.21\Phi$，其中含 T 和 Y 达 16.31%。

（3）Z3 孔。位于高潮滩，坐标 22°36′13.917″N，114°19′26.197″E，孔口高程在理基以上 2.51 m，钻孔进尺 2.50 m，沙层厚度 2.13 m，钻孔地质柱状剖面自上而下沉积物分布如下：

0~0.47 m 为 CMS，浅黄色，$Md = 1.12\Phi$；

0.47~2.13 m 为 CS，浅黄色，$Md = 0.03\Phi$；

2.13~2.50 m 为 CS，浅黄色，$Md = 1.11\Phi$，其中含 T 和 Y 达 18.66%。

2）西段沙滩（MS2 监测剖面）沙层变化

（1）Z1 孔。位于高-中潮滩，坐标 22°36′09.184″N，114°19′18.527″E，孔口高程在理基以上 1.45 m，钻孔进尺 2.50 m，沙层厚度 1.66 m，钻孔地质柱状剖面自上而下沉积物分布如下：

0~0.12 m 为 MS，浅黄白色，$Md = 1.49\Phi$；

0.12~0.41 m 为 CMS，浅黄白色，$Md = 1.08\Phi$；

0.41~1.10 m 为 MCS，浅黄白色，$Md = 0.36\Phi$；

1.10~1.66 m 为 MCS，浅黄色，$Md = 0.68\Phi$；

1.66~2.50 m 为 S，浅黄色，$Md = 1.66\Phi$，其中含 T 和 Y 达 20.80%。

（2）Z2 孔。位于低潮滩，坐标 22°36′08.989″N，114°19′18.750″E，孔口高程在理基以上 0.25 m，钻孔进尺 3.30 m，沙层厚度 2.07 m，钻孔地质柱状剖面自上而下沉积物分布如下：

0~0.10 m 为 MFS，浅黄白色，$Md=2.07\Phi$；

0.10~0.40 m 为 S，浅黄白色，$Md=1.67\Phi$；

0.40~1.23 m 为 S，浅黄色，$Md=1.40\Phi$；

1.23~2.07 m 为 MFS，灰白色，$Md=1.90\Phi$；

2.07~2.92 m 为 MFS，浅灰色，$Md=2.22\Phi$，其中含 T 和 Y 达 23.48%；

2.92~3.30 m 为 MFS，浅灰色，$Md=2.17\Phi$，其中含 T 和 Y 达 12.55%。

从以上各钻孔的钻探结果可以看出：① 小梅沙旅游沙滩东、西段砂质沉积厚度多略大于 2 m，沙层底部沉积均趋向含较高量的粉砂和黏土（中值粒径变细），反映了沉积环境由较高海面时期向相对较低而稳定的海面的变化趋势；② 鉴于沙滩剖面形态形成低潮沙坝/裂流型，其滩坡较陡的高-中潮滩沉积物粒径均明显比低潮滩粗；③ 总体而言，东段沙滩的粒径略大于西段沙滩，这可能与整个沙滩沿岸输沙为自东往西有关。

5.3.3　沙滩演变特征

5.3.3.1　东段沙滩（MS1 监测剖面）地形演变

根据图 5.28 所示的监测结果分析得出：① 滩肩外缘的季节冲淤特点不明显，但监测期间总体表现为蚀退，蚀退率为 5.0 m/a 左右，单宽侵蚀率约为 2.0 m³/（m·a）；而滩肩中部则大致出现相应的淤涨量；②平均海面以上前滨滩面有冬冲夏淤的趋势，在监测期间总体呈下蚀状态，下蚀平均为 0.15 m/a，单宽侵蚀率约为 2.3 m³/（m·a）；③平均海面以下滩面上段平均下蚀 0.12 m/a，单宽侵蚀率为 0.87 m³/（m·a）；但下段（低潮滩）则总体具有淤涨的趋势，平均约淤高 0.10 m/a。

5.3.3.2　西段沙滩（MS2 监测剖面）地形演变

根据图 5.29 所示的监测结果分析得出：①滩肩外缘显示夏蚀冬淤的趋势，监测期间具不明显的蚀退现象（蚀退 0.9 m/a）；但几乎整个滩肩带在监测期间都出现较明显的淤涨状态，尤其是冬季时段更显著，其淤涨率平均约为 0.16 m/a，单宽淤涨率约为 2.6 m³/(m·a)；这一现象可能与整个小梅沙滩在冬季受东北风的吹扬向西运移以及沿岸输沙方向为自东向西有关；② 整个前滨滩面在监测期间的地形变化不明显，呈现较微弱的上冲下淤现象；平均海面以上前滨滩面平均下蚀 7 cm/a，单宽下蚀 0.85 m³/（m·a）；平均海面以下滩面平均淤高 3 cm/a，单宽淤涨 0.60 m³/（m·a）。

5.3.4　近滨海底地形–表层沉积物监测结果

对在小梅沙湾海岸布设的 MS1 和 MS2 两个监测剖面，分别于 2010 年 8 月 10 日和

2011 年 9 月 20 日进行了近滨区海底地形－表层沉积物变化监测，其结果分别表示在图 5.30 和图 5.31。

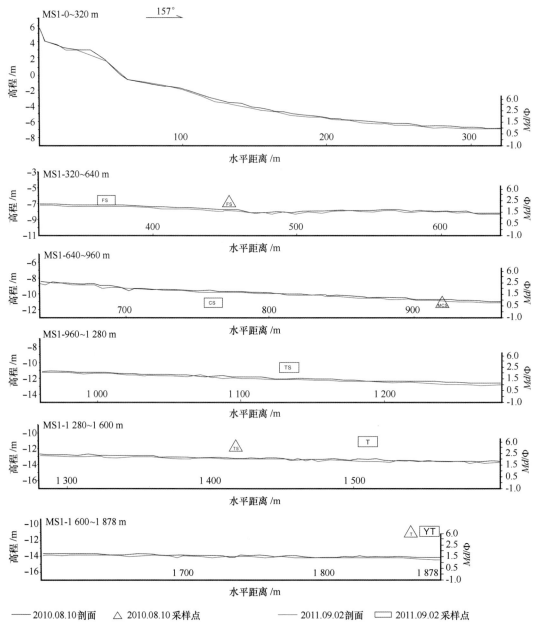

图 5.30　小梅沙海岸 MS1 剖面近滨水下地形与表层沉积物变化监测结果

从图 5.30 所示 MS1 剖面的监测结果可以得出：① 监测期间近滨海底地形基本不变；② 按岸坡的坡度和表层沉积物的分布情况，自最低潮位面开始，向外可划分为 5 个区

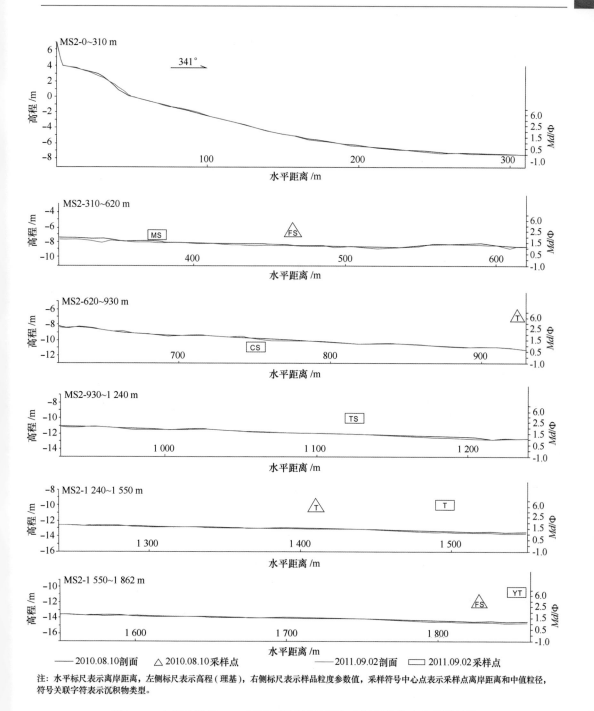

图 5.31　小梅沙海岸 MS2 剖面近滨水下地形与表层沉积物变化监测结果

注：水平标尺表示离岸距离，左侧标尺表示高程（理基），右侧标尺表示样品粒度参数值，采样符号中心点表示采样点离岸距离和中值粒径，符号关联字符表示沉积物类型。

段：第一段至离岸 265 m（水深 6.4 m），乃潮间带沙滩向外延伸的近岸陡坡段（坡度 32.0‰），表层沉积物为中细砂，向外变为细砂。第二段，离岸 265~622 m（水深 8.1 m），坡度较缓（仅 4.8‰），沉积物为细砂。第三段，离岸 622~1 100 m（水深

11. 8 m），坡度有略微变陡（7.7‰），表层沉积物变粗为粗砂、中粗砂。第四段，离岸
1 100~1 460 m（水深 13.1 m），坡度稍缓（3.6‰），表层沉积物明显变细为粉砂质砂。
第五段，离岸 1 460~1 878 m（水深 14.0 m），坡度进一步变缓（2.2‰），表层系淤泥质
沉积物——从粉砂向外转变为黏土质粉砂。总体反映出近滨海底岸坡坡度非常之大
（10 m水深以内岸坡坡度达 13.0‰），是滨海沙滩易遭受风暴潮影响的重要因素，呈现出
陆上海岸的山麓坡面延伸的迹象。

图 5.31 所示 MS2 剖面的监测结果，显示出其近滨水下地形和表层沉积物的变化情况
与 MS1 剖面基本相同。

5.4 茂名市水东港"中国第一滩"旅游沙滩

5.4.1 沙滩概况

水东港"中国第一滩"的区域海岸地质地貌背景处在粤西东部区段沙坝-潟湖海岸，
它作为水东港—博贺港沙坝体系滨海沙滩的主要组成岸段，其堆积地貌类型属叠合成因
巨大沙坝岸型。也就是说，该沙坝体系的拦湾沙坝的形成与第四纪以来的海平面升降有
关，构成了具多条相互平行的滩脊-沙丘复合平原及其外侧的滨海沙滩，即组成兼有新
（全新世）、老（晚更新世）海积-风积地层的分布。

本重点区调查范围（图 5.32）为东自水东潟湖湾的潮汐水道口，西至晏镜岭，全长
10. 8 km，沙坝（呈 NE—WS 向展布）宽 2~3 km，坐标（含海域）为 21°24′—21°29′N，
111°00′—111°05′E。潟湖湾周边地貌主要为侵蚀剥蚀台地，其中燕山期花岗岩形成的红
土台地广泛分布。南侧规模宏大的海岸沙坝中，局部分布有晏镜岭和虎头山等由寒武系
变质岩构成的残丘，以及晚更新世的老红砂阶地。潟湖水道口外侧发育宽广的落潮三角
洲。潟湖内部泥坪广布，并发育涨潮三角洲。水东港区虽无大河入海，但无论是从陆地
地貌，还是从近滨海区地形与沉积等海岸海洋环境都可以看出，潟湖湾沙坝南侧潮间带
具有丰富的砂质来源供给。

水东港"中国第一滩"旅游沙滩连绵约 10 km，其中以上大海（天鹅坑）和下大海
为界大体分为东、中、西三个岸段。旅游景区主要位于中段，其次为西段的虎头山景区，
它们的沙滩沉积物主要由细砂和中细砂组成，剖面形态均呈向海缓倾斜的耗散类型，仅
在虎头山景区西侧近 1 km 的西端岸线，因靠近晏镜岭残丘，原始岸坡坡陡，且面向偏
SE 的强浪向而构成具宽坦滩肩的反射型剖面类型，其滩肩外缘发育滩角，而前滨滩面坡
度明显增大，宽度变窄，沉积物显著变粗。在"中国第一滩"后滨均发育低矮的植被沙
丘群。沿岸沙丘自 2007 年以来，在中、西岸段已陆续全部建成了抗潮能力为 50 年一遇

标准的人工防护堤，主体为堤顶有车道的混凝土结构；仅在上大海东侧约 1.65 km 岸段现今仍为自然状态；东端海岸长约 1.58 km，于 1991—1992 年建成石砌直立海堤，并在堤后进行回填，但在 1996 年海堤遭受 9615 号强台风冲击，全部坍塌摧毁，以后堤内填沙之海岸不断经受强烈侵蚀后退，其蚀退率达 2.40 m/a，沙滩滩面平均蚀低 7.0 cm/a。

本次重点区调查将"中国第一滩"以中部的牛母礁为界，划分成东部和西部两个区段，沙滩长度各约 5 km。在东部区段内于天鹅坑天然沙丘岸位置布设 SD1 剖面（图 5.32），该区段沙滩宽度一般为 120 m 左右，岸滩状态见图 5.33 和图 5.34。在西部区段内于虎头山景区西侧布设 SD2 监测剖面（图 5.32），沙滩的宽度为 170 m 左右，岸滩状态参见图 5.35 至图 5.38。

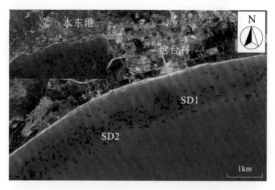

图 5.32　茂名水东港海滩形态及固定监测剖面位置

水东港"中国第一滩"近岸海区的海洋水文特征如下。

① 潮汐性质：属不规则半日潮型，潮汐的日不等现象显著。

② 潮汐特征：根据 2011 年测量的茂名港及附近海图所附潮信表，在水东湾潮汐水道口东侧的西葛验潮站（21°28′N，111°06′E），其平均高潮位（以理基面起算，下同）为 2.60 m，平均低潮位 1.90 m，高高潮位 3.10 m，低高潮位 1.90 m，低低潮位 0.60 m，高低潮位 1.40 m，平均海面为 1.80 m。

图 5.33　SD1 监测剖面 2010 年 8 月监测时滩面景观

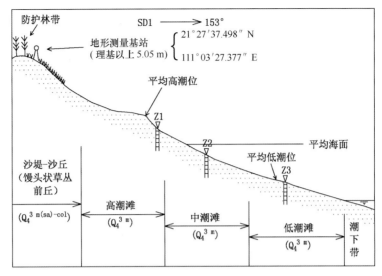

图 5.34　SD1 监测剖面岸滩勘查地形地貌素描图

平均海面高程为 1.80 m，以理基起算

图 5.35　水东港西部区段沙滩岸滩概貌

图 5.36　SD2 监测剖面中潮滩 Z2 孔

沙层以下基岩风化壳

图 5.37　SD2 监测剖面景观

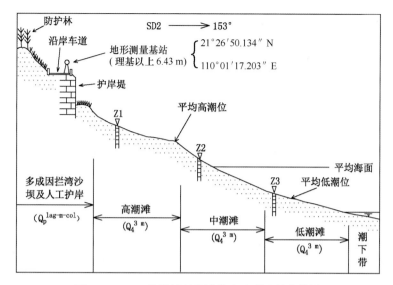

图 5.38　SD2 监测剖面岸滩勘查地形地貌素描图

平均海面高程为 1.80 m，以理基起算

③ 海区海流余流：茂名水东港南面海域终年存在一个反时针方向的环流，即其余流方向终年为偏西向。该海区是发育第四系沉积的新构造断陷盆地（海陵岛断陷），近岸岸坡较平缓，海域泥沙来源较为丰富，尤其是东部区段近滨海区。

④ 波浪：根据水东港南面海区波浪观测站（21°25′30″N，111°00′E）1984 年的观测资料，推算出近岸波浪要素平均值如表 5.5 所示。全年以风浪为主。

表 5.5　水东港南侧海区各向波浪要素统计（据 1984 年观测）

方位	N	NNE	NE	ENE	E	ESE	SE	SSE	S
平均 $H_{1/10}$/m	0.67	0.70	0.65	0.69	0.83	0.79	0.87	0.69	0.72
最大波高/m	1.70	1.50	1.50	1.60	2.98	2.10	4.39	2.13	4.13
平均周期/s	3.8	3.9	3.6	3.8	3.6	3.4	3.4	3.3	3.4
频率/%	1.50	4.30	11.05	4.30	2.32	4.50	25.85	12.35	10.03
方位	SSW	SW	WSW	W	WNW	NW	NNW	C	*
平均 $H_{1/10}$/m	0.74	0.79	0.24	0.22	—	0.54	0.50	—	0.28
最大波高/m	3.13	3.61	0.32	0.31	—	1.00	0.80	—	0.90
平均周期/s	3.5	3.5	2.8	3.2	—	3.8	3.9	—	3.5
频率/%	5.73	6.48	0.14	0.07	—	0.61	0.34	8.46	1.98

注："C" 为海上无浪；"*" 为海上有浪，但浪向不明。

从表 5.5 中可以看出，平均波高约为 0.8 m，平均周期为 3.6 s，常浪向为 SE，年频率在 25% 左右；强浪向为 E—SE 向。涌浪向主要为 SE—SW 向。由上述波况可见，"中国第一滩"的沿岸净输沙方向以自东向西为特征。

5.4.2 沙滩沉积物变化特征

5.4.2.1 表层沉积物变化

1) 东部区段沙滩（SD1 监测剖面）表层沉积物变化

据图 5.39 所示的监测结果看出，东部区段沙滩表层沉积物中值粒径的分布范围在
0.60Φ~2.50Φ，相应沉积物类型从中粗砂到细砂区间变化。高潮滩的沉积组成以中细砂
为主，时见分选程度较差的砂；中潮滩主要为砂、中细砂，偶见细砂或中粗砂；低潮滩
沉积物组成与中潮滩类似。从季节性的颗粒度变化来看，自高潮滩到低潮滩的变化均不
明显；监测期间的年际变化也不明显。

2) 西部区段沙滩（SD2 监测剖面）表层沉积物变化

由图 5.40 所示的监测结果看出，西部区段沙滩表层沉积物的中值粒径的分布范围
在 1.00Φ~2.67Φ（相对比东段较细），相应沉积物类型也是从中粗砂到细砂之间变
化。高潮滩主要由细砂和中细砂组成，其次表层略粗，可达粗中砂、细中砂；中潮滩
沉积物以中细砂为主，偶见细砂，次表层变粗而为砂或粗中砂；低潮滩沉积组成与中
潮滩类似。沉积物粒径的季节变化和年际变化，从高潮滩到中潮滩均不明显。

5.4.2.2 沉积物垂直变化与沙层厚度

根据图 5.34 SD1 监测剖面和图 5.38 SD2 监测剖面上所示钻孔孔位的柱状样分析，
得以下结果。

1) 东部区段沙滩（SD1 监测剖面）沙层变化

（1）Z1 钻孔。位于高潮滩，坐标 21°27′36.679″N，111°03′27.918″E，孔口高程在理
基以上 2.19 m，钻孔进尺 2.50 m，沙层厚度约为 2.50 m，钻孔地质柱状剖面自上而下沉
积物分布如下：

0~0.36 m 为 FS，土黄色，$Md=2.51Φ$；

0.36~0.59 m 为 MFS，土黄色，$Md=2.14Φ$；

0.59~1.89 m 为 MFS，黄灰色，$Md=2.33Φ$；

1.89~2.50 m 为 MFS，灰色，$Md=2.62Φ$，其中含 T 和 Y 共计 14.16%。

（2）Z2 钻孔。位于中潮滩，坐标 21°27′35.886″N，111°03′28.466″E，孔口高程在理
基以上 1.64 m，钻孔进尺 2.40 m，沙层厚度 1.84 m，钻孔地质柱状剖面自上而下沉积物
分布如下：

0~0.30 m 为 MFS，土黄色，$Md=2.39Φ$；

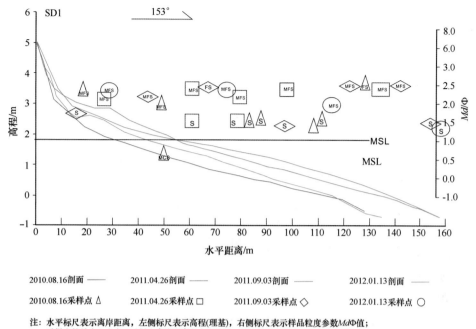

图 5.39 茂名水东港沙滩 SD1 剖面岸滩地形–表层沉积物变化监测结果

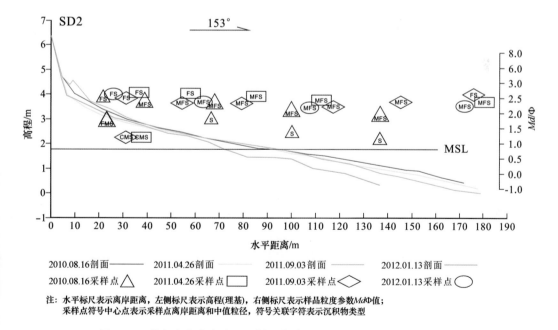

图 5.40 茂名水东港沙滩 SD2 剖面岸滩地形–表层沉积物变化监测结果

0.30~0.96 m 为 MFS，土黄色，$Md = 2.24\Phi$；

0.96~1.84 m 为 MFS，黄灰色，$Md = 2.43\Phi$；

1.84~2.40 m 为 FS，灰色，$Md = 2.76\Phi$，其中含 T 和 Y 为 23.49%。

（3）Z3 钻孔。位于低潮滩，坐标 21°27′34.959″N，111°03′29.046″E，孔口高程在理基以上 0.82 m，钻孔进尺 3.50 m，沙层厚度 3.12 m，钻孔地质柱状剖面自上而下沉积物分布如下：

0~0.20 m 为 MFS，土黄色，$Md = 2.21\Phi$；

0.20~0.44 m 为 S，土黄色，$Md = 1.41\Phi$；

0.44~1.95 m 为 MFS，黄灰色，$Md = 2.41\Phi$；

1.95~3.12 m 为 FS，深灰色，$Md = 2.83\Phi$，其中含 T 和 Y 为 19.20%；

3.12~3.50 m 为 TS，暗灰色，$Md = 3.14\Phi$，其中含 T 和 Y 为 30.50%。

2）西部区段沙滩（SD2 监测剖面）沙层变化

（1）Z1 钻孔。位于高潮滩，坐标 21°26′49.383″N，111°01′17.717″E，孔口高程在理基以上 3.09 m，钻孔进尺 2.50 m，沙层厚度约为 2.50 m，钻孔地质柱状剖面自上而下沉积物分布如下：

0~0.08 m 为 FS，淡土黄色，$Md = 2.57\Phi$；

0.08~0.18 m 为 GS，土黄色，$Md = 1.47\Phi$；

0.18~0.95 m 为 FS，浅土黄色，$Md = 2.51\Phi$；

0.95~1.83 m 为 MFS，黄灰色，$Md = 2.33\Phi$；

1.83~2.50 m 为 FS，土黄灰色，$Md = 2.56\Phi$，其中含 T 和 Y 共计 19.37%。

（2）Z2 钻孔。位于中潮滩，坐标 21°26′47.959″N，111°01′18.703″E，孔口高程在理基以上 2.04 m，钻孔进尺 3.45 m，沙层厚度 2.96 m，钻孔地质柱状剖面自上而下沉积物分布如下：

0~0.30 m 为 MFS，淡土黄色，$Md = 2.47\Phi$；

0.30~1.32 m 为 CS，土黄色，$Md = 0.12\Phi$；

1.32~2.08 m 为 MFS，黄灰色，$Md = 2.41\Phi$；

2.08~2.96 m 为 FS，淡棕黄色，$Md = 2.87\Phi$；

2.96~3.45 m 为基岩红壤型风化壳，呈鲜橘黄色；经粒度分析，其粒径属 MFS，$Md = 2.36\Phi$，其中含 T 和 Y 为 22.83%。

（3）Z3 钻孔。位于低潮滩，坐标 21°26′46.689″N，111°01′19.589″E，孔口高程在理基以上 1.08 m，钻孔进尺 2.40 m，沙层厚度 2.40 m，钻孔地质柱状剖面自上而下沉积物分布如下：

0~0.14 m 为 S，土黄色，$Md = 1.42\Phi$；

0.14~1.16 m 为 FS，暗灰色，$Md = 2.66\Phi$；

1.16~2.04 m 为 S，黄灰色，$Md = 2.14\Phi$；

2.04~2.40 m 为 FS，淡棕黄色，$Md = 2.66\Phi$；其中含石英岩质小卵砾为 4.28%，含 T 和 Y 为 8.26%，推断为沙层的底部，其下伏可能是基岩（寒武系变质岩）。

从上述"中国第一滩"各钻孔孔位的钻探结果可以看出：①该旅游沙滩前滨的砂质沉积层厚度均在 2~3 m 范围（海岸近岛丘位置的沙层厚度相对较小），它们的沙层底部沉积一般为向含量较高的粉砂和黏土过渡，可能反映了中全新世中期（约 6~5.5 ka B. P.）高海面时的沉积水深环境与现代水深沉积环境的变化；局部钻孔，如 SD2 监测剖面的 Z3 钻孔的沙层底部见有少量石英岩质的小卵砾，推断该层是沙层与下伏寒武系变质岩的接触面。②"中国第一滩"沙层的物质组成，无论从高潮滩到低潮滩，还是从上层到下层均主要由细砂和中细砂组成，尤其是东部区段沙滩表现更为突出；西部区段沙滩，由于潮间带原始岸坡靠近晏镜岭和虎头山之寒武系变质岩残丘，除沙层底部可见基岩外，其中、低潮滩的沙层中还时见分选程度较差的砂或粗砂。此外，西段晏镜岭附近的沙滩则主要由砾砂和粗砂组成，与其滩面呈反射型相对应。

5.4.3　沙滩演变特征

5.4.3.1　东部区段沙滩（SD1 监测剖面）的地形演变

根据图 5.39 所示的监测结果分析得出：①潮上带沙堤-沙丘岸，包括丘顶和丘坡均有淤涨，其坡脚处向海扩淤 2.7 m/a。②平均海面以上前滨滩面，在监测期间均有淤高的趋势，平均淤高 27 cm/a，平均单宽淤涨率为 9.5 m³/（m·a）；然而，从 2011 年 9 月 3 日（夏季）和 2012 年 1 月 13 日（冬季）两监测剖面看，由于期间在 2011 年 9 月 29 日遭受 1117 号强台风"纳沙"过境引发的风暴浪、潮的冲击影响（水东港近岸海底地形坡度比海陵岛平缓得多，仅为 0.75‰，其风暴效应较弱），在沙丘坡脚处蚀退约 3 m；在平均海面以上滩面处在冲刷状态，其最大下蚀量为 0.54 m，平均下蚀量 0.23 m，单宽下蚀量为 9.7 m³/m。③平均海面以下滩面在两年的监测期间表现为淤积状态，平均淤高 38 cm/a，单宽淤涨率大体为 35 m³/（m·a）。但从 2011 年 9 月 3 日（夏季）和 2012 年 1 月 13 日（冬季）剖面的对比来看，虽也大部分处于淤积状态（平均淤涨量 0.19 m，单宽淤涨 15 m³/m），但这可能是受 1117 号台风的影响，使整个 SD1 剖面的岸滩在此半年期间发生上冲下淤之侵蚀状态的结果。

5.4.3.2　西部区段沙滩（SD2 监测剖面）的地形演变

从图 5.40 所示的监测结果分析得出：① 监测期间堤岸下脚向海扩淤 2.1 m/a，平均海面以上的演变趋势与东部区段沙滩类似，但不明显，尤其下段滩面基本稳定不变，上段滩面在常年波况条件下淤涨的量值也仅为平均淤高 0.25 m/a，平均单宽淤涨率约为7.5 m³/（m·a）；② 平均海面以下滩面在常年波况条件下处于淤积状态，平均淤高 0.29 m/a，平均单宽淤高率大体为 23 m³/（m·a）；③ 然而，从 2011 年 9 月 3 日（夏季）和 2012 年 1 月 13 日（冬季）剖面的对比来看，则与东部沙滩一样，整个剖面以平均海面为界，也是处于上冲下淤的侵蚀状态，但量值较小，即平均海平面以上上段滩面平均下蚀量仅为 0.13 m，而平均海面以下滩面的平均淤涨量只为 0.17 m，单宽淤涨 13 m³/m。

5.4.4　近滨海底地形–表层沉积物监测结果

本次重点区沙滩调查对水东港沙坝海岸布设的 SD1 和 SD2 两个监测剖面，分别于 2010 年 8 月 10 日和 2011 年 9 月 2 日进行了近滨区海底地形–表层沉积物变化监测，兹将调查结果分别表示在图 5.41 和图 5.42 中。

从图 5.41 所示 SD1 剖面的监测结果得出：①近滨海底地形变化不大，大体可以划分成两个区段，其第一段为近滨斜坡段，即自离岸约 120 m 的理论最低潮位面开始至离岸 267 m（水深 3.1 m），乃是潮间带沙滩的水下延伸段；第二段为离岸 267 m 以外的海区，系位于潮汐通道口外落潮三角洲浅滩西翼的边侧，整段岸坡较为平缓，仅在其中部水深较大，但也不超过 4 m；若以离岸 2 026 m（水深 3.9 m）以内的监测区段算，近岸海区的水下岸坡坡度也只为 2.0‰。② 在监测期间，近滨斜坡段以离岸 164 m 处（水深 1.2 m）为界，表现有上淤下冲的明显趋势：上段平均淤高 32 cm/a，下段平均下蚀 37 cm/a；离岸 267 m 以外海区蚀淤基本平衡。这反映在常年波况条件下，泥沙有从落潮三角洲向岸输移的现象。③ 监测区段近滨海底沉积物均为与潮间带低潮滩组成类似的砂质沉积物类型，其中细砂主要分布在中部区段稍深的海底。

根据图 5.42 所示的监测结果分析得出：①近滨海底地形的变化也可以大体分成两个区段，其一为离岸 177 m（理论最低潮位面位置）至 500 m（水深 4.4 m），系近岸水下沙坝向岸活动区段，其岸坡坡陡（达 13.6‰），为剧烈破浪带；其二为外侧缓坡区，海底坡度仅为 1.2‰；整个近滨区 10 m 水深以内，平均坡度为 3.5‰。②监测期间，近岸区段平均下蚀 43 cm/a，水下沙坝消失（其最大下蚀处达 120 cm）；离岸 500 m 以外的缓坡区地形也总体表现为下蚀状态，平均下蚀为 46 cm/a。推断，近滨海区发生下蚀的现象可能主要在于近 50 年来的水东湾纳潮面积急剧减少，潮汐通道口外落潮三角洲的供沙随之减少的缘故，反映出目前"中国第一滩"的淤积现象，还是存在很大的侵蚀隐患。③ 近滨海区砂质沉积物分布宽广，直至离岸近 2 km 才转变为粉砂质砂；在离岸 500 m 以内的近岸强烈破波带范围以分选较差的砂为特征；而在外侧缓坡区则主要为细砂。监测期间表层沉积物基本不变。

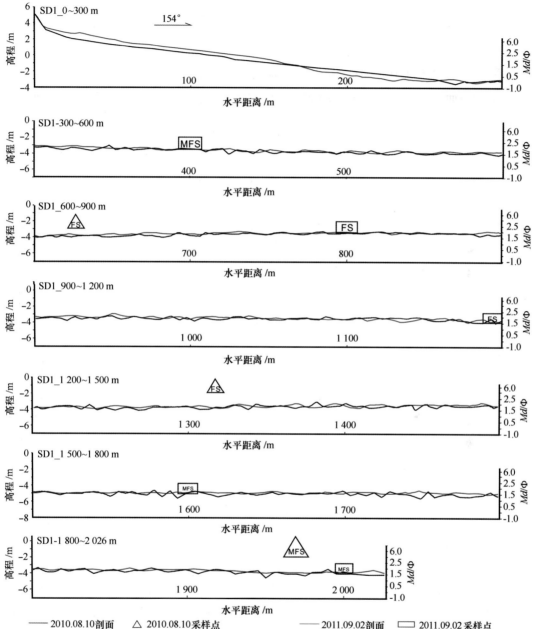

图 5.41　水东港沙坝海岸 SD1 剖面近滨水下地形与表层沉积物变化监测结果

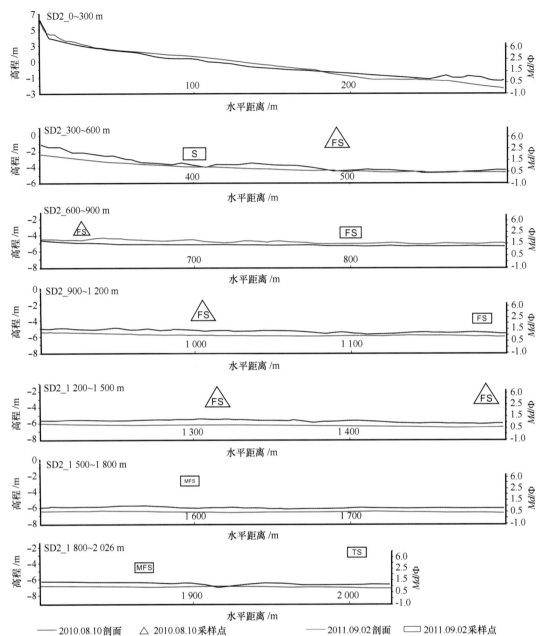

图 5.42　水东港沙坝海岸 SD2 剖面近滨水下地形与表层沉积物变化监测结果

注：水平标尺表示离岸距离，左侧标尺表示高程(理基)，右侧标尺表示样品粒度参数值，采样符号中心点表示采样点离岸距离和中值粒径，符号关联字符表示沉积物类型。

5.5 湛江市东海岛龙海天旅游区沙滩

5.5.1 沙滩概况

龙海天沙滩位于粤西西部雷州半岛东侧东海岛东岸的北部区段，即湛江港港口之南侧。区域海岸地质地貌背景为处在雷州半岛沿岸台地、溺谷相间堆积海岸。东海岛主要由更新世沉积阶地和熔岩（喜山期玄武岩及其红壤型风化壳）台地组成，由于地层岩性疏松，全新世冰后期海侵形成的溺谷岬湾、岬角普遍被夷直，尤其是面海的东岸，其沿岸砂质海滩连绵近 20 km 长，该海滩潮上带均为宽阔的海岸沙堤–沙丘带（$Q_4^{3\,m\cdot col}$）；近滨区为湛江港口水下三角洲的南翼。

龙海天旅游区沙滩的调查范围（图 5.43）北自南村，南至龙好村，岸线全长 6.7 km，旅游景区位在中部的龙水灯塔附近，岸滩、近岸区坐标为 20°59′—21°02′N，110°31′—110°36′E。整个旅游区沙滩以龙水灯塔为界分为北、南两个岸段，并分别布设 LHT1 和 LHT2 两个监测剖面，其堆积地貌类型属台地岬湾岸叠置沉积型，由于岬角岩性疏松及砂质堆积快速前展，海岸呈夷直状态。

图 5.43 湛江龙海天海滩形态及固定监测剖面位置

北段沙滩岸滩状态见图 5.44 至图 5.46，长度约 3.4 km。沿岸分布宽约 1.6 km 的风成沙丘带，其海岸前丘为沙堤–沙丘岸［$Q_4^{3\,m(sa)-col}$］，上种植防护林，草丛旺盛。沙滩宽度（含滩肩）达 220 m，滩肩宽多为 30~40 m，主要由淡土黄色细砂组成平缓的滩面；

高、中潮滩坡度较大，约10°左右，沉积物主要为粗砂和中细砂；低潮滩滩面平缓，以细砂为主，其上段裂流沟发育，下段可见有小沙坝分布；整个沙滩滩面的剖面形态形成带滩肩的低潮沙坝/裂流型（图5.46）。

图5.44　龙海天沙滩北段LHT1剖面岸滩概貌　　图5.45　LHT1剖面2011年4月监测时低潮滩裂流沟

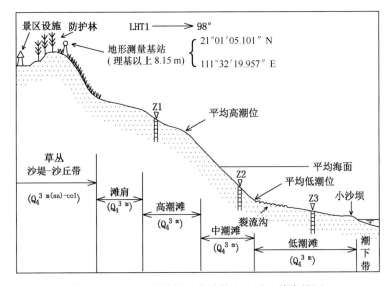

图5.46　LHT1监测剖面岸滩勘查地形地貌素描图

平均海面高程为2.00 m，以理基起算

南段沙滩岸滩状况见图5.47及图5.48，长度约为3.3 km，宽约180 m。南侧与巨龙沙滩紧密相连。海岸地貌形态与北段沙滩基本相同，但沙堤-沙丘岸前滩肩带宽度变小。高潮滩主要由细中砂组成；中潮滩多为粗中砂；低潮滩以细砂为主。高、中潮滩坡度相对较大，低潮滩略平缓，整个沙滩滩面剖面形态形成低潮沙坝/裂流型向耗散型过渡的中间类型（图5.48）。

图 5.47 龙海天沙滩南段岸滩概貌

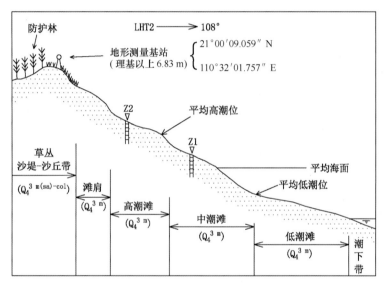

图 5.48 LHT2 监测剖面岸滩勘查地形地貌素描图

平均海面高程为 2.00 m，以理基起算

东海岛东岸近岸海区的海洋水文特征如下：

① 潮汐性质：根据东海岛北侧湛江港湛江海洋站长期的验潮资料分析计算，其潮汐类型属不规则半日潮型。

② 潮汐特征值：按东海岛东岸海区 2002 年测量的海图所附的潮信表（20°58′N，110°17′E 的验潮资料），平均高潮位（以理基面起算，下同）为 3.00 m，平均低潮位 0.90 m，高高潮位 3.50 m，低高潮位 2.40 m，低低潮位 0.40 m，高低潮位 1.60 m，平均海面为 2.00 m。

③ 波浪：本海区无测波资料，按东海岛东南面硇洲海洋站（20°54′N，110°17′E）

于 1960—1971 年的波浪观测，其波型以风浪为主，平均频率 97%，涌浪平均频率 23%。常浪向为 ENE 向，强浪向为 NNE 向。年平均波高（$H_{1/10}$，下同）为 0.9 m，平均周期为 3.1 s。受 NE 向大风和热带气旋的影响时，可生成大浪，如 1965 年 7 月 15 日 6508 号热带气旋造成波高达 9.8 m，周期为 9.8 s。冬季常浪向为 NE 向，出现频率 32%，平均波高 1.0 m，平均周期 3.4 s；强浪波高可达 3.0 m，波向仍为 NE 向。夏季常浪向为 SE 向，出现频率 22%，平均波高 0.7 m，平均周期 2.8 s；强浪波高可达 9.8 m，波向为 NE 向。从以上波浪条件可以看出，龙海天旅游区沙滩的沿岸净输沙方向为自北向南，这与其北段沙滩形成低潮沙坝/裂流类型的沙滩滩面，而南段沙滩形成向耗散类型滩面过渡的形态可能具一定相关性。

5.5.2 沙滩沉积物变化特征

5.5.2.1 表层沉积物变化

1）北段沙滩（LHT1 监测剖面）表层沉积物变化

根据图 5.49 所示的监测结果看出，北段沙滩表层沉积物中值粒径的分布范围在 -0.5Φ~2.73Φ，相应沉积物类型为从砾砂到细砂之间的各类型均有分布。滩肩的沉积组成以细中砂为主，但在滩肩外缘位置粒度变粗，主要由粗中砂、中粗砂构成。高潮滩上段为中细砂、细砂，下段变粗为中粗砂、粗砂到砾砂，偶见薄层细砂；中潮滩上段主要为粗砂、粗中砂，下段变细为砂和中细砂；低潮滩主要为细砂和中细砂。整个剖面表层沉积粒度的季节性变化和年际变化均不明显。

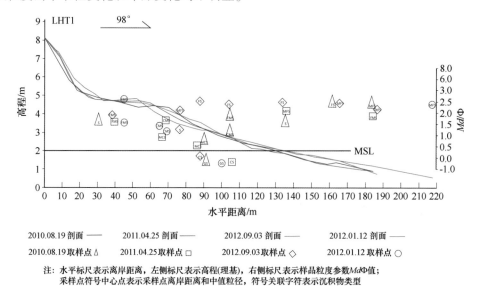

2010.08.19 剖面 ——　　2011.04.25 剖面 ——　　2012.09.03 剖面 ——　　2012.01.12 剖面 ——

2010.08.19 取样点 △　　2011.04.25 取样点 □　　2012.09.03 取样点 ◇　　2012.01.12 取样点 ○

注：水平标尺表示离岸距离，左侧标尺表示高程(理基)，右侧标尺表示样品粒度参数 MdΦ值；
采样点符号中心点表示采样点离岸距离和中值粒径，符号关联字符表示沉积物类型

图 5.49　湛江东海岛龙海天沙滩 LHT1 剖面岸滩地形–表层沉积物变化监测结果

2）南段沙滩（LHT2 监测剖面）表层沉积物变化

由图 5.50 所示的监测结果看出，南段沙滩表层沉积物中值粒径的分布为 0.90Φ ~ 2.57Φ，总体相对比北段沙滩略细，沉积物类型相应为从中粗砂到细砂。滩肩沉积以粗中砂为主；高潮滩主要为中粗砂、粗中砂，偶见砂和中细砂；中潮滩上段沉积物组成与高潮滩基本一致，下段粒径略有变细，除中粗砂、粗中砂外，也见砂和中细砂；低潮滩主要为中细砂和细砂，偶见砂或中粗砂。与北段沙滩相同，沉积物粒度的季节变化和年际变化不明显。

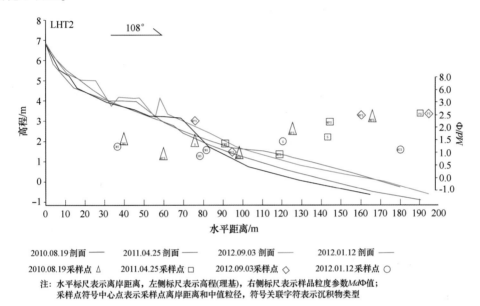

2010.08.19 剖面 —— 2011.04.25 剖面 —— 2012.09.03 剖面 —— 2012.01.12 剖面 ——
2010.08.19 采样点 △ 2011.04.25 采样点 □ 2012.09.03 采样点 ◇ 2012.01.12 采样点 ○

注：水平标尺表示离岸距离，左侧标尺表示高程(理基)，右侧标尺表示样品粒度参数 $Md\Phi$ 值；
　　采样点符号中心点表示采样点离岸距离和中值粒径，符号关联字符表示沉积物类型

图 5.50 湛江东海岛龙海天沙滩 LHT2 剖面岸滩地形–表层沉积物变化监测结果

5.5.2.2 沉积物垂直变化与沙层厚度

根据图 5.46 LHT1 监测剖面和图 5.48 LHT2 监测剖面上所示钻孔孔位的柱状样分析，得以下结果。

1）北段沙滩（LHT1 监测剖面）沙层变化

（1）Z1 孔。位于高潮滩，坐标 21°01′04.873″N，110°32′23.135″E，孔口高程在理基以上 3.30 m，钻孔进尺 3.00 m，沙层厚度 2.8 m 左右，钻孔地质柱状剖面自上而下沉积物分布如下：

0~0.16 m 为 S，浅土黄色，$Md = 1.16\Phi$；

0.16~0.80 m 为 CS，土黄色，$Md = -0.03\Phi$（含较多贝壳碎屑）；

0.80~1.58 m 为 MFS，灰黄色，$Md = 1.99\Phi$；

1.58~2.52 m 为 MFS，黄灰色，$Md = 2.49\Phi$；

2.52~3.00 m 为 MFS，黄灰色，$Md = 2.36\Phi$，其中含 T 和 Y 达 21.13%。

（2）Z2 孔。位于中潮滩，坐标 21°01′04.634″N，110°32′25.643″E，孔口高程在理基以上 1.35 m，钻孔进尺 3.5 m，沙层厚度 3.2 m 左右，钻孔地质柱状剖面自上而下沉积物分布：

0~0.08 m 为 FS，灰色，$Md = 2.58\Phi$；

0.08~0.80 m 为 MFS，黄灰色，$Md = 1.99\Phi$；

0.80~1.58 m 为 MFS，暗灰色，$Md = 2.18\Phi$；

1.58~2.90 m 为 MFS，暗灰色，$Md = 2.26\Phi$，其中含 T 和 Y 为 14.05%；

2.90~3.50 m 为 FS，绿灰色，$Md = 2.81\Phi$，其中含 T 和 Y 达 20.91%。

（3）Z3 孔。位于低潮滩，坐标 21°01′04.524″N，110°32′27.184″E，孔口高程在理基以上 0.56 m，钻孔进尺 2.45 m，沙层厚度大于 2.45 m，钻孔地质柱状剖面自上而下沉积物分布如下：

0~0.58 m 为 FS，暗灰色，$Md = 2.78\Phi$；

0.58~1.95 m 为 FS，暗灰色，$Md = 2.59\Phi$；

1.95~2.45 m 为 MFS，暗灰色，$Md = 2.46\Phi$，其中含 T 和 Y 达 12.96%。

2）南段沙滩（LHT2 监测剖面）沙层变化

（1）Z1 孔。位于中潮滩，坐标 21°00′09.189″N，110°32′03.422″E，孔口高程在理基以上 2.49 m，钻孔进尺 2.50 m，沙层厚度大于 2.50 m，钻孔地质柱状剖面自上而下沉积物分布如下：

0~0.08 m 为 CMS，浅土黄色，$Md = 1.28\Phi$；

0.08~1.52 m 为 S，土黄色，$Md = 1.49\Phi$；

1.52~2.24 m 为 MFS，土黄色，$Md = 1.91\Phi$；

2.24~2.45 m 为 S，灰黄色，$Md = 1.72\Phi$，其中含 T 和 Y 为 8.65%。

（2）Z2 孔。位于高潮滩，坐标 21°00′09.421″N，110°32′02.275″E，孔口高程在理基以上 3.52 m，钻孔进尺 3.00 m，沙层厚度大于 3.0 m，钻孔地质柱状剖面自上而下沉积物分布如下：

0~0.56 m 为 FMS，浅土黄色，$Md = 1.55\Phi$；

0.56~1.46 m 为 FMS，浅土黄色，$Md = 1.94\Phi$；

1.46~2.20 m 为 FMS，土黄色，$Md = 1.67\Phi$；

2.20~2.62 m 为 MFS，暗土黄色，$Md = 2.16\Phi$；

2.62~3.00 m 为 CMS，土黄色，$Md = 1.31\Phi$，其中含 T 和 Y 达 4.14%。

从上述 LHT1 和 LHT2 两个监测剖面各钻孔孔位的钻探结果可归纳得龙海天旅游区沙滩沉积层的垂直变化如下：① 前滨滩面砂质沉积物的厚度总体在 3 m 左右，是广东省沿岸沙滩厚度较大的地区；与其他重点区沙滩类似，在沙层的底部也均含有较高量的粉砂和黏土。② 北段沙滩的高、中潮滩主要由中细砂组成，低潮滩则以细砂为主。而南段沙滩的沙层粒度构成总体稍粗，其高潮滩以细中砂为特征，中潮滩主要为粗中砂和砂。③ 南段沙滩高、中潮滩沙层的底部表现出略微变粗的"反常"现象，可能与该区段海岸出露玄武岩及其红壤型风化壳残坡积层有关。

5.5.3 沙滩演变特征

5.5.3.1 北段沙滩（LHT1 监测剖面）的地形演变

根据图 5.49 所示的监测结果分析得出：① 潮上带沙堤-沙丘在监测期间整体不断处于淤积状态，平均淤高约 0.23 m/a，沙丘坡脚位置向海扩淤 2.9 m/a。② 滩肩近陆一侧（尤其中段）也处在淤涨状态，监测期间最大淤高位置为 0.24 m/a，平均单宽淤涨率 4.1 m³/（m·a）；但滩肩外缘却处于不断侵蚀状态，其平均蚀退率（向陆位移）约为 5.0 m/a，其中特别是在 2011 年 9 月 3 日与 2012 年 1 月 12 日的剖面监测期间，蚀退达 11 m。此乃是 1117 号台风"纳沙"风暴效应的结果，但因近岸海底地形坡度较缓（按 10 m 水深起算为 0.68‰）冲蚀程度低于海陵岛闸坡沙滩。③ 平均海面以上前滨滩面在监测期间大部处在下蚀状态，其中近滩肩外缘处约 20 m 长的上段尤甚，其平均下蚀率为 0.37 m/a，单宽下蚀为 7.5 m³/（m·a）；中、下段的下蚀率变小或基本稳定；平均海面以下滩面则表现为淤涨状态，监测期间最大淤高处为 0.33 m，平均淤涨率约为 0.10 m/a，即整个前滨滩面呈现上冲下淤状态，这显然与 1117 号台风"纳沙"的风暴效应有关。④ 从图 5.49 所示的 4 次剖面地形监测结果可以得出，该剖面地形总体具有冬冲夏淤的趋势。

5.5.3.2 南段沙滩（LHT2 监测剖面）的地形演变

南段沙滩 LHT2 剖面位置在 4 次监测过程中（图 5.50），于 2011 年 9 月 3 日监测之前，由于在沙滩滩面建设养殖塘池（位于后滨）的吸、排水管道等设施使整个滩面均约堆高 0.40 m，并在滩肩和高潮位滩面进行开挖。若从 2010 年 8 月 19 日（夏季监测）和 2011 年 4 月 25 日（冬季监测）的两次监测结果看，沙堤-沙丘坡面表现为略呈下蚀现象，平均向陆蚀退 0.10 m，其坡脚处稳定；滩肩陆侧段也基本稳定，但外缘蚀退达 1.60 m；平均海面以上的前滨滩面整体下蚀，最大下蚀位置处在滩肩外缘邻近，达 0.67 m，平均下蚀约 0.29 m，连同滩肩外缘平均单宽下蚀量为 9.2 m³/m；平均海面以下滩面整体处于淤涨状态，平均淤高约 0.17 m，平均单宽淤涨约为 13 m³/m。从 2011 年 9 月 3 日（夏季监测）和 2012 年 1 月 12 日（冬季监测）的监测结果对比来看，除沙堤-沙丘坡面微弱淤涨外，整个沙滩滩面的地形变化情况与前两次的演变十分相似，即以平均海面位置附近为界，也是表现较明显的上冲下淤现象，使西段沙滩的剖面类型进一步向耗散型演变。

5.5.4 近滨海底地形-表层沉积物监测结果

本次重点区调查在 2010 年 8 月 10 日和 2011 年 9 月 2 日分两个航次对东海岛东岸布设的 LHT1 和 LHT2 剖面进行了近滨海底地形-表层沉积物变化监测，结果示于图 5.51 和图 5.52。

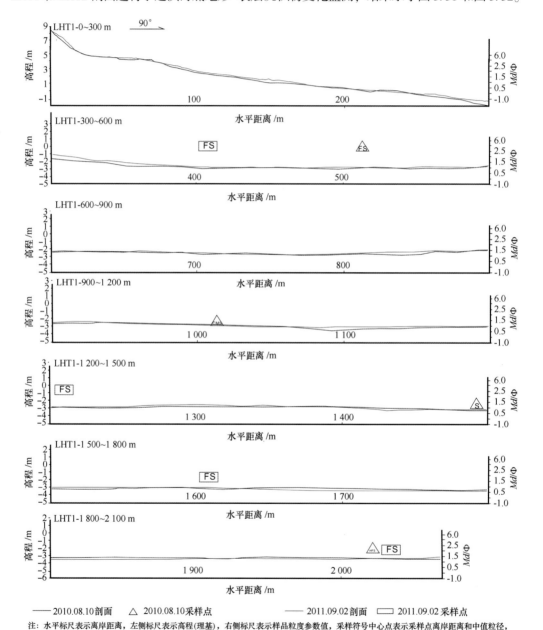

注：水平标尺表示离岸距离，左侧标尺表示高程(理基)，右侧标尺表示样品粒度参数值，采样符号中心点表示采样点离岸距离和中值粒径，符号关联字符表示沉积物类型。

图 5.51　湛江东海岛龙海天沙滩 LHT1 剖面近滨水下地形与表层沉积物变化监测结果

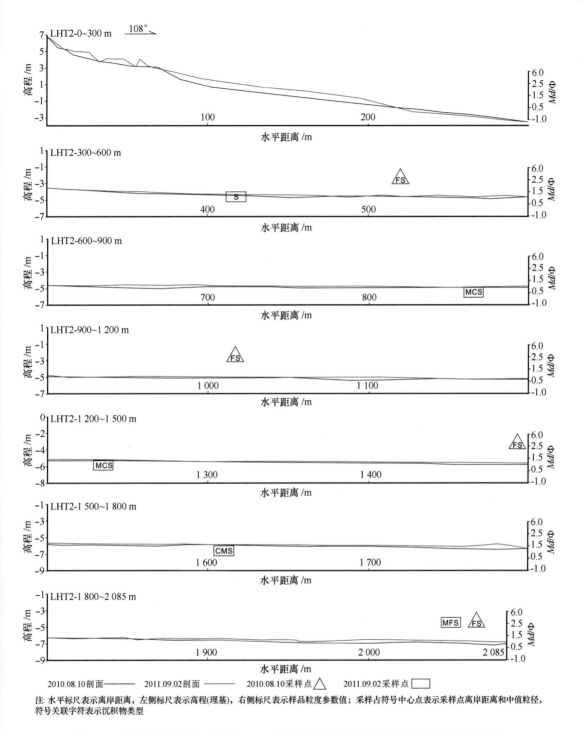

注：水平标尺表示离岸距离，左侧标尺表示高程（理基），右侧标尺表示样品粒度参数值；采样点符号中心点表示采样点离岸距离和中值粒径，符号关联字符表示沉积物类型

图 5.52　湛江东海岛龙海天沙滩 LHT2 剖面近滨水下地形与表层沉积物变化监测结果

根据图 5.51 所示 LHT1 剖面的监测结果分析得出：①近滨海底由于位在湛江港口水下三角洲的南翼，岸坡相当平缓，即监测剖面东端（离岸 2 069 m，水深以理论最低

潮位面起算为 3.2 m)以内区段的坡度仅为 1.7‰;若以 10 m 等深线以内计算更平坦 (0.68‰)。在监测剖面上,海底地形的变化大体可按离岸 400 m(水深 2.9 m)为界划分成 2 个区段,即近岸斜坡段(岸坡为 16.0‰),乃潮间带沙滩的水下延伸段;外侧平坦海区(坡度 0.12‰),系水下三角洲平原。近滨海底沉积物类型以细砂为特征,偶见粗中砂、中细砂。② 监测期间,近岸斜坡段表现为淤涨状态,平均淤高约 30 cm/a。水下三角洲平原区段,在离岸 1 600 m 以内大部基本稳定或具微弱淤涨状态;离岸 1 600 m 以外,大多略显下蚀状态或蚀淤平衡。③ 监测期间表层沉积物类型变化不大。

从图 5.52 所示 LHT2 剖面的监测结果分析得出:① 近滨海底地形变化与 LHT1 剖面大体类似,但岸坡略有变陡。监测剖面之东端(离岸 2 085 m,水深 6.9 m)以内区段坡度为 3.6‰,若以 10 m 等深线以内计算则大致为 0.68‰。与 LHT1 剖面一样,也大体可按离岸 400 m(本剖面水深为 4.4 m)为界分成两个区段,即岸坡较陡的近岸区段(潮间带沙滩的延伸部分),其坡度为 24.4‰;外侧较平坦的水下三角洲平原及其外延海区,坡度仅 1.5‰。LHT2 剖面近滨海区的表层沉积物以细砂为主,但粒径变化较大,可见有砂、中粗砂、粗中砂和中细砂分布。② 监测期间,整个近滨海底地形基本稳定。③ 表层沉积物在监测期间也变化不大。

5.6 北海银滩

5.6.1 北海银滩概况

北海银滩原名白虎头海滩,1986 年在北海市的八景评选中被命名为"龙虎银滩"。银滩位于市区南面海岸,距市中心约 10 km。银滩东起大冠沙,西至冠头岭,绵延 24 km。整个北海银滩可划分为 3 个区段(图 5.53):西区,从冠头岭往东至电建渔港,长 10.2 km;中区,从电建渔港至白虎头,长 3.3 km;东区,白虎头转向 NE 至大冠沙(西村港),长 10.5 km。其中西区和中区海岸线呈 SE 偏 E 方向延伸;东区则大体呈 NE 方向延伸。中区是银滩风景区的核心地段。沙滩由高品位石英砂(二氧化硅含量 98.37%)堆积而成,其沙细如粉,色白如银,晴日时在阳光照射下,洁白细腻的沙滩会泛出银光,故称银滩。银滩四季气候宜人,年平均气温 22.5℃,空气中负氧离子含量是一般城市的 50~100 倍,海水常年水温在 15~30℃。沙滩坡度仅为 5‰,涨潮慢退潮快,沙滩自净能力强,海水透明度大于 2 m,具有"滩长平、沙细白、水温净、浪柔软、无鲨鱼"五大特点。银滩一年中有 9 个月可以下海游泳,是海水浴、沙滩浴、日光浴和空气浴的天然海滨浴场。银滩被誉为"天下第一滩",是全国首批 4A 级景点(北海市地方志编纂委员会，2009）。

图 5.53　北海银滩形态及监测剖面分布

北海市地区在新构造期的地壳升降变形为处于粤西-桂东-琼北下沉转上升区的西北部，区内地质地貌以湛江组（Q_1^m）、北海组（Q_2^m）及其衍生的第四纪地层构成的海成阶地广泛分布为特征，末次冰后期海侵后，这些地层为该地区沿岸砂质海滩提供了十分丰富的物质来源。该区域潮汐为正规全日潮，潮差大，平均潮差约为 2.50 m，最大潮差为 5.36 m。根据北海银滩附近北海水文站 1965—2006 年验潮资料统计，该海区平均海平面为 0.38 m（85 高程基面起算）。最高高潮位为 3.97 m，最低低潮位为 -2.31 m，平均高潮位为 1.94 m，平均低潮位为 -0.59 m。多年平均潮差为 2.53 m，最大潮差为 5.87 m。各月多年平均潮差为 2.17~2.66 m，各季节潮差夏季大，春季小。各月平均海面的变化范围为 0.25~0.49 m，最高平均海面出现在 10 月，最低平均海面出现在 2 月。各季节平均海面秋季最高，冬季最低。一般涨潮历时比落潮历时长，平均涨潮历时为 10 h 30 min，落潮历时为 9 h 47 min，相差 43 min。根据 Davis（1964）的海岸分类原则，北海银滩属于中潮环境海岸。夏季最大涨落潮流速分别为 0.52 m/s 和 0.8 m/s；冬季最大涨落潮流速分别为 0.35 m/s 和 0.49 m/s。平均波高和最大波高较小，分别为 0.3 m 和 2.0 m，冬半年以北向浪为主，夏季以西南向浪为主。本区台风、风暴潮一般始于每年 5 月，而止于 11 月。自有验潮记录以来，增水值以 0.5~1.0 m 出现次数居多，最大增水为 1.86 m（广西壮族自治区海岸带和海涂资源调查领导小组，1986）。

5.6.2 北海银滩沉积物变化特征

5.6.2.1 海滩滩面及其近岸沉积物类型与分布特征

根据 2010—2011 年两次采样获取的样品分析，北海银滩滩面沉积物的中值粒径范围为 0.43Φ~2.64Φ，沉积物类型几乎全部为砂，组成中含有极少量的粉砂和细砾（表 5.6）。沉积物分选系数均值为 0.56，分选好；偏度分布极不均匀，平均值为 -0.34，属于极负偏，表明沉积物粒度组成总体上集中在细端部分；峰态峭度集中在中等至宽，总体上为宽。

表 5.6 北海银滩 2011 年 12 月滩面表层沉积物组成百分含量（%）

采样编号	细砾	极粗砂	粗砂	中砂	细砂	极细砂	粉砂	沉积物名称
B1-01	1.74	1.88	2.84	21.26	66.03	6.24	0.01	砂
B1-02	0.07	0.50	2.75	16.09	73.42	7.15	0.01	砂
B1-03	0.09	2.45	7.00	27.54	50.44	12.45	0.03	砂
B2-01	0.00	0.01	0.26	26.65	70.73	2.34	0.00	砂
B2-02	0.33	0.31	1.98	31.90	62.23	3.25	0.00	砂
B2-03	0.12	0.67	9.49	27.25	49.67	12.79	0.01	砂
B3-01	0.03	0.04	0.34	12.52	80.86	5.56	0.65	砂
B3-02	0.05	0.40	1.68	14.38	75.54	7.94	0.01	砂
B3-03	0.00	1.84	4.81	21.43	55.51	16.37	0.04	砂
B4-01	0.00	0.04	0.32	5.19	85.80	8.65	0.00	砂
B4-02	0.00	0.38	0.63	5.91	75.46	17.60	0.03	砂
B4-03	0.09	0.90	5.83	29.77	45.35	17.99	0.07	砂

北海银滩近岸海域沉积物组成与滩面沉积物组成的不同，沉积物类型以粗砂为主，并含有一定量的细砾。中值粒径范围为 -0.11Φ~3.17Φ（表 5.7），总体粒径较粗。沉积物分选系数均值为 0.86，分选程度中等；偏度变化范围很大，从极正偏到极负偏，平均值为 -0.24，属于负偏，表明沉积物粒度组成总体上集中在细端部分；峰态峭度集中在中等到窄，总体上为窄。

表 5.7 北海银滩 2011 年 4 月近岸海域表层沉积物组成百分含量（%）

采样编号	砾	砂	粉砂	沉积物名称
B1-04	0.70	97.95	1.35	砂
B1-05	1.57	93.55	4.89	砂
B1-06	6.04	93.90	0.06	砂
B1-07	0.97	99.03	0.00	砂
B1-08	0.27	99.72	0.02	砂
B1-09	0.34	99.66	0.00	砂
B2-04	0.05	99.24	0.71	砂
B2-05	1.74	97.69	0.57	砂
B2-06	0.65	99.09	0.26	砂
B2-07	5.58	94.23	0.19	砂
B2-08	1.34	98.65	0.01	砂
B2-09	2.58	97.42	0.00	砂
B3-04	6.10	93.62	0.29	砂
B3-05	4.03	93.91	2.06	砂
B3-06	5.11	94.82	0.07	砂
B3-07	0.87	99.13	0.00	砂
B3-08	11.56	88.44	0.00	砂
B3-09	19.03	80.97	0.00	砂
B4-04	0.94	96.59	2.47	砂
B4-05	7.93	91.80	0.28	砂
B4-06	3.90	96.08	0.02	砂
B4-07	1.38	98.62	0.01	砂
B4-08	5.05	94.95	0.00	砂
B4-09	6.36	93.63	0.00	砂

而从表 5.6 和表 5.7 中可以看出，北海银滩近岸海域不存在砂、泥分界线。

5.6.2.2 海滩表层沉积物空间分布特征

沉积物粒度参数不但能够很好地反映出沉积物特性，也能够表征调查区的沉积环境。以 2011 年 12 月采集的海滩沉积物为例，其粒级组成、中值粒径、分选系数、偏度、峰态等粒度参数具有明显的空间分布特征，如图 5.54 至图 5.61 所示。

从空间分布来看，不同剖面的沉积物组成有一定的差异，同一剖面的组成有比较明显的变化规律（01、02、03 编号分别对应高滩、中滩、低滩的采样点）。B1 剖面，不同

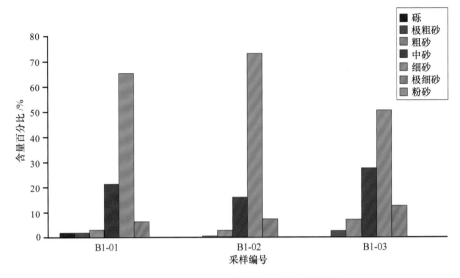

图 5.54 　B1 剖面沉积物粒级组成百分含量

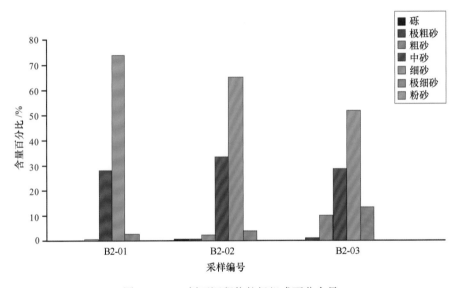

图 5.55 　B2 剖面沉积物粒级组成百分含量

相带沉积物都是以细砂为主，其次为中砂；中滩沉积物的细砂含量最高，低滩沉积物的细砂含量最低，但中砂、极细砂与中砂的含量都是最高的。B2~B4 剖面，从高滩至低滩，沉积物中细砂含量呈逐步减少的趋势，粗砂与极细砂含量则呈逐步增加的趋势；B3与 B4 剖面沉积物中砂含量逐步增加，而 B2 剖面砂含量则是中滩的最高，高滩与低滩的非常接近。

海滩沉积物中值粒径介于 2.16Φ~2.58Φ，平均值为 2.29Φ，可见各相带沉积物比较均匀，变化很小。从四条剖面的分布情况来看（图 5.58），四条剖面各相带沉积物平均

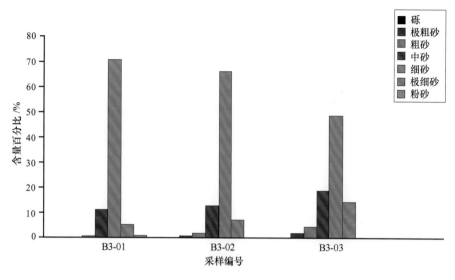

图 5.56　B3 剖面沉积物粒级组成百分含量

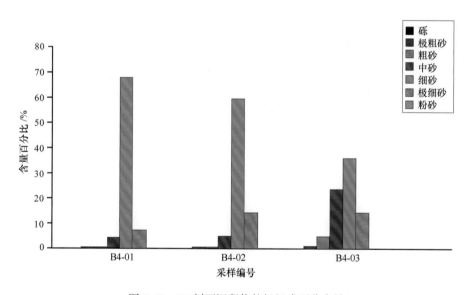

图 5.57　B4 剖面沉积物粒级组成百分含量

中值粒径分布规律比较明显，即：B4>B3>B1>B2。从各剖面的情况来看，B1 剖面中滩中值粒径最大，高滩最小；B2 剖面各相带沉积物的中值粒径变化最小，其中中滩最小，低滩最大；B3 剖面从高滩到低滩中值粒径逐渐增大；B4 剖面中值粒径变化范围最大，其中中滩最大，低滩最小，两者相差 0.28Φ。

海滩沉积物分选系数介于 0.36~0.83，总体分选好。除 B1 剖面外，其余 3 条剖面的变化规律大体相同，从高滩至低滩呈逐渐增大趋势，即分选程度逐渐变差。B1 剖面高滩的分选系数最高，达到了 0.83，远远高于其他三条剖面高滩的分选系数值。

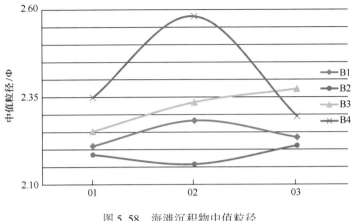

图 5.58　海滩沉积物中值粒径

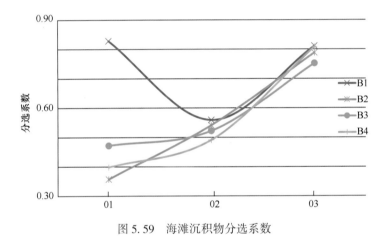

图 5.59　海滩沉积物分选系数

　　偏度值大部分介于-0.79~0.26，总体为极负偏，即沉积物为细偏，平均值位于中位数左方，粒度集中在颗粒的细端部分。除 B1 剖面外，其余 3 条剖面的变化规律大体相同，从高滩至低滩呈逐渐减小趋势。B1 剖面高滩的偏度值最小，为-1.14，远远小于其他 3 条剖面高滩的偏度值。

　　峰态集中于 0.54~1.15，总体上为中等。除 B1 剖面外，其余 3 条剖面的变化规律大体相同，从高滩至低滩呈逐渐增大趋势。B1 剖面高滩的峰态值最大，达到了 1.58，远远高于其他 3 条剖面高滩的偏度值。

　　总之，B1 剖面沉积物各参数的变化规律与其他 3 条剖面的差别很大，体现在中滩沉积物的中值粒径与高滩沉积物的分选系数、偏度与峰态上，这可能与 B1 剖面靠近电白寮港和侨港镇，受到人类活动影响程度最大有关。

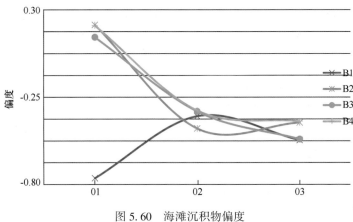

图 5.60 海滩沉积物偏度

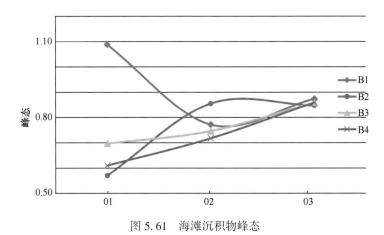

图 5.61 海滩沉积物峰态

5.6.2.3 海滩表层沉积物时间变化特征

北海银滩沉积物也具有较明显的季节变化特征，如表 5.8、图 5.62 至图 5.65 所示。

表 5.8 海滩沉积物粒度平均特征

剖面号	采样时间	分选系数	偏态	峰态	中值粒径/Φ
B1	2010. 12	0. 58	-0. 43	0. 85	2. 16
	2011. 08	0. 57	-0. 34	0. 87	2. 34
	2011. 12	0. 73	-0. 84	1. 22	2. 24
B2	2010. 12	0. 35	0. 12	0. 68	2. 19
	2011. 08	0. 51	-0. 47	0. 88	2. 30
	2011. 12	0. 56	-0. 35	0. 92	2. 18

续表

剖面号	采样时间	分选系数	偏态	峰态	中值粒径/Φ
	2010.12	0.54	0.25	0.88	2.21
B3	2011.08	0.61	-0.07	0.85	1.58
	2011.12	0.58	-0.39	0.94	2.32
	2010.12	0.57	-0.20	0.72	2.41
B4	2011.08	0.51	-0.55	0.95	2.53
	2011.12	0.57	-0.30	0.86	2.41

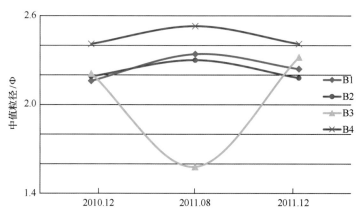

图 5.62　海滩沉积物中值粒径（剖面平均值）季节变化

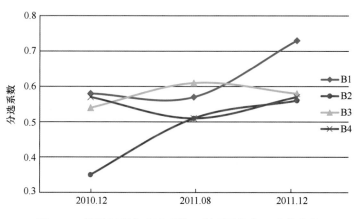

图 5.63　海滩沉积物分选系数（剖面平均值）季节变化

海滩沉积物平均中值粒径为 1.58Φ~2.53Φ，从 4 条剖面来看，B1、B2 与 B4 剖面的中值粒径季节变化不大，并且都是夏季略大于冬季，即夏季颗粒较冬季细；B3 剖面则与

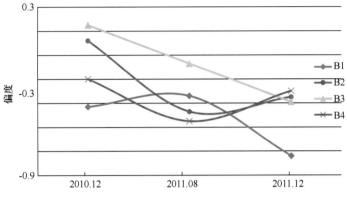

图 5.64 海滩沉积物偏度（剖面平均值）季节变化

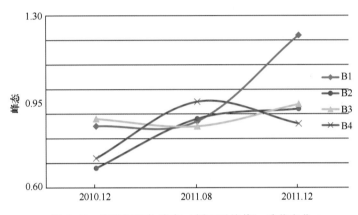

图 5.65 海滩沉积物峰态（剖面平均值）季节变化

此规律相反，且差别较大，这可能是样品粒度分析误差造成的；B4 剖面的中值粒径比其他剖面都大，这显然是剖面所处位置水深较浅、水动力条件较弱导致的。海滩沉积物分选系数平均值介于 0.35~0.73，总体上分选好，除 B3 剖面外，其他 3 条剖面的季节变化规律比较一致，即夏季沉积物分选总体上稍好于冬季；B4 剖面的分选程度是 4 条剖面中最好的，这进一步说明了剖面所处位置水动力条件较弱。海滩沉积物偏度介于−0.84~0.25，以极负偏为主，但 4 条剖面的季节性变化规律不明显。海滩沉积物平均峰态介于0.68~1.22，以宽峰态为主，4 条剖面的季节性变化规律也不明显。

5.6.3 北海银滩演变特征

由北海银滩的 4 次观测结果对比看（图 5.66 至图 5.73），不同地貌相带的季节性地貌调整和冲淤变化各有不同。

由图 5.66 可知，B1 剖面滩面宽度在 200 m 左右，有明显的陡坎，滩面坡度平缓，

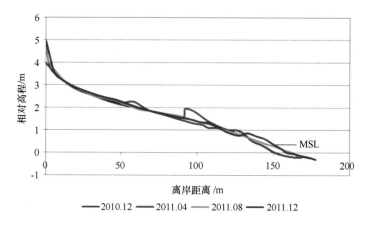

图 5.66　北海银滩 B1 剖面滩面地形季节性变化

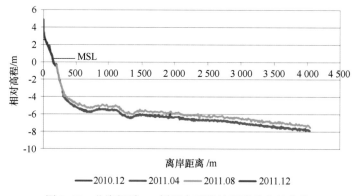

图 5.67　北海银滩 B1 剖面水下岸坡地形季节性变化

高滩季节性变化不明显；中滩春季局部区域淤积，夏季局部区域侵蚀，秋冬季变化不明显；低滩夏季以淤积为主，秋冬季局部区域淤积。由图 5.67 可见，水下岸坡坡度平缓，发育水下浅槽与沙坝，春季几乎没有变化，夏季则整体淤高 0.45 m。

由图 5.68 可知，B2 剖面滩面宽度在 250 m 左右，有明显的滩肩发育，滩面坡度平缓，高滩季节性变化明显，春季侵蚀，夏冬季淤积；中滩相对较稳定，春季轻微侵蚀，夏季轻微淤积，秋冬季局部轻微淤积；低滩季节性变化明显，春季剧烈侵蚀，其他季节淤积明显。由图 5.69 可见，水下岸坡坡度平缓，发育多条水下浅槽与沙坝，春季局部区域有轻微变化，夏季整体轻微淤积。2010 年 12 月至 2011 年 12 月期间，0 m 等深线向外淤进 12.12 m。

由图 5.70 可知，B3 剖面滩面宽度在 250 m 左右，坡度较平缓，整体上季节性变化不明显，调整幅度极小。由图 5.71 可知，水下岸坡坡度平缓，有水下浅槽发育，春季局部区域轻微淤积，夏季整体轻微淤积。

由图 5.72 可知，B4 剖面滩面宽度在 160 m 左右，有明显的陡坎，滩面坡度较平缓，

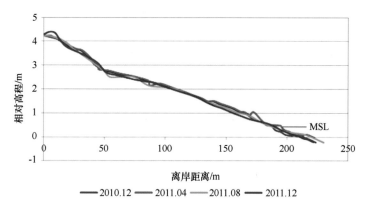

图 5.68 北海银滩 B2 剖面滩面地形季节性变化

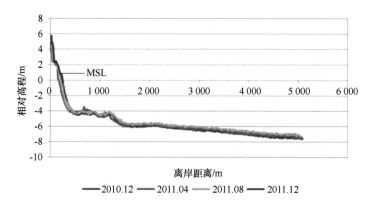

图 5.69 北海银滩 B2 剖面水下岸坡地形季节性变化

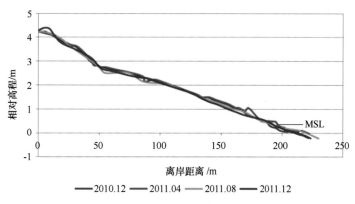

图 5.70 北海银滩 B3 剖面滩面地形季节性变化

高滩季节性总体上变化不明显，仅在陡坎下部春季侵蚀，夏季淤积，秋冬季侵蚀；中滩局部区域春季淤积明显，夏季与秋冬季侵蚀；低滩局部区域春季侵蚀，其他季节轻微淤积。由图 5.73 可知，水下岸坡坡度平缓，发育水下浅槽与沙坝，春季无明显变化，夏季

315

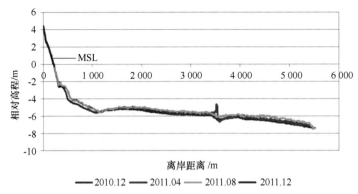

图 5.71　北海银滩 B3 剖面水下岸坡地形季节性变化

整体轻微淤积。

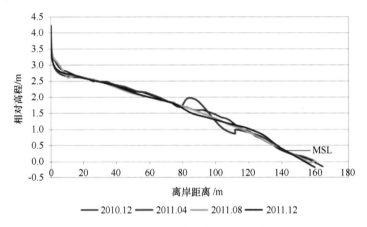

图 5.72　北海银滩 B4 剖面滩面地形季节性变化

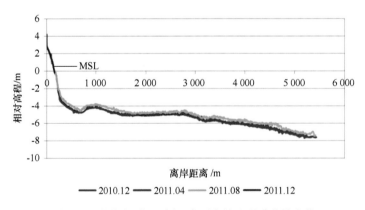

图 5.73　北海银滩 B4 剖面水下岸坡地形季节性变化

5.7 沥尾金滩

5.7.1 沥尾金滩概况

沥尾金滩位于广西壮族自治区东兴市江平镇，是我国大陆最西南端的一个海滩。海滩长 7.98 km，平均宽度在 350 m 左右，沙滩由浅黄色、青灰色中细砂组成，颗粒较细。金滩具有典型的亚热带海洋气候特征，四季气候宜人，年平均气温 22.5℃，海水常年水温在 15~30℃，平均水温 23.5℃。它集沙细、浪平、坡缓、水暖于一身，无污染，海水清澈，是广西继北海银滩之后的又一滨海旅游热点（图 5.74）。

图 5.74　沥尾金滩形态及监测剖面分布

沥尾金滩处于华南褶皱系灵山—钦州褶皱带之南西端——江平平原，出露的第四系主要是由中生代断陷沉积盆地之侏罗系地层衍生而造成的全新统海相地层。沥尾金滩乃是江平平原岸前于末次冰后期海侵后形成的一段优质滨海旅游沙滩，其岸线呈现西南偏西走向，面临开阔的北部湾（图 5.74）。该区属正规全日潮，多年平均潮差为 2.2 m，最大潮差 5.05 m，且冬夏季节的平均潮差相对比春秋季节的潮差大。根据沥尾金滩附近防城港水文站 1974—2005 年验潮资料统计，该海区平均海平面为 0.37 m（85 高程基面起算）。最高高潮位为 3.64 m，最低低潮位为 -2.34 m，平均高潮位为 1.66 m，平均低潮位为 -0.77 m。多年平均潮差为 2.54 m，最大潮差为 5.98 m。各月多年平均潮差为 1.91~2.54 m，各季节潮差夏季大，春季小。各月平均海面的变化范围为 0.23~0.51 m，最高平均海面出现在 10 月，最低平均海面出现在 2 月。各季节平均海面秋季最高，冬季最低。一般涨潮历时比落潮历时长，平均涨潮历时为 10 h 53 min，落潮历时为 8 h 11 min，相差 2 h 42 min。潮流属往复流，涨潮时流向偏东北，落潮则偏西南。平均涨潮流速为 23.3 cm/s，平均落潮流速为 39.8 cm/s，最大涨潮流速 35.9 cm/s，最大落潮流速 79.7 cm/s，比最大涨潮流速大一倍。该区余流较小，表层流速为 2.2~9.3 cm/s，底层 4.7 cm/s，流向主要为 S 向。金滩海区累年平均波高为 0.52 m，最大波高 4.1 m，且平均波高及最大波高均以 7 月最大。波浪以风浪为主，强浪向为 SE 向，次强浪向为 S 向及 SSE 向；常浪向为 NNE 向，次常浪向为 NE 向。据 1970—1986 年验潮资料统计，该区最大增水值为 1.86 m，最大减水值为 1.07 m。

沥尾金滩由于受 S—ES 向浪的蚀退作用，1987—1989 年修造沙堤防浪堤，全长约 6.8 km。天然海岸逐渐被人工海岸代替，使该海岸失去自然海岸的性质。金滩的泥沙来源主要是珍珠港沿岸河流小溪及片流切割、剥蚀周边沉积岩层的输沙。

5.7.2　沥尾金滩沉积物变化特征

5.7.2.1　海滩滩面及其近岸沉积物类型与分布特征

根据 2011 年 4 月获取的样品分析，沥尾金滩滩面沉积物的中值粒径范围为 1.27Φ~3.05Φ，沉积物类型几乎全部为砂，个别样品组成中含有极少量的粉砂和细砾（表 5.9）。沉积物分选系数均值为 0.73，分选中等；偏度分布极不均匀，平均值为 -0.69，属于极负偏，表明沉积物粒度组成总体上集中在细端部分；峰态峭度总体上为窄。

表 5.9　沥尾金滩 2011 年 4 月滩面表层沉积物组成百分含量（%）

采样编号	细砾	极粗砂	粗砂	中砂	细砂	极细砂	粉砂	沉积物名称
W1-01	0.08	0.06	1.72	60.23	37.37	0.54	0.00	砂
W1-02	0.69	0.41	5.05	17.32	65.73	10.79	0.00	砂
W1-03	0.00	0.11	2.16	15.93	40.42	41.32	0.06	砂
W2-01	0.76	0.60	19.79	55.02	23.40	0.40	0.02	砂
W2-02	0.26	0.59	15.55	54.52	29.04	0.04	0.00	砂
W2-03	0.58	0.99	8.19	46.86	37.93	5.44	0.00	砂
W3-01	0.24	0.30	3.29	55.02	39.20	1.95	0.00	砂
W3-02	0.77	2.25	9.08	35.85	46.57	5.48	0.00	砂
W3-03	4.52	6.41	19.18	31.19	32.71	5.99	0.00	砂
W4-01	0.18	0.06	0.10	53.11	42.61	3.90	0.05	砂
W4-02	3.35	1.98	7.75	50.67	34.39	1.85	0.00	砂
W4-03	2.24	2.99	11.43	34.84	42.99	5.50	0.00	砂

汀尾金滩近岸海域沉积物组成与滩面沉积物组成不同，沉积物类型以砂为主，并含有一定量的细砾和粉砂，总体上细砾含量比滩面高。中值粒径范围为 0.19Φ~3.45Φ（表5.10），总体粒径较粗。沉积物分选系数均值为 0.92，分选程度中等，集中在差与中等之间；偏度变化范围很大，从极正偏到极负偏，平均值为 −0.59，属于极负偏，表明沉积物粒度组成总体上集中在细端部分；峰态峭度平均值为 1.49，集中在窄到很窄，总体上为窄。

表 5.10 汀尾金滩 2011 年 4 月近岸海域表层沉积物组成百分含量（%）

采样编号	砾	砂	粉砂	沉积物名称
W1-05	0.10	99.81	0.09	砂
W1-06	2.35	95.85	1.81	砂
W1-07	4.15	95.57	0.27	砂
W1-08	1.73	97.92	0.35	砂
W1-09	0.77	99.14	0.09	砂
W2-05	0.28	96.54	3.18	砂
W2-06	2.47	95.51	2.01	砂
W2-07	0.90	97.27	1.83	砂
W2-08	4.90	95.10	0.00	砂
W2-09	0.23	96.80	2.97	砂
W3-05	2.50	96.67	0.83	砂
W3-06	0.25	98.96	0.79	砂
W3-07	1.20	97.21	1.59	砂
W3-08	0.17	97.68	2.16	砂
W3-09	6.68	93.12	0.20	砂
W4-05	2.09	97.39	0.52	砂
W4-06	1.84	98.16	0.00	砂
W4-07	0.05	99.25	0.70	砂
W4-08	5.53	92.51	1.96	砂
W4-09	3.22	95.40	1.38	砂

而从表 5.9 和表 5.10 中可以看出，汀尾金滩近岸海域不存在砂、泥分界线。

5.7.2.2 海滩表层沉积物空间分布特征

沉积物粒度参数不但能够很好地反映出沉积物特性，也能够表征调查区的沉积环境。

以 2011 年 4 月采集的海滩沉积物为例，其粒级组成、中值粒径、分选系数、偏度、峰态等粒度参数具有明显的空间分布特征，如图 5.75 至图 5.82 所示。

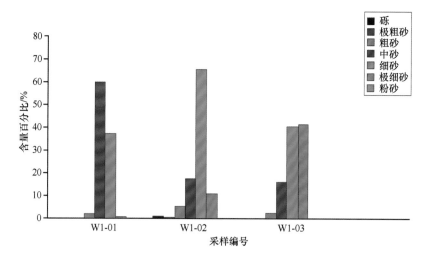

图 5.75　W1 剖面沉积物粒级组成百分含量

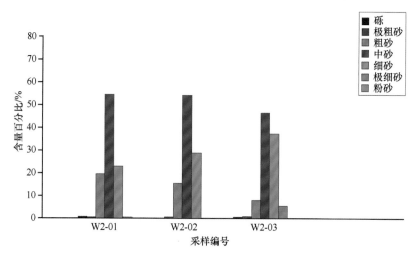

图 5.76　W2 剖面沉积物粒级组成百分含量

　　从空间分布来看，不同剖面的沉积物组成有一定的差异，同一剖面的组成有比较明显的变化规律（01、02、03 编号分别对应高滩、中滩、低滩采样点）。W1 剖面，不同相带沉积物的组成差别很大，高滩沉积物以中砂为主，其次为细砂；中滩主要为细砂，并含有一定量的中砂和极细砂；低滩以细砂和极细砂为主，其次为中砂。W2 剖面的高滩和中滩都是以中砂为主，低滩以中砂和细砂为主；W2 剖面的组成分布规律比较明显，从高滩至低滩，粗砂和中砂含量逐渐降低，细砂含量逐渐增加。W3 剖面以中砂和细砂为主，且从高滩至低滩，中砂逐渐减少，砾石、极粗砂、粗砂与极细砂都是逐渐增加，细砂是先增加后减少。

W4 剖面也是以中砂和细砂为主，且从高滩至低滩，中砂含量逐渐降低，极粗砂与粗砂含量则是逐渐增加，细砂与极细砂是先减少后增加。横向对比可以发现：在这四条剖面中，W1 剖面高滩的中砂含量、中滩的细砂含量与低滩的极细砂含量都是最高的。

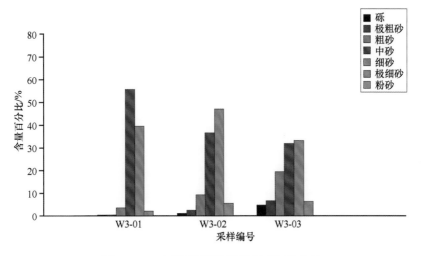

图 5.77　W3 剖面沉积物粒级组成百分含量

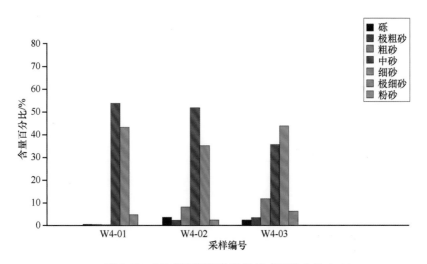

图 5.78　W4 剖面沉积物粒级组成百分含量

海滩沉积物中值粒径介于 1.65Φ~2.87Φ，平均值为 2.04Φ，除 W1 剖面外，其他剖面各相带沉积物的中值粒径变化范围较小。从各条剖面的情况来看，W1 剖面中滩与低滩的中值粒径都是这四条剖面中最大的；从高滩至低滩，W2 剖面中值粒径逐渐变大，W3 剖面中值粒径呈先增后减的趋势，W4 剖面则呈先减后增的变化规律。

海滩沉积物分选系数介于 0.39~1.23，总体分选中等。除 W1 剖面外，其余三条剖面的变化规律大体相同，从高滩至低滩总体上呈逐渐增大趋势，即分选程度逐渐变差。

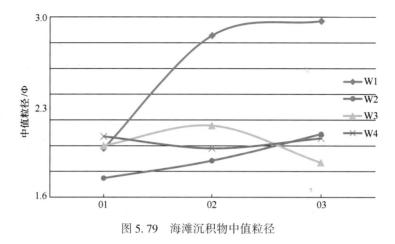

图 5.79　海滩沉积物中值粒径

在这 4 条剖面中，W1 剖面高滩与低滩的分选系数都是最低的，分选程度最好；W2 剖面中滩的分选系数最低，分选程度最好，但高滩的分选系数最高，分选最差；W3 剖面低滩的分选系数最高，分选最差；W4 剖面中滩的分选系数最高，分选最差。

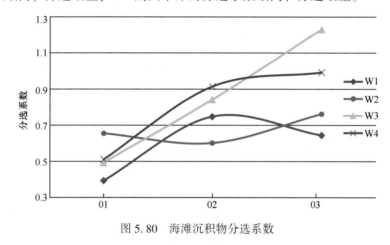

图 5.80　海滩沉积物分选系数

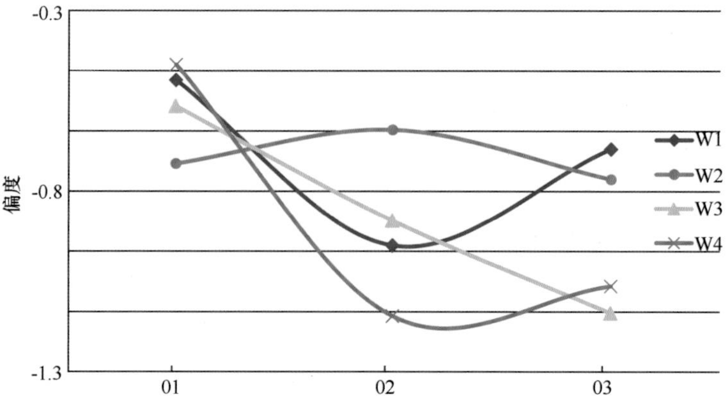

图 5.81　海滩沉积物偏度

偏度值大部分介于-1.21~（-0.38），全部属于极负偏，即沉积物为偏细，平均值位于中位数左方，粒度集中在颗粒的细端部分。W1与W4剖面的变化规律大体相同，从高滩至低滩，偏度值先减少后增加；W2与W3剖面的变化规律比较接近，总体上呈减少趋势，其中W3的减少趋势最为明显。

峰态介于0.78~1.71，总体上为窄。各条剖面峰态的变化规律刚好与偏度的相反，W1与W4剖面是先增加后减少；W2与W3剖面总体上呈增加趋势，其中W3的增加趋势最为明显。

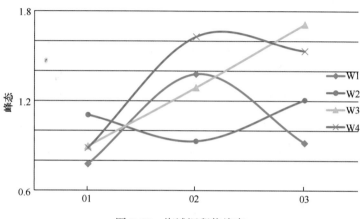

图5.82　海滩沉积物峰态

5.7.2.3　海滩表层沉积物时间变化特征

海滩沉积物也具有明显的季节变化特征，如表5.11、图5.83至图5.86所示。

表5.11　海滩沉积物粒度平均特征

剖面号	采样时间	分选系数	偏态	峰态	中值粒径/Φ
W1	2010.12	0.67	-0.41	1.04	2.08
	2011.04	0.6	-0.69	1.03	2.5
	2011.08	0.73	-0.83	1.17	2.29
	2011.12	0.83	-0.69	1.27	1.82
W2	2010.12	0.69	-0.47	1.07	1.94
	2011.04	0.67	-0.69	1.08	1.81
	2011.08	0.72	-0.76	1.17	1.99
	2011.12	0.76	-0.58	1.15	1.86
W3	2010.12	0.76	-1.02	1.44	2.19
	2011.04	0.86	-0.87	1.3	1.91
	2011.08	0.83	-0.93	1.33	2.15
	2011.12	1.04	-0.89	1.41	1.71

续表

剖面号	采样时间	分选系数	偏态	峰态	中值粒径/Φ
W4	2010.12	0.49	-0.22	0.81	2.06
	2011.04	0.81	-0.9	1.35	1.94
	2011.08	0.56	-0.48	0.96	2.24
	2011.12	0.65	-0.73	1.15	2.05

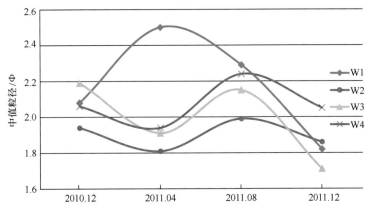

图 5.83 海滩沉积物中值粒径（剖面平均值）季节变化

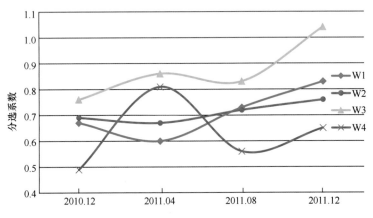

图 5.84 海滩沉积物分选系数（剖面平均值）季节变化

　　海滩沉积物平均中值粒径介于 1.71Φ~2.50Φ，从 4 条剖面来看，除 W1 剖面外，其余 3 条剖面的变化规律比较明显，都是先增大后减小；W1 剖面是先增大后减小，春季中值粒径最大。海滩沉积物分选系数平均值介于 0.49~1.04，总体上分选程度中等，从 4 条剖面来看，分选系数的季节变化总体上比较一致。海滩沉积物偏度介于 -1.02~

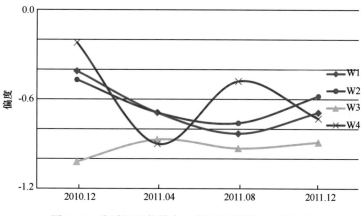

图 5.85 海滩沉积物偏度（剖面平均值）季节变化

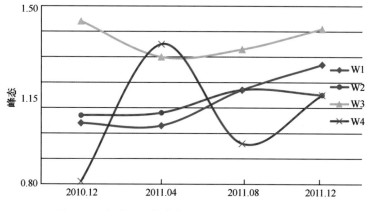

图 5.86 海滩沉积物峰态（剖面平均值）季节变化

（-0.22），主要表现为极负偏，总体上来看，夏季负偏更为明显。海滩沉积物平均峰态介于 0.81~1.44，集中在中等和窄之间，没有明显的季节性变化规律。

5.7.3 沥尾金滩演变特征

由沥尾金滩的 4 次观测结果对比看（图 5.87 至图 5.94），不同地貌相带的季节性地貌调整和冲淤变化各有不同。

由图 5.87 可知，W1 剖面滩面宽度在 200 m 左右，冬夏季有滩肩发育，滩面坡度平缓，季节性变化明显，春季整体侵蚀，夏季整体淤积，秋冬季高滩与低滩侵蚀，中滩淤积。2010 年 12 月至 2011 年 12 月期间，0 m 等深线后退达 68.56 m。由图 5.88 可知，水下岸坡坡度较平缓，水下沟槽与沙坝发育，春季在离岸 1 000~1 200 m 与 2 800~3 100 m 区域有侵蚀，夏季则整体轻微淤积。

由图 5.89 可知，W2 剖面滩面宽度在 160 m 左右，滩面坡度平缓，季节性变化比较

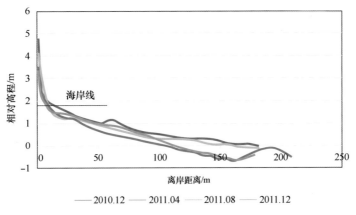

图 5.87　W1 剖面滩面地形季节性变化

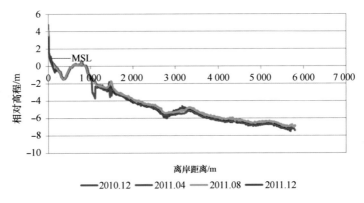

图 5.88　W1 剖面水下岸坡地形季节性变化

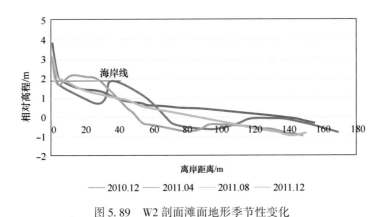

图 5.89　W2 剖面滩面地形季节性变化

剧烈，春季高滩与低滩侵蚀，中滩上部淤积、下部侵蚀；夏季高滩淤积，低滩侵蚀，中滩上部侵蚀、下部淤积；秋冬季高滩淤积为主，低滩微淤，中滩剧烈侵蚀。2010 年 12 月至 2011 年 12 月期间，0 m 等深线后退达 85.05 m。由图 5.90 可知，水下岸坡坡度较平缓，水下沟槽与沙坝发育，春季整体上有轻微侵蚀，特别是在离岸 400 m 左右区域侵蚀明显，夏季则整体轻微淤积。

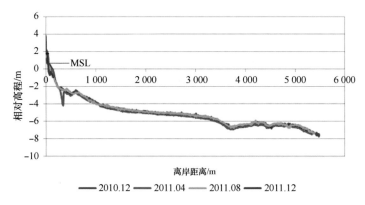

图 5.90 W2 剖面水下岸坡地形季节性变化

由图 5.91 可知，W3 剖面滩面宽度在 150 m 左右，滩面坡度平缓，季节性变化比较明显，春季高滩与低滩剧烈侵蚀，中滩淤积与侵蚀相间；夏季高滩以淤积为主，低滩严重淤积，中滩上部侵蚀、下部淤积；秋冬季高滩上部淤积、下部侵蚀，低滩微淤与微侵相间，中滩上部微淤、下部微侵。2010 年 12 月至 2011 年 12 月期间，0 m 等深线后退 16.67 m。由图 5.92 可知，水下岸坡坡度平缓，水下沟槽与沙坝不发育，春季整体上有轻微侵蚀，特别是在离岸 200 m 左右区域侵蚀明显，夏季则整体轻微淤积。

图 5.91 W3 剖面滩面地形季节性变化

由图 5.93 可知，W4 剖面滩面宽度在 180 m 左右，滩面坡度平缓，季节性变化比较明显，春季整体上明显侵蚀，只在中滩局部区域有淤积；夏季高滩上部微侵蚀、下部微淤，低滩侵蚀，中滩上部侵蚀、下部淤积；秋冬季高滩上部微淤，低滩微侵蚀，中滩中部淤积明显、其余部位微侵蚀。2010 年 12 月至 2011 年 12 月期间，0 m 等深线后退 12.87 m。由图 5.94 可知，水下岸坡在离岸 4 500 m 以内区域坡度平缓，4 500 m 以外变

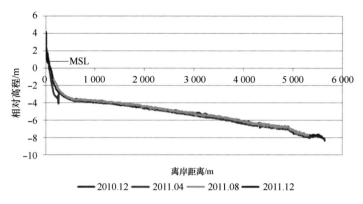

图 5.92 W3 剖面水下岸坡地形季节性变化

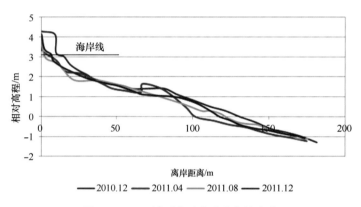

图 5.93 W4 剖面滩面地形季节性变化

陡；水下沟槽与沙坝不发育；春季整体上有轻微侵蚀，特别是在离岸 4 500 m 以外区域侵蚀明显，夏季则整体轻微淤积。

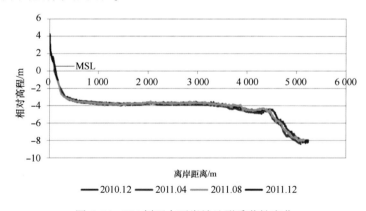

图 5.94 W4 剖面水下岸坡地形季节性变化

5.8　南澳岛海滩

5.8.1　海岛基本概况

南澳岛隶属于南澳县，是广东省内最大、也是唯一的海岛县。由 37 个大小岛屿组成，陆地面积 106.39 km²，现管辖 3 镇 2 管委，现有常住人口 7 万多。坐落在闽、粤、台三省交界处。南澳岛拥有得天独厚的旅游资源，包括总兵府、金银岛和宋井等，尤其以海岛海滩而闻名。

南澳岛岸线长 84.3 km，岸线类型主要为基岩岸线、人工岸线和砂质岸线（图5.95）。其有大小港湾 66 处，其中烟墩湾、长山湾等局部有兴建深水港条件。青澳湾是砂质细软的缓坡海滩，海水清澈、盐度适中，是优良天然海滨浴场。青澳湾旅游区是南澳岛的龙头景区，位于南澳最东端，星湾月的海湾内，海湾长 2.4 km，其地质地貌十分独特，海湾两边岬角呈半封闭状环抱海面，海滩坡缓而平缓，使海湾似新月，是广东省两个 A 级海滨天然浴场之一，素有"东方夏威夷"之称。

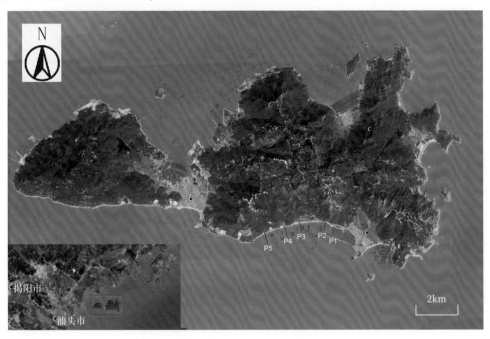

图 5.95　南澳岛概貌及青澳海滩监测剖面分布

5.8.2　海岛海滩资源分布与特征

南澳岛为我国 14 个海岛县之一，尤其是 2014 年连岛大桥贯成通车之后，极大地带动了南澳岛旅游业，尤其是海滩旅游业。每年的旅游人数呈不断增长态势，旅游海滩开发与管理比较成熟。

南澳岛岸线总长 86 km，其中砂质岸线总长 13 km，主要旅游海滩 11 个（表 5.12），比较集中分布在海岛的南部。海滩长度大于 700 m 的海滩 6 个，其中前江湾海滩和青澳海滩宾客最多，海滩开发成熟。

表 5.12 南澳岛主要海滩及其基本特征 单位：m

序号	海滩名称	位置	方位	长度	平均宽度	平均厚度	开发程度	备注
1	前江湾沙滩	23°25′3.37″N，117°1′26.57″E	南部	794	134	1.4	开发利用较为成熟	位于南澳县城内，交通方便，旅游配套设施齐全
2	下势山村沙滩	23°24′43.75″N，117°4′39.66″E	南部	1 863	34	0.4	未开发利用	紧邻环海路，但沙滩陡峭，砂质一般
3	宋井公园沙滩（1）	23°23′51.9″N，117°5′58.46″E	南部	92.5	56	0.7	开发利用较为成熟	紧邻宋井等旅游景点，开发利用较为成熟，但沙滩质量一般
4	宋井公园沙滩（2）	23°23′50.17″N，117°6′0.9″E	南部	198	48	0.6	开发利用较为成熟	紧邻宋井旅游景点，水下地形陡峭，砂质一般
5	云星村沙滩	23°24′5.36″N，117°6′25.69″E	南部	198	48	0.6	开发利用较为成熟	海滩位于海湾内，海滩较长，但海滩坡度陡峭，滩面狭窄，砂质较差
6	东澳村沙滩	23°23′51.91″N，117°7′27.69″E	南部	229	36	0.7	未开发	海滩长度短，水下地形陡峭。后滨紧邻灌丛，交通不便
7	九溪澳村沙滩	23°25′29.3″N，117°7′49.19″E	南部	375	43	0.4	未开发	海滩长度短，水下地形陡峭。后滨紧邻村舍，但沙滩质量一般
8	青澳沙滩	23°24′9.61″N，117°6′35.69″E	东南	1 100	179	1.7	开发利用较为成熟	青澳沙滩开发利用较为成熟，形成配套设施齐全度假村。游客络绎不绝
9	深澳东沙滩	23°27′37.58″N，117°7′19.04″E	西北	762	86	1.0	未开发利用	海滩位于湾顶，紧邻环岛路，保持自然状态，有游客光临

续表

序号	海滩名称	位置	方位	长度	平均宽度	平均厚度	开发程度	备注
10	金银岛沙滩	23°28′48.36″N, 117°7′0.21″E	北	189	56	0.6	未开发利用	海滩紧邻环海路, 沙滩水域有养殖
11	钱澳湾沙滩	23°25′13.34″N, 116°59′30.63″E	西南	182	76	0.9	开发较为成熟	海滩为钱澳度假村沙滩, 沙滩短, 砂质较好
12	前江湾西沙滩	23°25′6.2″N, 117°0′48.62″E	西南	113	79	0.5	开发较为成熟	海滩位于前江沙滩以西, 沙滩短, 但砂质较好。交通方便

5.8.3 海滩自然属性与动态变化

南澳青澳海滩长度1 100 m, 砂质以中细砂为主, 海滩坡度小, 海滩水下地形平坦, 局部作为优质海滩的良好条件。同时, 青澳海滩位于半封闭海湾内, 受到地形遮蔽作用, 湾内流、浪均比较小 (图5.96)。

根据沉积物取样、海滩地形和岸线修测结果, 对青澳海滩动态变化特征进行阐述, 以便了解海滩现状与发展变化趋势。

图5.96 南澳岛青澳海滩

5.8.3.1 沙滩沉积物变化特征

根据沉积物取样, 并进行室内分析 (表5.13), 综合对比表明, 南澳岛青澳海滩沉积物以砂为主, 砂组分含量在98.6%~100%, 其砂组分含量平均值为99.8%。从粒径上来看,中值粒径在0.8Φ~3.0Φ，平均值为2.31Φ；平均粒径变化范围在0.9Φ~2.9Φ，平均值为2.25Φ。南澳岛青澳海滩沉积物分选系数变化范围在0.44~1.02，平均值为0.63；偏态变化范围在-0.46~0.14，平均值为-0.22；峰态变化范围在0.34~2.03，平均值为0.75。

表5.13 南澳岛青澳海滩底质沉积物变化

时间	剖面	砂组分含量/%	沉积物类型	中值粒径/Φ	平均粒径/Φ	分选系数	偏态	峰态
2015.09	P1	99.8	砂	2.9	2.9	0.44	-0.2	0.34
		98.7	砂	2.8	2.7	0.57	-0.31	0.6
		100	砂	2.6	2.5	0.56	-0.23	0.49
		100	砂	2.8	2.7	0.48	-0.27	0.43
		100	砂	2.1	2	0.62	-0.2	0.6
		100	砂	2.8	2.6	0.71	-0.46	0.79
	P3	100	砂	3	2.9	0.5	-0.17	0.44
		100	砂	3	2.9	0.51	-0.46	0.42
		100	砂	2.3	2.3	0.52	0	0.52
		100	砂	1.6	1.6	0.74	-0.08	0.98
2015.01	P5	99.9	砂	2	2	0.61	-0.17	0.78
		99.5	砂	1.6	1.5	0.72	-0.25	0.94
		98.6	砂	0.8	0.9	1.02	0.14	2.03
		98.8	砂	2.2	2.2	0.7	-0.26	0.92
		99.5	砂	2.2	2.1	0.7	-0.34	0.92

从其变化特征上来看，横向上，自陆地向海方向，中值粒径有增大—变小—增大变化趋势，但其总体上沉积物趋于粗化；沿岸方向，海滩中部较两侧，沉积物中值粒径趋于变细。从时间变化上来看，2015年1月沉积物粒径较2015年9月粒径更粗，这可能与冬季风强劲、海洋水动力增强有关。

5.8.3.2 沙滩演变特征

1）岸线蚀淤变化特征

通过对于南澳岛青澳海滩进行了两期海岸线修测工作，通过岸线比较（图5.97），结果表明，2015年9月与2015年1月相比较，整个海滩岸线呈现冲淤平衡变化，蚀淤变化幅度小于1.8 m，平均后退0.6 m，监测期间海滩岸线属于稳定状态，未发生快速进退变化。

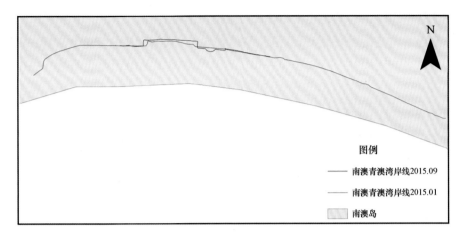

图 5.97 南澳岛青澳海滩海岸线进退变化

2）海滩典型剖面变化特征

通过对于南澳岛青澳海滩 5 条覆盖整个海滩代表性剖面（P1~P5），分别于 2015 年 9 月和 2016 年 6 月进行了两期剖面地形重复测量，根据地形测量结果，绘制了剖面地形变化图（图 5.98），并量算了海滩滩面垂向变化特征，分析了海滩不同地貌部位变化特征。

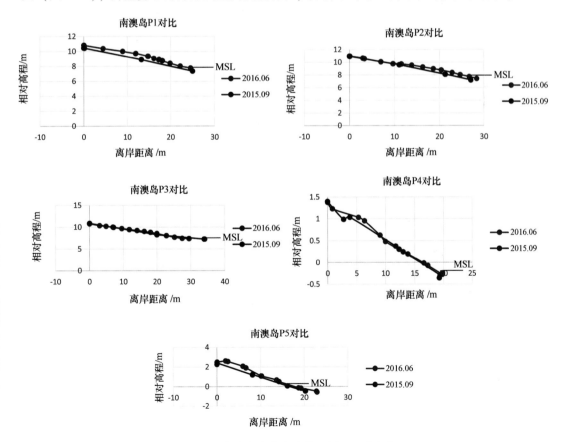

图 5.98 南澳岛青澳海滩典型剖面地形变化

通过 5 条剖面（剖面间距小于 500 m）比较，结果表明：2016 年 6 月与 2015 年 9 月相比较，剖面垂向变化幅度最大 1.8 m，平均 0.5 m。从剖面横向变化上来看，滩面以淤积变化为主，各剖面均有不同幅度的淤积，尤其是海滩下部淤积变化明显，但变化幅度不大。

沿着海滩走向，各剖面之间进行比较发现，海滩中部相对于两侧剖面淤积更加明显，且淤积主要发生在滩面上部。这主要由海滩所在半封闭海湾内物质输运路径所致。

5.9　海陵岛海滩

5.9.1　海岛基本概况

海陵岛隶属阳江市江城区海陵岛经济开发试验区，是广东第四大海岛，海陵岛主岛面积 105 km^2，主岛岸线长约 75.5 km。海陵岛岸线类型主要为砂质岸线、人工岸线、基岩岸线和生物岸线。砂质岸线主要分布在岛屿南侧，由此形成多处沙滩。

2015 年海陵岛被评为国家 5A 级景区，中国十大宝岛之一。海陵岛拥有风光旖旎、丰富的海滨旅游资源，其中最为著名且开发成熟的包括大角湾、十里银滩、马尾岛和金沙滩等景区，十里银滩中段，还有一座 6×10^4 m^2，中国最大仿宋建筑——宋城。闸坡大角湾、十里银滩西端南海一号海滩风景区，由于交通便利、配套设施完备，其旅游管理成熟。

十里银滩位于海陵岛南面，与石角滩结合成螺线型，海滩总长 9.50 km，海滩宽 60~250 m 不等，面积 3.45 km^2，银滩腹地平坦广阔。大角湾海滩位于海陵岛闸坡镇东南，大角湾海滩长 2.45 km，宽 50~60 m 不等，海湾形似巨大牛角（图 5.99）。

5.9.2　海岛海滩资源分布与特征

海陵岛海岛旅游资源总体比较丰富，呈现海滩规模大，砂质细，海滩坡度平缓，配套设施完备等优点。

据统计主要有 17 处海岛旅游海滩（表 5.14），其中海滩长度大于 1 000 m、海滩宽度大于 150 m 的海滩 8 个，占海滩总数的 52.9%。从分布区域位置上来看，环绕海岛均有不同规模海滩分布，然而海岛南部海滩总体规模大、海滩质量好。

图 5.99　海陵岛主要海滩分布概貌及大角湾闸坡海滩布设的 2 个监测剖面的分布

表 5.14　海陵岛主要海滩及其基本特征　　　　　　　　单位：m

序号	海滩名称	位置	长度	平均宽度	平均厚度	开发程度	备注
1	大角湾闸坡沙滩	21°34′18.52″N，111°50′32.22″E	2 255	178	1.7	已开发利用较为成熟	位于海陵岛人口密集地带，交通方便，旅游众多，基础设施齐全
2	十里银滩	21°34′25.21″N，111°52′8.81″E	7 480	134	1.4	开发较为成熟	海滩西端靠近南海一号博物馆，开发较为成熟
3	牛栏街海滩（敏捷黄金海岸）	21°36′48.56″N，111°56′18.14″E	1 596	87	1.0	不成熟	海滩东部，陆侧建筑林立
4	古劳海滩	21°36′32.68″N，111°57′10.57″E	1 227	48	0.76	未开发	近岸局部开发为斑块状农用地
5	东岛金沙滩	21°37′4.39″N，111°58′54.86″E	3 920	89	1.15	未开发	海滩较长，典型的平直型海滩
6	上基园北海滩	21°37′42.67″N，112°0′41.44″E	686	79	1.2	未开发	后滨被开发为斑块状农用地

序号	海滩名称	位置	长度	平均宽度	平均厚度	开发程度	备注
7	李安东海滩	21°38′20.68″N, 112°0′56.59″E	510	65	0.8	未开发	后滨地势陡峭，难以到达
8	下角海滩	21°39′0.58″N, 112°0′1.74″E	1 321	49	0.6	未开发	后滨分布有养殖池，滩面狭窄，滩面陡峭
9	山下海滩	21°38′57.47″N, 111°56′49.84″E	966	46	0.8	未开发	后滨为茂密红树林植被，后滨陡峭山崖
10	时贝海滩	21°39′32.72″N, 111°55′48.7″E	1 182	46	0.87	未开发	位于连岛坝东，海陵中学近岸，岸线曲折，滩面狭窄
11	沙村海滩	21°38′45.8″N, 111°52′8.66″E	228	59	0.67	未开发	平直海滩，后滨为养殖池塘
12	沙角海滩	21°39′5.23″N, 111°50′21.60″E	533	59	0.6	未开发	平直海滩，较开阔，呈自然状态
13	北悦海滩	21°37′47.52″N, 111°51′7.77″E	1 100	60	0.8	未开发	平直海滩，较开阔，呈自然状态
14	瓦曦海滩	21°36′6.74″N, 111°50′20.43″E	731	48	0.7	未开发	海滩位于环岛路下，海滩滩面狭窄，坡度大
15	马尾海滩	21°34′4.35″N, 111°48′31.62″E	486	89	0.9	未开发	海滩后滨为茂密植被覆盖，交通不便
16	马尾岛海滩	21°33′51.60″N, 111°48′27.14″E	154	89	0.8	未开发	海滩位于岬角位置，后滨为茂密植被覆盖，交通不便
17	北洛湾海滩	21°33′50.08″N, 111°49′17.05″E	607	79	1.0	未开发	海滩较差，水下地形复杂，坡度很陡

5.9.3 闸坡旅游沙滩自然属性与动态变化

阳江闸坡旅游沙滩位于海陵岛的西南海岸大角环湾内（图5.100）。海陵岛处在粤中新构造运动断块活动区的西段——珠江三角洲西侧丘陵、阶地淤泥质堆积海岸的西南端，

乃系漠阳江三角洲平原西南外侧的一个岛丘。陆地地貌主要由寒武系条带状混合岩
（∈bc），以及少量加里东混合花岗岩（Mγ2）组成的侵蚀剥蚀丘陵；湾腹见狭窄小型海
积平原。大角环（湾）朝南向南海开敞，东西两端基岩岬角均为寒武系变质岩，岸线长
约3 km，湾东部向陆凹陷较明显，近岸海区范围为21°33′—34.5′N，111°49′—52′E；湾
内滨海沙滩的堆积地貌属山丘岬湾岸（叠置沉积）类型。

图 5.100　阳江海陵岛闸坡海滩形态及固定监测剖面位置

东段沙滩（图 5.101 和图 5.102，布设监测剖面 HL1），长约 1.5 km，宽度（含滩
肩）为 160 m 左右。滩肩宽大平缓，主要由中细砂和中砂组成。外缘略微凸起。高潮滩
表层沉积物与滩肩类似，次表层为中粗砂；但中、低潮滩粒径较粗，一般以中粗砂为主。
沙滩剖面形态形成含宽阔滩肩的沙坝类型（参见图 5.102 低潮滩面上沙坝地貌及图
5.103）。

图 5.101　闸坡旅游沙滩东段岸滩概貌

图 5.102　闸坡东段沙滩低潮滩面沙坝地貌

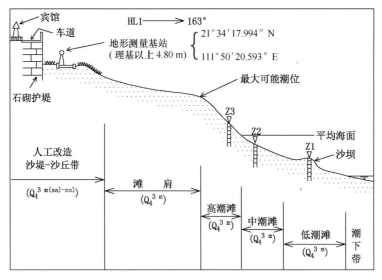

图 5.103　HL1 监测剖面岸滩勘查地形地貌素描图

平均海面高程为 1.70 m，以理基起算

西段沙丘（图 5.104 和图 5.105，布设监测断面 HL2），长 1.5 km 左右，宽度（含滩肩）达 150 m。滩肩和前滨滩面沉积物组成与东段沙滩基本相同。沙滩剖面形态：滩肩宽大平坦，微向海倾；高–中潮滩坡陡（勘查期间见上移沙坝）；低潮滩坡度相对较小；整个剖面形成含滩肩的沙坝类型（图 5.106）。

图 5.104　闸坡旅游沙滩西段岸滩概貌

图 5.105　闸坡海滩后滨滩肩与植被

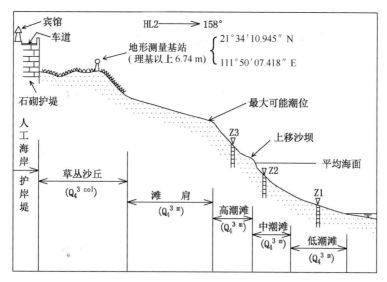

图 5.106　HL2 监测剖面岸滩勘查地形地貌素描图

平均海面高程为 1.70 m，以理基起算

大角环（湾）闸坡海滩近岸海区海洋水文特征如下：

（1）潮汐性质：根据闸坡海洋站（21°35′N，111°49′E）1959—1988 年的验潮资料分析，本海区的潮汐类型属不正规半日潮，其 K 值为 1.15。

（2）潮汐特征：根据 2011 年测量的海陵湾海图所附潮信表，闸坡港平均高潮位（理基面起算，下同）2.40 m，平均低潮位 0.90 m，高高潮位 2.90 m，低高潮位 1.70 m，低低潮位 0.50 m，高低潮位 1.50 m，平均海面 1.70 m。按 1959—1988 年的资料统计，最高潮位出现在 1965 年 7 月 15 日，因受 6508 号台风增水的影响达到 4.36 m。累年平均潮差为 1.57 m，实测最大潮差 3.92 m（出现在 1986 年）。

（3）波浪：大角环（湾）无测波资料，按海陵岛西侧海陵湾闸坡港海洋站（21°35′N，111°49′E）1959 年 9 月至 1961 年 4 月的临时测波资料统计，海陵湾以风浪为主，出现频率为 97%，涌浪出现频率为 18%。年平均波高（$H_{1/10}$，下同）0.2 m，平均周期 2.2 s。强浪向为 SSW 向，最大波高 1.4 m，周期 7.3 s。冬季常浪向为 NE 向，平均波高 0.4 m，平均周期 2.4 s；强浪向为 NNE 向，最大波高 1.4 m，周期 5.7 s。夏季常浪向为 SW 向，平均波高 0.2 m，平均周期 2.2 s；强浪向 WSW 向，最大波高 0.7 m，周期 6.5 s。对于南向朝南海开敞的大角环湾而言，根据该海区东面下川岛南面海区（21°31′N，112°33′E）的资料，盛行波浪的浪向为 SE（平均出现频率为 72.5%，平均波高 1.13 m）。

5.9.3.1　表层沉积物变化

1）东段沙滩（HL1 监测剖面）表层沉积物变化

根据图 5.107 所示的监测结果可以看出，东段沙滩表层沉积物中值粒径的分布范围为 0.57Φ~1.85Φ，其沉积物类型变化并不大，基本处在中粗砂和细中砂之间。滩肩主要由粗中砂、中粗砂组成；高潮滩以粗中砂为主，偶见中砂或细中砂；中、低潮滩粒径略粗，主要由中粗砂和粗中砂构成，时见分布细中砂。从季节性的粒度变化看，滩肩沉积物变化不明显；高潮滩表现为夏粗冬细的现象；中潮滩略具夏粗冬细的趋势；低潮滩变化不明显。年际间的粒度变化也不明显。

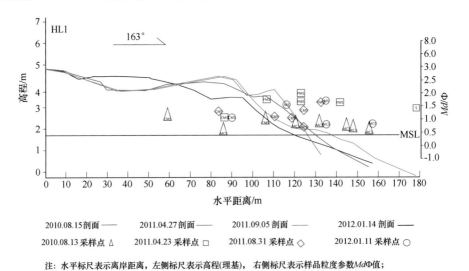

2010.08.15 剖面 ——　　2011.04.27 剖面 ——　　2011.09.05 剖面 ——　　2012.01.14 剖面 ——
2010.08.13 采样点 △　　2011.04.23 采样点 □　　2011.08.31 采样点 ◇　　2012.01.11 采样点 ○

注：水平标尺表示离岸距离，左侧标尺表示高程（理基），右侧标尺表示样品粒度参数 MdΦ 值；
采样点符号中心点表示采样点离岸距离和中值粒径，符号关联字符表示沉积物类型

图 5.107　阳江海陵岛闸坡东段沙滩 HL1 剖面岸滩地形–表层沉积物变化监测结果

2）西段沙滩（HL2 监测剖面）表层沉积物变化

从图 5.108 所示的监测结果看出，西段沙滩表层沉积物的中值粒径分布范围为 0.10Φ~1.75Φ，其沉积物类型自粗砂到细中砂之间变化。滩肩带主要由中粗砂到粗中砂组成；高潮滩以中粗砂为主，冬天可见细中砂；中潮滩沉积物粒径变化较大，从粗砂到细中砂均有分布；低潮滩以粗中砂为主，时见中粗砂或细中砂。表层沉积物的季节变化，滩肩基本不变；高潮滩明显呈现夏粗冬细的现象；中潮滩略具夏粗冬细的趋势，但不明显；低潮滩季节变化不显。监测期间的年际变化，整个剖面略微显示变细的现象，这可能与大角环（湾）的盛行波向为 SE 向，由此引起沿岸的净输沙方向为自东向西有关。

5.9.3.2　沉积物垂直变化与沙层厚度

根据图 5.103 HL1 监测剖面和图 5.106 HL2 监测剖面上所示钻孔位置的柱状样分析，得以下结果。

1）东段沙滩（HL1 监测剖面）沙层变化

（1）Z1 钻孔。位于低潮滩，坐标 21°34′13.459″N，111°50′22.478″E，孔口高程在理

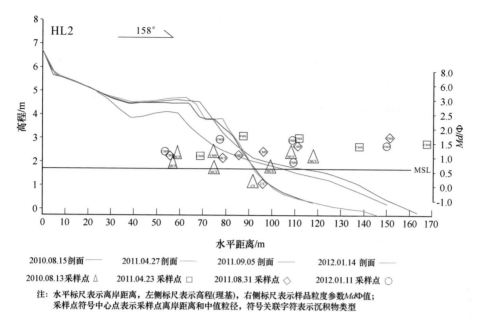

图 5.108 阳江海陵岛闸坡西段沙滩 HL2 剖面岸滩地形−表层沉积物变化监测结果

基以上 0.98 m，钻孔进尺 2.50 m，沙层厚度大于 2.50 m，钻孔地质柱状剖面自上而下沉积物分布如下：

0~0.12 m 为 CMS，浅土黄色，$Md=1.07Φ$；

0.12~0.7 m 为 MCS，浅土黄色，$Md=0.81Φ$；

0.70~1.64 m 为 FMS，浅土黄色，$Md=1.75Φ$；

1.64~2.50 m 为 FMS，浅土黄色，$Md=2.04Φ$。

（2）Z2 钻孔。位于中潮滩，坐标 21°34′14.035″N，111°50′22.255″E，孔口高程在理基以上 1.35 m，钻孔进尺 2.50 m，沙层厚度 2.26 m，钻孔地质柱状剖面自上而下沉积物分布如下：

0~0.19 m 为 MCS，浅土黄色，$Md=0.66Φ$；

0.19~0.78 m 为 MCS，浅土黄色，$Md=0.49Φ$；

0.78~1.58 m 为 MCS，浅土黄色，$Md=1.17Φ$；

1.58~2.26 m 为 MCS，土黄色，$Md=1.49Φ$；

2.26~2.50 m 为 TS，灰色，$Md=2.38Φ$，其中 T 和 Y 为 34.74%。

（3）Z3 钻孔。位于高潮滩，坐标 21°34′14.457″N，111°50′22.070″E，孔口高程在理基以上 2.07 m，钻孔进尺 2.50 m，沙层厚度 1.91 m，钻孔地质柱状剖面自上而下沉积物分布如下：

0~0.30 m 为 FMS，黄白色，$Md=1.86Φ$；

0.30~1.12 m 为 MCS，黄白色，$Md=0.59Φ$；

1.12~1.91 m 为 CMS，浅黄色，$Md=1.48\Phi$；

1.91~2.50 m 为 TS，灰色，$Md=2.57\Phi$，其中 T 和 Y 为 34.70%。

2）西段沙滩（HL2 监测剖面）沙层变化

（1）Z1 钻孔。位于低潮滩，坐标 21°34′07.227″N，111°50′09.560″E，孔口高程在理基以上 0.44 m，钻孔进尺 2.50 m，沙层厚度 2.50 m 左右，钻孔地质柱状剖面自上而下沉积物分布如下：

0~0.12 m 为 CMS，浅土黄色，$Md=1.12\Phi$；

0.12~0.7 m 为 CMS，浅土黄色，$Md=1.47\Phi$；

0.70~1.68 m 为 S，浅土黄色，$Md=1.54\Phi$；

1.68~2.50 m 为 FMS，土黄色，$Md=1.86\Phi$，其底层含 T 和 Y 为 17.41%。

（2）Z2 钻孔。位于中潮滩，坐标 21°34′07.708″N，111°50′09.296″E，孔口高程在理基以上 1.52 m，钻孔进尺 3.10 m，沙层厚度 2.43 m，钻孔地质柱状剖面自上而下沉积物分布如下：

0~0.05 m 为 CMS，浅土黄色，$Md=1.26\Phi$；

0.05~0.39 m 为 CMS，浅土黄色，$Md=1.14\Phi$；

0.39~1.26 m 为 MCS，浅土黄色，$Md=1.04\Phi$；

1.26~1.56 m 为 FMS，浅土黄色，$Md=1.68\Phi$；

1.56~2.43 m 为 CMS，浅土黄色，$Md=1.57\Phi$；

2.43~3.10 m 为 FMS，浅土黄色，$Md=1.96\Phi$，其中 T 和 Y 为 23.89%。

（3）Z3 钻孔。位于高潮滩，坐标 21°34′08.183″N，111°50′09.030″E，孔口高程在理基以上 1.95 m，钻孔进尺 3.00 m，沙层厚度 2.74 m，钻孔地质柱状剖面自上而下沉积物分布如下：

0~0.05 m 为 CMS，浅土黄色，$Md=1.01\Phi$；

0.05~0.32 m 为 MS，浅土黄色，$Md=1.53\Phi$；

0.32~1.08 m 为 CS，浅土黄色，$Md=0.05\Phi$；

1.08~1.90 m 为 MCS，浅土黄色，$Md=1.10\Phi$；

1.90~2.74 m 为 MCS，浅土黄色，$Md=0.88\Phi$；

2.74~3.00 m 为 TS，灰色，$Md=2.01\Phi$，其中 T 和 Y 为 27.39%。

由上述各钻孔的钻探结果可以看出：① 闸坡大角环（湾）旅游沙滩前滨的砂质沉积层厚度为 2~3 m（东段沙滩厚度一般略小于西段），它们的沙层底部沉积均为向含较高量的粉砂和黏土过渡，反映了沉积的水深条件为从深向浅的环境演变；② 高-中潮滩沉积层砂质颗粒粒径明显大于低潮滩，这与图 5.103 和图 5.106 所示的沙滩剖面形态呈现出高-中潮滩的坡度明显大于低潮滩密切相关；③ 东段沙滩砂质沉积物的粒径总体而言较大于西段沙滩，显然，这与大角环（湾）海区的盛行波浪向为 SE 向，其造成的沿岸输沙方向呈自东往西有关。

5.9.3.3　沙滩演变特征

1）东段沙滩（HL1 监测剖面）的地形演变

根据图 5.107 所示的监测结果分析得出，① 监测期间，2012 年 1 月 14 日（冬季）剖面与 2011 年 9 月 5 日（夏季）剖面对比，明显出现上冲下淤的特点：滩肩外缘向陆蚀退约 35 m，最大下蚀量达 1.1 m，平均单宽下蚀量约为 27 m^3/m；而滩肩内侧则为淤积，平均单宽淤积量约为 14 m^3/m；平均海面以上前滨滩面也表现为下蚀，最大下蚀量达 1.8 m，平均单宽下蚀量为 22 m^3/m；平均海面以下滩面整体淤积。显然，这一演变过程显示出在该时段内，闸坡海滩受到过强烈的风暴效应的影响。也就是说，对 1117 号强台风"纳沙"引发的风暴浪、潮的响应是本监测时段地形演变的最重要因素。该台风在南海的路径为自 SE 向 NW，于 2011 年 9 月 29 日在海南文昌和雷州半岛徐闻县两次登陆，登陆时风速分别为 14 级和 12 级，这从海陵岛大角环（湾）为处在台风前进方向的右侧，且其近海岸坡较陡（以 10 m 水深以浅的海区计算，坡度达 14.9‰）可以看出，闸坡海滩地形受其风暴浪冲击，发生强烈变化时必然的。② 从监测期间的季节性变化看，滩肩年内变化基本稳定；但平均海面以上的前滨滩面具夏淤冬冲的趋势；而平均海面以下则反之，表现为夏冲冬淤。③ 监测期间的整体演变受 1117 号台风"纳沙"的影响较大，表现为滩肩中部淤高约 30 cm/a，单宽淤涨 9.2 $m^3/$（m·a）；滩肩外缘蚀退 14 m/a；平均海面以上前滨滩面平均下蚀 38 cm/a，单宽下蚀 9.6 $m^3/$（m·a）；平均海面以下滩面上段，平均下蚀 12 cm/a，单宽下蚀 2.0 $m^3/$（m·a）；平均海面以下滩面下段，平均淤涨 12 cm/a，单宽淤涨 2.5 $m^3/$（m·a）。

2）西段沙滩（HL2 监测剖面）的地形演变

由图 5.108 所示的监测结果分析得出，① 2012 年 1 月 14 日（冬季）和 2011 年 9 月 5 日（夏季）剖面的演变情况与东段海滩基本相同，但变化量略有不同：其滩肩外缘向陆蚀退约 8 m，最大下蚀量近 1 m，滩肩南段平均单宽下蚀量为 18 m^3/m；平均海面以上前滨滩面整体下蚀，最大下蚀量达 1.4 m，平均单宽下蚀量约为 16 m^3/m；平均海面以下滩面整体淤积，最大淤高量达 1.1 m，估算平均单宽淤高量约 35 m^3/m。②监测期间的季节变化趋势与东段海滩相同。③监测期间整个剖面的演变与东段海滩大体相似，但滩肩下段约 38 m 长平均下蚀 17 cm/a，单宽下蚀 6.5 $m^3/$（m·a）；滩肩外缘蚀退 8.1 m/a。平均海面以上前滨滩面大部平均下蚀 31 cm/a，单宽下蚀 10.2 $m^3/$（m·a）。平均海面以下滩面大部平均淤高 42 cm/a，单宽淤涨 19.4 $m^3/$（m·a）。

5.9.3.4 近岸海底地形–表层沉积物监测结果

对海陵岛大角环（湾）海岸布设的 HL1 和 HL2 两个监测剖面，分别在 2010 年 8 月
10 日和 2011 年 9 月 2 日进行了近滨区海底地形–表层沉积物的变化监测，并将结果表示
于图 5.109 和图 5.110 中。

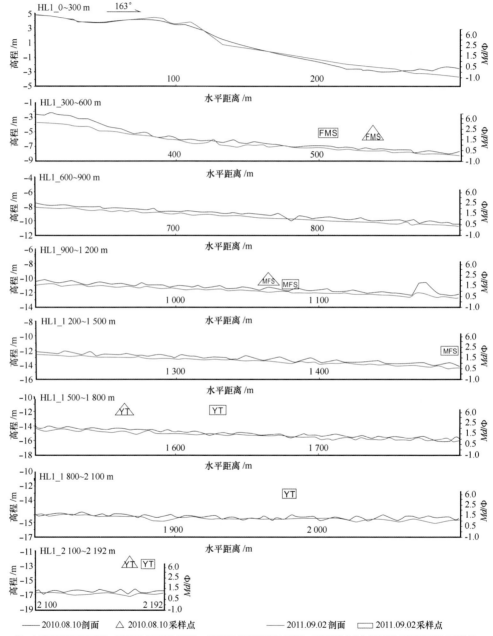

注：水平标尺表示离岸距离，左侧标尺表示高程(理基)，右侧标尺表示样品粒度参数值，采样符号中心点表示采样点离岸距离和中值粒径，
符号关联字符表示沉积物类型。

图 5.109　海陵岛海岸 HL1 剖面近滨水下地形与表层沉积物变化监测结果

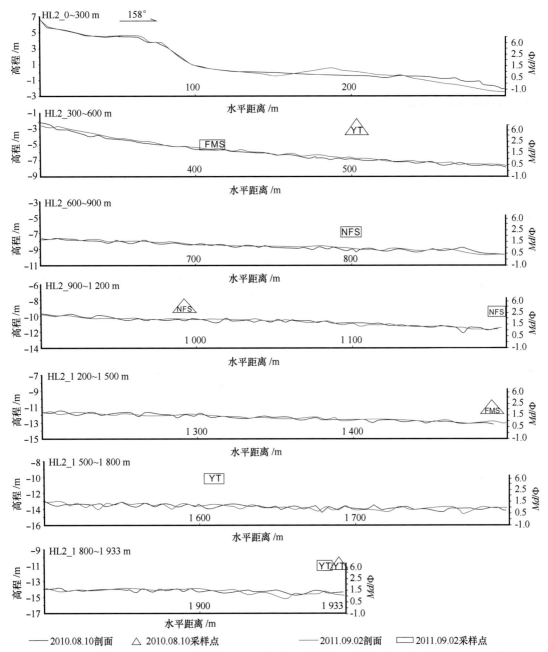

图 5.110　海陵岛海岸 HL2 剖面近滨水下地形与表层沉积物变化监测结果

根据图 5.109 所示 HL1 剖面的监测结果分析得出，① 近滨海底地形的变化总体可划为 4 个区段：第 1 段为从离岸 163 m 的 0 m 水深（以理论最低潮位算起，下同）到离岸 260 m 岸坡较大（坡度达 20.6‰），为潮间带沙滩的水下延伸段；第 2 段，离岸 260~

371 m为水下浅滩（大沙坝）；第3段从离岸271 m（水深5.3 m）～1 800 m（水深18 m），岸坡坡度平均9.7‰，推测海底沙波发育；离岸1 800 m以外海区为海底平原段，其坡度平缓。若以离岸837 m（水深为10 m）以内的海底地形计算，岸坡坡度达到14.9‰，表明大角环（湾）的滨海沙滩很容易遭受风暴浪潮的冲击破坏。② 监测期间，第1段海底表现为淤积（第2段浅滩向岸推移），平均淤涨约40 cm/a；第2段浅滩（大沙坝）整体下蚀，平均下蚀约90 cm/a；第3段总体表现为下蚀状态，推测海底沙波大部被推平，不同地点下蚀幅度不同，一般下蚀20 cm/a；第4段海底地形基本保持不变，但沙波仍多变平。③ 监测期间，海底表层沉积物类型分布基本不变，大体离岸800 m左右以内为细中砂；离岸800～1 520 m为中细砂；1 520 m以外海区为淤泥质沉积物，以黏土质粉砂为特征。

据图5.110所示HL2剖面的监测结果分析得出，① 近滨海底地形变化与HL1剖面类似，也可以划分为4个区段：第1段，离岸137～232 m为潮间带沙滩的水下延伸段；第2段，在离岸232～308 m，为水下浅滩（大型沙坝）；第3段，离岸308～1 600 m（水深13.7 m），推测为海底沙波段；第4段为离岸1 600 m以外的海底平原段。第1段开始到第3段外端的海底坡度平均为9.5‰。② 监测期间，第1段由于外侧沙坝向岸推移表现为淤积，最大淤高处83 cm/a；第2段原沙坝向岸迁移而表现为下蚀，最大下蚀90 cm/a；第3段和第4段地形基本保持不变。③ 近滨区表层沉积物类型，在离岸1 600 m以内均基本为砂质沉积，主要由细中砂、中细砂组成，偶见黏土质粉砂分布；在离岸1 600 m以外的海底平原为以黏土质粉砂为特征。

5.10　海口湾西海岸沙滩

5.10.1　地理位置及沙滩概况

海口湾西海岸沙滩位于琼州海峡南岸，海口市西侧海口湾西部海岸。该湾是一个向北敞开的半圆形海湾，全湾总面积42 km²，其中，0 m等深线以深水域面积36.2 km²，沙滩面积5.8 km²。海湾东西长14 km，南北宽6 km，湾口宽12.5 km，海岸线长20.5 km。

海口湾海底地貌类型较为单调，湾内水深为2～6 m，5 m等深线大致位于湾口连线内外，其东侧为南渡江三角洲平原构成的软岩性岬角。受南渡江入湾支流泥沙的影响，该湾东部滩宽水浅，冲淤状况复杂多变；而其西部砂质海岸线陆域，则是背依由第四系玄武岩组成的火山丘陵、台地，以及中、下更新统冲-洪积相构成的沉积阶地，其上覆盖大片沙丘地，可为沿岸海滩提供大量砂质颗粒来源。该海湾西侧为澄迈玄武岩岬角（天尾角）。

海口湾西海岸砂质海滩是一个集旅游观光、休闲度假、文化娱乐于一体的，自然景观与人工设造相结合（涵括滨海大道西海岸带公园、海南国际会展中心，以及众多大型酒店等云集）的旅游沙滩，是具有国际性热带滨海城市特点的大众休闲度假旅游景区，是海口市滨海旅游的又一张名片；该景区自1995年开放以来一直备受游客和市民青睐。

5.10.2　沿岸水动力条件

5.10.2.1　潮汐

西海岸砂质海岸线位于琼州海峡南岸中部，属海口湾西侧岬角附近的海域。琼州海峡的潮汐比较复杂，太平洋潮波经过巴林塘海峡传入南海后，琼州海峡受其东口来向潮波和由北部湾传来的绕经雷州半岛南部进入的西向潮波的共同影响，使得沿岸的潮汐状况变化复杂，即本海岸岸段为全日潮与半日潮共同作用的地带，平均潮差也自东向西逐渐增大。

1）潮汐性质

根据1995年3月至1996年12月新海临时海洋站（20°3′N，110°9′E）的实测验潮资料统计分析与秀英海洋站长期验潮资料的相关分析，计算出本海岸段的潮汐性质参数 F 为7.34（属正规全日潮）。

2）潮汐特征值与设计水位

依据新海临时海洋站1995年3月至1996年12月的潮汐资料统计，各潮位特征值如下（以国家85高程基面起算；85国家高程基面在新海理论深度基准面以上1.24 m）：

极端高潮位：2.87 m；
最大潮位：2.38 m；
平均高潮位：0.76 m；
平均海平面：0.44 m；
平均低潮位：0.10 m；　最大潮差：3.05 m；平均潮差：1.27 m。
最低潮位：−0.82 m；
极端低潮位：−1.42 m；
设计高水位：0.96 m；
设计低水位：−0.80 m。

3）近岸海区潮流特征

根据海南省海洋开发规划设计研究院于2009年12月16日至12月17日的观测结果，潮流场特征如下：

（1）潮流为往复流形式，方向基本上呈 W—E 向。

（2）潮流涨、落潮流流向基本平行于等深线。

（3）最大涨潮流速一般为东向流，而最大落潮流速以西向流居多。最大涨潮流速为 122 cm/s，最大落潮流速为 93.1 cm/s。

5.10.2.2 近海区波浪特征

依据海口湾西侧澄迈岬角近岸水域后海站（20°4′N，110°12′E，1977 年 5 月至 1979 年 4 月）的波浪观测资料统计，其各向波浪频率列如表 5.15 所示。

表 5.15 后海站各向波浪频率统计表（％）

季节＼波向	N	NNE	NE	ENE	E	ESE	SE	SSE	S	SSW	SW	WSW	W	WNW	NW	NNW	C
春	3.4	8.2	25.5	25.5	4.4	1.6	0.4	0.8	0.4	0.4	—	0.2	1.9	1.3	4.8	2.4	18.7
夏	6.5	7.3	16.3	8.0	1.8	1.1	1.8	2.1	0.8	0.4	0.7	1.2	7.9	5.6	12.2	5.4	23.1
秋	5.2	6.0	26.2	40.7	5.3	2.0	1.4	0.4	—	—	—	1.7	1.9	4.1	3.0	4.1
冬	4.1	5.7	23.7	46.6	2.1	0.4	1.4	0.5	0.4	—	—	—	0.5	1.1	0.7	1.9	11.1
全年	4.8	6.7	22.9	30.1	3.4	1.3	1.2	1.0	0.4	0.1	0.2	0.3	2.9	2.4	5.5	3.1	13.7

5.10.3 潮间带及近滨沉积物分布变化

5.10.3.1 观测断面与采样点的布设

本次调查对海口湾西海岸监测断面及其采样点的布设位置如图 5.111 所示，并分别于 2010 年 8 月、2010 年 12 月、2011 年 3 月和 2011 年 7 月进行采样与分析。

5.10.3.2 沙滩表层沉积物分布变化概况

根据沉积物样品粒度分析结果，采用福克分类法，兹将沙滩表层沉积物分布的变化结果表示于图 5.112 中。

从图 5.112 中可以看出，海口湾西海岸沙滩表层沉积物类型主要为砂，兼有砾质砂和砂质砾；冬季与夏季相比，砾质砂和砂质砾较多。该沙滩沉积物组分中砂的平均含量为 96.82%，砾石的平均含量为 2.49%，粉砂的平均含量为 0.66%，而黏土组分基本缺失。其中，2010 年 8 月和 2011 年 7 月砂的平均含量分别为 96.66% 和 98.54%，砾石的平均含量为 2.47% 和 1.19%；2010 年 12 月和 2011 年 3 月砂的平均含量分别为 96.28% 和

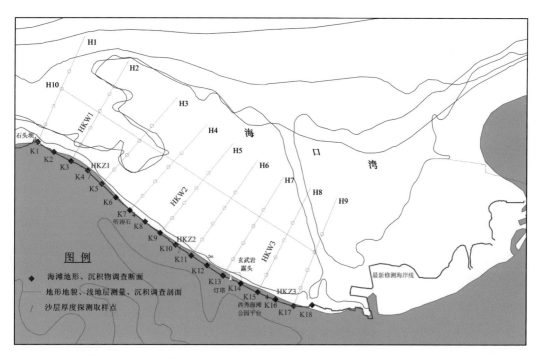

图 5.111 海口湾西海岸沙滩及其近岸区的调查监测断面与沉积物采样点

95.65%，砾石的平均含量分别为 3.13% 和 3.30%。由此可见，冬季沙滩沉积物组分中，砂的成分较夏季低，而砾石成分较夏季高。这一规律的产生主要是由于海口湾冬季的波浪动力较夏季强，且冬季多为向岸浪，因此更容易把水深较大处的粗粒物质带到海滩。另外，海口湾海滩各断面由后滨至前滨砾石含量总体上有增加的趋势，水边线附近砾石含量往往较高。

海口湾海滩沉积物的中值粒径为 $-1.88\Phi \sim 2.88\Phi$，平均为 1.69Φ。大多数断面在滩肩处的沉积物中值粒径较小，即沉积物粒径较粗。而且，中值粒径的季节性规律与冬季沙滩的砾石组分含量较高的变化特征相符，其主要原因与夏季沙滩呈现堆积现象相关。

该海滩沉积物标准偏差平均值为 0.68，分选中等。其中 2010 年 8 月为 0.75，2010 年 12 月和 2011 年 3 月分别为 0.70 和 0.68，可见冬季海滩沉积物的分选性较夏季好。但由于台风的影响，2011 年 7 月海滩沉积物标准偏差平均为 0.61，分选性较之前三次都好。这表明，强浪不仅使海滩表层沉积物变粗，也使沉积物的粒径分布更为集中。另外，各断面由后滨至前滨沉积物标准偏差有所增加，沉积物分选性变差，而在滩肩附近则分选性普遍较好。对比以上所述中值粒径的时空变化表明，海口湾西海岸沙滩沉积物粒径越粗，其分选性越好。本沙滩沉积物偏态平均值为 -0.12，即粒度分布曲线较为对称或稍有负偏，这反映了沉积物样品中含有少量的粗砂或细砾；其峰态平均值为 1.17，即粒度分布曲线的尖锐度为中等至微尖。

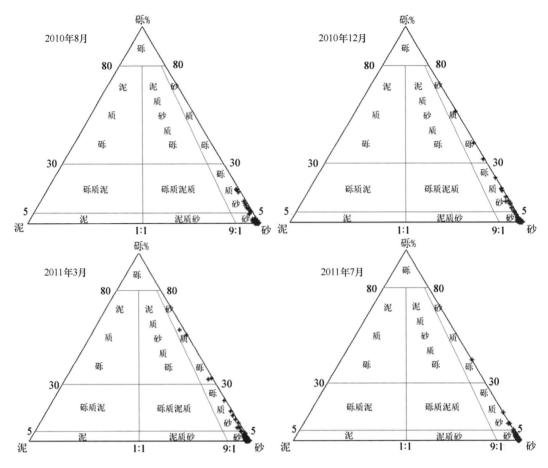

图 5.112　海口湾西海岸沙滩表层沉积物分布（福克三角图分类）的变化状况

5.10.3.3　沙滩浅钻沉积物变化

海口湾海滩浅钻沉积物采集于 2010 年 8 月，浅钻 HKZ1、HKZ2 和 HKZ3 分别位于海滩断面 K4、K10 和 K16 附近，它们的具体位置见图 5.111。浅钻平均深度为 1.7 m，在 1 m 左右的深度均已见水。沙滩浅钻沉积物样品的粒度特征显然反映了其在波浪、潮汐、风等自然因素作用为主的条件下之多年时间变化情况。根据本次采集样品的粒度分析结果，各个浅钻沉积物的中值粒径和标准偏差大体上并没随着时间推移出现较显著的变化，而是在一定范围内震荡变化；然则中值粒径和标准偏差值具有一定的负相关关系，即沉积物越粗，分选性越差，这一规律与上述沙滩的表层沉积物越粗分选性越好的季节性变化特征正相反，有可能是由于浅钻沉积物无法反映出沙滩沉积物粒度特征的短期性时间变化。

5.10.3.4　近滨沉积物变化

海口湾西海岸水下沉积物类型主要包括：砂、粉砂质砂、砂质粉砂、黏土质粉砂和砂-粉砂-黏土 5 类。其中，以砂、粉砂质砂和黏土质粉砂居多，分别占样品总数的 31.8%、29.5% 和 25%。并且，整个海口湾水下沉积物类型的分布大致沿着海岸线呈现出条带状，偶呈零星的斑点状嵌于其中（图 5.113）。

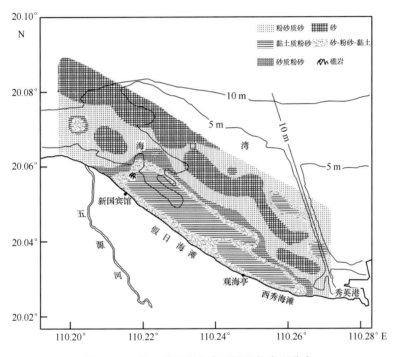

图 5.113　海口湾西海岸水下沉积物类型分布

砂是海口湾西海岸水下沉积物中最粗的类型，其主要粒级是砂，含量达 77% 以上，粉砂含量在 15% 以下，黏土含量低于 7%；砂也是分布范围最大的类型，主要平行于海岸集中在离岸 1.5~3.0 km 的海域，而且其分布范围从西向东逐渐变窄，同时也不断地向岸靠近。粉砂质砂的主要粒级也是砂（占 44%~74%），其次是粉砂（占 18%~38%），黏土含量较少（平均约占 15%）；粉砂质砂的分布范围仅次于砂，西侧主要分布于离岸约 1.5 km 以内，中部地段则多数分布在离岸约 1.5 km 以外区域，再向东其分布范围又逐渐向岸靠拢。黏土质粉砂以粉砂粒组为主，粉砂含量占 52%~66%，其次是黏土，占 21%~32%，砂含量只占 14% 左右；黏土质粉砂的分布范围相对于砂和粉砂质砂较为集中，主要位于海域中、东部近岸地区，还有一部分零星地散布在离岸较远的地方。以粉砂粒组为主的砂质粉砂，以及砂、粉砂和黏土 3 个粒组含量相当的砂-粉砂-黏土这两种沉积物类型在海口湾西海岸海域的分布范围相对较小，它们多数集中分布于研究海域中、东部离岸约 1.5 km 以内的水域，且多数情况下是砂–粉砂–黏土包围着黏土质粉砂，而砂质粉砂则包围着砂–粉砂–黏土。

5.10.4 沙滩剖面蚀淤演变分析

5.10.4.1 区域岸滩和海底地形历史演变特征分析

海口湾西海岸沙滩自中全新世末次冰后期海侵以来所形成，其泥沙来源主要是从海侵以来，由于海水入侵琼州海峡后侵蚀海峡底床的供沙，以及临近陆域由第四系玄武岩组成的火山丘陵、台地和中、下更新统冲–洪积相构成的沉积阶地（包括上伏大片的沙丘地）遭受侵蚀剥蚀的入海泥沙，并且随着南渡江三角洲的发育与向海峡伸展的来沙，这些泥沙在波浪和海流作用下，搬运至岸边堆积而成。由此推断，西海岸沙滩从形成至今，至少已经经历过数千年之久。

关于近期西海岸海底地形的变化，根据图 5.114 所示的 H2、H5 和 H9 3 个断面分别于 1973 年、2003 年和 2010 年对其岸外浅滩的观测结果可看出：海口湾西海岸岸外浅滩从 1973—2003 年的 30 年间，平均堆积速率约为 0.5 cm/a，总体上表现为微弱淤积；而 2003—2010 年的 7 年间，平均侵蚀速率约为−2.8 cm/a，总体表现为微侵蚀，其侵蚀部位主要在浅滩西部床面，中部呈现出蚀积相对平衡之势，而东部则为堆积。

5.10.4.2 西海岸沙滩近期地形变化特征分析

海口湾西海岸沙滩平均宽度约 50 m（图 5.115）。如图 5.111 所示由西向东，从 K1 到 K17 沙滩断面，分别在 2010 年 8 月、2010 年 12 月、2011 年 3 月、2011 年 7 月、2011 年 12 月、2012 年 3 月和 2012 年 7 月，共计进行 7 次沙滩剖面地形变化监测，其结果示于图 5.115。依据图 5.115，西海岸沙滩剖面近期地形变化特征如下。

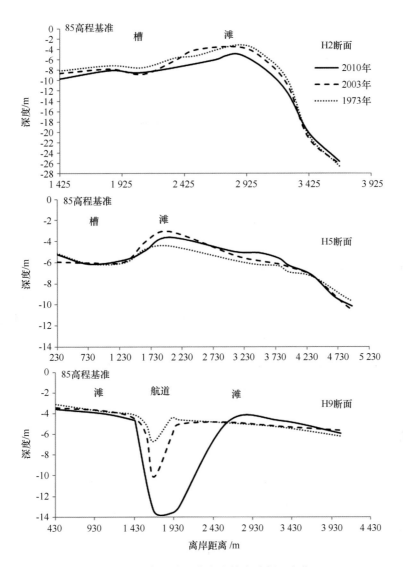

图 5.114 海口湾西海岸岸外浅滩断面变化

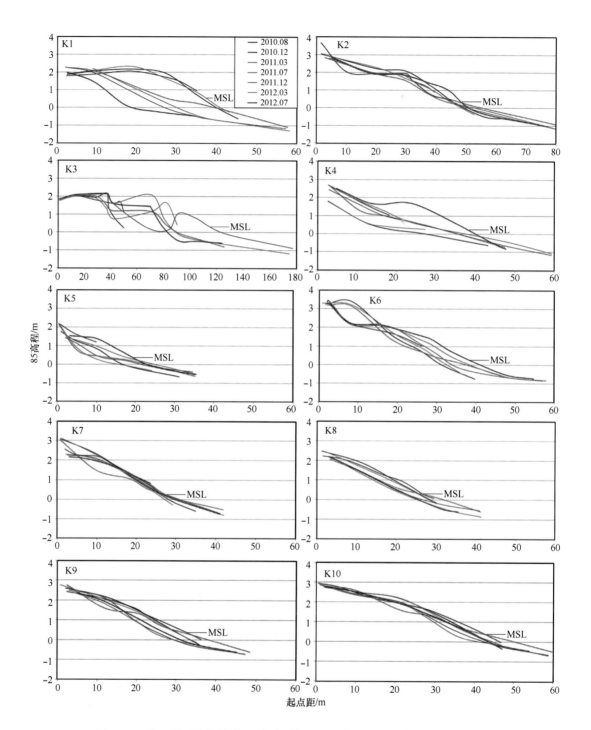

图 5.115 海口湾西海岸沙滩 17 个监测断面之沙滩剖面地形近期的季节性变化

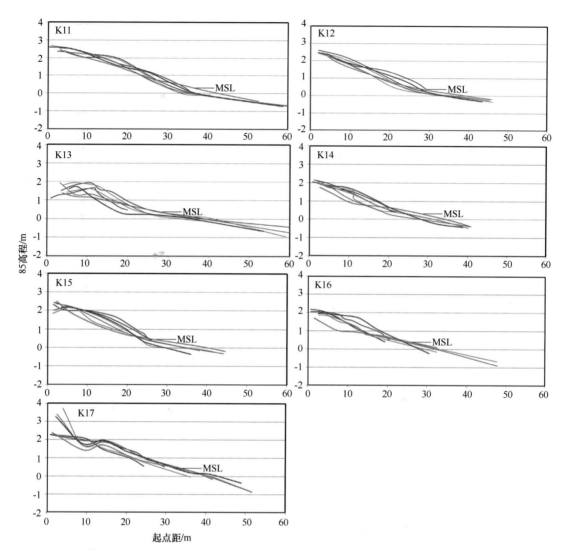

图5.115　海口湾西海岸沙滩17个监测断面之沙滩剖面地形近期的季节性变化（续）

1）各个沙滩剖面靠岸地段的不同状况

断面自西往东，在 K1、K2 和 K3 断面于靠岸处有灌木和草本植物自然地生长；在 K3 断面处有一条小河入海，造成 K3 断面的沙滩特别宽（平均宽约 100 m）；自 K3 往东，沙滩向岸侧多为度假村，导致沙滩沿岸均建有人工步道（多数断面以人工步道为沙滩剖面地形测量的起点），而且其中均有人工种植椰树，故这些沙滩受人为影响较严重；在 K13 断面处有玄武岩礁石裸露。

2）沙滩剖面滩肩和滩面坡度的变化情况

西海岸各个沙滩剖面的平均坡度约6%，中部沙滩的坡度较大，如 K8 断面的坡度约

8%，而两端的坡度较小，如 K1 断面的坡度约 5%。大多数断面的沙滩剖面，在后滨都发育滩肩，且通常处在监测剖面之离测量起点 10~20 m 的地段。西海岸沙滩的两端，滩肩尤其发育（如 K2 断面和 K16 断面）；而在中部沙滩，则见不到较为明显的滩肩（如 K8、K9 断面）。

3）沙滩剖面地形季节性的变化特点

西海岸沙滩剖面的高度随季节的变化主要集中在后滨，其中，中部断面 K7~K12 的变化幅度较小，而两端断面的变化幅度较大，最大者为 K1 和 K3 断面（有 2 m 左右的变化幅度）；据推断：其中 K1 断面的变化可能是受人为因素的影响，而 K3 断面的变化可能是由于该地段有河流入海的缘故。大部分断面表现为冬季沙滩后滨较夏季高，而相应的前滨滩面则较夏季稍低，即沙滩剖面是有夏缓冬陡的特征，个别断面（如 K5、K16）也存在着与此变化相反的情况。总体而言，西海岸沙滩高程在监测期间内随时间推移表现出一定的平衡性，即滩面呈现为周期性的侵蚀与堆积的现象，并无连续随时间推移不断地表现为侵蚀或堆积的情况，这说明西海岸沙滩近期地形乃是处于相对稳定状况。

5.11　博鳌旅游沙滩

5.11.1　地理位置及沙滩概况

博鳌沙滩位于海南省东部，东临南海，北起琼海市博鳌镇的岭村，南至万宁市龙滚镇正门岭基岩岬角；在中部偏北以万泉河河口湾通道为界分成南、北两段沙嘴沙滩海岸（共计长约 18 km）。沙滩景区主体为玉带滩沿岸沙堤，其西侧为由万泉河河口湾和沙美内海潟湖这两个半封闭水域汇合而成的博鳌潟湖，为典型的沙堤-潟湖海岸（图 5.116）。

博鳌旅游沙滩区域内的入海河流有 3 条：万泉河、九曲江和龙滚河。万泉河是海南岛的第三大河，发源于五指山，流入南海，河流全长 163 km，流域面积为 3 628 km^2，多年平均流量为 163.9 m^3/s，最大流量为 7 720 m^3/s，极端最大流量曾达 11 700 m^3/s，最小流量 4.11 m^3/s，年输沙量约为 392×10^4 t；河流径流量具有明显的季节性变化；其河口湾沙洲发育，河道分汊曲折。而九曲江和龙滚河较小，长度分别为 49.7 km 和 50.9 km，二者径流量和输沙量均较小，都是注入沙美内海。

博鳌沿岸风景十分迷人，该地区集三个山清水秀河口区，二段漫长沙堤沙坝砂质海岸线，一座圣公石等自然禀赋景观于一地，既有沙滩、海水、红礁、林带，又有明媚阳光、新鲜空气、轻柔流泉，是世界河流入海口保护最好的海滨浴场、度假村与高尔夫球场。

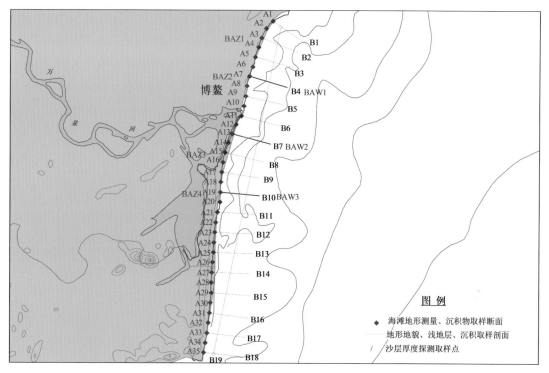

图 5.116 博鳌沙滩及其近岸调查区域的断面布设位置

5.11.2 博鳌沙滩的区域构造地质及沿岸海区的水动力条件

5.11.2.1 区域构造与地质、地貌条件

博鳌沿海地区位于海南岛王五—文教东西向断裂以南，在地质历史演变过程中，属于华南隆起带在新构造运动时期所形成的琼中—南拱断上升区之中部地段。该区域地壳断块长期处于抬升与经历侵蚀剥蚀状态，即在构造上又称琼东断隆区。区内以 NE 向断裂较发育，如琼海—文昌断裂、龙滚—兴隆断裂，是继承早期构造发展的断裂，并控制了海岸线轮廓。中生代岩浆活动既受 E—W 向断裂影响，又受 NE 向和 NW 向断裂的控制。

博鳌沿海地区，在万泉河下游河段北侧陆上地面，出露的基岩主要是白垩系上统的砾岩、砂-页岩互层，以及基底岩层——寒武系的古老岩层，它们构成了侵蚀剥蚀台地。在万泉河下游的南侧地面，出露的基岩则主要是由石炭系下统粉砂质砂页岩等所构成的龙潭岭、大岭和正门岭之低丘陵山地（图 5.117）；同时，在万泉河、九曲江和龙滚河沿岸均分布有大片的全新统和更新统地层之堆积阶地、河漫滩、江心洲等沉积体。

整个琼东海岸地貌的主要特征为：海岸带的地质历史构造格架对第三纪的沉积和第

四纪地貌发育具有明显的影响；中全新世中期末次冰后期海侵以来，使沿岸发育了一系列断续相间的沙堤或沙嘴，并于沙堤内侧水域成为半封闭的潟湖水体，造成沿岸从北往南的岸段上分别形成了八门湾、博鳌、小海及老爷海等半封闭的潟湖水域。换言之，由沙堤或沙嘴、潟湖、潮汐通道及潮流三角洲（或拦门沙）等不同地貌单元组成的沙堤–潟湖地貌体系是琼东海岸地貌的主要特征。博鳌沿海地区地貌是其中之一典型环节（图5.117）。

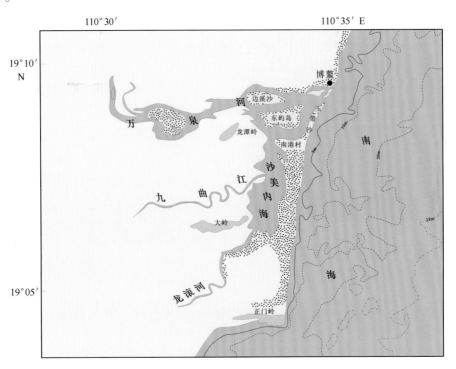

图 5.117　沙美内海和万泉河河口湾沿海地区地形地貌

据王宝灿等，2006

5.11.2.2　博鳌地区的气候及沿岸水动力条件

1）气候

博鳌地处热带北缘，面临南海，气候潮湿，日照多，热量足，雨量充沛，夏季长，冬季短，属热带季风岛屿型气候。热带气旋是影响该区域的主要灾害性天气。旱季和雨季分明，多年平均降水量为 1 653.4 mm，全年降水量主要集中在 5—10 月，约占全年的 76%~81%，其中 8—10 月降水量最多，占全年 48%~49%；在冬春季（12 月至翌年 4 月），全区降水最少，仅占全年降水量的 13%~16%。该区域主要风向：夏季为南向风（SSE、S 向）；冬季为北向风（NW、NNW 向），仅占全年风频 36%，不及一半，且风向多变。最大风速为 28 m/s，瞬时最大风速为 54 m/s。

2）潮汐特征

海南岛东部近岸潮汐主要是太平洋潮波经巴士海峡和巴林塘海峡进入南海后形成的，潮汐类型为不正规全日潮。

若高程以当地 85 国家高程基准面起算，则博鳌附近海区的潮汐特征值如下：

平均高潮位为 2.03 m；

平均海面为 1.83 m；

平均低潮位为 1.63 m。

多年月平均最大潮差为 0.7~0.8 m；极端最大潮差为 1.32~1.57 m。

潮流性质属于不正规半日潮和不正规全日潮流型。涨潮流方向以 NW—NE 向为主，落潮方向以 SE—SW 向为主，最大流速为 41 cm/s，最小流速为 2 cm/s，属于弱潮流区。

3）波浪和风暴潮特征

博鳌附近海域基本上是以涌浪为主的风浪和涌浪混合型，其中涌浪频率大多占 64.5%，风浪仅占 21.3%；单纯的涌浪只占 0.5%。附近海区统计波高（$H_{1/10}$）为：波级以 3 级（0.5~1.49 m）为主，出现频率达 81.6%；其次是 4 级（1.5~2.99 m）占 9.6%；0~2 级（0~0.49 m）占 8.3%；5 级（3.0 m 以上）仅占 0.5%。常浪向为 SE 向，频率占 47.3%；次常浪向为 SSE 向，频率占 20.7%。强浪向为 ESE 向，最大波高 5.2 m。

博鳌海区是热带气旋影响较频繁的海区，经常诱发风暴潮。依据 1975—1989 年台风增水资料统计，博鳌临近的海南岛东部海域，多年风暴潮增水平均值在 40 cm 左右，其中最大增水值为 1.34 m（出现在清澜湾）。自 1949 年以来登陆于海南岛东部水域的台风，以 1973 年的 7314 号台风强度最大，其引起的最大风暴潮增水为 201 cm。

5.11.3　沙美内海潟湖的形成和玉带沙的发育与演变

从上述博鳌沿海地区的地质构造、地貌，以及沿岸水动力条件的概述可以看出，该地区陆域的入海砂质来源相当丰富，这是形成沿岸沙滩富集的重要背景条件；博鳌沙滩的形成发育与沙美内海和万泉河河口湾潟湖的形成及其岸外沙嘴——玉带沙堤沙坝（博鳌砂质海滩的主要景区）的发育过程具有密切的相关关系。

5.11.3.1　关于沙美内海的形成过程

末次冰后期海侵后的初期，龙潭岭、大岭和正门岭之低丘陵山地（图 5.117）屹立于岸外滨海，随着万泉河、九曲江和龙滚河输出泥沙，在河口区与海域来沙交汇堆积，发育了河口三角洲，并使河口向外推移，将以上所述岸外岛屿与陆地相连形成了沿岸山丘地带，由此构成了当地河口湾地带地貌基本框架。显然，自末期海侵以来，由九曲江和龙滚河注入海的泥沙，必将是除了分别在其河口营造出三角洲外，也有一部分泥沙在

SE 向波浪的作用下，与滨海的来沙形成了由正门岭基岩岬角向北延伸的沙嘴。当岸外沙嘴（玉带沙）不断向北延伸后，便分隔了龙滚河和九曲江口外海滨水域，这就是沙美内海潟湖的形成过程。而且，随着玉带沙沙嘴之继续向北延伸，该潟湖的通道亦逐步向北推移，迄今为在南港村汇入了万泉河河口湾（图5.117）。

5.11.3.2 万泉河河口湾形成过程的地貌演变

在玉带沙沙嘴向北延伸的过程中，万泉河口的口外海滨一直处于一片开敞的水域，该海区成为河流径流、潮流和波浪交互作用的环境；而且，沙嘴向北延伸过程中也受到万泉河口区的波浪、径流与潮流的抑制，出现过间歇性滞留，造成了沙嘴末梢有向西弯曲的现象。此外，万泉河河口湾在沿岸波流推动的漂沙和河流输出泥沙的堆积作用下，不仅使其口外海滨的水深变浅，同时也在河口湾中先后发育了边溪沙和东屿岛两个沙洲。随着沙洲的发育，入海河道分汊，导致径流和涨落潮流也产生分流，以及波浪作用亦随之减弱。进而，在万泉河河口湾的北岸也发育了一条由北往南延伸的沙嘴。后者沙嘴由于岸外有抗蚀性较强的珊瑚岸礁断续分布，沿岸漂沙较弱，故其长度较短。万泉河河口湾在这两条相向延伸沙嘴的分隔下，成为半封闭的河口湾。博鳌镇位于河口湾的东北侧岸段，故该河口湾亦称为博鳌潟湖（图5.117）。在博鳌潟湖通道的口外海滨带，礁石累布，破波翻滚，礁石间的峡道水流湍急，致该地带沉积物颗粒较粗，反映通道口的水动力具较强之势；同时，在万泉河河口湾通道外侧也形成了一个自然风景精华——屹立于砥柱中流的圣公石景点。

5.11.4 博鳌旅游沙滩沉积物变化特征

5.11.4.1 沙滩表层沉积物变化

博鳌沙滩表层沉积物主要类型是砂，同时兼有少量粒径较细的类型——泥和泥质砂，以及较粗的砾质砂、砂质砾和砾。如图5.116所示，在博鳌沙滩及其近岸区共布设了35个采样断面，并于2010年8月、2010年12月、2011年3月和2011年7月（台风前）分别进行了地形测量，以及表层沉积物采样与粒度分析的监测工作，得出结果如下。

（1）表层沉积物类型的总体变化概况，从图5.118所示的4个监测时段之沉积物样品粒度分析的福克三角图解可以看出：在2010年8月主要为砂和砾质砂；2010年12月除了砂和砾质砂之外，亦见少量砂质砾；在2011年3月砂的含量较前2个监测时段都大，但见有零星的泥质砂和砾质砂分布；在2011年7月（台风前），沉积物类型的分布比前3个监测时段要分散得多，即砂、泥、泥质砂、砾质砂、砂质砾和砾都有出现，而且泥、泥质砂和砾质砂所占的比例较之前都大。

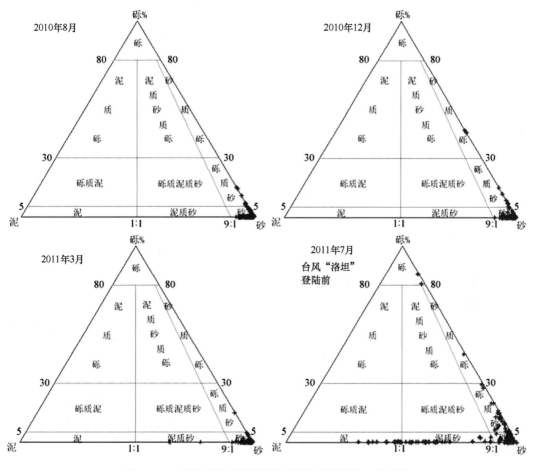

图 5.118　博鳌沙滩表层沉积物类型变化的福克三角图解

（2）关于表层沉积物中的中值粒径的分布规律：总体的平均值为 1.66Φ。从 2010 年 8 月、2010 年 12 月、2011 年 3 月到 2011 年 7 月（台风前），各个监测时段中值粒径的平均值分别为 1.64Φ、1.72Φ、1.80Φ 和 1.60Φ。这反映了博鳌沙滩表层沉积物的颗粒径变化较大。

（3）博鳌沙滩在万泉河河口湾通道口北岸、南岸断面表层沉积物中值粒径的变化：图 5.116 示出的 35 个采样监测断面中，A1～A10 号断面位于万泉河口以北海岸，A11～A35 号断面位于南海岸玉带沙沙嘴外侧砂质海滩。从图 5.119 所示的博鳌沙滩北海岸的 10 个断面和南海岸 25 个断面的表层沉积物中值粒径的平均值可以看出：北海岸沙滩的表层沉积物粒径普遍较南海岸沙滩为细，这主要是因为南海岸沙滩的动力条件较北海岸强的缘故。因为，万泉河河口湾北海岸沙滩外侧的地势较南海岸为平缓，且分布有较多的滨外礁石，导致向岸入射波浪能量在到达海滩后已经受到较强烈耗散而减弱。

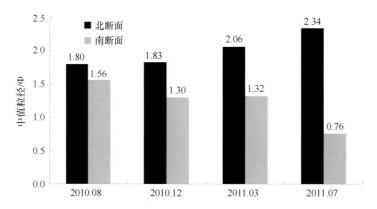

图 5.119　博鳌沙滩南、北海岸断面各自表层沉积物样品的平均中值粒径的差别

5.11.4.2　沙滩浅钻沉积物变化

根据图 5.116 所示沙滩浅钻 BAZ1~BAZ4（深度约为 2 m）站位沉积物样品的粒度分析结果，其沉积物类型分布较多，包括砂质砾、砾质砂、砾质泥质砂、泥质砂和砂，即主要成分为砂质颗粒。据统计，组成成分中黏土、粉砂、砂和砾石的含量分别为 1.01%、10.94%、74.75% 和 13.30%；浅钻沉积物中值粒径的平均值为 0.65Φ；标准偏差平均值为 1.47，属分选较差；偏度平均值为 0.33，属正偏；峭度平均值为 1.37，粒度分布曲线较为窄尖。关于沙滩浅钻沉积物中的中值粒径和标准偏差随深度变化的情况，我们以 BAZ2 浅钻剖面为例说明如下。从图 5.120 中可以看出，该浅钻沉积物样品剖面中粗、细颗粒层（粗粒层为砂质砾和砾质砂，细粒层为砾质泥质砂和泥质砂）之互层非常明显；中值粒径处在 -1Φ~3Φ，标准偏差处在 1~3，并且两者的变化具有较好的一致性，即随着深度的增大，他们都是同时增大或减小，其中较粗的沉积物普遍表现为较好的分选性。

图 5.120　BAZ2 剖面现场照片（2010 年 8 月）及沉积物粒度参数中值粒径和
标准偏差随深度的变化

5.11.5　博鳌沙滩的蚀淤演变特征

5.11.5.1　博鳌沙滩沿岸岸滩的输沙特征

从前面所述沿岸水动力条件及玉带沙堤沙坝、万泉河河口湾形成的地貌发育演变过程可以看出博鳌沿岸沙嘴沙滩运移的主要趋势为：①南段沙滩呈现出夏季风暴潮期间为离岸输移趋势；而且，虽在冬季和春季常浪季节呈向岸输移特点，但全年总体表现为离岸输移趋势，面临侵蚀威胁；②在中间的万泉河河口湾通道附近的沙滩，受万泉河径流的影响较大，变化较为复杂；③北段沙滩由于有离岸区礁石和岬角的掩护，大多呈向岸输移的特点；④此外，人类活动（如养殖场排水）对沙滩沉积物输移有着较大的影响，使得个别断面沙滩表现出与其周边沙滩不同的输移情况。

5.11.5.2　博鳌沙滩断面地形季节性变化的监测

图 5.116 把长度约 18 km 的博鳌沙滩划分成 A1~A35 共 35 个监测断面，对其分别于 2010 年 3 月、2010 年 12 月、2011 年 3 月、2011 年 7 月、2011 年 12 月、2012 年 3 月和 2012 年 7 月共 7 次进行了岸滩剖面地形监测。现将其中 30 个断面（包括 A1~A10，A13~A32）地形的季节性变化的监测结果示于图 5.121 中。同时，对这 30 个断面的岸滩剖面的整体地形变化现状概述如下。

1）万泉河河口湾通道以北的 A1~A10 断面

在 A1~A5 断面，沙滩较宽，平均宽度为 70~80 m；坡度较缓，平均约 3.75%；沙滩向岸一侧生长有藤类植物及灌木。从 A6 断面开始，沙滩宽度逐渐变窄，到 A9 断面的平均宽度不到 40 m；与此同时，沙滩坡度则为增加，如 A8 断面的平均坡度约 11%。自 A6 断面到万泉河河口湾通道，沙滩向岸一侧逐渐出现人工建筑，特别是 A10 断面位置的沙滩，由于受人工改造影响非常大，可能造成了该岸沙滩具有明显滩肩及岸坡的现象。

2）万泉河河口湾通道以南玉带沙堤沙坝的沙滩断面

由于 A11 和 A12 断面沙滩处在玉带沙堤沙坝的最北端（图 5.121），该两沙滩已被波、流冲毁，因此无法进行监测。至于 A13~A17 断面，乃是处于沙美内海沿岸北侧南港村以北，其各断面沙滩平均宽度约 50 m，坡度约 8.5%，明显发育滩肩，有的甚至呈现有两级滩肩（如 A15 处的沙滩）。这一岸段沙滩距玉带滩（博鳌著名旅游景点）较近，故受到较强烈的人为影响，尤其是 A13 和 A14 断面沙滩。从 A18 断面开始，及其以南的各个沙滩剖面，在滨后地带均发育风成沙丘，尤其于 A20~A22 断面的沙丘发育最甚。直到 A24 断面，其沙滩剖面的宽度减少至平均 40 m 左右，而坡度增大到约为 12%（该处沙滩沙丘和滩肩发育不显）。在 A25 断面以南之玉带沙堤沙坝南部岸段（靠近正门岭）

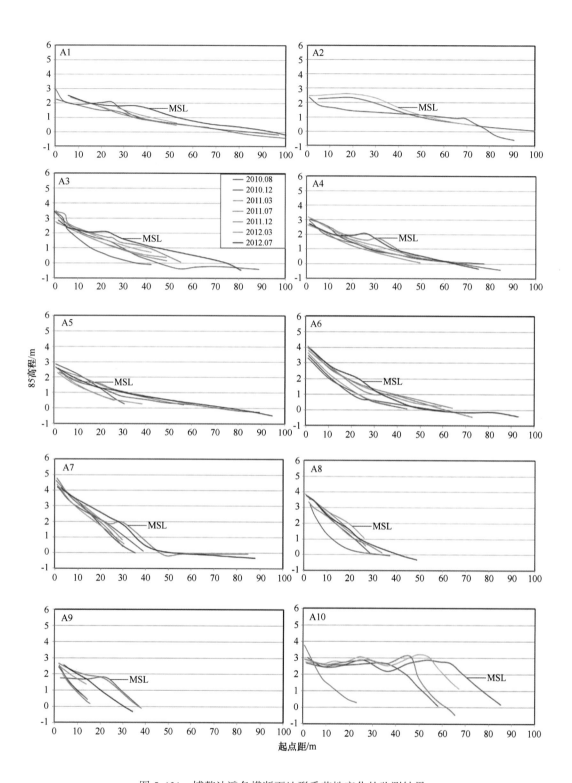

图 5.121　博鳌沙滩各横断面地形季节性变化的监测结果

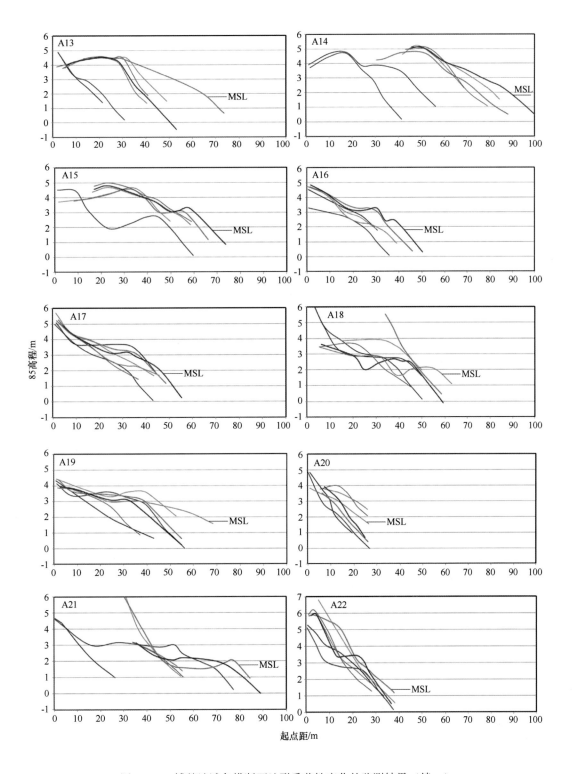

图 5.121 博鳌沙滩各横断面地形季节性变化的监测结果（续一）

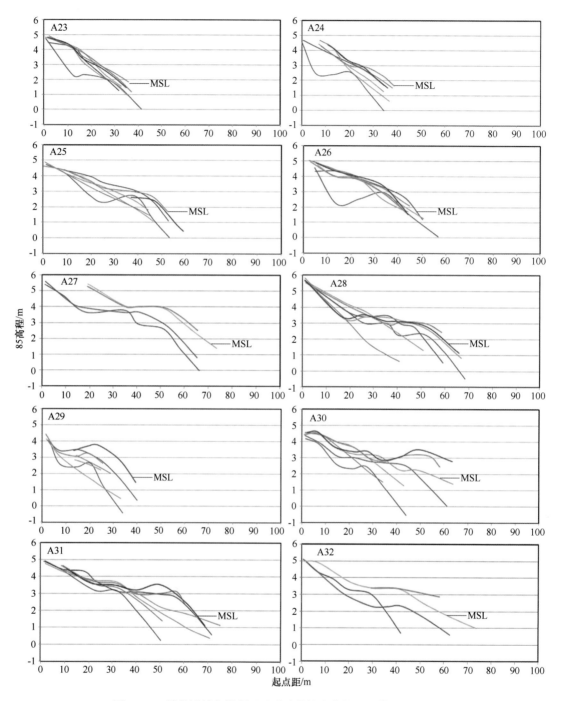

图 5.121　博鳌沙滩各横断面地形季节性变化的监测结果（续二）

的沙滩剖面中，少见有沙丘的形成，但于近岸一侧一般生长茂密的植被，这一岸段沙滩的宽度通常较大，平均为 50~60 m，而坡度减小为平均约 7.3%；同时，这一岸段沙滩的滩面形态较为复杂，常常发育有起伏的槽脊，尤其是在 A28~A31 断面更为明显。

5.12 三亚湾沙滩

5.12.1 三亚湾海滩区域概况

三亚具有典型的热带季风气候，干湿季分明，年降水量为746.5~1 870.5 mm，平均降水量为1 279.3 mm，年最高和最低气温分别是36℃和2℃（王颖，1996）。三亚湾东起鹿回头半岛西南段岬角，西至南山角，湾口长35 km，海岸线长50.5 km（图5.122）。海岸走向为NW—SE，根据岬角分布和特性差异，自西向东可分为西、中、东三个岸段。西段，从南山岭至红塘岭长约15.5 km，为基岩海岸；中段，红塘岭至角岭；东段，西起角岭，东至鹿回头半岛西南段岬角。其中，角岭至三亚河口岸线长约18 km，为弧形沙坝-潟湖海岸；三亚河口至鹿回头西南段岬角，长约6.5 km，是典型的基岩海岸。东段海滩即通常所指的三亚旅游海滩。在最具有旅游海滩代表性的角岭至三亚河口岸线均匀布设4条断面，自东向西为HN078、HN079、HN080和HN081（图5.122）。

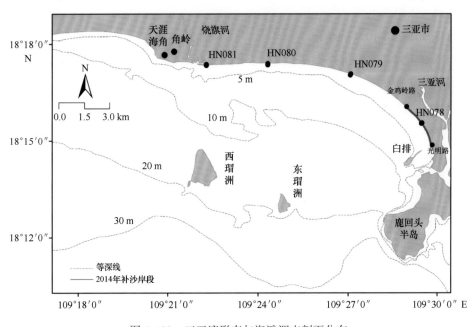

图 5.122　三亚湾形态与海滩调查剖面分布

5.12.2 沿岸水动力条件

三亚河是注入三亚湾的主要河流，干流长约28.8 km，多年平均流量达2.11×10⁸ m³（吴小根等，1998）。三亚湾潮汐特征为不正规日潮型，平均潮差为0.79 m，属于弱潮海区（中国海湾志编纂委员会，1999）。受南海前进潮波控制，潮波从南海传至东南水域，继续向西传播，部分向西北偏西方向传入北部湾，部分向北进入海滩沿岸。根据海滩沿岸东侧的三亚湾长期实测资料统计，三亚湾潮汐为不规则日潮混合潮，以日潮为主。每月 14 天为日潮，11 天为半日潮，其余为混合潮。

三亚湾海洋观测站有 10 年的历史资料，根据国家海洋局三亚海洋环境监测站 1996 年 1 月至 2005 年 12 月累计 10 年潮汐观测资料统计，三亚湾的潮位特征值（以国家 85 高程基面起算）如下：

最高潮位：199 cm；

最低潮位：-44 cm；

平均潮位：71 cm；

平均高潮位：158 cm；

平均低潮位：8 cm；

平均潮差：79 cm；

最大潮差：203 cm；

最小潮差：11 cm；

平均涨潮历时：10.47 h；

平均落潮历时：7.63 h。

涨落潮流速均较小，分别约为 11.2 cm/s 和 19.4 cm/s（季小梅等，2007）。三亚湾开敞岸段受 NE 向风浪和 S—SW 向涌浪的共同作用，年平均波高为 0.7 m。根据莺歌海海洋站 1991 年实测波浪资料统计，海区内全年风浪频率超过 66%，常浪向为 ESE 向，次常浪向为 E 和 SE 向，强浪向为 SW 向，实测最大波高 $H_{1/10}$ 为 6.0 m（王宝灿，2006）。波浪是影响海滩沉积物输运和三亚湾地貌塑造的主要海洋动力。

5.12.3 三亚湾海滩沉积物和地貌特征分析

根据 2015 年 7 月海滩调查结果显示，三亚湾海滩物质组成包括细砾、砂和粉砂，其中以砂组分占绝对优势，占 98% 以上（表 5.16）。在海滩纵向上，沉积物平均粒度按从粗到细排序为：HN078，HN081，HN080，HN079，位于海滩东部的沉积物最粗，平均粒径为 0.49Φ，细砾与粗砂占比之和超过 60%。由于三亚湾于 2014 年 6 月 1 日至 8 月 31 日实施了补沙工程（据新闻报道由于风暴影响实际补沙至 12 月），补沙主要实施在金鸡岭路口至光明路口、长 2.6 km 的高滩（后滨）部位，补沙总量达 22.53×10⁴ m³，沙源为崖城三亚中山渔港，其中值粒径为 2.332Φ~0.415Φ，平均为 1.369Φ，粗于 N078 断面的本底沙体，因此在补沙后三亚湾海滩东部较其他岸段沉积物粗化明显。相比之下，海湾中部海滩表层沉积物较细，HN079 剖面沉积物平均粒径为 2.63Φ，细砂比例超过 80%。这与三亚湾西部岬角侵蚀供沙和由西向东的沿岸流的分选作用关系密切（毛龙江等，2006；季小梅等，2007）。在横向上，2015 年夏季海滩后滨、前滨沉积物粒度分别为 1.43Φ 和 1.16Φ。除 HN079 剖面外，其余剖面沉积物粒度后滨均小于前滨。分选性前滨沉积物（0.79）略好于后滨（0.86），反映近岸波浪对海滩沉积物具有较强的分选作用，海滩沉积物分选性均属于中等。

表 5.16　2015 年 7 月三亚湾表层沉积物基本参数及物质组成

断面编号	海滩位置	平均粒径/Φ	分选系数	细砾/%	粗砂/%	中砂/%	细砂/%	粉砂/%
HN078	后滨	0.615 5	1.121 9	6.40	60.23	25.28	7.02	1.03
	前滨	0.372 6	0.627 8	1.73	86.57	10.44	1.19	0.07
HN079	后滨	2.451 3	0.600 4	0.00	2.55	14.53	82.72	0.20
	前滨	2.801 3	0.546 0	0.00	1.55	3.81	94.41	0.23
HN080	后滨	1.508 5	0.988 7	0.00	31.35	31.62	36.6	0.42
	前滨	1.023 9	1.100 3	1.25	52.94	21.94	23.77	0.10
HN081	后滨	1.145 1	0.725 2	0.00	44.75	42.65	12.40	0.19
	前滨	0.453 1	0.872 5	2.86	73.82	17.13	6.04	0.14
后滨平均值		1.430 1	0.859 1	1.60	34.72	28.52	34.69	0.46
前滨平均值		1.162 7	0.786 6	1.46	53.72	13.33	31.35	0.14
剖面平均值		1.296 4	0.822 8	1.53	44.22	20.93	33.02	0.30

三亚湾海滩较窄，平均宽度约为 50 m。海滩后滨平缓，坡度介于 1.2°~7.5°，前滨较后滨坡度陡峭，坡度为 2.6°~9.5°。东部海滩受鹿回头岬角和湾内岛礁掩蔽作用，在岬角处波浪消能，使得滩面坡度较小且滩面较宽，发育有滩脊型海滩且剖面呈上凸形态。西部海滩开敞，波能较大，滩面窄而陡，且发育滩坎。

三亚湾在补沙工程后补沙段整体较为稳定，在季节尺度上具有夏淤冬冲的变化特点。东部在湾内属遮蔽段，受岬角掩蔽作用明显，水动力条件较弱，剖面（HN078）在调查期间基本处于动态平衡。中部和西部开敞段剖面变化较大，除季节性变化外，还受风暴浪影响。在调查时间段内三亚湾共经历三次风暴过程：热带风暴"鲸鱼"（2015 年 6 月 22 日登陆于万宁市沿海），强热带风暴"银河"（2016 年 7 月 26 日万宁市东澳镇）和台风"莎莉嘉"（2016 年 10 月 18 日登陆于万宁市和乐镇），在台风登陆和移动过程中三亚湾处于 7 级风圈内，湾口有东南向风暴浪侵袭侵蚀岸滩，尤其是 2016 年 7 月至 2016 年 12 月两次海滩调查期间均可发现，开敞段岸滩后滨普遍遭受侵蚀，前滨接纳后滨蚀下的部分沉积物，出现微淤迹象（图5.123）。

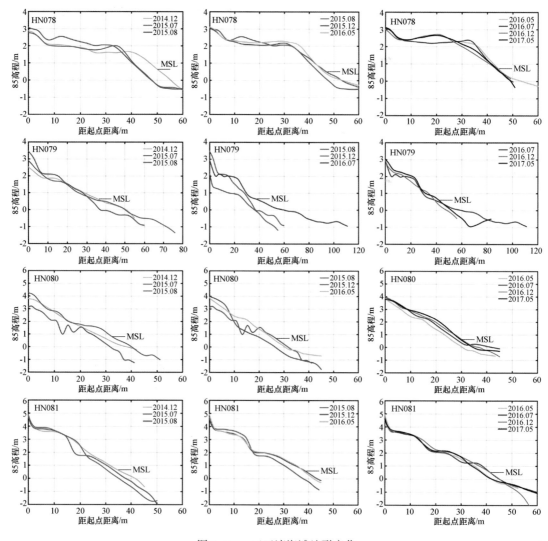

图 5.123　三亚湾海滩地形变化

5.12.4　三亚湾海滩开发利用现状

　　三亚湾具有丰富的热带滨海景观和旅游资源，是三亚市最重要的旅游景点。近年来日益增加的人类活动对三亚湾海滩岸线进退影响非常大。据调查在2002年，三亚市将度假型房地产基地作为三亚湾开发目标，破坏了基岩、沙岸、珊瑚礁（邵超，2016）等自然地貌类型，清理了红树林、野菠萝、海草等原始生态（严伟祥，2008），导致海岸带防风能力大大降低，同时这些在自然沙坝上的大量建筑活动改变了沙坝-潟湖海岸原有的地貌体系，阻断了沙坝向海滩的供沙，加剧了海岸侵蚀，海岸线以1~2 m/a的速率向岸蚀退（段依妮等，2016；李力等，2016）。此外，沿岸污水的未达标排放也增加了三亚湾海域的环境压力，造成后滨植被被破坏，沙滩"泥化"现象明显。虽然为缓解三亚湾海滩的侵蚀和沉积物危机，三亚政府在2014年于三亚湾东段通过人工补沙进行海滩修复工程，补充了海滩的沉积物来源，但补沙后的海滩多呈侵退状态，尤其是在多风暴的环境条件下，海滩侵蚀仍不可避免。因此，除人工补沙外，应制止三亚河和肖旗河口的人为采砂，改造雨水和污水排水系统（李喜海，梁海燕，2008）；同时增加三亚湾护岸工程建设和后滨生态植被的修复，积极维护三亚湾海滩的健康生命。

5.13 蜈支洲岛海滩

5.13.1 海岛基本概况

蜈支洲岛（图5.124）又称牛奇洲和牛蜈洲，位于海南省三亚市东侧的海棠湾内，它与分界洲岛形成于同一地史时期，由冰后期海侵成岛，是位于三亚市海棠湾湾口的基岩岛，中心地理坐标为18°18′43″N，109°45′44″E。北距赤岭岬9.7 km，南距后海角4.6 km，西北角距离海南本岛国家海岸约2.5 km，东濒南海；面积0.941 53 km²，海岸线长4.550 km，制高点海拔79.3 m，形呈不规则的蝴蝶状，东西长约1.4 km，南北宽1.1 km，是海南省的第十大岛，属已开发的无居民海岛。蜈支洲岛是海南省著名的旅游岛，属热带海洋气候，海岛旅游资源和动植物资源丰富，西南和东南沿岸为陡峭的基岩

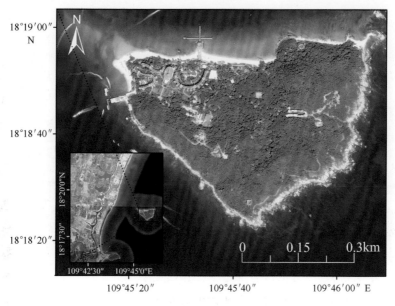

图5.124 蜈支洲岛概貌

海岸，北部发育砂质海岸，环岛海域水清见底，海水能见度极高。

岛上地貌丰富多样，东部和西南部因直面外海风浪冲蚀，沿岸多陡崖峭壁，崖下礁石林立；北部和西部受岛体岬角庇护，砂质海滩发育，西北角地处北沙滩和西沙滩的转角交汇带，有伸向西北的沙嘴发育，东北角有一对孪生的姐妹岛依傍，"姐岛"面积4 000 m^2，岸线长310 m，发育有水下连岛沙坝与蜈支洲相依连，"妹岛"面积2 105 m^2，岸线长260 m，位在姐岛北约25 m，姐妹两岛虽小，但它们屹立在蜈支洲岛的东北部，对来自外海的波浪具有一定的阻挡作用，从外围削弱波能，减轻对海滩的冲蚀。然而，北沙滩的形成和发育，主要是因受到其东部北凸的翅蝶角庇护。岛中部，坡度相对较缓，植被茂盛，山坡葱绿；环岛水域，珊瑚生长旺盛，珊瑚礁遍布，珊瑚鱼类穿梭。

5.13.2 海滩自然属性与动态变化

蜈支洲岛北沙滩，东起蝶翅角，途经夏季码头西到沙嘴，长约395 m，干滩均宽约15 m，面积5 925 m^2，是一片发育在平直而多小突凸岩岬的较纯沙滩（图5.125）。表层沉积物类型由细砾、砂和粉砂组成，近蝶翅角断面（WZ2、WZ1）细砾组分稍高（表5.17）。2014年夏季（8月）除WZ2和WZ1断面的砂组分较低外，其余断面的砂组分均在99%以上；2014年冬季（12月）除WZ6断面的砂组分依旧外，其余断面出现了不同程度的下降，尤以WZ2和WZ1的下降幅度为大，断面的砂组分下降，从现象看是由水边线附近的细砾增多引起的，实是冬季的NE向浪将蝶翅角及其东部岩滩的碎屑向西搬

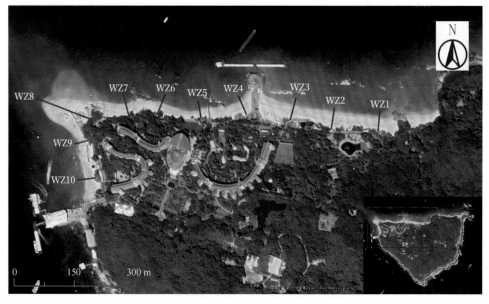

图5.125　蜈支洲岛沙滩分布与调查断面位置

（2014年8月至2015年8月）

表 5.17 蜈支洲岛北沙滩表层沉积物组分 (%)

剖面	沉积物组分	WZ7			WZ6			WZ5			WZ4			WZ3			WZ2			WZ1		
		细砾	砂	粉砂	细砾	砂	粉砂	细砾	砂	粉砂	细砾	砂	粉砂	细砾	砂	粉砂	细砾	砂	粉砂	细砾	砂	粉砂
夏季 2014.08	滩面	0.00	99.96	0.04	0.00	99.91	0.09	0.00	99.95	0.05	0.00	99.88	0.49	0.49	99.43	0.08	0.00	99.89	0.11	4.85	95.06	0.09
	低潮位	0.00	99.96	0.04	0.00	99.90	0.10	0.60	99.38	0.02	0.04	99.93	0.00	0.00	99.91	0.09	13.09	86.88	0.03	0.00	99.85	0.15
	平均	0.00	99.96	0.04	0.00	99.91	0.09	0.20	99.76	0.04	0.01	99.90	0.32	0.32	99.59	0.09	4.36	95.56	0.08	3.24	96.65	0.11
冬季 2014.12	滩面	0.14	99.84	0.02	0.00	99.98	0.02	0.66	99.30	0.04	0.00	99.83	1.07	1.07	98.85	0.08	1.25	98.71	0.04	0.10	99.85	0.05
	低潮位	29.62	70.36	0.02	0.00	99.97	0.03	39.24	60.74	0.02	10.30	89.66	1.00	1.00	98.92	0.08	48.34	51.65	0.01	53.59	46.39	0.02
	平均	7.51	92.47	0.02	0.00	99.98	0.02	10.30	89.66	0.04	3.43	96.44	1.04	1.04	98.88	0.08	13.02	86.95	0.03	13.47	86.49	0.04
夏季 2015.08	滩面	5.48	94.22	0.30	0.00	99.97	0.03	0.00	99.74	0.26	0.14	99.77	0.15	0.15	99.76	0.09	0.00	99.91	0.09	0.04	99.86	0.10
	低潮位	5.21	94.63	0.16	0.00	99.99	0.01	0.97	98.99	0.04	0.00	99.93	0.00	0.00	99.93	0.07	2.88	97.09	0.03	6.81	93.13	0.06
	平均	5.39	94.36	0.25	0.00	99.98	0.02	0.32	99.63	0.05	0.10	99.82	0.10	0.10	99.82	0.08	0.96	98.97	0.07	5.63	94.27	0.10

运所致。时经一年，到 2015 年夏季（8 月）各断面的砂组分基本都恢复（或接近）到 2014 年的夏季水平。纵观全滩，沉积物组分变化最大是东部 WZ2 和 WZ1 断面，其细砾的断面平均组分冬季为 13.47%，夏季为 5.63%，在水边地带变化更大，冬季为 53.59%，夏季为 6.81%；其次是 WZ5 断面的水边地带，因该带水下多岩礁，引起细砾组分的变化也增大。中值粒径与沉积组分变化一致，中值粒径（表 5.18）为夏大冬小（断面平均），砂质为夏细冬粗，这与冬季细砾增多相一致。从表 5.19 中还可以看出：断面平均中值粒径 2014 年 8 月变化在 1.70Φ~1.24Φ，2015 年 8 月变化在 1.67Φ~0.82Φ，时经一年，中值粒径趋减小，呈现出砂质趋粗化的状况，说明在这一年里北滩出现了淤积，做出此判断的依据是：因海岛沙滩的泥沙补给主要靠本岛产沙，由本岛岩体风化和海蚀所产的新沙，未经波浪长期冲洗通常较粗。

表 5.18　蜈支洲岛北沙滩表层沉积物中值粒径　　　　单位：Φ

断面		WZ7	WZ6	WZ5	WZ4	WZ3	WZ2	WZ1
夏季 2014.08	水边以上滩地	1.190	1.420	1.679	1.778	1.821	1.718	1.483
	水边附近	1.350	1.285	1.345	0.983	1.466	0.663	1.553
	断面平均	1.243	1.350	1.568	1.513	1.703	1.386	1.506
冬季 2014.12	水边以上滩地	1.174	1.454	1.559	1.933	1.382	1.457	1.338
	水边附近	0.092	1.454	-0.564	0.744	1.064	-0.937	-1.094
	断面平均	0.904	1.454	1.028	1.536	1.276	0.859	0.730
夏季 2015.08	水边以上滩地	1.010	1.435	1.764	0.00	1.779	1.660	1.199
	水边附近	0.763	1.425	1.167	2.88	1.037	0.893	0.074
	断面平均	0.987	1.430	1.565	0.96	1.831	1.404	0.824

西沙滩，北起沙嘴，南到冬季码头南侧的潜水馆，长约 125 m，干滩北宽南狭，北端沙嘴部位宽约 70 m，南端最狭部位宽仅 10 m 左右，沙滩随沙嘴变动而变动，面积时大时小，2015 年 8 月现场调查时，面积约为 3 000 m²；其表层沉积物类型基本与北滩相同，有细砾、砂和粉砂组成，还见保洁员清除沙中的珊瑚礁碎屑，说明珊瑚礁碎屑也是组成西滩的物质之一。以西滩和北滩的三次同步调查资料比较：西滩细砾组分（表 5.19）的断面平均值都比北滩大，中值粒径（表 5.20）的变化范围均比北滩小，反映出砂质在总体上比北滩粗，砂粗质松散，易在波浪掀动下来回搬运。因此，西滩是一个变动较大的海滩。

表 5.19　蜈支洲岛西沙滩表层沉积物组分（%）

断面		WZ8			WZ9			WZ10		
表层沉积物		细砾	砂	粉砂	细砾	砂	粉砂	细砾	砂	粉砂
夏季 2014.08	水边以上滩地	1.92	98.07	0.01	0.29	99.67	0.04	3.36	96.27	0.07
	水边附近	0.00	99.98	0.02	9.38	90.60	0.02	12.56	87.38	0.06
	断面平均	0.96	99.03	0.01	3.32	96.64	0.04	6.63	93.31	0.06
冬季 2014.12	水边以上滩地				0.97	99.01	0.02	0.00	99.96	0.04
	水边附近	断面季节性变动（移位）			58.98	41.01	0.01	12.09	87.90	0.01
	断面平均				15.47	84.51	0.02	14.03	95.94	0.03
夏季 2015.08	水边以上滩地	2.80	99.13	0.07	0.89	99.06	0.05	0.00	99.91	0.09
	水边附近	44.52	55.44	0.04	0.42	99.53	0.02	5.89	44.09	0.02
	断面平均	16.71	83.23	0.06	0.73	99.22	0.05	1.96	97.97	0.07

表 5.20　蜈支洲岛西沙滩表层沉积物中值粒径　　　　　　　　　　单位：Φ

断面		WZ8	WZ9	WZ10
夏季 2014.08	水边以上滩地	0.982	1.484	1.264
	水边附近	1.643	0.878	0.550
	断面平均	1.313	1.166	1.026
冬季 2014.12	水边以上滩地		1.216	1.550
	水边附近	季节性变动移位	−1.195	−0.080
	断面平均		0.614	0.870
夏季 2015.08	水边以上滩地	1.334	1.301	1.552
	水边附近	0.888	1.457	0.339
	断面平均	1.185	1.353	1.148

　　沙嘴呈舌状、多变动，其位置冬季偏南、夏季偏北（图 5.126），其舌尖有时向北伸，有时向西伸，有时伸向西北，其形体有时大、有时小，其变动的直接因素是受波浪传向制约，根本原因是热带季风气候所致。

　　蜈支洲岛西部海域接近南北走向，在岛西海岸和西北海岸的后海村岸段间形成了一段峡道，向南或向北的波浪通过峡道时，因水域缩狭，波能相对集中，能将沿岸的泥沙掀动，并朝波浪前进方向搬运，偏北向浪向南搬运，偏南向浪向北搬运，于是造成了沙

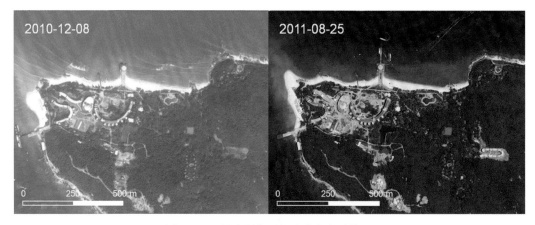

图 5.126　蜈支洲岛西北沙嘴的冬夏位置

嘴的蚀积变动，沙嘴的变动波及了西滩的变动。反之，西滩的变动又影响沙嘴的蚀积，位置的移动和舌端的伸向。而蜈支洲岛海域的浪向，除风暴浪外，大多由热带季风气候所主宰，冬季盛行 NNE 向和 NE 向风，由冬季季风引发的风浪，其浪向也多为 NNE 和 NE 向，它们从外海传到岛西岸峡道时，沿途经地形绕射或折射，已成为北向浪，由北向南传播，便导致沙嘴泥沙向南搬运，同理，夏季盛行 SSW 向和 SW 向风，就使西滩泥沙向北搬运。从而出现了冬季的沙嘴泥沙向西滩迁移，造成沙嘴侵蚀西滩淤积，夏季的西滩泥沙向沙嘴迁移，造成西滩侵蚀沙嘴淤积的季节变化规律。并通过 2014 年 8 月至 2015 年 8 月一冬二夏三次滩地高程测量证实了这一规律。

图 5.127 是据一冬二夏三次高程测量绘制的断面图，图中 WZ8 位于沙嘴，WZ9 和 WZ10 位于西滩。从 3 条断面图可见：2014 年冬季（12 月）与 2015 年夏季（8 月）相比，西滩两断面均出现了较大幅度的淤积，而沙嘴断面未绘出冬季（12 月）的断面，只绘出夏季（8 月）断面，是因冬季调查时此断面已侵蚀，被蚀低到水下，人工无法测量，也未租船测量。沙嘴大冲，西滩大淤，说明冬季泥沙向南迁移，其依据是：西滩淤积的泥沙，除了来自沙嘴侵蚀的泥沙，周边无大的泥沙来源。2015 年夏季和 2014 年冬季相比，西滩除后滨变化不大外，冬季淤积的泥沙已被侵蚀消失，而冬季被蚀低至水下的沙嘴断面又露出水面，并超过了 2014 年夏季（8 月）断面的高度，反映了冬季由沙嘴向西滩淤积的泥沙又返回了沙嘴。证实了沙嘴和西滩泥沙夏季北迁冬季南迁的规律。

综上所述，蜈支洲岛沙滩的沙主要产于本岛基岩海岸，岩滩的风化和海蚀，以及部分珊瑚礁碎屑，多细砾和砂，颗粒粗，质松散，易被波浪掀动，进行纵向和横向往复搬运，但也因粒粗量重、不易被水流带走。据此推断：蜈支洲岛沙滩的演变是多变动，局部可冲蚀，整体呈很缓慢的淤涨趋势。若风浪能将潮下带的泥沙向上搬运，在有的年份则潮上带的滩地也会出现比较明显的淤积，如 2014 年 8 月至 2015 年 8 月的一年间，北滩出现了比较明显的淤积（表 5.21）。

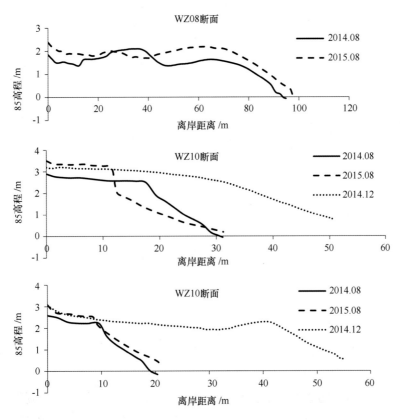

图 5.127 蜈支洲岛西北沙嘴（WZ8）和西沙滩（WZ9 和 WZ10）
冬季断面和夏季断面

表 5.21 蜈支洲岛北沙滩不同时期的蚀积状况（2014 年 8 月至 2015 年 8 月）

	WZ7	WZ6	WZ5	WZ4	WZ3	WZ2	WZ1
2014.08—2014.12	全淤	全淤	全淤	上淤·下蚀	全淤	全淤	全淤
2014.12—2015.08	上淤·下蚀	上不冲不淤·下蚀	上不冲不淤·下蚀	上不冲不淤·下淤	上不冲不淤·下淤	上不冲不淤·下淤	上不冲不淤·下淤
2014.08—2015.08	全淤	全淤	全淤	全淤	全淤	全淤	全淤

5.14 西瑁洲岛海滩

5.14.1 海岛基本概况

三亚西瑁洲岛亦称西岛，位于三亚湾湾口，地理坐标 18°14′06″N，109°22′12″E，南北长约 2.1 km，东西宽 1.5 km。西岛海岸线长 6.01 km，面积 1.935 5 km²。该岛东距三亚市凤凰岛 11.4 km，距鹿回头西岸约 10.0 km，距东岛（东瑁洲）3.8 km；北与天涯海角遥遥相对，距肖旗港 4.5 km（图 5.128），与肖旗港有轮班往来，与天涯海角有游轮相通。从三亚湾海岸远望西岛，它与其相邻的东岛形如卧于碧波中的两只玳瑁，自古便是三亚的一道靓丽胜景，被称作"波浮双玳"。西岛西南端与岭仔岛相距约 160 m，现已建西岛大桥贯通。岭仔岛是一个袖珍小岛，面积不足西岛的 2%，仅为 30 310 m²，海岸线长 920 m，海拔 32 m，从海上远望，其外形似如牛鼻子，便在它中部竖立了一头牛的雕像，并改称为牛王岛。如今牛王岛已成为西岛旅游区的一个特色景区。西岛地势西南高、东北低，山地丘陵占 60%，海岸多为花岗岩组成的基岩海岸，经长期风化海蚀，岸壁陡峭、凹凸曲折，多微型袋状岬湾。湾内常见砾石、砂砾填充；峭壁下有岩滩发育或海蚀岩点缀。岩滩主要发育在南岸和西岸。沙滩约占全岛岸线的 31%，主要分布于三处：位于东南岬湾的东南海滩，长约 570 m；地处渔港南部的渔港南沙滩，长约 230 m；依附西岛北断及其两侧的北沙滩，长约 1 050 m。此外，西岛和牛王岛间的狭道两侧也有零星的小沙滩散布，牛王岛四周以岩滩为主。岩滩和沙滩的这种分布，主要与西岛所处的地理位置、气候及其海洋水文环境有关。其地理位置是：北部有角岭、羊岭、墓山岭等山地丘陵阻挡，东部有鹿回头半岛屏障，南部和西部直面开阔海域，因此夏季季风引发的 SW

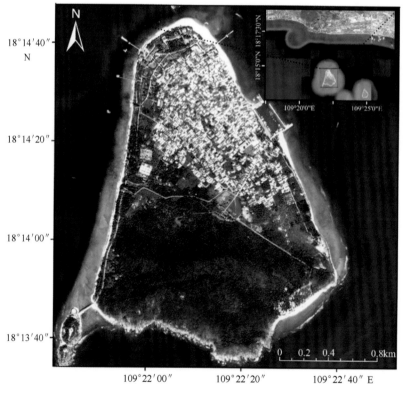

图 5.128　西瑁洲岛概貌

和 SSW 向浪，对西岛海岸的侵袭比冬季季风引发的 NNE 和 NE 向浪强，从而造成西岛的沙滩集中分布在北部的堆头和东南部的岬湾内。

西岛位于 10~20 m 深的水域，水体透明度大，阳光能透射深处，热量充足，年均水温达 26℃，冬季水温也普遍在 20℃ 以上，适宜造礁石珊瑚生长。据报道，西岛四周约有 50 种造礁石珊瑚，因此在西岛的岩礁、岩滩和沙滩的坡脚下都有珊瑚礁卫护，能起到削弱波浪对海滩的侵蚀作用。

5.14.2　海岛海滩资源分布与特征

西岛是一座有居民海岛，依据西岛的开发历史和渔村的自然群落，旅游区的开发和渔村相对独立。旅游区主要开发在北沙滩的堆头地块、西海岸和牛王岛；渔村以东海岸的渔港为中心，向南、向北、向西群落在草林坡地；旅游区与渔村之间相对独立，未经允许不能进入渔村，而渔港南沙滩位于渔村，东南沙滩位于南部山丘的高坡下，若前往均需穿越渔村或翻越山岭。西瑁洲岛海滩基本信息如表 5.22 所示。

表 5.22　西瑁洲岛海滩基本信息

海滩名称	海滩位置	规模	备注
北沙滩	依附西岛北端及其两侧	长约 1 050 m，宽约 35 m，面积约 36 750 m²	又称"西岛"

5.14.3　海滩自然属性与动态变化

本研究主要在海滩发育较好的北端布设了 4 条断面（图 5.129），开展冬（12月）、夏（8月）两次现场调查。调查结果与三亚湾沿岸沙滩的同期（2014年12月）资料相比：表层沉积物组成与三亚湾沙滩相同，均有细砾、砂和少量粉砂组成，但中值粒径（断面平均）都小于 1Φ，均比三亚湾沙滩的粗，这符合海岛沙滩比陆岸沙滩物质为"粗"的特征。与蜈支洲岛沙滩的夏季同期（2015年8月）资料相比：砂质也比蜈支洲岛的粗。这主要是由西岛沙滩的珊瑚礁碎屑含量较高所致。

西岛北沙滩具有明显的季节变化，夏季砂组分比冬季高（表 5.23），质地比冬季细（表 5.24）。细析：冬季水边附近为细砾带，水边以上的滩地为粗砂带，界线分明；夏季与冬季相比，水边附近的细砾趋细化，水边以上的粗砂趋粗化（表 5.23）。换言之，夏季滩面物质趋向均匀化，冬季滩面物质趋向分异化，滩面物质的这种变化，是因夏季的季风浪（SW、SSW 向浪）比冬季的季风浪（NE、NNE 向浪）强，强浪易搅匀滩面的泥沙。

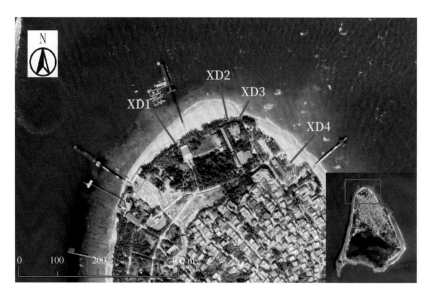

图 5.129　西岛北沙滩调查断面位置图

表 5.23　三亚西岛北沙滩表层沉积物类型的组分（%）

断面及其分布位置		XD1			XD2			XD3			XD4		
表层沉积物		细砾	砂	粉砂	细砾	砂	粉砂	细砾	砂	粉砂	细砾	砂	粉砂
冬季 2014.12	滩面	0.00	99.96	0.04	0.00	99.98	0.02	0.53	99.40	0.07	0.00	99.90	0.10
	低潮位	37.89	62.07	0.04	65.11	34.87	0.02	33.21	66.76	0.03	76.18	23.81	0.01
	平均	12.63	87.33	0.04	21.70	78.28	0.02	11.42	8.52	0.06	25.40	74.53	0.07
夏季 2015.08	滩面	2.60	97.03	0.37	15.10	84.74	0.16	0.00	99.89	0.11	9.35	90.38	0.27
	低潮位	22.82	77.08	0.10	16.23	83.69	0.08	0.69	99.23	0.08	1.81	98.12	0.07
	平均	9.344	90.38	0.28	15.48	84.39	0.13	0.23	99.67	0.10	6.83	92.96	0.21

表 5.24　三亚西岛北沙滩表层沉积物中值粒径　　　　　　　　　　单位：Φ

断面及其分布位置		XD1	XD2	XD3	XD4
冬季 （2014.12）	滩面	1.092	1.276	1.276	1.208
	水边附近	−0.575	−1.259	−0.294	−1.595
	平均	0.536	0.425	0.752	0.273
夏季 （2015.08）	滩面	0.975	1.155	1.224	1.162
	水边附近	−0.080	0.201	0.876	1.119
	平均	0.623	0.510	1.108	1.148

　　西岛远离陆域，海滩泥沙基本都产生于本岛和环岛四周的珊瑚礁碎屑，因所产的细颗粒砂能悬浮水体而被水流带走，能留下的多为粗颗粒砂，粗颗粒沙体重而松散，能被波浪掀动推移，但因体重不悬浮于水，不能随水流远输。因此，西岛北沙滩与蜈支洲岛的西沙滩一样，海滩泥沙有着季节性迁移的特征。这从实测资料可得到论证：2014年12月和2015年8月，即冬、夏两季北沙滩断面对比可发现，夏季两断面都出现了明显的淤积，且淤积的形态和部位都非常一致，潮上带微淤、潮下带强淤，仅在水边地带出现了侵蚀，而侵蚀的泥沙远少于淤积的泥沙，淤积的泥沙从何而来？再看位于堆头南部的XD1和XD4断面，即可发现：它们都在潮下带发生了侵蚀，是XD1和XD4的侵蚀泥沙向北迁移，汇聚堆头海滩堆积而成，"堆头"这一地名也由此而得。通过从冬到夏四条断面垂向剖面面积的平衡计算（表5.25）得：XD2和XD3断面的淤积面积共达204 m²，XD1和XD4断面的侵蚀面积共达226 m²，侵蚀和淤积的面积大致相当，这可进一步提高西岛泥沙夏季由南向北迁移的可信度。根据迁移机制，由季风浪引起，则冬季泥沙可从北向南迁移，北沙滩会发生冬冲夏淤的季节性变化。

表5.25　三亚西岛北沙滩断面垂向剖面面积和滩坡坡脚的蚀积情况（2014.12至2015.08）

断面	XD1	XD2	XD3	XD4
断面垂向剖面面积变化/m²	侵蚀 195	淤积 115	淤积 89	侵蚀 31
滩坡坡脚进退/m	向陆蚀退 19.0	向海淤进 6.9	向海淤进 7.7	向陆蚀退 3.6

说明：本表数据面积从85高程基准为0 m起算，因0 m下也有蚀积变化，仅供参考。坡脚进退也以0 m线为准。

　　据西岛海滩高程测量资料，潮上带滩地蚀积面积幅度小，基本处于稳定状态，潮下带季节性冲淤变化大，坡脚后退幅度在8个月内最大竟达19 m，淤积幅度也达7 m左右，滩坡似乎处于大冲大淤势态，但好在西岛四周有珊瑚礁环抱，珊瑚礁能起到护岸保滩作用，有海岸"卫士"之称。因此，西岛北沙滩的演变处于季节性动荡下的此淤彼蚀的状态，整体呈缓慢发展的淤涨型沙滩（图5.130）。

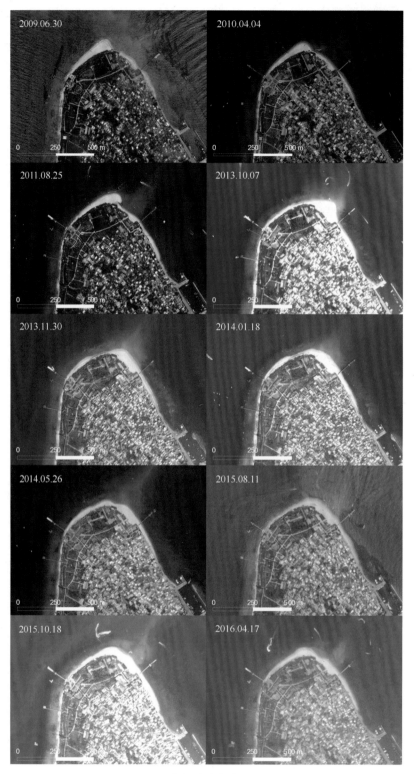

图 5.130　三亚西岛海滩动态演变（Google Earth）

参考文献

《中国海岸带地质》编写组.1993.中国海岸带地质 [M].北京：海洋出版社出版.

鲍献文，李真，王勇智，等.2010.冬、夏季北黄海悬浮物分布特征 [J].泥沙研究，（2）：48-56.

北海市地方志编纂委员会.2009.北海市志（1991—2005）[M].南宁：广西人民出版社.

边昌伟.2012.中国近海泥沙在渤海、黄海和东海的输运 [D].青岛：中国海洋大学，54.

蔡爱智，蔡月娥.1990.福建东山岛宫前连岛沙坝的发育 [J].海洋地质与第四纪地质，10（1）：81-92.

蔡锋，等.2015.中国近海海洋图集——海底地形地貌 [M].北京：海洋出版社.

蔡锋，雷刚，苏贤泽，等.2006.台风"艾利"对福建沙质海滩的地貌影响过程研究 [J].海洋工程，24
    （1）：98-109.

蔡锋，戚洪帅，夏东兴.2008.华南海滩动力地貌过程 [M].北京：海洋出版社.

蔡锋，苏贤泽，曹惠美，等.2005.华南砂质海滩的动力地貌分析 [J].海洋学报，27（2）：106-114.

蔡锋，苏贤泽，刘建辉，等.2008.全球气候变化背景下我国海岸侵蚀问题及防范对策 [J].自然科学
    进展，18（10）：1093-1103.

蔡锋，苏贤泽，杨顺良，等.2002.厦门岛海滩海滩剖面对9914号台风大浪波动力的快速响应 [J].海
    洋工程，20（2），85-90.

蔡锋，苏贤泽.2001.利用风要素计算港湾沿岸输沙率的一个数学模式 [J].台湾海峡，20（3）：301-
    307.

曹惠美，蔡锋，苏贤泽.2010.华南海滩剖面沉积物粒度特征影响因子分析 [J].台湾海峡，29（1）：73-
    80.

常瑞芳.1997.海岸工程环境 [M].青岛：青岛海洋大学出版社.

陈波，邱绍芳.2000.北仑河口动力特征及其对河口演变的影响 [J].湛江海洋大学学报，20（1）：
    39-44.

陈波.1997.广西南流江三角洲海洋环境特征 [M].北京：海洋出版社.

陈春华.1992.海甸岛东北部岸滩海域开发旅游资源的环境质量综合评价 [J].南海研究与开发，9
    （3）：45-51.

陈达熙.1992.渤海、黄海、东海海洋图集（水文）[M].北京：海洋出版社.

陈洪德，严钦尚，项立嵩.1982.舟山朱家尖岛现代海岸沉积 [J].华东师范大学学报（自然科学版），
    （2）：77-91.

陈怀生，蒋伟强.1990.滨海沙滩旅游环境质量评价（上）——以海南岛几个沙滩为例 [J].环境保
    护，（1）：22.

陈吉余，陈沈良.2002.中国河口海岸面临的挑战 [J].海洋地质动态，18（1）：1-5.

陈吉余.1995.中国海岸带地貌 [M].北京：海洋出版社，148-165.

陈吉余. 2007. 中国河口海岸研究与实践［M］. 北京：高等教育出版社，22-23.

陈吉余. 2010. 中国海岸侵蚀概要［M］. 北京：海洋出版社. 204-208.

陈沈良. 1999. 沙质海岸沿岸输沙率的数值模型［J］. 海洋工程，7（4）：79-84.

陈欣树. 1989. 广东和海南岛砂质海岸地貌及其开发利用［J］. 热带海洋，8（1）：43-51.

陈雪英，吴桑云，王文海. 1998. 海岸侵蚀灾害管理中的几项基础工作［J］. 海岸工程，17（4）：57-
    61.

陈映霞. 1995. 红树林的环境生态效应［J］. 海洋环境科学，14（4）：51-56.

陈子燊. 1997. 海滩剖面形态与地形动态研究的进展［J］. 海洋通报，16（1）：88-93.

储金龙，高抒，徐建刚. 2005. 海岸带脆弱性评估方法研究进展［J］. 海洋通报，24（3）：80-87.

崔金瑞，夏东兴. 1992. 山东半岛海岸地貌与波浪、潮汐特征的关系［J］. 黄渤海海洋，10（3）：
    20-25.

戴志军，李春初，陈锦辉. 2004. 华南海岸带陆海相互作用研究［J］. 地理科学进展，23（5）：10-16.

戴志军，李春初. 2008. 华南弧形海岸动力地貌过程［M］. 上海：华东师范大学出版社.

丁祥焕，丕耀东，叶盛基，等. 1999. 福建东南沿海活动断裂与地震［M］. 福州：福建科学技术出
    版社.

丰爱平，夏东兴. 2003. 海岸侵蚀灾情分级［J］. 海岸工程，22（2）：60-66.

冯士筰，李凤岐，李少菁. 1999. 海洋科学导论［M］. 北京：高等教育出版社.

福建省海岸带和海涂资源综合调查领导小组办公室. 1990. 福建省海岸带和海涂资源综合调查报
    告［M］. 北京：海洋出版社.

高飞，李广雪，乔露露. 2012. 山东半岛近海潮汐及潮汐、潮流能的数值评估［J］. 中国海洋大学学报，
    42（12）：91-96.

高善明. 1981. 全新世滦河三角洲相和沉积模式［J］. 地理学报，36（3）：303-314.

高振会，黎广钊. 1995. 北仑河口动力地貌特征及其演变［J］. 广西科学，2（4）：19-23.

高智勇，蔡锋，等. 2001. 厦门岛东海岸蚀退与防护［J］. 台湾海峡，20（4）：487-483.

广东省海岸带和海涂资源综合调查领导小组办公室. 1988. 广东省海岸带和海涂资源综合调查报告［M］.
    北京：海洋出版社，1-622.

广西壮族自治区海岸带和海涂资源综合调查领导小组. 1986. 广西壮族自治区海岸带和海涂资源综合调
    查报告，第六卷（地貌，第四纪地质）［R］.

国家海洋局 908 专项办公室. 2005. 海岸带调查技术规程［M］. 北京：海洋出版社.

国家海洋局. 2011. 2010 年中国海洋灾害公报［EB/OL］.（2011-04-26）［2019-05-28］. http：//www.
    nmdis. org. cn/hygb/zghyzhgb/2010nzghyzhgb/.

自然资源部. 2020. 2018 年中国海平面公报［EB/OL］.（2011-04-26）［2019-05-28］. http：//www. nm-
    dis. org. cn/hygb/zghyzhgb/2010nzghyzhgb/

国家海洋局第三海洋研究所. 2010. 福建省海洋侵蚀调查研究报告［R］.

国家测绘地理信息局. 2017. 国家基本比例尺地图图式第 1 部分：1：500、1：1 000、1：2 000 地形图图
    式：GB/T 20257. 1-2017［S］.

中华人民共和国水利部. 2019. 中国河流泥沙公报［M］. 北京：中国水利水电出版社.

中华人民共和国自然资源部. 2018. 海滩质量评价与分级：HY/T 254-2018［S］.

何碧娟，陈波. 2002. 北海银滩海岸冲刷及环境污损原因分析［J］. 广西科学, 9（1）：69-72.

何起祥. 2002. 我国海岸带面临的挑战与综合治理［J］. 海洋地质动态, 18（4）：1-5.

何岩雨，刘建辉，蔡锋，等. 2018. 潮汐作用下的海滩风沙运动若干特征研究——以福建平潭岛远垱澳海滩为例［J］. 海洋学报, 40（9）：90-102.

河北省海岸带资源编纂委员会. 1988. 河北省海岸带资源［M］. 石家庄：河北科学技术出版社.

侯文峰. 2006. 南海海洋图集（水文）［M］. 北京：海洋出版社.

胡锦钦. 1993. 北部湾 9204 台风暴潮初步分析［J］. 人民珠江,（5）：12-14.

胡镜荣，鲁智礼，石凤英. 2000. 海岛旅游海滩资源的开发利用初探［J］. 地域研究与开发, 19（1）：76-77.

黄鹄，陈锦辉，胡自宁. 2007. 近 50 年来广西海岸滩涂变化特征分析［J］, 海洋科学, 31（1）：37-42.

黄鹄，戴志军，胡自宁，等. 2005. 广西海岸环境脆弱性研究［M］. 北京：海洋出版社, 51-68.

黄鹄，戴志军，盛凯. 2011. 广西北海银滩侵蚀及其与海平面上升的关系［J］. 台湾海峡, 30（2）：275-279.

季小梅，张永战，朱大奎，等. 2006. 人工海滩研究进展［J］. 海洋地质动态, 22（7）：21-25.

季子修. 1996. 中国海岸侵蚀特点及侵蚀加剧原因分析［J］. 自然灾害学报, 5（2）：65-75.

贾建军，等. 2011. 浙江海岸带调查-岸滩地貌与冲淤动态专题调查研究报告［R］.

金翔龙. 1992. 东海海洋地质［M］. 北京：海洋出版社.

克拉克. J. R. 2000. 海岸带管理手册［M］. 吴克勤，译. 北京：海洋出版社, 42-143.

雷刚，蔡锋，苏贤泽，等. 2014. 中国砂质海滩区域差异分布的构造成因及其堆积地貌研究［J］. 应用海洋学学报, 33（1）：1-10.

黎广钊，刘敬台，农华琼. 1991. 广西铁山港海区表层沉积物与沉积相［J］. 沉积学报, 2：78-85.

黎广钊，农华琼，刘敬合，等. 1995. 广西沿海主要岛屿区海滩沉积［J］. 广西科学院学报, 11（3）：11-16.

黎广钊，亓发庆，农华琼，等. 1999. 广西江平地区沙坝-泻湖沉积相序与沉积环境演变过程［J］. 黄渤海海洋, 17（1）：8-17.

李春初. 1987. 滨面转移与我国沉积性海岸地貌的几个问题［J］. 海洋通报, 6（1）：69-73.

李从先，王平，范代读，等. 2000. 布容法则及其在中国海岸上的应用［J］. 海洋地质与第四纪地质, 20（1）：87-91.

李光天，符文侠. 1992. 我国海岸侵蚀及其危害［J］. 海洋环境科学, 11（1）：53-58.

李广雪，杨子赓，刘勇. 2005. 中国东部海域海底沉积环境成因研究［M］. 北京：科学出版社, 1-65.

李培英，杜军，等. 2007. 中国海岸带灾害地质特征及评价［M］. 北京：海洋出版社.

李荣升，赵善伦. 2002. 山东海洋资源与环境［M］. 北京：海洋出版社, 26-213.

李元芳. 1995. 海平面变化与海岸侵蚀专辑［C］//近代黄河三角洲海岸的演变［A］. 南京：南京大学出版社, 213-200.

李志强．2003. 沙质岸线变化研究进展 [J]．海洋通报，22（4）：77-86.

刘苍字，吴立成，曹敏．1985. 长江三角洲南部古沙堤（冈身）的沉积特征、成因及年代 [J]．海洋学报，7（1）：57-68.

刘康．2007. 海滩休闲旅游资源价值评估——以青岛市海水浴场为例 [J]．海岸工程，26（4）：72-80.

刘益旭，朱力康，王连和，等．1994. 滦河废弃三角洲泻湖沙坝海岸演变与海港建设 [J]．海洋学报，16（5）：60-67.

刘煜杰，张祖陆，倪滕南，等．2009. 海水浴场适宜性评价研究——以山东省为例 [J]．资源与人居环境，（14）：70-73.

刘志杰．2013. 黄河三角洲滨海湿地环境区域分异及演化研究 [D]．青岛：中国海洋大学

吕京福，印萍，边淑华，等．2003. 海岸线变化速率计算方法及影像要素分析 [J]．海洋科学进展，21（1）：51-59.

毛家衢．1987. 山东地质绪言 [J]．山东国土资源，（2）：1-5.

美国海岸工程研究中心．2002. 海滨防护手册 [M]．北京：海洋出版社．

苗丰民，李光天，符文侠，等．1996. 辽东湾东部砂岸严重蚀退及其原因分析 [J]．海洋环境科学，15（1）：66-72.

苗丰民，李淑媛，李光天，等．1996. 辽东湾北部浅海区泥沙输送及其沉积特征 [J]．沉积学报，14（4）：114-121.

南京大学海洋科学研究中心．1988. 秦皇岛海岸研究 [M]．南京：南京大学出版社．

潘毅，匡翠萍，杨燕雄，等．2008. 北戴河西海滩养护工程方案研究 [J]．水运工程，7：23-28.

庞重光，白学志，胡敦欣．2004. 渤、黄、东海海流和潮汐共同作用下的悬浮物输运、沉积及其季节变化 [J]．海洋科学集，46：32-41.

戚洪帅，蔡锋，雷刚，等．2009. 华南海滩风暴响应特征研究 [J]．自然科学进展，19（9）：975-985.

戚洪帅，蔡锋，苏贤泽，等．2009. 热带风暴作用下海滩地貌过程模式初探 以0604号热带风暴"碧利斯"对半月湾海滩的作用为例 [J]．海洋学报，31（1）：168-176.

祁兴芬，庄振业，韩德亮，等．2004. 秦皇岛市海岸风成沙丘的研究 [J]．中国海洋大学学报，34（4）：617-624.

秦皇岛矿产水文工程地质大队．2005. 北戴河旅游海滩人工养护实验研究 [R]．

邱若峰，杨燕雄，刘松涛，等．2006. 唐山市滨海湿地动态演变特征及其机制分析 [J]．海洋湖沼通报，（4）：25-31.

邱若峰，杨燕雄，庄振业，等．2009. 河北省沙质海岸侵蚀灾害和防治对策 [J]．海洋湖沼通报，2：162-168.

山东省科学技术委员会．1990. 山东省海岸带和滩涂资源综合调查报告集：综合调查报告 [M]．北京：中国科学技术出版社．

沈金瑞．2011. 湄洲岛海岸地貌特征及成因研究 [J]．莆田学院学报，18（2）：17-20.

盛静芬，朱大奎．2002. 海岸侵蚀和海岸线管理的初步研究 [J]．海洋通报，21（4）：50-57.

时连强，等．2011. 浙江海岛调查——岸滩地貌与冲淤动态专题调查研究报告 [R]．

宋春明 . 2008. 山东省大地构造格局和地质构造演化 ［D］. 北京：中国地质科学院，22-24.

苏贤泽 . 1995. 福建近岸泥质沉积物泥沙来源区剖析 ［C］// 《台湾海峡及邻近海域海洋科学讨论会论文集》编辑委员会 . 北京：海洋出版社，170-176.

孙静，王永红 . 2012. 国内外海滩质量评价体系研究 ［J］. 海洋地质与第四纪地质，32（2）：153-159.

谭晓林，张乔民 . 1997. 红树林潮滩沉积速率及海平面上升对我国红树林的影响 ［J］. 海洋通报，16（4）：31-37.

王宝灿，陈沈良，龚文平，等 . 2006. 海南岛港湾海岸的形成与演变 ［M］. 北京：海洋出版社 .

王东宇，刘泉，王忠杰，等 . 2005. 国际海岸带规划管制研究与山东半岛的实践 ［J］. 城市规划，29（12）：33-39.

王广禄，蔡锋，苏贤泽，等 . 2008. 泉州市砂质海岸侵蚀特征及原因分析 ［J］. 台湾海峡，27（4）：547-554.

王国忠，吕炳全，全松青 . 1986. 永兴岛珊瑚礁的沉积环境和沉积特征 ［J］. 海洋与湖沼，17（1）：36-44.

王海龙，韩树宗，郭佩芳，等 . 2011. 潮流对黄河入海泥沙在渤海中输运的贡献 ［J］. 泥沙研究，（1）：51-59.

王楠，李广雪，张斌，等 . 2012. 山东荣成靖海卫海滩侵蚀研究与防护建议 ［J］. 中国海洋大学学报（自然科学版），42（12）：83-90.

王庆，杨华，仲少云，等 . 2003. 山东莱州浅滩的沉积动态与地貌演变 ［J］. 地理学报，58（5）：749-756.

王文介，等 . 2007. 中国南海海岸地貌沉积研究 ［M］. 广州：广东省出版集团广东经济出版社，1-343.

王颖，吴小根 . 1995. 海平面变化与海岸侵蚀专辑 ［C］// 海平面上升与海滩相应 ［A］. 南京：南京大学出版社，119-128.

王颖，朱大奎 . 1990. 中国的潮滩 ［J］. 第四纪研究，10（4）：291-300.

王玉广，李淑媛，苗丽娟 . 2005. 辽东湾两侧砂质海岸侵蚀灾害与防治 ［J］. 海岸工程，24（1）：9-18.

吴培木 . 1996. 台风风暴潮灾害与厦门防潮 ［M］// 郑家麟 . 厦门市海岛调查研究论文集 . 北京：海洋出版社，1-7.

吴正，等 . 1995. 华南海岸风沙地貌研究 ［M］. 北京：科学出版社 .

夏东兴，王文海，武桂秋，等 . 1993. 中国海岸侵蚀述要 ［J］. 地理学报，48（5）：468-476.

夏东兴，武桂秋，杨鸣 . 1999. 山东省海洋灾害研究 ［M］. 北京：海洋出版社，33-40.

徐元，王宝灿 . 1998. 淤泥质潮滩潮锋的形成机制及其作用 ［J］. 海洋与湖沼，29（2）：148-155.

徐宗军，张绪良，张朝晖 . 2010. 山东半岛和黄河三角洲的海岸侵蚀与防治对策 ［J］. 科技导报，28（10）：90-95.

许荣中 . 2003. 海岸新工法——人工岬湾与养滩综合工法 ［J］. 海洋技术，13（2）：35-48.

严恺 . 2002. 海岸工程 ［M］. 海洋出版社，307-310，317-321.

严钦尚，项立嵩，张国栋，等 . 1981. 舟山普陀岛现代海岸带沉积 ［J］. 地质学报，55（3）：205-214.

杨继超，宫立新，李广雪，等 . 2012. 山东威海滨海沙滩动力地貌特征 ［J］. 中国海洋大学学报（自然科学版），42（12）：107-114.

杨燕雄，贺鹏起，张甲波，等.2007. 北戴河西海滩人工岬湾养滩规划研究［J］. 工程地质学报，15：418-423.

杨燕雄，张甲波.2009. 治理海岸侵蚀的人工岬湾养滩综合工法［J］. 海洋通报，28（3）：92-98.

叶维强，黎广钊，庞衍军.1990. 广西滨海地貌特征及砂矿形成的研究［J］. 海洋湖沼通报，（2）：54-61.

叶银灿.2012. 中国海洋灾害地质学［M］. 北京：海洋出版社.

易晓蕾.1995. 中国的海岸侵蚀［J］. 中国减灾，5（1）：46-49.

印萍.1998. 沙质海岸侵蚀侵蚀模式研究［R］. 青岛：青岛海洋大学，12-14.

于帆，蔡锋，李文君，等.2011. 建立我国海滩质量标准分级体系的探讨［J］. 自然资源学报，4：541-551.

于跃，蔡锋，张挺，等.2017. 人工砾石海滩变化及输移率研究［J］. 海洋工程，5：21-26.

张甲波，杨燕雄，郝文辉.2009. 北戴河养滩工程沿岸流场模拟研究［J］. 海洋科学进展，27（3）：324-331.

张乔民，余克服，施祺，等.2006. 中国珊瑚礁分布和资源特点［C］// 提高全民科学素质、建设创新型国家——2006 中国科协年会论文集（下册）. 科技导报：35-38.

张荣.2004. 山东省海洋功能区划报告［M］. 北京：海洋出版社，15-16.

张宇，刘曙光，匡翠萍，等.2008. 北戴河西海滩养护工程海域潮流场数值研究［J］. 水运工程，7：7-11.

张振克.2002. 美国东海岸海滩养护工程对中国砂质海滩旅游资源开发与保护的启示［J］. 海洋地质动态，18（3）：23-27.

张忠华，胡刚，梁士楚.2007. 广西红树林资源与保护［J］. 海洋环境科学，26（3）：275-279.

赵焕庭，张乔民，等.1999. 华南海岸和南海诸岛地貌与环境［M］. 北京：科学出版社.

中华人民共和国自然资源部.2018. 海滩养护与修复技术指南：HY/T 255—2018［S］. 北京：中国标准出版社.

中国海湾志编纂委员会.1991. 中国海湾志：第三分册（山东半岛北部和东部海湾）［M］. 北京：海洋出版社，1-468.

中国海湾志编纂委员会.1993. 中国海湾志：第六分册（浙江省南部海湾）［M］. 北京：海洋出版社.

中国海湾志编纂委员会.1993. 中国海湾志：第四分册（山东半岛南部和江苏省海湾）［M］. 北京：海洋出版社.

中国海湾志编纂委员会.1993. 中国海湾志：第八分册（福建南部海湾）［M］. 北京：海洋出版社.

中国海湾志编纂委员会.1994. 中国海湾志：第七分册（福建北部海湾）［M］. 北京：海洋出版社.

中国海湾志编纂委员会.1999. 中国海湾志：第十一分册（海南省海湾）［M］. 北京：海洋出版社.

中国海湾志编纂委员会.1993. 中国海湾志：第十二分册（广西海湾）［M］. 北京：海洋出版社.

中国科学院地学部.1994. 海平面上升对中国三角洲地区的影响及对策［M］. 北京：科学出版社.

中国科学院海洋地质研究.1985. 渤海地质［M］. 北京：科学出版社.

中国科学院南海海洋研究所海洋地质研究室 . 1978. 华南沿海第四纪地质 [M]. 北京：科学出版社，1
－174.

庄振业，曹丽华，李兵，等 . 2011. 我国海滩养护现状 [J]. 海洋地质与第四纪地质，31（3）：133-
139.

庄振业，陈卫民，许卫东 . 1989. 山东半岛若干平直砂岸近期强烈蚀退及其后果 [J]. 青岛海洋大学学
报 .

庄振业，王永红，包敏 . 2009. 海滩养护过程和工程技术 [J]. 中国海洋大学学报，39（5）：1019-
1024.

庄振业，印萍，吴建政，等 . 2000. 鲁南沙质海岸的侵蚀量及其影响因素 [J]. 海洋地质与第四纪地质，
20（3）：15-21.

Alexander C R, DeMaster D J, Nittrouer C A. 1991. Sediment accumulation in a modern epicontinental－shelf
setting：the Yellow Sea [J]. Marine Geology, 98（1）：51-72.

Bruun P, 1962. Sea－level rise as a cause of shore erosion. Journal of Waterways and Harbor Division [J], A-
merican Society of Civil Engineers, 62：117-130.

Cai F, Dean R G, Liu J. 2011. Beach nourishment in China：status and prospects [J]. Coastal Engineering Pro-
ceedings, 1（32）：31.

Cai F, Qi H. 2010. Distribution and some key characteristics of beaches along the coast of China [A]. The Pro-
ceedings of the Coastal Sediments [C]. 3：979-992.

Davis J L. 1964. A morphogenic approach to world shorelines [J]. Z Geomorpholo, 8（127）：127-142.

Dean R G. 1991. Equilibrium beach profile：Characteristics and application [J]. Coastal Research, (7)：53-
84.

Hanson H. 2002. Beach nourishment projects, practices and objectives－a European overview [J]. Coastal Engi-
neering, 47：81-111.

Hughes M G, Masselink G, Brander R W. 1997. Flow velocity and sediment transport in the swash zone of a
steep beach [J]. Marine Geology, 138：91-103.

Komar P D. 1998. Beach Processes and Sedimentation [M]. 2nd Edition. New Jersey：Prentice Hall, 543.

Liu G, Cai F, Qi H, et al. 2019. Morphodynamic evolution and adaptability of nourished beaches [J]. Journal of
Coastal Research, 35（4）：737-750.

Liu J, Cai F, Qi H. 2011. Coastal erosion along the west coast of the Taiwan Strait and it's influencing factors
[J]. Journal of Ocean University of China, 10（1）：23-34.

Liu J, Cai F, Qi H. 2013. Extraction and management of beach resources in Fujian Province, China [J]. Shore
and Beach, 81（2）：54-61.

Longuet－Higgins M S. 1969. A Nonlinear Mechanism for the Generation of Sea Waves [J]. Proceedings of the
Royal Society of London A Mathematical Physical & Engineering Sciences, 311（1506）：371-389.

Luo S, Cai F, Liu H. 2015. Adaptive measures adopted for risk reduction of coastal erosion in the People´s Re-
public of China [J]. Ocean & Coastal Management, 103：134-145.

Martin J M, Zhang J, Shi M C, et al. 1993. Actual flux of the Huanghe (Yellow river) sediment to the western pacific ocean [J]. Netherlands Journal of Sea Research, 31 (3): 243-254.

Masselink G, Short A D. 1993. The effect of tide range on beach morphodynamics and morphology: a conceptual beach model [J]. Journal of Coastal Research, 9 (3): 785-800.

Mauricio M. 2001. On the application of static equilibrium bay formulations to natural and man-made beache [J]. Coastal Engineering, 209-225.

Morgan R. 1999. A novel, use-based rating system for tourist beaches [J]. Tourism Management, 20 (4): 393-410.

Nelson C, Morgan R, Williams A T, et al. 2000. Beach awards and management [J]. Ocean & Coastal Management, 43 (1): 87-97.

Qi H, Cai F, Lei G. 2010. The response of three main beach types to tropical storms in South China [J]. Marine Geology, 275 (1): 244-254.

Qi H, Cai F, Liu J. 2013. Beach nourishment planning and practices in Xiamen, China [J]. Shore and Beach, 81 (2): 12-19.

Shi F, Cai F, Kirby J T. 2013. Morphological modeling of a nourished bayside beach with a low tide terrace [J]. Coastal Engineering, 78: 23-34.

Shu F, Cai F, Qi H. 2019. Morphodynamics of an Artificial Cobble Beach in Tianquan Bay, Xiamen, China [J]. Journal of Ocean University of China, 18 (4): 868-882.

Staines C, Ozanne S J. 2002. Feasibility of Identifying Family Friendly Beaches along Victoria's Coastline [R]. Accident Research Centre, Monash University, Victoria: 75.

Sunamura T, Hrikawa K. 1974. Two-dimensional beach transformation due to waves [A]. Proceedings of the 14th international Conference [C]. Coastal Engineering, 920-938.

U. S. Army Corps of Engineers. 2002. Coastal Engineering Manual [M]. U. S. Government printing office. Washington D C.

Valverde H R, Trembanis A C, Pikley O H. 1999. Summary of beach nourishment episodes on the U. S. east coast barrier islands [J]. Journal of Coastal Research, 15 (4): 1 100-1 118.

Vinau C, Hamish G, Rennie. 2005. Literature review of beach awards and rating systems [R]. The University of Waikato Hamilton, New Zealand, 1-74.

Williams A T, Morgan R. 1995. Beach awards and rating systems [J]. Shore & Beach, 63 (4): 29-33.

Wright L D, Short A D. 1984. Morphodynamics variability of surf zones and beaches: a synthesis [J]. Marine Geology, 26, 93-118.

Yu F, Cai F, Ren J. 2016. Island beach management strategy in China with different urbanization level - Take examples of Xiamen Island and Pingtan Island [J]. Ocean & Coastal Management, 130: 328-339.

典型海滩索引

附录 典型海滩位置

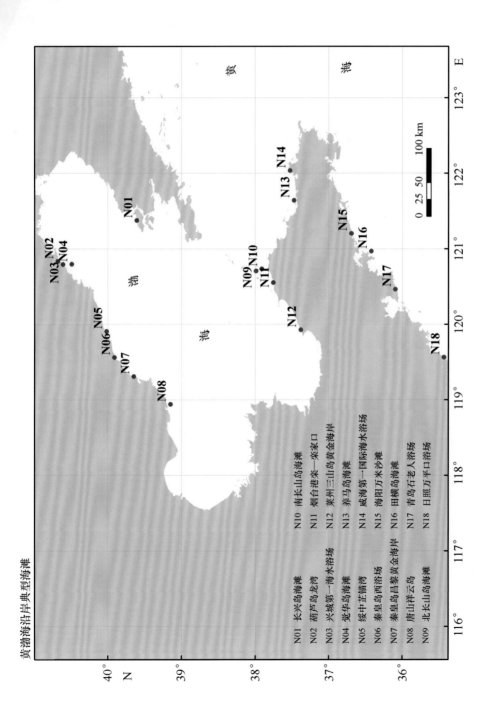

黄渤海沿岸典型海滩

N01 长兴岛海滩		N10 南长山岛海滩	
N02 葫芦岛龙湾		N11 烟台港栾一栾家口	
N03 兴城第一海水浴场		N12 莱州三山岛黄金海岸	
N04 觉华岛海滩		N13 养马岛海滩	
N05 绥中正锚湾		N14 威海第一国际海水浴场	
N06 秦皇岛西浴场		N15 海阳万米沙滩	
N07 秦皇岛昌黎黄金海岸		N16 田横岛海滩	
N08 唐山祥云岛		N17 菁岛石老人浴场	
N09 北长山岛海滩		N18 日照万平口浴场	

东海沿岸典型海滩

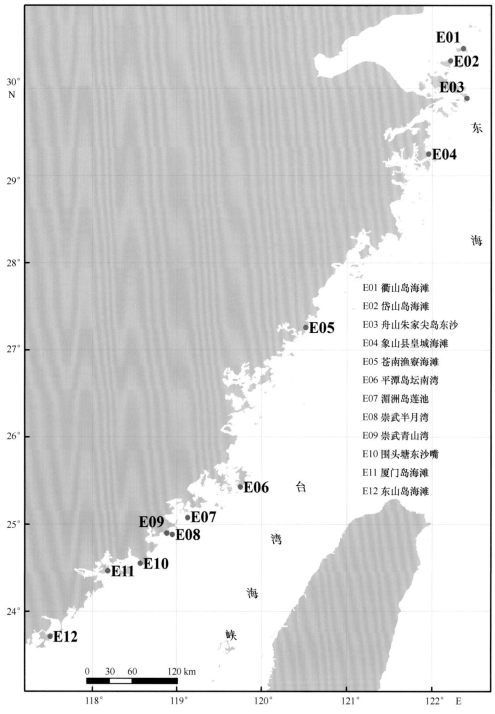

E01 衢山岛海滩
E02 岱山岛海滩
E03 舟山朱家尖岛东沙
E04 象山县皇城海滩
E05 苍南渔寮海滩
E06 平潭岛坛南湾
E07 湄洲岛莲池
E08 崇武半月湾
E09 崇武青山湾
E10 围头塘东沙嘴
E11 厦门岛海滩
E12 东山岛海滩

南海沿岸典型海滩

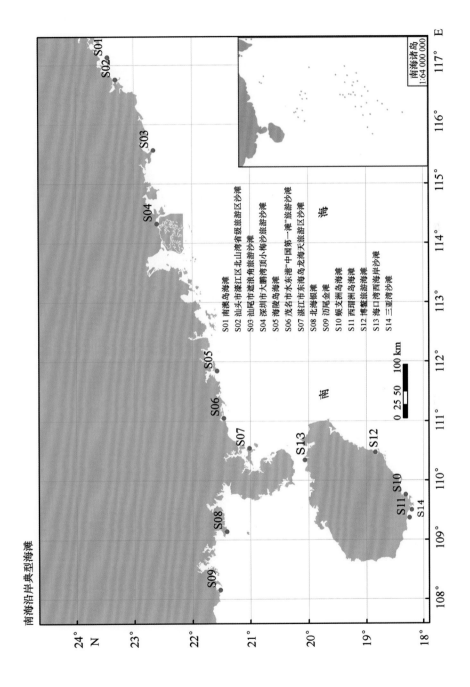

S01 南澳岛海滩
S02 汕头市濠江区北山湾省级旅游区沙滩
S03 汕尾市遮浪角旅游沙滩
S04 深圳市大鹏湾顶小梅沙旅游沙滩
S05 海陵岛海滩
S06 茂名市水东港"中国第一滩"旅游沙滩
S07 湛江市东海岛龙海天旅游区沙滩
S08 北海银滩
S09 沥尾金滩
S10 蜒支洲岛海滩
S11 西瑁洲岛海滩
S12 博鳌旅游海滩
S13 海口湾西海岸沙滩
S14 三亚湾沙滩

南　海

南海诸岛
1:64 000 000

0 25 50　　100 km